智慧园区工程导论

Introduction to Smart Park Engineering

主　编　陈志武　管　菅

副主编　陆　侃　倪乐尘　黄忠怡

　　　　盛徐桦　王力翔　林天培

主　审　龚延风　吉雨冠　龚永平

东南大学出版社

SOUTHEAST UNIVERSITY PRESS

·南京·

内容提要

本书是一本关于互联网＋高新技术在智慧园区中应用的教材,共五篇十七章,旨在使广大读者对智慧园区有个全面的了解。首先介绍智慧园区概念及其与传统园区的异同点;其次介绍智慧园区智能化系统工程的技术导则与解决方案;然后介绍互联网＋高新技术在智慧园区中的应用,特别是对大数据、人工智能、建筑信息模型(BIM)以及区块链、5G网络等作了详细论述;再接着介绍典型案例与新基建政策;最后介绍国内外智慧园区发展现状及未来展望。最后的附录提供了上百条参考文献供广大读者查阅参考。

智慧园区属于自动控制学科,具有智能化、网络化、生态化及社会化特征,其学术价值体现在智慧园区工程建设与新时代高新技术及5G网络相结合,这些技术促进了智慧园区工程建设质的飞跃,使人民群众生活工作幸福感得到巨大提高。

本书可作为高校、科研院所和企事业单位从事智慧园区工程建设、设计及培训者的教学参考书,也可以作为政府及有关管理部门制定相关政策的科学参考。

图书在版编目(CIP)数据

智慧园区工程导论 / 陈志武,管菅主编. — 南京 :
东南大学出版社,2023.4
(互联网＋高新技术系列丛书 / 陆伟良主编)
ISBN 978 - 7 - 5641 - 9937 - 1

Ⅰ. ①智…　Ⅱ. ①陈… ②管…　Ⅲ. ①工业园区-城市规划-研究　Ⅳ. ①TU984.13

中国版本图书馆 CIP 数据核字(2021)第 264629 号

责任编辑:姜晓乐　责任校对:韩小亮　封面设计:顾晓阳　责任印制:周荣虎

智慧园区工程导论
Zhihui Yuanqu Gongcheng Daolun

主　编	陈志武　管　菅	
出版发行	东南大学出版社	
社　址	南京市四牌楼2号　邮编:210096	
网　址	http://www.seupress.com	
经　销	全国各地新华书店	
印　刷	南京玉河印刷厂	
开　本	787 mm×1 092 mm　1/16	
印　张	21	
字　数	517 千字	
版　次	2023 年 4 月第 1 版	
印　次	2023 年 4 月第 1 次印刷	
书　号	ISBN 978 - 7 - 5641 - 9937 - 1	
定　价	95.00 元	

＊ 本社图书若有印装质量问题,请直接与营销部调换。电话(传真):025 - 83791830。

大数据、人工智能和绿色发展融合赋能，为国民经济转型升级和持续发展，为全国民生工程和民生事业可持续提升改善做出贡献！

二〇二〇年八月八日于北京 许溶烈

《智慧园区工程导论》出版纪念

许溶烈博士为住房和城乡建设部科技委顾问、亚洲智能建筑学会顾问委员、瑞典皇家工程科学院外籍院士。

贺《智慧园区工程导论》出版
只有多读书，读好书的人
才能为祖国作出杰出贡献！

南京工业大学八旬陆伟良教授题
庚子鼠年八月

陆伟良教授为南京工业大学智能建筑研究所名誉所长、东南大学信息科学与工程学院（原南京工学院四系）上海校友会名誉会长、住建部建筑智能化技术专家委员会特聘专家、亚洲智能建筑学会执行委员。

衷心祝贺

《智慧园区工程导论》出版，
引领技术进步，助力新基建。

梁晨贺
2020.8.9

梁晨为上海华东建筑设计研究院设计中心高工。

贺《智慧园区工程导论》出版

以科技创新推动智慧园区健康发展

水利民
二〇二〇年八月五日

水利民为江苏省市场监督管理局教授级高工。

《互联网＋高新技术》系列丛书

名誉总编　许溶烈
总　　编　陆伟良
副 总 编　张林华　蔡开宗

编 委 会

主　任　水利民
副主任　管清宝　陆东辉
编　委　（排名不分先后）

赵哲身	刘希清	陈众励	沈　茹	李进保
钱　康	丁爱明	廖鸣镝	龙昌明	王　辉
霍小平	张玲华	胡爱群	王丽娟	张锡昌
苏俊峰	张公忠	杜明芳	藏　胜	黄学慧
唐国宏	杨建华	耿望阳	金秋月	李书才

总　序

　　长三角 BIM 应用研究会及江苏高校大数据研究会(筹)的专家们,在积极参与"大众创业、万众创新"的热潮中,因势所需,因需而为,集中力量,积极组织编写了《互联网＋高新技术》系列丛书。编委会邀请本人担任名誉总编,对此,我深感荣幸,并表示衷心感谢!

　　我认为这套丛书选材合适,能紧跟我国经济发展新形势,以互联网＋360＋高新技术理念,推动和实施包括智慧医院工程、智慧园区工程以及智慧养生养老工程等的发展。

　　众所周知,当今世界科技领域正面临新一轮科技革命,它是以数字信息为基本特征的第四次工业革命,其核心技术是数字化与智能化,这是大潮流,大趋势。前两年,李克强总理在政府工作报告中提出了"互联网＋"概念。今年又将"人工智能"写入政府工作报告,要加快大数据、云计算、物联网等高新技术应用。

　　这套丛书概括了"互联网＋高新技术"在 360 行业中的应用。可以预料,在江苏高校及企业界精英通力合作下编写的这套丛书,必将有助于推动长三角地区的经济发展,对我国经济发展也将作出应有贡献。

许溶烈

2017 年 10 月 18 日于北京

总编的话

在全球信息化趋势和"智慧城市"理念的推动下,智慧园区发展模式应运而生,并成为城市范围内园区现代化的战略途径。智慧园区是智慧城市的重要表现形态,其体系结构与发展模式是智慧城市在一个小区域范围内的缩影,既反映了智慧城市的主要体系模式与发展特征,又具有一定的、不同于智慧城市发展模式的独特性。

智慧园区通过对信息技术和各类资源的整合,充分降低企业运营成本,提高工作效率,加强各类园区创新、服务和管理能力,为园区铸就一套超强的软实力。

从技术理解:智慧园区利用物联网、大数据、云计算、区块链、建筑信息模型(BIM)等新一代信息技术全面感知并整合城市的运行状态,构建了未来城市的信息基础,有力地支撑了园区的发展。

从应用理解:智慧园区是信息技术发展到一定阶段的产物,智慧园区带来的改变不仅限于理念范畴,还将使园区在生产方式、生活方式、交换方式、公共服务、机构决策、规划管理、社会民生等方面产生巨大和深远的变革。

由于本书涉及面广,因此在长三角 BIM 应用研究会的领导之下,组成了具有老中青三代不同专业方向的专家团队编写本书。

本书内容共五篇十七章:第一篇智慧园区工程建设基础,第二篇智慧园区与建筑智能化系统,第三篇"互联网+高新技术"与5G技术在智慧园区中的应用,第四篇智慧园区工程典型案例与"新基建"发展的现实意义,第五篇国内外智慧园区现状、发展及未来趋势。

智慧园区属于自动控制学科,具有智能化、网络化、生态化及社会化特征,其学术价值体现在智慧园区工程建设与新时代高新技术及5G技术与网络乃至6G技术与网络等相融合,这些技术促进了智慧园区工程建设有质的飞跃,使广大人民群众生活与工作幸福感得到很大提高。

经过几年来的研究,陆伟良教授及其团队率先提出了"互联网+360+高新技术"概念(简称"两+"理论),在2019年底提出了"互联网+360+高新技术"研究会组织架构设想图,如图0-1所示。

此图首先揭示了"互联网+"与"360种行业"及"高新技术"三者之间的有机联系,其次指出我国科学家提出的具有中国特色的"互联网+"理论及高新技术在360种行业都可以得到应用。

中国的俗语"360行,行行出状元"明确对外国记者提出的"中国'互联网＋'到底加多少种行业"进行了形象解答,得到业内不少专家的认可。三者在本书中的应用得到了推广。

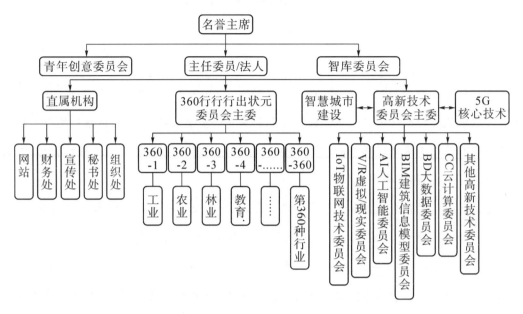

图 0-1 "互联网＋360＋高新技术"研究会组织架构设想图

本书总编组专家一致呼吁"互联网＋360＋高新技术"在当今要加快发展,尤其是目前新冠肺炎疫情横行,应加强智能化产业的免疫系统推广,如空调系统及楼宇自控系统的免疫功能、门禁系统的非接触功能、楼宇对讲系统的非接触式功能等,功能十分实用,应用十分广泛。

我们在党和政府有关政策指导下,决心在今后工作中努力参与开发工作。本书仅仅是我们的一些设想,很不成熟,希望抛砖引玉。

最后回归主题,本书的出版首先要感谢许溶烈外籍院士的指导,感谢长三角 BIM 应用研究会专家们的具体指导,还要感谢中国医学科学院肿瘤医院侯惠荣研究员的指导。

总之一句话,没有他们的关心与支持,本丛书的出版也将无从谈起!

本书总编组
2020 年 11 月

序

《智慧园区工程导论》一书即将面世，真所谓"宝剑锋从磨砺出，梅花香自苦寒来"。在历经了三年多的反复修改、提炼、整合、优化后，《智慧园区工程导论》终于修成"正果"了。这期间也不乏反反复复、甚至出现一些坎坷，全体编委们经受了"考验"，不忘初心、砥砺前行，到达了胜利的彼岸，可喜可贺！尤其是以许溶烈院士、陆伟良教授为代表的老一辈科技巨匠们为大家树立了榜样，令人敬佩！

《智慧园区工程导论》共分五篇十七章，内容涵盖了智慧园区工程的各个纵深领域，既有总体的宏观概述，又有分系统的专门研究；既有理论上的透彻论述，又有工程实际案例的具体分析；既有基础应用层面的"精雕细琢"，更有顶层设计架构的"高屋建瓴"。可以说《智慧园区工程导论》内容系统、观点清晰、可操作性强，各章节之间逻辑严密、循序渐进，相互演绎、推进。同时，又与时俱进，及时引进和介绍智慧园区工程中的新资讯、新技术、新产品和新的系统解决方案。

智慧园区工程作为智慧城市的重要组成部分，逐渐成为各地发展的新热点，特别是在党中央提出"新基建"的大背景下，显得尤为重要。近年来，我国一直致力于抓住新一轮科技革命机遇，大力发展数字经济，推动产业优化升级。在此基础上，进一步加快新型基础设施建设，加快智慧园区建设，从而加速信息技术与实体经济深度融合，使我国的产业数字化、网络化、智能化转型步伐更加稳健。

在智慧园区工程中，通过构建新一代基础设施，实现对园区感知网络的全面覆盖，使得园区各元素的各类信息均可接入传输网络层。在智慧园区工程的统筹规划下，依照集约共享的建设思路，以服务为宗旨、以应用为关键，通过安全、通畅的信息资源交换，实现各系统间资源共享，达到业务协同。智慧园区的重要部分是智慧应用体系，通过整合智慧园区运行核心系统的各项关键信息，从而对包括智慧园区服务、管理以及安全防范在内的各种需求做出智能响应，使智慧园区运行更加智能、顺畅。

在智慧园区工程众多新技术的应用体系中，目前5G技术、数据（大数据）的应用广泛、深入、价值凸显、影响深刻。

现略举几例：2020年5月，在5G网络下，"5G＋智慧公交"车路协同演示在河北雄安新区顺利完成，打造了雄安首个"5G＋智慧公交"车路协同试点。通过车车、车路信息交互和共享实现车辆与基础设施之间智能协同与配合，能够优化系统资源利用、提高道路交通安全、缓解交通拥堵。

2020 年 8 月，上海某医院与移动公司共同启动"5G 医疗新基建"项目建设。5G 智慧医疗应用场景：相隔万里的异地会诊；院内各类医疗设备从采购到报废的"全生命周期"管理都由一个平台实时掌握等。

5G 新阅读体验中心，基于 5G、全景视频全息影像等新技术的沉浸式阅读体验，以科技创新、文化创新和产业创新引领公共阅读新风尚。

各行各业推进数字化转型，企业日益将数字化视为核心竞争力。无论是商业模式创新、渠道变革，还是数字营销、用户运营，数字化不仅为众多企业带来新的业务增长点，而且不断拓展市场空间，并开始从底层改变企业生产方式和管理模式。

数据是一种新型生产要素，具有许多独特的属性，比如：数据总量趋近无限，快速增长的数据资源蕴含着巨大价值；数据又极具流动性，复制使用的边际成本很低，使用过程中数据非但不会被消耗，反而会产生更多；基础性资源数据还能大幅提升其他要素的生产效率，快速释放数据红利，为数据经济培育新的增长点。

今年以来，大数据、人工智能、云计算等数字技术，在疫情监测分析、病毒溯源、防控救治、资源调配等方面发挥了很好的支撑作用，成为数字化治理的一次生动实践。

以上列举仅是智慧园区工程在诸多新技术应用场景中的冰山一角。

在多年来大量的智慧园区工程的研究和实践工作中，《智慧园区工程导论》编委们发挥聪明才智，齐心协力，总结归纳出了在新的形势下智慧园区工程的新思路、新规律，创新性地提出了智慧园区工程顶层设计的新架构和新体系，并对较为丰富的实践案例进行了分享、分析。作为中国智慧园区工程运营的探索者、践行者，应该说，《智慧园区工程导论》的出版是编委们对我国智慧园区建设过程中作出的一份重要的贡献。这本《智慧园区工程导论》的编写深入浅出，理论联系实践，不仅可以为广大工程技术人员、高校老师提供借鉴和参考，而且对于智慧园区的建设者、城市建设的管理者也具有指导意义，值得大家研读和学习。

苏州启迪设计集团教授级高工　张林华

2020 年 8 月 8 日于苏州

前　言

2020年是不平凡的一年。2020元旦清晨，CCTV响起国家主席习近平通过中央广播电视台和互联网发表的"只争朝夕，不负韶华，共迎2020"新年贺词，短短三千多字，高度概括了我国上一年在国内外取得的一系列丰功伟绩和新年展望，令人鼓舞！

盼望已久的农历除夕夜却传来了武汉新冠肺炎疫情大爆发的噩讯，令人震惊！党中央习主席一声令下，人民子弟兵、各省医务工作者冒着生命危险，从四面八方冲向武汉抢救生命。在家过年的我们与老人小孩一起抗击疫情。很快农历春节假期过去，转眼到了元宵节，急待上班复工的人们却被要求留守在家，以确保生命安全。这时在电话、微信中却传来了我们尊敬的陆伟良老师坚定的声音："同学们，校友们，别紧张！听从党中央习主席的安排留守在家，多读书，读好书！"我们智慧园区编写组作者大部分分散在全国各地，从微信、邮箱中看到陆老师发来的技术资料，都很激动，马上行动，埋头写作。经过一年多努力，终于完成了《智慧园区工程导论》初稿。陆伟良教授作为本书总编，在名誉总编许溶烈院士指导下，团结我们克服疫情困难，充分发挥创新精神，不断精益求精。陆教授邀请了南京工业大学龚延风博导，中船708所吉雨冠研究员，联通江苏分公司龚永平教授级高工作为三位主审。作者们按照主审要求多次反复修改，现在终于完成初稿，但愿不辜负老师培养和专家指导。

本书内容共五篇十七章，各篇章内容安排及写作者如下：

第一篇　智慧园区工程建设基础

第一章　智慧园区工程建设概论　　　　　　　　　　　　　　　　陈志武

第二章　智慧园区工程建设目标及标准体系　　　　　　　　　　　陈志武

第三章　智慧园区工程架构体系　　　　　　　　　　　　　　　　陈志武

第四章　智慧园区顶层设计　　　　　　　　　　　　　　　　　　陆　侃

第二篇　智慧园区与建筑智能化系统

第五章　智慧园区与建筑智能化系统功能及技术要求　　　　　　　陆　侃

第六章　智慧园区智能化管理平台　　　　　　　　　　　　　　　陆　侃

第三篇　"互联网＋高新技术"与5G技术在智慧园区中的应用

第七章　物联网及其在智慧园区中的应用　　　　　　　　　刘文捷、周　炜

第八章　区块链及其在智慧园区中的应用　　　　　　　　　　　　盛徐桦

第九章　云计算与云服务及其在智慧园区中的应用　　　　　　　　管　菅

第十章　大数据及其在智慧园区中的应用　　　　　　　　　林天培、孙　敬

第十一章　人工智能及其在智慧园区中的应用　　　　　　　　　　王力翔

第十二章　建筑信息模型(BIM)及其在智慧园区中的应用　　　　　蔡开宗

本书主编为金程科技有限公司陈志武高工与管菅高工，本书副主编为无锡广电集团陆侃高工，中国移动通信集团江苏有限公司倪乐尘高工，南京菲博思科技有限公司黄忠怡高工，深圳前海链科有限公司盛徐桦研究员，超威半导体（上海）有限公司王力翔工程师，深圳市建材交易集团有限公司林天培工程师。参与本书的作者还有中建研科技股份有限公司刘文捷、无锡市人力资源和社会保障信息中心周炜、南京长江都市建筑设计院孙敬高工等。

本书撰写过程中得到了丛书名誉总编、住房和城乡建设部科技委顾问委员、瑞典皇家工程科技科学院外籍院士、亚洲智能建筑学会顾问委员许溶烈博士，丛书总编、南京工业大学智能建筑研究所创始所长、亚洲智能建筑学会执行委员陆伟良教授，丛书副总编、启迪设计集团股份有限公司张林华教授级高工及中通服咨询设计研究院有限公司蔡开宗高工的指导与支持。

本书的出版还得到了东南大学上海校友会会长李华彪教授、清华大学杜明芳博士、南京工业大学电气工程与控制科学学院刘建峰副教授、上海工业设备安装公司王元恺高工、上海大学朱秋煜教授、上海华东建筑设计研究院瞿二澜高工、深圳达实智能集团李进保总工的指导，一并表示感谢！

在本书编写工作中，王晓菲等技术助理做了大量具体工作，在此表示感谢！

我们还参考了国内外智慧园区专家的论文与著作，列于书末参考文献，在此表示感谢，疏漏之处还请指正！

由于本书内容广泛，涉及的技术发展迅速，限于我们水平，错漏之处难免，欢迎各位专家读者对本书提出批评和指正！请发邮件至 abuchen99@126.com，以便再版时改进，不胜感谢！

主编　陈志武　管　菅

2020 年 12 月

目　　录

第一篇　智慧园区工程建设基础

第一章　智慧园区工程建设概论

1.1　智慧园区的由来

1.1.1　传统园区的由来

园区的由来可以从不同维度来看。从社会生产力和生产关系的维度来看,有产业园区、工业园和开发区三个主要概念。

人类社会自出现到现在已经有超过百万年历史,人类从开垦、种植、驯化、养殖开始,先在自己的种植田地和养殖场所劳作以养活自己的家庭和群体。后来随着劳动生产率的提高,富余的商品可以用于商品交换,并且随着大规模商品交换贸易的出现,只依靠各自自有的田地、养殖场已经不能满足要求,这时慢慢出现了规模更大、生产效率更高的种植园、养殖园、手工艺场、矿场等,这是最古老的产业园区的雏形。

今天虽然我们已经很难看到现存的古代的生产园区,但是还是有些基础设施流传了下来,比如坐落在四川盆地成都平原西部岷江之上的,始建于秦昭王末年(约公元前 256 年至前 251 年),由蜀郡太守李冰父子组织修建的大型水利工程都江堰,由分水鱼嘴、飞沙堰、宝瓶口等部分组成,两千多年来一直发挥着防洪灌溉的作用,使成都平原成为水旱从人、沃野千里的"天府之国",至今灌区已达 30 多个县市、面积近千万亩。不难想象,在两千多年前这里就是四川盆地中的巨大的种植园区。直到今天,这些古时候修建的水利工程还在发挥着巨大作用,也让我们容易联想到当时的大规模统一灌溉的情景。今天,这些古老的农业园区正在转变成为智慧农业产业园区。

随着工业革命的到来,生产力发展水平越来越高,社会分工越来越细,科学技术有了巨大的发展,商品数量越来越多,人们对生活质量要求越来越高,客观上要求生产园区的种类越来越多,各个园区里面集中了同类或者种类相近的作坊、工厂、公司。慢慢地在很多行业都出现了"产业特色园区",比如机械化种植园区、机械零件制造加工产业园、汽车制造产业园、重工业产业园、物流仓储产业园,还有各种创意园区、农业示范园区,等等。这就是产业园区的由来。

各类相近或相关的产业园区,往往会聚集在一起,形成"工业园区"。一般而言,工业园区是指建立在一块固定地域上的由制造企业和相应的服务企业构成的企业社区。

近年来随着经济的发展,第二产业工业、第三产业服务业对于国家的发展创新越来越重要,政府为了促进企业的发展,设立了相关的管理和服务机构,通俗说就是"开发区",它是由国务院和省(自治区、直辖市)人民政府批准在城市规划区内设立的,目的一般是为支持地区发展地方经济。开发区是一级行政部门,各种机构跟政府差不多,有监管、财税、融资、服务等各种部门。开发区在机构名称上,往往称为某某管委会,比如江北新区管委会。

1.1.2　智慧园区的由来

从园区的信息化发展水平的角度来看,园区经过了无信息化园区(传统园区)、信息化园区、智能化园区和智慧园区几个阶段。不同园区的发展也有一定的关系。

(1) 传统园区:在信息化技术出现之前,所有园区都是传统园区,整个园区的规划、建设、组织、运营都是在当时的技术水平基础上,由人工团队亲力亲为,对园区内的成员只提供最基本的服务。

对于传统园区来说，在工业革命之前，在其中的工厂大都是以传统的人力为中心的组织协作方式来生产。在工业革命之后，生产方式逐渐转化成以机械化设备为中心的生产线方式，其中以流水线生产方式最为普遍，效率较高。比如众所周知的传统汽车行业的流水生产线。

（2）信息化园区：是在传统园区的基础之上，伴随着信息技术的出现和应用，特别是通信技术、数字化通信技术、计算机技术为代表的信息处理设备的广泛应用，而出现和发展起来的。这类园区往往都有电话、电脑、数控机床或者其他常见的电子控制系统。在我国改革开放以后的20多年间，这类园区不断涌现，不断向全国各地发展。

（3）智能化园区：是在信息化园区的基础上，引入了部分智能子系统而发展出来的园区，这些智能子系统包括智能监控系统、智能电梯系统、智能停车闸机、智能售货机、智能中央空调等各离散的智能化系统，我国现在的园区大多处于这个阶段。

（4）智慧园区：目前正在蓬勃发展、方兴未艾的园区。智慧园区是基于各智能子系统，或者智慧子系统发展而来的，并且是有机地结合了园区内各子系统和园区外的智慧城市的“生命体”。现在大多数园区都在往这个方向发展。智慧园区要有智慧，也就是说最终这个园区要具备像人的大脑具有的智慧的思维能力。这就需要这个园区的“大脑”能够知道园区外（智慧城市）和园区内各智能系统的状态，能够预判未来可能出现的事件，提前让相应的智能或者智慧子系统做出反应，以维持园区高效的效率和良好的环境和氛围，为工作生活在园区中的人们提供智慧化的、宾至如归的服务。这就要求智慧园区的信息化基础设施、数据采集、数据挖掘、智能学习和人工智能辅助判断、自动优化技术能够有机地融合，并且不断地自我革新发展，最终达到智慧园区和人事物的和谐相处，不断优化，不断成长，提高效率。

如图1-1所示，可以快速地看出园区的由来和各个发展阶段。

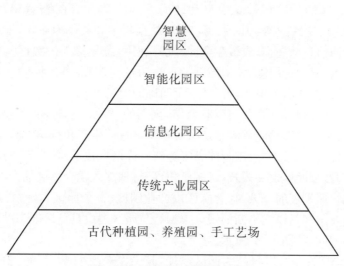

图1-1　园区的由来和发展阶段

1.2　智慧园区大行其道

智慧园区已经成为现在一个很时髦的重要风口。这里我们从宏观上来看其背后的深层原因和逻辑。

2008年，全球200多个主要国家的整体城镇化水平首次达到了50%。2010年，中国的城镇化水平达到了 50%。之后每年城镇化水平大概提高 1%,到 2020 年,中国的城镇化水平达到 60%,预计到 2035 年,中国的城镇化水平将达到约 75%,接近部分发达国家水平。

多项学术研究表明,人类社会的总体发展水平和城镇化水平紧密相关。最近几百年的全球几乎所有国家的发展状况都充分说明了这一点。其中和人民生活水平直接相关的非常重要的一个指标——人均收入,在城镇化率在 60% 到 75% 之间的时候(对于中国来说,大概是 2020 年到 2035 年),是人均收入最佳的跃迁期,超过了这个阶段,跃迁就很难,可能进入中等收入陷阱。中国现在人均收入约 10 000 多美元,未来 15 年能否快速上升,翻倍甚至于翻两番,接近欠发达或部分发达国家水平,对于中国的伟大复兴,对于陪伴中国发展的每个人都非常重要。

而城市是国家和大多数生活在城镇里的主要劳动群体、创新群体所依赖的主要载体环境,其重要性不言而喻。而各种各样的智慧园区(含产业园区、社区、其他各类公共或私有园区),构成了城市的绝对主体,产生并消耗了社会的主要资源和产品,产出了约 80% 的 GDP,同时又是数字智慧社会的主要出入口。所以,智慧园区在一定意义上极大地影响了各行各业的发展,也极大地影响了几乎每个人的未来!

可见,我们每个劳动者、创新者能否实现快速跃迁,能否与时俱进,都和智慧园区紧密相关,都需要了解智慧园区,融入智慧园区!

1.2.1 智慧园区工程定义

(1) 传统园区的工程定义

在工程上,传统园区是指一般由政府(民营企业与政府合作)规划建设的,供水、供电、供气、通信、道路、仓储及其他配套设施齐全、布局合理且能够满足从事某种特定行业生产和科学实验需要的标准性建筑物或建筑物群体。

(2) 智慧园区的工程定义

在全球数字化转型的浪潮下,党中央和政府领导人非常有前瞻意识,习近平总书记在 2017 年中央政治局第二次集体学习时强调,"要以数据集中和共享为途径,推动技术融合、业务融合、数据融合,打通信息壁垒,形成覆盖全国、统筹利用、统一接入的数据共享大平台,构建全国信息资源共享体系,实现跨层级、跨地域、跨系统、跨部门、跨业务的协同管理和服务"。在智慧园区层面,这就是给智慧园区中的"智慧"下了明确的定义。

智慧园区是指一般由政府(企业与政府合作)规划的,供水、供电、供气、通信、道路、仓储及其他配套设施齐全、布局合理且能够满足从事某种特定行业生产和科学实验需要的建筑或建筑群,结合物联网、云计算、大数据、人工智能、5G 等新一代信息技术,具备互联互通、开放共享、协同运作、创新发展的新型园区发展模式,是园区建设、管理深入融合发展的产物。

在全球城镇化快速发展的今天,智慧园区以产业园区、办公园区、智慧社区以及企业园区、商业园区等多种新业态和新模式不断涌现。典型智慧园区建设具备多业态的特征,不同业态园区的关注重点各不相同,如图 1-2 所示。

智慧园区应结合新技术,以科技为园区赋能,打造"安全、智慧、绿色、高效"的新型园区,提升园区的社会和经济价值,实现园区经济可持续发展的目标,如图 1-3 所示。智慧园区建设已成为当今城市规划和社会发展的关注焦点,成为各类产业园区和社区建设发展的必然趋势。

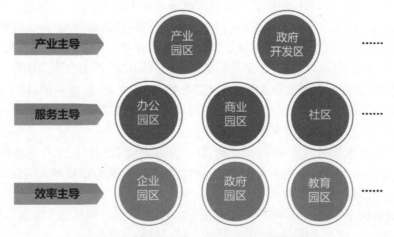

图1-2　典型智慧园区建设具备多业态的特征

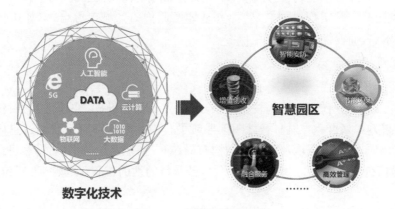

图1-3　智慧园区的定义

1.2.2　智慧园区工程类型

智慧园区工程有多种分类方法,我们按产业型园区的用途可以将其分成五大类型,即工业园区工程、产业园区工程、物流园区工程、科技园区工程以及文化创意园区工程,见表1-1所示。

表1-1　不同产业型园区用途类型

序号	园区类型	功能	园区重点	实例
1	工业园区	工业聚集区	侧重工业发展	如苏州工业园区等
2	产业园区	为发展特定产业而设立园区	侧重制造业、出口加工区、保税区	如上海高桥保税区等
3	物流园区	整合物流业务运作平台	侧重物流运转	如上海虹桥物流园区等
4	科技园区	为发展特定科技研发设立园区	侧重科技开发和智力密集型产业、国家大学科技园	如上海张江科技园区等
5	文化创意园区	为发展文化创意特色而设立园区	侧重文化创意	如深圳文化创意园区等

从更广泛的范围上看,可以将广义的智慧园区分为以下几类:

智慧产业园区:以促进某一产业发展为目标而创立的特殊区位环境,是区域经济发展、产业调整升级的重要空间聚集形式,担负着聚集创新资源、培育新兴产业、推动城市化建设等一系列的重要使命。如物流园区、科技园区、文化创意园区、总部基地、生态农业园区等。

智慧公园,智慧景区:基于大数据平台,智慧管理,智慧设备,智慧养护,线下线上一体化管理、运营的信息化公园或景区。通过视频监控、射频识别、红外感应、激光扫描等感测技术,实时感知公园绿色资源、基础设施、游客流量的变化信息。

智慧社区:是指充分利用物联网、云计算、移动互联网等新一代信息技术的集成应用,为社区居民提供一个安全、舒适、便利的现代化、智慧化生活环境,从而形成基于信息化、智能化社会管理与服务的一种具有新的管理形态的社区。

特色小镇:根植于特定区域的产业特色,在功能上实现"生产＋生活＋生态",形成产城乡一体化功能聚集区,如:旅游小镇、科技小镇、物流小镇、环保小镇等。

智慧综合体:涵盖智慧建筑,将建筑内外的功能如商业、酒店、公寓、写字楼等资源综合统一于一个一体化管理平台,实现协同共享,提升整体商业价值的城市综合体,如机场、口岸、展览馆、体育馆、艺术馆、商业综合体等。

1.2.3　智慧园区工程六大特点

（1）服务最优化

传统的园区如果场所较大,结构较为复杂,来访人员很难准确、快速地找到目的地,基本上都以传统的问路方式来自我导航。智慧园区导航平台中的园区导览系统通过室内外地图的结合,完整地展示出园区整体环境及楼宇的结构布局,融入精准定位技术后,访客可通过智慧园区的 App 或者微信公众号,随时获取园区地图、自己及目的地的位置,实现精准定位导航,快速抵达目的地。

（2）运营智能化

智慧园区运营管理平台通过将可视化地图与园区运营数据完美衔接,使管理者可以通过"一张图"动态地查看到园区运营过程中的核心数据,如查看整个园区内已出租办公空间的面积、入驻企业名称、租赁到期时间等,便于管理者对整个经营过程进行基于时空数据的可视化管控,有效提高管理水平,增加经济效益。

（3）安全防范化

智慧园区安全管理平台结合物联网技术,对整个园区的水、电、气等能源及设备进行管理与监测,整合设备的实时数据,为园区管理者在资源合理调配、节能减排方面提供有效的数据支撑。如有设备发生异常,传感器会将异常设备的详情数据及所在位置及时反映到三维地图上,以多种警报形式通知管理人员,使管理人员可以第一时间下派负责人前去处理,避免事故的发生,为园区的安防管理提供强有力的保护伞。

（4）管理智慧化

依靠大数据为决策提供依据和支持,智慧园区管理智能化和数据采集终端、场景化管理应用助力效率提升和服务增值。

（5）办公智慧化

通过智慧办公,可以实现会议室、工位、打印机、停车位等办公资源的共享,提升资源利用效率,智慧园区引领绿色办公新模式。

（6）生活智慧化

智慧园区实现园区生活智慧化，并且为园区入驻企业提供高效率、低成本的服务管理平台，进而带动产业园及企业的联动发展，进一步激发招商活力。

1.2.4 智慧园区从概念走向落地

当前，"新基建"成为中国经济领域的一大热点。以数字化为核心，新基建释放的数万亿的市场空间，也将为新经济发展带来新的动能。站在"新基建"之上，智慧城市是未来城市的发展趋势，园区作为城市经济创新和发展的重要载体，对其开展信息化建设是顺应智慧城市的大方向。智慧园区全场景、综合性解决方案提供商，在园区信息化建设领域，通过发挥"感知连接、集成融合、智慧挖掘"三大能力以及"云、管、端"一体化解决方案，统揽智慧园区建设。

目前，在产业、服务、社区等几乎所有领域，智慧园区的理念都在加速落地，举例如下：

（1）智慧产业园区

传统产业园区正面临转型升级考验，信息化已成为其建设发展的一部分。很多产业园区在推进信息化的过程中，普遍存在技术业务两张皮、系统设备均孤立、数据应用效率低、系统运维成本高等问题。当前以"全面感知、深度融合、高效智能"为整体目标，创新产业发展，创新园区管理、服务和运营，在适应园区企业快速发展需要的同时，提升园区高质量发展"软实力"，使园区逐步向智慧产业园区进化。

（2）智慧校园

教育信息化是对教育行业的整体提升。目前各大智慧产业公司利用云计算、物联网、大数据、AI（人工智能）等技术，实现学校办公、管理、服务、决策等智能化水平的提升，打造高效、敏捷的新型校园。

（3）智慧场馆/智慧展馆

随着各地对场馆/展馆设施的不断投入，各场馆运营单位都在寻求智慧化升级。高效率运营、精准化营销、便捷化服务等是各场馆运营单位面临的痛点。现在的发展方向是基于大数据、云计算、物联网、人工智能等前沿信息科技手段，建设智慧化场馆/展馆体验与服务平台，打造新一代"智慧场馆"。通过对新技术、新产品的应用，实现场馆/展馆管理精细化、设备设施智能化、服务人性化、办展科学化等。比如软通智慧在推动园区建设从概念走向落地的过程当中，秉承"基础设施一体化、数据融合一体化、城市治理一体化、产业发展一体化、民生服务一体化"的建设理念，打造了不少智慧场馆和智慧展馆。

1.2.5 智慧园区价值探索

（1）园区价值化战略与模式初探

建设智慧园区，需要有巨大的经济投入，同时也要评估其经济效益。正因为其重要性，从国家、地方、行业、企业等各维度出发，都有相应的价值战略和模式实践，并且都以可持续发展为目的。

对园区价值化概念、认知维度、衡量标准等进行界定，提出园区价值化战略可通过载体智慧化、产品标准化、价值中心化、运营生态化四条路径实现。

（2）国家产业投资

2020 年《政府工作报告》中提出三大资金出口，扩大有效投资：

① 专项债券。2020 年拟安排地方政府专项债券 3.75 万亿元，比上一年增加 1.6 万亿元，提高专项债券可用作项目资本金的比例，中央预算内投资安排 6 000 亿元。重点支持既促消费惠民生又调结构增后劲的"两新一重"建设，发展新一代信息网络，拓展 5G 应用，建设充电桩，

推广新能源汽车,激发新消费需求,助力产业升级。健全市场化投资机制,支持民营企业平等参与。

② 财政赤字。将赤字率从 2.8% 提高至 3.6% 以上,财政赤字规模比去年增加 1 万亿元,积极对冲疫情造成的减收增支影响,稳定并提振市场信心。

③ 抗疫特别国债。中央财政发行 10 000 亿元抗疫特别国债,全部转给地方,主要用于公共卫生等基础设施建设和抗疫相关支出。

(3) 国家产业政策动态

关于《工业大数据发展的指导意见》正式发布。整体思路:顺应大数据与工业深度融合发展趋势,通过促进工业数据汇聚共享、深化数据融合创新、提升数据治理能力、加强数据安全管理,打造资源富集、应用繁荣、产业进步、治理有序的工业大数据生态体系。

工信部关于深入推进移动物联网全面发展的通知:到 2020 年底,NB-IoT 网络实现县级以上城市主城区普遍覆盖,重点区域深度覆盖;移动物联网连接数达到 12 亿;推动 NB-IoT 模组价格与 2G 模组趋同,引导新增物联网终端向 NB-IoT 和 Cat1 迁移;打造一批 NB-IoT 应用标杆工程和 NB-IoT 百万级连接规模应用场景。鼓励各地在工业(产业)园区、智慧城市、美丽乡村以及城市道路桥梁、市政管网、综合管廊、交通物流、绿地景观等基础设施建设中统筹考虑智慧应用需求,提前做好移动物联网相关设施建设或为其预留空间。

(4) 园区价值

园区价值本体:园区承载经济活动存在的基本属性,它是园区价值增值的基础和条件。

园区价值增值:是园区价值表现的高级阶段,通过资源整合、产品打造、服务输出,形成园区产业生态,实现价值增值。这一点在服务型园区中体现得特别突出,也是智慧园区能给人最感性的认知,而且是未来的智慧园区给我们带来高品质工作生活体验的最佳价值体现。

(5) 园区价值化衡量维度

智慧园区的价值衡量有以下几个维度:

① 园区价值可量化

园区实现核心优势构建的前提是园区产品价值可量化;

园区通过可量化的产品、服务快速实现运营模式的复制和输出,精准导入资源,构建产业生态;

通过园区产品的封装,不断地输出、反馈、调整,实现产品迭代和优化。

② 功能产品标准化

园区通过将能力、技术、资源、服务按照一定比例和标准配比输出,实际产品标准化封装;封装产品帮助园区快速导入资源,构建自己核心能力和优势;

产品封装核心理念:园区即产品(PAAP:Park as a Product)。

③ 产业聚集生态化

借助互联网、大数据、云计算、人工智能等先进技术,高效、智能、科学地帮助园区快速匹配上下游产业链资源、订单需求、融资渠道、技术来源,快速搭建生态;

智慧园区作为网络协同平台节点,能快速实现外部要素链接、内部智慧运营、底层技术开放共享的产业生态。

④ 园区价值实现路径

智慧园区的价值实现,主要通过以下几种方式:载体智慧化、产品标准化、价值中心化、运营生态化。

　　a. 载体智慧化

➢ 微内核:园区系统＋中央驾驶舱,实现智慧园区信息化、智能化与智慧化;

➢ 全场景:数字化应用场景落地,内生孵化,外向延伸;

➢ 分布式:园区闭环对外协同,系统融合,资源联动。

　　b. 产品标准化

产品封装:将资源、能力、服务、技术按照一定能力进行匹配,形成高效率产出的能力。

"1321"封装模式:

➢ "1":一个核心主导能力企业;

➢ "3":科技能力、资本能力、人才能力三大能力建设;

➢ "2":一个公共服务平台和一个公共技术平台;

➢ "1":EOP 网络协同平台。

　　c. 价值中心化

园区价值将呈现中心化的趋势,园区将承担城市指挥功能中枢、产业技术开源平台、产业生态赋能核心三大功能。金融、人才、政策、技术、中介、媒体等要素在园区内部聚集、聚合、聚焦、聚变,形成内部产业生态,并通过城市智慧大脑、产业智慧大脑、订单中心、结算中心、创新中心、转化中心等功能模块向外辐射,引领区域经济发展。

　　d. 运营生态化

借助互联网、大数据、人工智能、云计算等网络信息技术,以新型智慧园区为网络协同平台,通过数据集成管理、要素资源智慧匹配、线上线下协同服务等方式,实现园区外部要素、内部园区运营、底层感知技术三维度产业技术协同,最终打造服务精细化、管理智慧化、招商精准化、资源共享化的园区运营生态。

1.2.6　智慧园区应用前景分析

(1)智慧社区

作为智慧园区中和广大人民群众接触最紧密的社区,是城市治理的"最后一公里",也是联系群众,服务群众的"神经末梢"。社区承载着人民对美好生活的期盼,也是智慧城市中虚拟政务、公共服务和安全系统的延伸。

推动社区建设,顶层设计要"接地气"。用的数据与政务系统对接,加快电子政务向社区的传播,找准切入点和着力点,推动城市治理的中心和配套资源向街道社区下沉,实现安全管控、政务服务、公共服务、居民生活四大应用数据联通,打造有机系统的社区生态体系,真正做到"民有所呼,我有所应"。

推动社区建设,基础管理"从微中见大"。街道和社区是城市治理的基本单元,社区关于人、地、物、事、房屋、公共设施等的各类动态数据,不仅是城市经济、环境态势的窗口,也是智慧社区管理的基础。通过社区平台互联互通的优势,及时发现问题、解决问题。跨部门协同作战,把分散式信息系统整合起来,消除城市治理中的"盲区""盲点"。

推动社区建设,管理模式应"多元化"。在此次疫情防控中,江苏依据大数据研判,协同作战,在遏制疫情输入和传播的第一道关口上形成一张无形而又严密的防控网,并探索出"网格＋部门,网格＋志愿者,网格＋物业"等各具特色,又相互衔接的社会治理形态。社区治理不能完全依赖线上平台,更需要社会力量的智慧联动,引导居民积极参与智慧社区的运营,才能构建完善牢固的社区治理新格局。

通过对社区的数字化布局、智能化建设,从而带动整个城市不断转型升级。持续加强对技术型人才的战略投资,创造更多的新岗位、新业态,最终形成城市发展的核心竞争力,实现智慧无处不在、智慧联通万物的未来形态。

（2）智慧园区

智慧园区的概念是随着智慧城市的概念的引入而产生的。近年来,随着城镇化加速发展,世界城市尤其是较为发达的城市,饱受"城市病"的困扰,"智慧城市"这一新兴词汇应运而生。众多发达国家将智慧城市建设作为刺激经济发展和建立长期竞争优势的重要战略。

在"智慧城市"这一先行概念的引导之下,"智慧园区"的理念也进入了公众的视野。智慧园区是园区信息化的2.0版,是智慧城市的重要表现形态,其体系结构与发展模式是智慧城市在一个小区域范围内的缩影,既反映智慧城市的主要体系模式与发展特征,又具备了一定的不同于智慧城市发展模式的独特性。随着国内智慧城市建设步伐的不断加快,党中央和国务院也更加注重智慧园区的建设与发展,从2012年至今,颁布了多项政策推进智慧园区的建设,国内更多的各类型园区投身于园区的智慧化建设中。

智慧园区建设是利用新一代信息与通信技术来感知、监测、分析、控制、整合园区各个关键环节的资源,在此基础上对各种需求做出智慧的响应,使园区整体的运行具备自我组织、自我运行、自我优化的能力,为园区企业创造一个绿色、和谐的发展环境,提供高效、便捷、个性化的发展空间。

智慧园区带来的效益非常明显,包括提高能源使用效率,实现了园区的低碳运行;管理流程优化,实现了园区运行的全过程控制;强化统计分析,实现了园区信息资源深度开发;提高人员劳动生产率,实现了园区价值最大化;顺应智慧城市发展方向,推动了新型战略产业发展等。

1.3 智慧园区未来展望

目前,随着大数据、人工智能、云计算、区块链、信息栅格技术的发展,智慧园区也有了非常好的技术支撑。未来发展不可限量,各方期待的智慧化业务和智慧化生活必将到来,给人们的生活带来新的质的提高。在此,展望几种智慧园区的愿景,谨以抛砖引玉。

1.3.1 智慧产业园区的愿景

未来的智慧产业园区,将能够根据产业链的状况,基于智慧城市行业大数据,结合人工智能,智能提供相应数据和资源,协助园区中的企业和机构提高决策准确度,大大降低相应的浪费和成本,提高企业运转效率。

比如在物料和物流决策领域,智慧产业园区能够根据产业链上各企业的仓库状况、客户订单状况、企业信用状况、突发事件情况,来建议企业选择最合适的进料量、进料时间点、出货时间点、物流供应商。

再比如在未来的智慧产业园区中,黑灯工厂（一般指不用电的自动生产线的工厂）能够根据园区环境、园区能源、环保、安全等各方面的信息联动,自动调整生产计划的细节,自动优化机器设备的部分参数,让黑灯工厂升级成为智能黑灯工厂。

未来的智慧园区也必将进一步提高和未来智慧城市的联动,把从智慧城市获得的信息,用于园区管理优化,并且将园区的对外状态提供给智慧城市,将智慧园区和智慧城市深入融为有机的整体,共同优化、互相预警,使得智慧产业园区的效率、效益大大提高,同时使智慧城市更具有产业支撑,更能精准预测城市的经济相关的各种态势。智慧城市和智慧产业园区的智慧化融合,必将让城市的智慧度大大提高!

1.3.2 智慧研发、智慧服务园区的愿景

在未来,研发将由研发人员和智慧化的研发助理（包含智慧机器人的智慧化工作辅助系统）

共同完成,在智慧园区中优化配置人和机器人的合作。

未来的智慧研发园区,将更多地引入智慧化商务合作支持,智慧化商务助理,智慧办公辅助系统,具有智慧人性化的技术支持、咨询支持、专家辅助、智慧休憩引导等以服务研发团队的人或者机器人,具有以提高人的工作体验为目的的多个联动的智慧子系统或智能子系统。这些子系统依托于智慧园区,从智慧园区获取相应的信息和资源,进行相应的智能学习后,把相关的信息以研发团队需要的形式自动提供给研发人员(甚至是机器人)或者相关人员。

这样的智慧研发园区,能够将人的创造力、想象力最大程度地激发出来,同时能够给研发人员以极大的成就感,促进研发人员的创新,给研发人员以最大的辅助。能够在这样的智慧研发园区中工作,将使很多研发人的梦想实现。

对于不同的研发企业来说,未来的智慧园区也能够使企业的研发需求、研发辅助、市场分析需求、市场生态共建、经营方式、企业文化、企业环境等通过园区大数据、人工智能、区块链等技术手段来得到满足,解决很多现阶段在园区层面难以被介入和解决的问题。

入住这样的园区,企业相当于找到了自己的家园。对于有创业梦想的普通人来说,借力这样的智慧园区,省去好多精力去磨炼那些对自己而言并不太擅长的技能和能力,可以专心于自己最喜欢、最擅长的领域。在这样的智慧园区中,创业者只要做那块长板,智慧研发园区可以帮创业者补全短板。在这种情况下,大众创业、万众创新将更容易成功。

在一些智慧服务园区中,未来的大数据、人工智能技术将从纯技术,从对事物的感知、分析、处理拓展到对人的情绪感知。智慧城市、智慧服务园区将有很多技术手段来感知人的态势,对于人的情绪、心态、行为倾向等,都能够做出画像。在这样的园区中,对于每个人,相当于有了"智慧知心姐姐"的帮助;对于好多人,对于整个团队,都能有巨大的促进,让团队,甚至于团队与客户的合作更加融洽,大大提高生产效率,提高经济效益。

第二章　智慧园区工程建设目标及标准体系

2.1　智慧园区工程建设目标要求

2.1.1　智慧园区工程总体建设思路

智慧园区的管理是全方位、多层次的管理。通常智慧园区规模都比较大，领导者管理半径与管理纵深相应变大，做出准确决策的难度大大增加。从项目、公司到各行业、各部门的逐级监控管理问题，不同市场环境的兼顾与风险控制问题，专业分工细化带来的资源整合及协调问题等，都是园区在管理中所面临的困难。事实上，园区管理单位所承担的责任与基层地方政府所承担的责任非常相似，不仅要负责整个园区的管理，同时还要负责园区的产业推动、招商引资、应急处置、内部服务等各种服务与管理工作，因此必须建立一个强大的园区服务平台来进行支撑，同时依托平台，促使智慧园区的管理部门、企业和合作单位三者之间具有良性互动。

面对上述挑战，园区需要在战略、流程和资源三个层面进行良好的配合。在战略目标的指导下，建立合理高效的组织结构，完善企业整体各项流程，创建并固化一套科学的管理体系，充分利用人才和内外部资源。

2.1.2　智慧园区工程建设的困难及其对策

目前我国智慧园区工程建设过程中，具有的共性的困难主要集中在两个方面：一是缺乏顶层设计，各类园区规划中较少涉及信息化、智慧化的相关内容。已有的智慧园区规划中，也多为物理架构或技术架构设计，经常脱离实际业务需求。二是智慧园区工程建设所需要的信息资源整合缺乏统一标准、协调难度大、应用驱动缺乏问题导向，其结果是基本无法建立统一的信息资源体系和基础数据库，各类数据仍分散在各子系统中，难以整合到统一的数据信息平台来实现共享使用。

智慧化转型是解决传统园区痛点的最佳选择。用智慧化的方式重新定义园区，全方位重塑园区安全、体验、成本和效率；重塑园区管理运营模式，驱动行政管理的变革；重塑园区业务部署模式与商业模式，加速业务能力的发放与复制；从园区业务入手，开启企业、组织和社会智慧化转型。

以智慧化手段建设的智慧园区，旨在突破现有园区信息系统孤立现状，通过促进园区内技术融合、资源共享、业务协同以及实时状态反馈，打造以园区管理、服务业务为主导，以人为本的智慧园区，在现有园区信息化基础上，采取以下几个方面的对策：(1) 提高能源使用效率，实现园区的低碳运营；(2) 管理流程优化，实现园区运行的全过程控制；(3) 强化统计分析，实现园区信息资源深度开发；(4) 提高人员劳动生产率，实现园区价值最大化；(5) 理顺智慧城市与智慧园区使它们同步发展。

2.1.3　智慧园区工程建设目标要求

智慧园区工程建设目标要求如下：

(1) 要求园区在信息化方面建立统一的组织管理协调架构、业务管理平台和对内对外服务运营平台。

(2) 建立统一的工作流程，协同、调度和共享机制，通过云平台进行整合，以云平台为枢纽形成一个联系紧密的整体，获得高效、协同、互动和整体的效益。

（3）建立统一的应急管理与日常管理，以及对内与对外服务体系。

（4）建立统一的综合管理平台，实现园区安全、环保、应急、能源、经济、园区及企业办公等应用需求。

（5）建立园区综合管理服务体系。

2.1.4　智慧园区工程建设目标的分析

智慧园区工程建设目标可以从如下四个方面进行分析：

（1）政府政策方面

充分发挥政策导向在智慧园区建设和发展中的作用，完善智慧园区标准体系以及相关的法律法规，推动智慧园区标准化建设、应用和推广。

（2）行业发展方面

提升园区管理服务水平，扩大园区品牌影响力，提升企业信息化水平。实现园区升级和创新，打造产业生态链，从而增加政府税收，创造更多就业机会，提升政府执政形象。

（3）园区管理方面

提高园区招商核心竞争力，扩大园区品牌影响力，获取增值服务运营收益，开辟新的可持续的运营模式和盈利空间，实现园区企业的拎包入驻，提高企业办公效率，降低企业运营成本，提升企业竞争力。在园区进行智慧建设过程中，优先解决企业实际困难。

（4）技术架构方面

加快信息基础设施建设，使其与新一代 ICT 技术相融合，实现智慧园区数据融合与业务融合，支持园区的智慧建设和管理，为智慧园区提供一个开放的、可扩展的、能适应各类型园区对下接入各种数据资源、对上支撑各种园区应用的数字平台。

2.2　智慧园区标准化

2.2.1　国外智慧园区工程标准化现状

国际标准化组织建筑环境设计技术委员会（ISO/TC205）主要工作范围包括：建筑环节设计基本条款、节能建筑、建筑自动控制系统、室内空气质量、热量、声学、可视环节等设计。其宗旨是改进新建和既有建筑物内部环境及能耗，致力于建筑技术系统及相关设计过程、设计方法、设计阶段建筑物使用的研究和开发，室内环境质量以及热、声及视觉因素的改善。其中 ISO/TC205 WG3 建筑自动化和控制系统设计工作组的国内对口单位为全国智能建筑及居住区数字化标准化技术委员会（SAC/TC426）。ISO/TC205 已制定和正在制定的智慧园区相关国际标准项目见表 2 - 1。

表 2 - 1　ISO/TC205 已制定和正在制定的智慧园区相关国际标准项目

序号	标准号	标准项目名称（英文）	标准项目名称（中文）	状态
1	ISO 16484 - 1—2010	Building automation and control systems（BACS）—Part 1：Project specification and implementation	建筑自动化和控制系统（BACS）第 1 部分：项目规范和实施	已发布
2	ISO 16484 - 2—2004	Building automation and control systems（BACS）—Part 2：Hardware	建筑自动化和控制系统（BACS）第 2 部分：硬件	已发布
3	ISO 16484 - 3—2005	Building automation and control systems（BACS）—Part 3：Functions	建筑自动化和控制系统（BACS）第 3 部分：功能	已发布

序号	标准号	标准项目名称(英文)	标准项目名称(中文)	状态
4	ISO 16484-5-2017	Building automation and control systems (BACS)—Part 5: Data communication protocol	建筑自动化和控制系统(BACS)第5部分:数据通信协议	已发布
5	ISO 16484-6-2014	Building automation and control systems (BACS)—Part 6: Data communication conformance testing	建筑自动化和控制系统(BACS)第6部分:数据通信一致性测试	已发布
6	ISO 16818-2008	Building environment design-Energy efficiency-Terminology	建筑环境设计—能效—术语	已发布
7	ISO 17800-2007	Facility smart grid information model	设施智能电网信息模型	已发布
8	ISO 23045-2008	Building environment design—Guidelines to assess energy efficiency of new buildings	建筑环境设计——新建筑能效评估指南	已发布

2012年2月23日,国际标准化组织(ISO)响应联合国、世界银行等国际组织以及世界各国对可持续发展标准化的需求,批准成立ISO/TC268(国际标准化组织/城市和社区可持续发展技术委员会)。城市和社区领域可持续的标准化将包括制定与实现可持续发展有关的要求、框架、指导和支持技术和工具,同时考虑到智能和弹性以帮助所有城市和社区以及农村和城市的相关方地区的发展变得更加可持续。ISO/TC268国内技术对口单位为中国标准化研究院。ISO/TC268已制定和正在制定的智慧园区相关国际标准项目见表2-2。

表2-2 ISO/TC268已制定和正在制定的智慧园区相关国际标准项目

序号	标准号	标准项目名称(英文)	标准项目名称(中文)	状态
1	ISO/TR 37150-2014	Smart community infrastructures—Review of existing activities relevant to metrics	智能社区基础设施——现有活动相关度量审查	已发布
2	ISO/TS 37151-2015	Smart community infrastructures—Principles and requirements for performance metrics	智能社区基础设施——性能指标的原则和要求	已发布
3	ISO/TR 37152-2016	Smart community infrastructures—Common framework for development and operation	智能社区基础设施——发展和运行的通用框架	已发布
4	ISO 37153-2017	Smart community infrastructures—Maturity model for assessment and improvement	智能社区基础设施——评估和改进的成熟度模型	已发布
5	ISO/DIS 37160-2020	Smart community infrastructure—Measurement methods for the quality of thermal power station infrastructure and requirements for plant operations and management	智能社区基础设施——热电基础设施质量的测量方法以及电厂运营和管理的要求	已发布

2.2.2　国内智慧园区标准化现状

我国智慧园区建设整体上处于起步阶段,不少园区业主或园区管理者对于从当前传统园区转向未来智慧园区建设目标缺乏科学和系统性的认识,目前许多智慧园区新建、改建和扩建过程中缺乏依据,一定程度上存在盲目投资或重复建设的情况。智慧园区标准体系缺失是我国各地在智慧园区建设过程中遇到的重要问题。

我国多个标准化组织或行业协会已开展了智慧园区部分标准的研制工作,涉及信息与通信技术以及园区建设相关行业或领域。国家层面开展智慧园区标准研究以全国性的标准化技术委员会为代表,主要的组织如下。

（1）全国智能建筑及居住区数字化标准化技术委员会（SAC/TC426）

全国智能建筑及居住区数字化标准化技术委员会（简称"全国智标委"）（SAC/TC426）于2008年由国家标准化管理委员会批准（国标委综合〔2008〕108号）成立,是由住房和城乡建设部负责业务指导的技术标准组织,秘书处承担单位为住房和城乡建设部信息中心。全国智标委主要负责智能建筑物数字化系统领域国家标准的制修订工作,其工作领域与国际标准化组织建筑物环境设计技术委员会建筑物控制系统设计工作组相关联（ISO/TC205 WG3）。目前,归口管理涉及智慧城市、智能建筑、智慧社区、智能家居、数字城管、智能卡等领域的国家标准,现有成员单位300余家。下设智慧居住区分技术委员会、智能楼宇控制标准工作组、智能门锁标准工作组、绿色智慧社区标准推广中心、智慧物业应用推广中心、城市综合管理标准工作组和BIM标准工作组七个分支机构,目前正在筹备智慧园区标准工作组。SAC/TC426已制定和正在制定的智慧园区相关国家标准项目见表2-3。

表2-3　SAC/TC426已制定和正在制定的智慧园区相关国家标准项目

序号	标准号/项目号	标准项目名称	状态
1	GB/T 20299.1—2006	建筑及居住区数字化技术应用 第1部分:系统通用要求	已发布
2	GB/T 20299.2—2006	建筑及居住区数字化技术应用 第2部分:检测验收	已发布
3	GB/T 20299.3—2006	建筑及居住区数字化技术应用 第3部分:物业管理	已发布
4	GB/T 20299.4—2006	建筑及居住区数字化技术应用 第4部分:控制网络通信协议应用要求	已发布
5	GB/T 28847.1—2012	建筑自动化和控制系统 第1部分:概述	已发布
6	GB/T 28847.2—2012	建筑自动化和控制系统 第2部分:硬件	已发布
7	GB/T 28847.3—2012	建筑自动化和控制系统 第3部分:功能	已发布
8	GB/T 38237—2019	智慧城市 建筑及居住区综合服务平台 通用技术要求	已发布
9	GB/T 28847.5—2021	建筑自动化和控制系统 第5部分:数据通信协议	已发布
10	20161357—T—333	建筑及居住区数字化技术应用智能硬件技术要求	报批阶段
11	20174013—T—333	建筑自动化和控制系统 第6部分:数据通信协议一致性测试	编制阶段
12	20180987—T—469	智慧城市建筑及居住区　第1部分:智慧社区建设规范	编制阶段

（2）全国信息技术标准化技术委员会（SAC/TC28）

全国信息技术标准化技术委员会（简称"信标委"）,原全国计算机与信息技术处理标准化技术委员会,成立于1983年,是在国家标准化委员会和工业和信息化部的共同领导下,从事全国信息技术领域标准化工作的技术组织,对口 ISO/IEC JTC1(除 ISO/IEC JTC1/SC27)。信标委的工作范围是信息技术领域的标准化,涉及信息采集、表示、处理、传输、交换、描述、管理、组织、存储、检索及其技术,系统与产品的设计、研制、管理、测试及相关工具的开发等标准化工作。秘书处单位为中国电子技术标准化研究院。信标委下设 18 个分技术委员会和 21 个工作组。其中,物联网分技术委员会(SAC/TC28 SC41)负责的专业范围为物联网体系架构、术语、数据处理、互操作、传感器网络、测试与评估等物联网基础和共性技术;大数据标准工作组负责的专业范围为大数据标准体系,关注技术、产品、行业应用、服务、管理、安全。SAC/TC28 已制定和正在制定的智慧园区相关国家标准项目见表 2-4。

表 2-4 SAC/TC28 已制定和正在制定的智慧园区相关国家标准项目

序号	标准号	标准项目名称	状态
1	GB/T 36451-2018	信息技术 系统间远程通信和信息交换 社区节能控制网络协议	已发布
2	20190833-T-469	信息技术 系统间远程通信和信息交换 社区节能控制异构网络融合与可扩展性	立项
3	20190832-T-469	信息技术 系统间远程通信和信息交换 社区节能控制网络控制与管理	立项

(3)全国电子业务标准化技术委员会(SAC/TC83)

全国电子业务标准化技术委员会(SAC/TC83)成立于 1999 年,负责全国 EDI,开放式 EDI,基于纸质的文件格式,行政、商业、运输业、工业领域业务工作电子化涉及的数据元、代码、数据结构化技术、电子文档格式(交换结构)、业务过程、数据维护与管理、消息服务、关键支撑技术等专业领域标准化工作。SAC/TC83 已制定的智慧园区相关国家标准项目见表 2-5。

表 2-5 SAC/TC83 已制定的智慧园区相关国家标准项目

序号	标准号	标准项目名称	状态
1	GB/T 36555.1-2018	智慧安居应用系统接口规范 第 1 部分:基于表述性状态转移(REST)技术接口	已发布
2	GB/T 36553-2018	智慧安居应用系统基本功能要求	已发布
3	GB/T 29854-2013	社区基础数据元	已发布

(4)全国安全防范报警系统标准化技术委员会(SAC/TC100)

全国安全防范报警系统标准化技术委员会(SAC/TC100)(简称"全国安防标委会")成立于 1987 年,主要负责我国安全防范报警系统技术领域的国家标准和行业标准制修订工作,其完成的现行有效标准有 200 余项,其中国家标准 50 余项,行业标准 150 余项。SAC/TC100 积极参加 IEC/TC79 国际标准化工作,牵头制定 6 项国际标准,派出 20 余名技术专家参与 7 项国际标准起草工作。其中与智慧园区相关的标准中,全国安防标委归口工作范围涉及入侵和紧急报警、视频监控、出入口控制、安防工程、人体生物特征识别应用等专业技术领域。SAC/TC100 已制定的智慧园区相关国家标准项目见表 2-6。

表2-6　SAC/TC100 已制定的智慧园区相关国家标准项目

序号	标准号	标准项目名称	状态
1	GB/T 37300—2018	公共安全重点区域视频图像信息采集规范	已发布
2	GB/T 37078—2018	出入口控制系统技术要求	已发布
3	GB/T 35736—2017	公共安全指纹识别应用图像技术要求	已发布
4	GB 35114—2017	公共安全视频监控联网信息安全技术要求	已发布
5	GB/T 28181—2016	公共安全视频监控联网系统信息传输、交换、控制技术要求	已发布
6	GB 25287—2010	周界防范高压电网装置	已发布
7	GB/T 21741—2021	住宅小区安全防范系统通用技术要求	已发布

（5）中国工程建设标准化协会

中国工程建设标准化协会（China Association for Engineering Construction Standardization，CECS）成立于 1979 年 10 月，是由从事工程建设标准化活动的单位、团体和个人自愿参加组成的全国性、专业性的社会组织，是在民政部注册登记具有法人资格的非营利性社会团体。经过几十年的发展，协会已成为在国内工程建设标准化领域具有重要影响的从事标准制修订、标准化学术研究、宣贯培训、技术咨询、编辑出版、信息服务、国际交流与合作等业务的专业性社会团体。已同许多国际、地区和国家的标准化组织建立了合作关系，在国际上有一定的影响力。中国工程建设标准化协会已制定和正在制定的智慧园区相关团体标准项目见表 2-7。

表2-7　中国工程建设标准化协会已制定和正在制定的智慧园区相关团体标准项目

序号	标准号	标准项目名称	状态
1	T/CECS 526—2018	智慧住区建设评价标准	已发布
2		智慧社区设计标准	编制阶段
3		智慧社区规划标准	编制阶段
4		绿色智慧产业园区评价标准	编制阶段
5		智慧园区设计标准	编制阶段

（6）中国建筑学会

中国建筑学会（The Architectural Society of China）是全国建筑科学技术工作者组成的学术性团体，主管单位为中国科学技术协会、住房和城乡建设部。学会理事会现设立四个工作委员会，学会下设二级组织 49 家，包括 26 个直属分会、23 个学术/专业委员会。学会于 2017 年9 月批准同意成立中国建筑学会标准工作委员会，标志着中国建筑学会标准化工作全面启动，已成功获批成为国家标准委第二批团体标准试点单位。学会于 2019 年第一批标准编研计划中已立项团体标准《智慧建筑设计标准》。中国建筑学会正在制定的智慧园区相关团体标准项目见表 2-8。

表2-8　中国建筑学会正在制定的智慧园区相关团体标准项目

序号	标准号	标准项目名称	状态
1		智慧建筑设计标准	编制阶段

（7）中国建筑节能协会

中国建筑节能协会是经国务院同意、民政部批准成立的国家一级协会，业务主管部门为住房和城乡建设部。协会是由建筑节能与绿色建筑相关企事业单位、社会组织及个人自愿结成的全国性、行业性、非营利性社团组织,主要从事建筑节能与绿色建筑领域的社团标准、认证标识、技术推广、国际合作、会展培训等服务。2017 年 7 月 24 日中国建筑节能协会标准化管理委员会及中国建筑节能协会标准化管理办公室正式成立。标准化管理机构的成立代表着中国建筑节能协会团体标准工作正式启动。中国建筑节能协会正在制定的智慧园区相关团体标准项目见表 2-9。

表 2-9 中国建筑节能协会正在制定的智慧园区相关团体标准项目

序号	标准号	标准项目名称	状态
1	T/CABEE-JH2018003	智慧建筑运维信息模型应用技术要求	编制阶段
2	T/CABEE-JH2019001	智慧建筑建设规范	编制阶段

2.3 智慧园区工程建设标准体系

2.3.1 智慧园区标准清单——总体标准

智慧园区标准清单的梳理的目的,是为全面支撑我国智慧园区建设,提供一套科学合理的、系统的、可操作的标准清单。智慧园区标准清单力争全面覆盖智慧园区建设的各个主要方面,涵盖智慧园区建设有代表性的各级标准,包括但不限于以下的国家标准、行业标准和地方标准,以及重要的团体标准。已梳理出和智慧园区相关的标准共 97 项。智慧园区标准清单——总体标准见表 2-10。

表 2-10 智慧园区标准清单——总体标准

序号	标准号	标准名称	级别
1	GB/T 29262-2012	信息技术 面向服务的体系结构(SOA)术语	国标
2	GB/T 50155-2015	供暖通风与空气调节术语标准	国标
3	GB/T 50083-2014	工程结构设计基本术语标准	国标
4	GB/T 50504-2009	民用建筑设计术语标准	国标
5	GB/T 25069-2022	信息安全技术 术语	国标
6	JGJ/T 30-2015	房地产业基本术语标准	行标
7	CJJ/T 55-2011	供热术语标准	行标
8	JGJ/T 119-2008	建筑照明术语标准	行标
9	GB/T 32400-2015	信息技术 云计算 概览与词汇	国标

2.3.2 智慧园区标准清单——基础设施标准

智慧园区标准清单——基础设施标准见表 2-11。

表 2-11 智慧园区标准清单——基础设施标准

序号	标准号	标准名称	级别
1	YD/T 2019.1-2009	基于公共电信网的宽带客户网络设备测试方法 第一部分:网关	行标
2	GB/T 18410-2001	车辆识别代号条码标签	国标

序号	标准号	标准名称	级别
3	GB/T 25724—2017	公共安全视频监控数字视音频编解码技术要求	国标
4	GB/T 28181—2011	安全防范视频监控联网系统信息传输、交换、控制技术要求	国标
5	GB 50395—2007	视频安防监控系统工程设计规范	国标
6	GA/T 367—2001	视频安防监控系统技术要求	行标
7	GB/T 28508—2012	基于公用电信网的宽带客户网络总体技术要求	国标
8	GA 381.1—2002	公共数据交换格式 第1部分:应用层接口格式	行标
9	GA 381.2—2002	公共数据交换格式 第2部分:交换层接口格式	行标
10	GB 50015—2019	建筑给水排水设计标准	国标
11	GB 50335—2016	城镇污水再生利用工程设计规范	国标
12	GB 50555—2010	民用建筑节水设计标准	国标
13	GB 50052—2009	供配电系统设计规范	国标
14	GB 29550—2013	民用建筑燃气安全技术条件	国标
15	GB 50189—2015	公共建筑节能设计标准	国标
16	GB/T 15316—2009	节能监测技术通则	国标
17	GB/T 20299.1—2006	建筑及居住区数字化技术应用 第1部分:系统通用要求	国标
18	GB/T 20299.2—2006	建筑及居住区数字化技术应用 第2部分:检测验收	国标
19	GB/T 20299.3—2006	建筑及居住区数字化技术应用 第3部分:物业管理	国标
20	GB/T 20299.4—2006	建筑及居住区数字化技术应用 第4部分:控制网络通信协议应用要求	国标
21	GB/T 28847.1—2012	建筑自动化和控制系统 第1部分:概述	国标
22	GB/T 28847.2—2012	建筑自动化和控制系统 第2部分:硬件	国标
23	GB/T 28847.3—2012	建筑自动化和控制系统 第3部分:功能	国标
24	GB 50311—2016	综合布线系统工程设计规范	国标
25	2009—2810T—SJ	面向大型建筑节能监控的传感器网络系统技术要求	行标
26	GB/T 28847.5—2021	建筑自动化和控制系统 第5部分:数据通信协议	国标
27	20174013—T—333	建筑自动化和控制系统 第6部分:数据通信协议一致性测试	国标
28	20161357—T—333	建筑及居住区数字化技术应用智能硬件技术要求	国标
29	T/CECA 20002—2019	无源光局域网工程技术标准	行标
30	DD2015—06	三维地质模型数据交换格式(Geo3DML)	行标

2.3.3 智慧园区标准清单——管理与服务标准

智慧园区标准清单——管理与服务标准见表2-12。

表 2-12 智慧园区标准清单——管理与服务标准

序号	标准号	标准名称	级别
1	GB/T 20647.1—2006	社区服务指南 第1部分:总则	国标
2	GB/T 20647.2—2006	社区服务指南 第2部分:环境管理	国标
3	GB/T 20647.3—2006	社区服务指南 第3部分:文化、教育、体育服务	国标
4	GB/T 20647.4—2006	社区服务指南 第4部分:卫生服务	国标
5	GB/T 20647.5—2006	社区服务指南 第5部分:法律服务	国标
6	GB/T 20647.6—2006	社区服务指南 第6部分:青少年服务	国标
7	GB/T 20647.7—2006	社区服务指南 第7部分:社区扶助服务	国标
8	GB/T 20647.8—2006	社区服务指南 第8部分:家政服务	国标
9	GB/T 21741—2021	住宅小区安全防范系统通用技术要求	国标
10	GB/T 20299.3—2006	建筑及居住区数字化技术应用 第3部分:物业管理	国标
11	20152044—T—333	智慧城市 建筑及居住区综合服务平台 通用技术要求	已发布
12	DB37/T 2657—2015	智慧园区建设与管理通用规范	地标

第三章　智慧园区工程架构体系

3.1　智慧园区工程架构体系

智慧园区工程架构体系是针对智慧园区的标准的信息系统部分的总体架构,采用开放平台面向服务的架构,如图 3-1 所示。

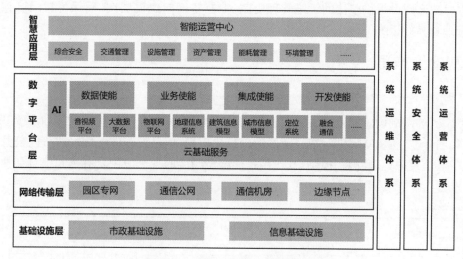

图 3-1　智慧园区工程架构体系图

智慧园区工程架构体系从园区信息化整体建设考虑,以通信和信息技术为视角,提出了所需要具备的四个建设层次和三个支撑体系,横向建设层次的上层对其下层具有依赖关系;纵向支撑体系对四个横向建设层次具有约束关系。横向建设层次和纵向支撑体系分别描述如下:

3.1.1　基础设施层

提供对园区人、事、物的智能感知能力,通过感知设备及传感器网络实现对园区范围内基础设施、环境、建筑、安全等方面的识别、信息采集、监测和控制;

3.1.2　网络传输层

包括园区专网、通信公网、边缘节点及通信机房等所组成的网络传输基础设施。

3.1.3　数字平台层

通过信息与通信技术的运用,夯实平台核心服务能力,对下连接物联设备、屏蔽设备感知层的设备差异,对上支撑上层智慧应用、支撑水平业务扩展能力,并提供高可靠的 IAAS、PAAS 云服务能力,用于统一开发、承载和运行应用系统。数字平台层,主要包括云端部署、连接层、使能层三个子层。该层具有重要的承上启下的作用。

3.1.4　智慧应用层

基于数字平台提供的核心数据、服务、开发能力,运用人工智能技术,建立的多种物联设备联动的行业或领域的智慧应用及应用组合,为园区管理者和园区用户等提供整体的信息化应用和服务。

3.1.5 系统运营体系

园区运营是围绕业务、用户场景,进行计划、组织、实施和控制等活动,是各项作业和管理工作的总称,对系统的建设要求,包含在园区整体体系架构建设中。

3.1.6 系统安全体系

为智慧园区建设构建统一的端到端的安全体系,实现系统的统一入口、统一认证、统一授权、运行跟踪、系统安全应急响应等安全机制,涉及各横向建设层次。

3.1.7 系统运维体系

为智慧园区建设提供整体的运维管理机制,涉及各横向建设层次,确保智慧园区整体系统的建设管理和高效运维。

3.2 基础设施层

3.2.1 概述

智慧园区的基础设施层组成主要以物联网技术为核心,包含信息基础设施和市政基础设施两部分(如图 3-2 所示),提供对智慧园区的信息化应用、信息设施、建筑设备管理、公共安全等系统的识别、信息采集、监测和控制,其作用是使智慧园区的各个应用具有感知信息和执行指令的能力。

基础设施层	信息基础设施				市政基础设施
	信息化应用系统	信息设施系统	建筑设备管理系统	公共安全系统	
	1 公共服务 / 2 智能卡应用 / 3 物业管理 / 4 信息设施运行管理 / 5 信息安全管理 / 6 访客系统 / 7 停车场库	8 信息接入系统 / 9 布线系统 / 10 移动通信室内信号覆盖系统 / 11 卫星通信系统 / 12 用户电话交换系统 / 13 无线对讲系统 / 14 信息网络系统 / 15 有线电视及卫星电视接收系统 / 16 公共广播系统 / 17 会议系统 / 18 信息导引及发布系统 / 19 时钟系统	20 建筑设备监控系统 / 21 建筑能效监管系统 / 22 冷热源系统 / 23 空调通风系统 / 24 给排水系统 / 25 照明系统 / 26 电梯扶梯系统 / 27 供配电系统 / 28 环境监控系统 / 29 供暖通风系统	30 火灾自动报警系统 / 31 安全技术防范系统 / 32 应急响应系统 / 33 安防监控中心 / 34 视频监控系统 / 35 出入口控制系统 / 36 入侵报警系统	37 路灯管理系统 / 38 井盖检测系统 / ……

图 3-2 基础设施层组成

3.2.2 信息基础设施

参照国标智能建筑设计标准(GB 50314-2015)对建设信息化系统的分类,信息基础设施主要分为四大类:

(1)信息化应用系统,包括公共服务、智能卡应用、物业管理、信息设施运行管理、信息安全管理、访客系统、停车场库系统,以及其他通用业务和专业业务等信息化应用系统。

(2)信息设施系统,包括信息接入系统、布线系统、移动通信室内信号覆盖系统、卫星通信系统、用户电话交换系统、无线对讲系统、信息网络系统、有线电视及卫星电视接收系统、公共广播系统、会议系统、信息导引及发布系统、时钟系统等信息设施系统。

(3)建筑设备管理系统,包括建筑设备监控系统、建筑能效监管系统、冷热源系统、空调通风系统、给排水系统、照明系统、电梯扶梯系统、供配电系统、环境监控系统、供暖通风系统,以及需纳入管理的其他业务设施系统等。

（4）公共安全系统，包括火灾自动报警系统、安全技术防范系统、应急响应系统、安防监控中心、视频监控系统、出入口控制系统、入侵报警系统等。

3.2.3　市政基础设施

市政基础设施是通过引入新技术对园区内建筑物外的道路交通、能源供给等涉及的路灯、井盖等进行自动控制、自动监测的系统。利用 Wi-Fi6、PLC 等技术，实现端侧设备无线化、少线化的高效接入，同时引入边云协同、IPv6、安全认证等技术，其作用是实现安全、高效、可靠、节能的运行和管理等。

3.3　网络传输层

3.3.1　概述

智慧园区的网络传输层主要包括园区专网、通信公网、通信机房和边缘节点等（见图 3-1），其作用是实现数据的快速可靠传输。

网络传输层应充分利用当前成熟的网络设施组网技术、全光无源局域网技术及最新的 5G 信息通信技术，进行园区网络设施建设，并与云计算、大数据、人工智能、虚拟增强现实等技术深度融合，为后期连续广域覆盖、热点高容量、低功耗大连接、低时延高可靠等应用场景提供应用支撑，为园区用户提供无缝的高速业务、极高数据传输速率和流量密度、毫秒级端到端时延、接近 100% 业务可靠性保证等体验，并为以传感和数据采集为目标的应用场景提供超千亿连接支持能力，满足 100 万/km² 连接数密度指标、超低功耗、超低成本要求，以用户为中心构建全方位的信息生态系统。全域感知和网络传输在物理园区和数字园区中的连接图如图 3-3 所示。

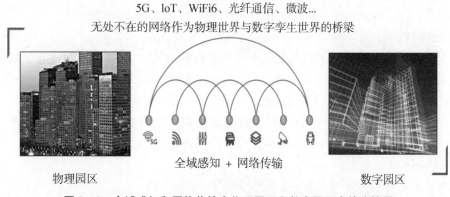

图 3-3　全域感知和网络传输在物理园区和数字园区中的连接图

园区的网络传输连接着园区的所有生产要素，包括人员信息、环境信息、事件信息、物联数据信息、各类办公信息等。园区的管理人员、工作人员、外来人员通过各类固定终端、移动终端使用园区网络收发着各类的园区数据。智慧园区的数字化程度基于园区网连接的数据的多少、连接的效率，数字化的目的是构建一张能够承载有线、无线、物联网的综合园区网络，使得园区网络能够满足园区内各种数据终端及传感设备在任意位置的接入需求，这是园区网建设的总目标。万物物联、园区虚拟可扩展局域网（Virtual Extensible Local Area Network，VELAN）等新技术的涌现，将使今后的网络面对越来越多的智能终端及物联网终端。有线网络、无线网络、物联网络的建设、维护必须大一统，因此面向泛在的承载是园区融合网络建设的核心任务。

3.3.2　园区专网

园区专网是指园区内部的专用网络,融合网络资源一张网,包括核心骨干网络、无线网络、有线网络、物联网络四个部分。

（1）核心骨干网络

实现一网多用,是园区的骨干网络,作为多网融合的承载,需要具备如下能力:

① 具备 SDN 自动化部署:网络通过控制器实现全网设备资源云化管理,无线、有线、物联网络设备统一运维,全网设备即插即用,全自动化部署,替换免配置。

② 超宽架构:接入至汇聚采用 10 GE 链路双上行互联;汇聚至核心采用 100 GE/40 GE 链路互联,实现 GE 到桌面,满足 10 Gb/s Wi-Fi 上行接入、POE＋供电,保障未来 5～10 年网络业务扩容需求。

③ 全智能化:支持全智能网络,通过 AI 技术搭建智能化连接、运维、学习的三层 AI 架构网络,实现智能化网络运维;用户体验智能感知,用户接入网络全旅程感知;业务智能化保障,可以实现加密流量与私有定制业务的智能识别,满足关键业务的 SLA 保障;全网安全态势智能感知,防止加密流量攻击与内网攻击横向扩散。

④ 一网多用,按需定义:实现办公、物联、安防等网络的统一承载,通过 VXLAN 或者其他虚拟网络技术对各专网进行虚拟化隔离。面向未来快速发展的 ICT 业务,通过虚拟网络可以在不改变物理网络架构基础上,实现业务网络的"快速任意重定义",支撑数字化快速创新。

⑤ 弹性扩展,权限随人或物而行:通过多种接入方式全面覆盖的一张物理网络,在提供无处不在的网络连接基础上,通过云化网络架构实现网络边界的弹性扩展,让网络随时随园区物理世界的延伸而延伸。面向各种类型的终端及物联传感器、仪表,可从园区任意接入,不影响其网络访问权限、体验,并保证不同类型的终端与业务的相互隔离与安全性。

⑥ 全网高可靠性:从接入到汇聚到核心均可支持双上行,网络可靠性高。

（2）无线网络

无线 Wi-Fi 网络是当今移动终端接入采用的最广泛的技术,直接影响用户互联的体验。室内外的全面覆盖能够真正实现终端无缝接入的体验。同时考虑到高速、高密度的用户接入能力应采用当前最新的 Wi-Fi6 技术进行部署。Wi-Fi6 AP 可以提供高达 10 Gb/s 的吞吐量,有线回传推荐使用支持 MultiGE 技术的大容量接入交换机。结合物联及传输对象,也存在蓝牙、RFID、红外、UWB、Zig-Bee、LoRa、NB-IoT、NFC 等多种协议。

（3）有线网络

有线网络从功能覆盖区域来看,可以分为两类:

办公以太网络,主要是服务于办公设施,满足桌面千兆接入;

住宅网络,考虑到流量主要以南北向的互联网接入为主,且房间密度较高,运维环境复杂,可选 POL 网络或敏捷分布式 AP 部署;POL 网络技术也可广泛应用于出(售)租办公楼、医院、小商铺等建筑类型。

（4）物联网络

作为智慧园区的基础承载,涉及室内外数千个的传感节点的互联,根据不同的部署环境、供电情况,考虑基于 Hi-PLC(宽带电力线载波)、Wi-Fi 与 IoT 融合的无线近场接入结合智能终端识别以太网络,与边缘计算物联网关一起,实现室内外网络的全面覆盖,满足物联设备的智能识别、安全准入,传感信息的实时回传、边缘计算等园区物联网连接需求。

园区专网需要注重安全,出口安全防护要求不再仅仅局限于网络层的安全检查,要能够适应防最新的应用层攻击、防数据泄漏、合规审查等需要,有效防御各种攻击,精准区别异常流量和正常流量,并能采取相应的措施保护内部网络免受恶意攻击,保证内部网络及系统的正常运行;另外,还需要对内部用户进行行为管理和限流,避免违规发表言论及带宽滥用;为适应远程办公的需要,要为公网上的远程访问提供通道。同时要通过相应的安全技术和策略来保证合法访问,避免恶意接入造成网络风险;对园区网内的众多安全设备,需要能够通过网管平台进行统一的维护管理,简化配置管理,并且对安全事件能够及时发现、及时告警。多网融合的园区网如图 3 - 4 所示。

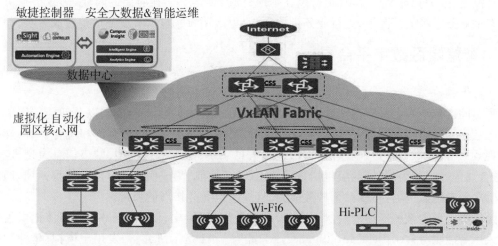

图 3 - 4　多网融合的园区网

此外,园区有线网络建设应主要以光纤为主,包含自建光纤(参考 GB50311－2016《综合布线系统工程设计规范》)和租用运营商裸光纤两种建设方式,实现光纤入企、千兆接入,企业平均接入带宽达到 1 Gb/s 到桌面,到 Wi-Fi 每个用户达 100 Mb/s 及以上,提供高速、安全、优质的宽带网络服务。

园区专网的管路、线缆、桥架系统建设应符合 GB 50373－2019 和 GB 50374－2018、GB/T 50311－2016、QB/T 1453－2003(2009)的规定,符合网络接入的技术与安全要求,保留一定余量并预留相关数据接口。园区的无线局域网建设应符合 B31/T 370.2－2006 的规定。

3.3.3　通信公网

园区通信公共网络建设应包含:已广泛应用的网络基础设施及最新的 5G 信息通信技术通信网、公共电话网、互联网等方面的接入建设内容,智慧园区可以根据自身具体情况进行选择接入。电信公网建设应符合 YD/T 5120－2015、YD5191－2009、DG/TJ08－1105－2010 的规定。

基于 5G 技术的普及,基站的规划使用是园区建设中需要考虑的点之一。由于 5G 信号的覆盖范围小,穿墙能力弱,所以在园区建设中,需要考虑如何在节省成本、减少扰民的情况下,保证 5G 基站覆盖范围更大,需要集约利用现有基站和路灯杆、监控杆等公用设施,提前储备 5G 站址资源。也可以由地产运营商充分利用各类开放共享设施,参与 5G 基站建设。

3.3.4　通信机房

通信机房包括接入机房、弱电间、网络中心、消防安防中心等,园区内部应根据不同的功能区域,进行通信机房布局规划,满足用户接入、汇聚和转接服务的需求;适当预留通信机房面积,满足各运营商对设备安装和维护的要求。建筑内的通信机房、数据机房等的建设,应符合GB 50174-2017的规定,楼层设备间布局应满足机柜数量和维护需要,并预留可扩展的面积。

3.3.5 边缘节点

边缘节点包括无线传感网络节点、具有边缘计算的服务器等。边缘节点可以根据园区当前IT设备,采取复用、替换、升级等策略,部署边缘侧的物联网关、边缘视频存储和管理。

边缘节点可以和云端应用进行边云协同,配合完成园区的复杂场景应用。边缘节点主要作用在于收敛园区数据节点、加工园区本地数据、传递本地和云端数据和指令、简化交互环节、减少交互流量、减少安全风险等,甚至可以在本地完成AI运算。在必要的时候,边缘节点可以在园区本地业务降级的情况下,进行业务自闭环,避免云端断联对正常业务运行造成影响。

3.4 智慧园区数字平台层

3.4.1 概述

智慧园区数字平台是实现园区智慧化的核心,由云端部署层、连接层以及使能层组成。智慧园区数字平台组成如图3-5所示,其中云端部署层包括公有云、私有云和混合云等,连接层由音视频平台、大数据平台、物联网平台、地理信息系统、建筑信息模型、城市信息模型、定位系统、融合通信等八项组成,使能层包括数据使能、业务使能、集成使能和开发使能等四项,通过云端基础服务本地服务器,达到汇聚公共能力、支撑上层业务扩展的目标。

园区数字平台按照应用的层次,分为云端部署层、连接层、使能层,另平台应该提供无所不在的人工智能服务(Artificial Intelligence,AI)能力。AI是指研究、开发用于模拟、延伸和扩展人的智能的理论、方法、技术及应用系统的一门新的技术科学。AI领域的研究包括机器人、语言识别、图像识别、自然语言处理和专家系统等。AI服务包括训练平台服务和算法服务两大部分。

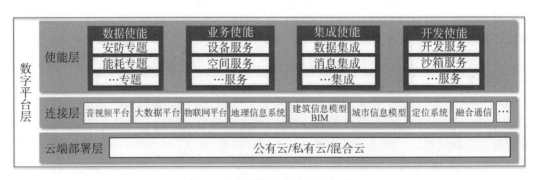

图3-5 智慧园区数字平台组成

3.4.2 云端部署层

(1) 公有云部署

智慧园区数字平台宜采用边云协同方式部署,通过园区缘节点和公有云共同部署园区数字平台和应用。智慧园区公有云参考部署架构如图3-6所示,边缘节点即园区节点,通常指园区数据中心或消防中心,负责园区端侧数据接入和视频数据预处理,实现业务上云便捷性与低成本控制。物联网网关和视频监控边缘节点独立部署。

云侧即公有云,利用公有云提供的服务,支撑园区上云部署与创新;实现应用的云端共享,节省园区硬件维护成本。园区数字平台、智能运营中心及园区应用皆部署于公有云。建议通过VPN实现边缘与云侧的网络层和应用服务层互通。

园区信息系统的建设,需要专业的安全人员的投入和长期维护,避免信息被窃取。在安全维护能力和投入不足的情况下,公有云部署是园区部署的主要推荐形态,智慧园区公有云参考部署架构如图3-6所示。

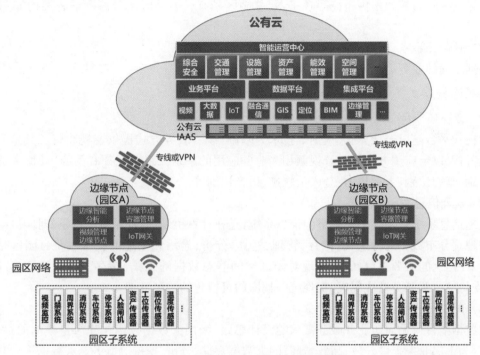

图3-6　智慧园区公有云参考部署架构

（2）私有云部署

部署园区独立的私有云,IoT和视频管理负责园区端侧感知设备接入和视频数据处理,如

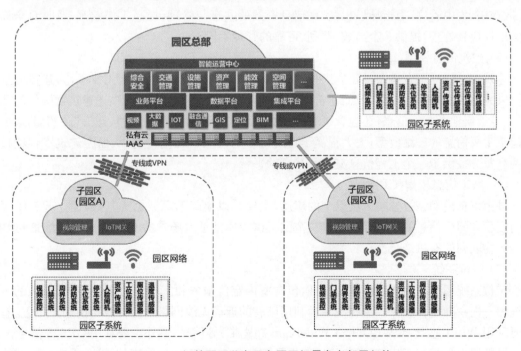

图3-7　智慧园区私有云多园区场景参考部署架构

果存在分支园区或子园区,需要在分支园区或子园区独立部署 IoT 网关和视频边缘节点。IoT 网关实现园区感知设备或子系统的接入和管理。视频管理在多园区场景,支持中心园区和分园区采用上下级组网方式进行互联,中心园区可以调阅下级域摄像机的实时视频和录像回放;支持跨园区的人脸布控和车辆布控等场景,智慧园区私有云多园区场景参考部署架构如图 3-7 所示。

（3）混合云部署

根据不同的业务需求,还可以实现混合云部署。

3.4.3 连接层

（1）音视频平台

音视频平台是以云计算、大数据等技术为基础,以云服务方式提供音视频资源共享和音视频处理分析,以云应用方式提供音视频相关业务应用的系统。跟音视频有关的 AI 服务通常有人脸识别、车牌识别、人员热力图、人员轨迹、语音识别等。

（2）地理信息系统（GIS）

地理信息系统是园区重要的空间信息系统,是在计算机硬、软件系统支持下,对园区空间中的有关地理分布数据进行采集、储存、管理、运算、分析、显示和描述的技术系统。园区是一个二/三位一体化的服务平台,GIS 实现对园区空间静态数据的采集、储存、管理、运算、分析、显示,并支持与位置服务系统集成,实现统一视图的可视化的园区管理。

（3）大数据平台

大数据平台遵循面向业务服务需求的设计思路,采用大数据技术构建海量数据的存储、计算平台,为上层业务提供开放、高效、智慧的大数据存储、分析、挖掘等服务。大数据平台功能主要包含非结构化/半结构化/结构化大容量数据仓库、结构化关系数据高速计算数据库。

（4）物联网平台

物联网平台是对园区各个物联子系统及应用子系统进行信息集成与数据集成的平台,以"分散控制、集中管理"为指导思想,实现信息资源的共享与管理,提高工作效率,及时对全局事件做出反应和处理,提供一个高效、便利、可靠的管理手段。

（5）建筑信息模型（BIM）

建筑信息管理平台是通过建立虚拟的建筑工程三维模型,利用数字化技术,为建筑信息模型提供完整的、与实际情况一致的建筑工程信息库。该信息库不仅包含描述建筑物构件的几何信息、专业属性及状态信息,还包含了非构件对象（如空间、运动行为）的状态信息。借助这个包含建筑工程信息的三维模型,大大提高了建筑工程的信息集成化程度,从而为建筑工程项目的相关利益方提供了一个工程信息交换和共享的平台。

（6）城市信息模型（CIM）

城市信息模型在智慧园区场景中的应用,主要是以建筑信息数据为基数,建立起三维园区空间模型和园区信息的有机综合体。从范围上讲该模型是大场景的 GIS 数据＋小场景的 BIM 数据＋物联网的有机结合。

（7）定位系统

定位系统用于向用户提供定位服务,包含室内定位服务和室外定位服务,园区引入的定位系统为室内精准定位服务。主要原理为利用已有的近场无线网络信号计算当前用户位置,室内主要利用 Wi-Fi、蓝牙、UWB（Ultra WideBand 超宽带）等信号,室外主要利用 GPS 等信号。

导航服务是指基于建筑、设备、车辆、人员等的坐标信息,通过一定的算法,沿着一定路线从一点运动到另一点的服务。园区内部的导航服务包括人找车、人找位置、车找人、车找位置、轨迹跟踪等。

（8）融合通信

融合通信是指通过一个通信控制中心实现对整个园区或多个子园区的集中通信处理的平台，该平台可与不同的通信网络进行对接，用于与不同通信网络之间的交流，并能集成多种终端及媒体网络的通信，包括固定电话、手机、VOIP电话、智能视频会议、智能办公客户端、企业智能通信系统等，并具备对物理安防系统的调用的能力。

3.4.4　使能层

（1）数据使能

数据使能是园区项目的数据底座，主要负责完成各异构子系统和业务应用系统的数据集中建模管理和使用，实现园区的基础数据整合，统一规划数据语言，向下提供已接入子系统应用的数据集成接口，把对应的源数据转换成为结构化数据，保存在数据使能组件的相应主题库中；向上给智慧应用系统消费相关数据提供数据服务、计算能力接口，数据使能概念如图 3-8 所示。

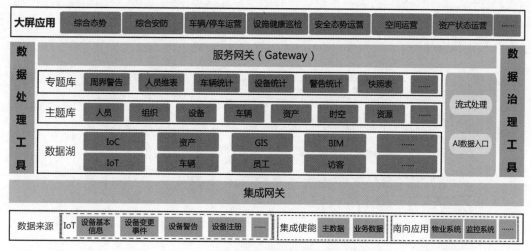

图 3-8　数据使能概念图

数据使能主要是一个业务概念。园区数据使能，应针对园区的通用业务提供必要的数据湖模型、主题库、专题库，以及相关的数据处理脚本和分析工具。例如：安防专题库、能耗专题库、轨迹库等。

（2）业务使能

业务使能是以园区业务为视角，沉淀各领域各业务活动的公共能力，为应用提供可共享的业务能力集合，老功能以服务化封装、新功能以微服务化设计，实现应用与数据解耦、业务与平台解耦，为加快需求响应、业务创新提供丰富的公共服务能力。业务使能概念如图 3-9 所示。

业务使能针对园区业务特点，封装业务服务，简化业务调用难度。常见的业务服务有：设备服务、组织服务、人员服务、空间服务、资产服务、工单服务、日志服务等。

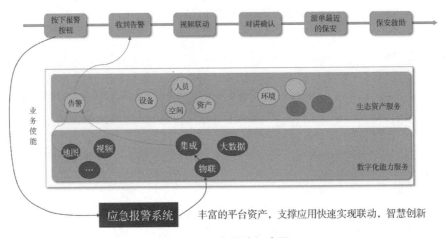

图 3-9 业务使能概念图

（3）集成使能

集成使能是连接物理世界和数字世界的桥梁,使能系统间数据、服务、消息流通与融合,是通过云时代的应用和数据集成平台。集成平台实现服务集成、消息集成、数据集成等全连接,支撑跨云、跨网络的应用、数据、服务、资源等的协同,以达到企业的内部互通、内外互通、多云互通。集成使能概念如图 3-10 所示。

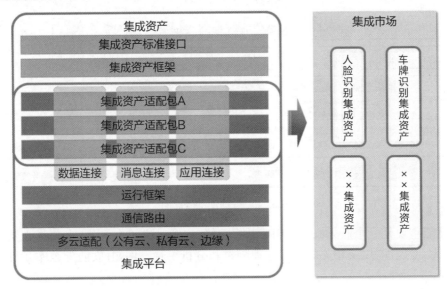

图 3-10 集成使能概念图

集成使能包括对感知子系统/设备的集成连接能力,并按照一定的标准对其进行封装,集成使能具备主动发现、主动连接系统/设备的对接能力。集成使能对接的标准化,至少具备两个关键特点:

集成配置化:集成工具可以实现配置实现或者简单的脚本语言实现;

配置打包化:集成配置,可以独立打包,独立加载,独立发布;通过对集成对接的标准化,可以简化同型号设备的对接难度,实现即插即用、自动下载对接配置和自动实现连接。

（4）开发使能

开发使能主要提供在线开发工具 IDE,支持可视化编程,支持将数据使能、业务使能提供的服务,通过应用开发使能平台实现服务的可视化编排开发,通过前后端解耦技术,沉淀丰富的界面组件,实现采用拖拽方式快速完成页面开发的能力。可通过丰富的端到端开发和发布流程工具实现应用 DevOps 模式交付。开发使能的核心目的是让开发者快速开发统一视觉风格的应用,统一技术栈,降低开发难度,更快地通过工具方法以及相关的环境开展开发业务。开发使能应该支持成熟应用托管到平台,并且实现和使能服务的整体编排。开发使能概念如图 3-11 所示。

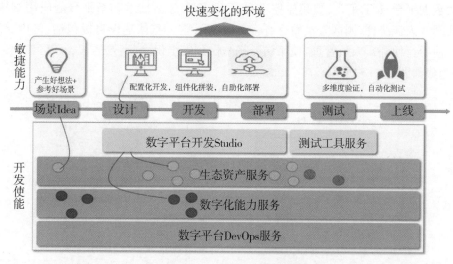

图 3-11 开发使能概念图

3.5 智慧应用层

3.5.1 园区综合安防

园区综合安防是指通过创建园区情境智能整体解决方案,使园区主管部门具备实时、准确的情境意识,实现先进的园区安防集成。安防系统集成并融合不同类型的实时传感器和数据采集子系统,可在固定和移动等各种模式下运行并适应各种环境条件,为所有的使用者和相关方提供实时的动态数据信息和决策操作平台。园区综合安防应用场景发展趋势如图 3-12 所示。

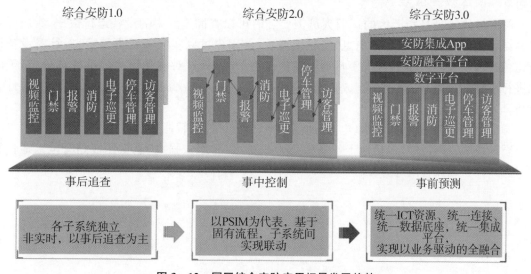

图 3-12 园区综合安防应用场景发展趋势

安全防范系统,包括视频监控系统、电子巡更系统、周界防范系统、火灾自动报警系统、应急预案管理系统。

3.5.2 园区便捷通行

园区便捷通行是指人员出入管理方案,需要聚焦在园区办公人员(包括员工、访客)的体验提升、园区物业和运营人员管理效率的改进两个方面,从门禁、闸机、访客、一卡通等系统打通和联动,到大数据平台、IoT 平台、视频监控平台、GIS 平台等新技术和新平台的应用支撑人员无感知进出、园区人流统计、园区人员轨迹查询等安保诉求。整体建设目标包括:区内交通管理,车辆管理(使通行便利),人员管理(使来访顺畅),做到安全识别,高效运营。园区便捷通行应用场景发展趋势如图 3-13 所示。

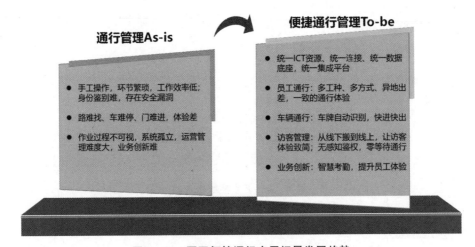

图 3-13 园区便捷通行应用场景发展趋势

人员通行,包括人脸识别系统、访客系统、门禁系统等。

车辆通行,包括车辆道闸系统、车辆停车收费系统、车辆识别系统、导航系统、无人驾驶系统等。

区内交通,包括应急通道、充电桩等。

3.5.3 园区设施管理

园区设施管理是指园区的运营人员需要随时可以查询园区中的设备运行数据,集成设备子系统上传的设施告警、数据信息,实时地展示,使用户可以实时查看告警信息,针对设备设施运营过程中发生的事件和告警自动派发检修维护工单,针对设备设施的事件和告警,关联并进行事件的处置,在移动端完成工单作业的闭环,并在 PC 端进行工单作业的查询、统计和分析。

园区地上设施,包括给排水、电力、通信网络、燃气、采暖、智能照明等。

园区地下管网设施,包括地下给排水(给水、排水、污水)、强电(高低压线路管网)、通信管网、热力管网、燃气管网等。

园区设施管理应用场景发展趋势如图 3-14 所示。

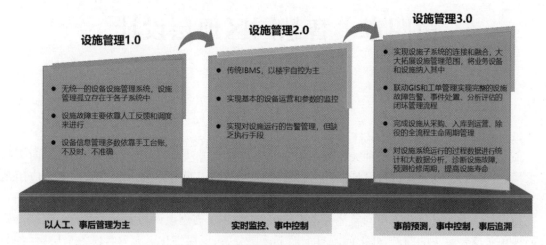

图 3-14 园区设施管理应用场景发展趋势

第四章　智慧园区顶层设计

4.1　顶层设计

（1）系统工程领域的顶层设计概念

顶层设计在开始之初是一种大型程序的软件工程设计方法，实际上就是采用"自顶向下逐步求精、分而治之"的原则进行设计。其后，慢慢地成为系统工程学领域一种有效的复杂应用系统的综合设计方法。与之相对应的是自底向上设计（bottom-up design），两者相辅相成。

顶层设计方法对复杂工程的整体性考虑较多，非常注重规划设计与实际需求的一致性。从全局视角看待要解决的问题，并把问题自上而下逐层分解、层层细化。充分考虑各个层次、各个要素，在系统总体框架约束下实现总体目标。与自底向上设计相比，更加能够确保系统整体性，结果可控性更强，但对于复杂系统的操作难度较大。

（2）宏观政策领域的顶层设计概念

2000 年前后，顶层设计的概念被引入我国电子政务网络建设中，以解决电子政务网络建设中各自为政、重复投资、信息孤岛等问题。2010 年《国民经济和社会发展第十二个五年规划纲要》中提出"重视改革顶层设计和总体规划"，这是我国国家层面政策文件中首次出现"顶层设计"概念。此后，顶层设计这一系统工程领域的理念和方法开始被广泛应用于宏观改革，电子政务、智慧园区、"互联网＋"、大数据等，政策规划相继体现顶层设计思想，这一思想从总体上提出全面的框架性设计，体现理论思想一致、功能相互协同、结构直观清晰、资源交换共享、标准规范统一，起到指导性、统领性的作用。

总而言之，"顶层设计"开始取自于信息工程学的专业用语，顾名思义就是从上到下进行总体的、全面的构想。这就需要我们采取系统论的方法，要有全局的视野，对要进行处理的目标作多方面、多层次、多种要素统筹安排，协调各种矛盾点，确定目标，确定实现目标的具体路径和方法，制作明晰的战略目标，尽量规避潜在的失败风险，提高效益、降低成本。

因此，从本质上来看，顶层设计就是方法论和思考问题的方法，其表现出来的特征有如下三点：一是顶层就是核心，其他层次都是顶层的延伸，必须围绕着顶层展开，它决定着底层的走向和态势；二是互为关联的整体性，顶层与底层有着辩证的关系，它们是整体与部分的关系，它们形成相互衔接的整体，就能发挥出"1＋1＞2"的整体效能；三是可用性，可以解决建设中出现的各种问题。

4.1.1　项目规划过程

我们要制定一个完整的项目发展规划，一般要经过以下的过程，如图 4-1 所示。

图 4-1　项目规划过程

4.1.2 撰写规划

在做好准备之后,我们接着进行规划的撰写。撰写项目发展规划,内容大致如下:项目目标、建设任务、条件分析、实现策略、任务的阶段划分、经费概算和阶段预分、效果评估、风险分析和规避措施。

下面讨论几个难点问题:

(1) 条件分析。对项目建设中各种情况进行分析,包括已有条件、尚缺条件、有利条件以及不利条件。我们的分析包括行业发展动态分析、市场上相关产品及服务情况分析、已有设备和基础设施等资源情况的分析及自身的财力和人力资源的分析。

(2) 效果评估。项目实施的阶段效果评估。按照系统设定的目标和功能,从最终使用者(包括各级工作人员、各级管理者)那里得到他们对系统做出的最直接、最有效率的评估。如果这种评估可以用指标、数据等量化的措施来印证效果,那么就更具有实际意义了。

给出形象量化的效果评估,就是对项目预期目标结果的回答,能让项目实施人员、业主明确进度和结果。这样的效果评估,能使得工期控制得以明确,签证数量也大为减少。

(3) 风险分析和规避措施。在建设过程中,对可能遇到的困难和问题做出预估,可及时给出应对措施,让项目实施人员对前进过程中可能出现的风险和问题有足够的思想准备。在现实中,会出现大量的信息化工程项目,由于风险预估不足,中途遇到了波折和难题,导致项目延期、超出预算甚至失败。

4.1.3 规划设计的模式选择

通常有以下三种模式可供选择:

(1) 完全自主制定

园区管理部门如果存在相关人才,并且相关人才能熟悉项目各项业务、IT 技术以及信息系统的现状及各方需求,那么该人才完全可以自主制定项目的整体规划或建设规划,由园区自己组织相关人员进行审核论证。毫无疑问,如果这些条件具备,这种模式是最佳的选择。

(2) 企业协助制定

如果园区管理部门缺乏相关人才,可以在提出项目的目标和期望并给出可能的经费预算之后,选择合适的企业协助制定发展规划。对于这种选择,业主方最需要提防的是,承担规划任务的企业考虑到自身的利益,可能使规划失去全面性、客观性及合理性。

(3) 邀请第三方咨询公司或专家制定

如果各方条件都不具备,可以采取咨询机构的办法。为使选择恰当,下面对业已存在的三种类型的咨询机构分别评议。

① 大型跨国咨询公司

这类咨询公司的优势是从业正规,有严格的操作程序,也常常带有先进的理念。但是,他们对本土文化理解不深,对我国国情理解不深。这类咨询公司做规划的过程,规划书的版面和格式非常正规,不过符合实际情况而落地成功率很低,实际指导力不强;另外,他们的操作模式多半是初级人员到现场调研,了解需求,写出材料,随后由少数的高级人员写出规划。

由于现场的情况是相当复杂的,涉及的人员及各方因素是多方面的,现场调研人员通常缺少工程经验,对各项业务理解肤浅,自然就会对需求理解不深,存在沟通不深入的情况。为此,写出的材料流于表面的可能性较大。

② 相关学府或研究机构

这些领域的专家理论根底深厚,整体规划的概念和应该遵循的套路清晰。不过,信息系统设计和运用作为一门专业学科,尤其如今的园区信息化建设属于进一步的发展或升级改造,面临着十分复杂的局面。如果这些专家的实践经验甚少,对园区信息系统和相应的服务市场状况不是很熟悉,将很难做出切合园区实际需求的整体规划。

③ 本土园区专家团队

经过近几十年的信息化建设,我国已经历练出一批专家型人才,这些人才在园区信息化建设方面成就显著,他们熟悉国情、熟悉政策、熟悉市场,大都是业界公认的专家学者。如果请出这些专家与园区信息化主管合作,共同制定园区信息化项目发展规划,将是第一种模式之外的最好的选择。

总之,业主方要按需要与可能,结合自身条件来选择一种最佳模式。

4.2 智慧园区顶层设计方法

4.2.1 智慧园区系统工程方法论

系统工程方法论就是通过科学理论、经验知识、专家的专业能力,将专家体系、数据和信息体系、技术体系结合起来,构成一个高度智能化的人机结合系统,把各种情报、资料和信息等集成起来,使得各方面从定性认识上升到定量认识。

(1) 钱学森教授在 1978 年指出:"'系统工程'是组织管理'系统'的规划、研究、设计、制造、试验和使用的科学方法,是一种对所有'系统'都具有普遍意义的科学方法。"我们可以理解为它就是用系统的观点来考虑问题,用工程的方法来研究和求解问题。

系统工程具备的属性包含集合性、相关性、层次性、整体性、涌现性、目的性、适应性等,并且它是动态的、开放的,是具有反馈环节的,非线性的社会系统。如此复杂的系统通常由多种系统形态和工作方式综合集成。这些复杂系统从其系统结构来看,有如下几个子集:

① 要素与要素之间、局部与局部之间的关系子集(横向关系);

② 局部与全局的系统整体之间的关系子集;

③ 系统整体与环境之间的关系子集;

④ 其他各种关系子集。

(2) 方法论研究问题的一般规律、一般程序,它高于方法,并指导方法的使用。系统工程方法论可以是哲学层面上的思维方式、思维规律,也可以是操作层面上开展系统工程项目的一般程序。

系统工程方法论从一个项目开始贯穿到整个生命周期过程中。在智慧园区的实施过程中必将经历顶层规划,工程设计,项目实施、验收、运营、提升等六个阶段。而智慧园区的内涵和要素涉及经济、自然、人文、社会、科技、工程等各个学科领域,并且其建设具有全局性、系统性、长期性、复杂性、先进性、可持续性。对此,我们必须做好规划、路径、实施等正确的方法论。

4.2.2 顶层设计常见方法

顶层设计的几类常见方法包括技术路线图方法、能力分解方法、体系结构方法、风险矩阵方法等。其中,体系结构方法注重采用规范化的设计过程,从多个视角对体系建设进行描述,关注整体架构、要素关系和主要功能,往往包括需求工程、体系结构工程、评估体系验证等,强调采用成套的方法和制度,制定指导性文件。体系建设具有探索性、创新性、多元性和滚动性等特点。

目前常见的体系结构包括 Zachman 框架、EA 架构、SOA 架构、IEM 框架等,在顶层设计实践中基于 EA 和 SOA 架构的较多。从系统工程理论角度来看,建立系统首先要规划一个开放、弹性、可扩充的总体架构,对成熟的体系结构方法进行研究,借鉴其中的设计思想并进行修改和细化。

4.2.3　几种成熟体系结构方法

(1) Zachman 框架体系

1987 年 John Zachman 在复杂系统工程研究中提出 Zachman 企业架构和信息系统框架。随后一直被众多组织广泛使用,它被用作一种框架来识别和管理企业架构中所涉及的各种不同观点。由于具有规范性及条理性逐渐被运用到多个领域,作为各领域管理体系中流程及组织的识别、检查与持续改进的手段。

Zachman 框架将系统内容抽象成为系统体系结构框架在 6 种视角下的 6 个方面,形成对系统体系结构的整体描述。框架模型是一个 6×6 的矩阵,横向维度(what,how,where,who,when,why),即数据、功能、网络、人员、时间、动机等六个描述的焦点,纵向维度反映 IT 架构层次,从上到下为范围模型、企业模型、系统模型、技术模型、组件模型、功能模型,对应规划者、所有者、设计者、构建者、分包商、运营企业六个角色的视角。

Zachman 框架是由一系列具有被约束和相互影响关系的子模型构成的,展现出多视图的特征,完全可以对复杂系统进行分解描述,牵涉到各个利益相关者,需求和技术实现能够一一映射,不会规划出冗余功能。可以说这个特点和智慧园区的顶层设计具有很恰当的匹配度。为此,在智慧园区顶层设计中,我们采用 Zachman 框架从全局视角描述系统的思想,明确不同角色在智慧园区系统中有不同的作用和关注点,在设计之前先考虑架构以避免需求增加带来的系统重复冗余。

(2) TOGAF 框架体系

TOGAF 全称为开放群组架构框架(The Open Group Architecture Framework),由 The Open Group 发起和设计,最初版本在 1995 年发布,至今已更新到 TOGAF9.1。它将企业架构定义为四个层次:业务架构层是为达到目标需要进行的业务过程;数据架构层是企业数据如何组织和存储的过程;应用程序架构层是为了达到业务要求应用程序如何设计的过程;技术架构层是系统软硬件怎样进行应用支撑的过程。TOGAF 体系全面且复杂,内容包括架构开发方法(ADM)、架构内容框架、参考模型、架构开发指引和技术、企业连续统一体及工具、架构能力框架六个部分。其中架构开发方法是核心,是在预备阶段后,依次为愿景架构、业务架构、信息系统架构、技术架构、机会及解决方案、迁移规划、实施治理、架构变更管理的迭代过程,需求管理适用于该迭代过程的所有阶段。ADM 开发得到的成果以架构内容框架展现。

TOGAF 框架是协助设计、评价、验收、运行、使用和维护信息化总体框架的工具,在智慧园区顶层设计中,借鉴 TOGAF 框架,能更好理解业务、技术以及项目之间的工作协同和相互影响,可以形成较为标准化、通用化的结果,也适用于城市部门级的设计。但 TOGAF 框架的复杂程度高,存在一定的借鉴难度。我们可以利用 TOGAF 企业架构框架的开放性和灵活性,将其与智慧园区的管理架构紧密结合。

(3) FEAF 和 FEA 框架体系

FEAF(Federal Enterprise Architecture Framework)是针对美国联邦政府的架构框架理论,由美国 CIO Council 于 1998 年 4 月启动,1999 年 9 月发布第一版。FEAF 旨在为各联邦机构提供基础性架构,促进横向(联邦政府各部门之间)和纵向(联邦政府与州政府和地方政府间)的信息共享、互操作以及通用业务共享开发,是一个战略信息框架,从战略的角度指导信息化建设。它定义了业务架构以及能够支持业务运作的信息、数据和技术。它的特点就是信息化建立的层次比较清晰,完全可以依据业务架构指导信息架构、信息架构指导技术架构的层次关系来开展信息化的建设。这就说明了架构组件的整体结构和彼此之间的关系,架构组件包括架构驱动力、战略方向、当前架构、目标架构、过渡过程、架构片段、架构模型和标准八个组成部分。它另一个显著特点就是有迁移流程,能将现行的架构迁移到未来的目标架构,快速适应变化的业务和新的技术,提高企业信息系统快速的市场反应能力。

FEA 发布后,美国白宫的管理与预算办公室(OMB)成立了 FEA 管理办公室(FEA-PMO)进行 FEA 开发,并于 2002 年发布了第一版 FEA。具体而言,FEA 由五个子模型构成,即绩效参考模型、业务参考模型、服务组件参考模型、技术参考模型和数据信息参考模型。

顶层管理思路为自顶而下的设计和自下而上的匹配,从顶层和全局的高度将所有机构电子政务建设纳入一个通用的架构之下,统一部署联邦政府的业务流程和 IT 结构,促使政府从机构分割走向跨机构的协同工作,促进横向和纵向的 IT 资源整合,从而避免重复投资,提升政府运作效能。

FEA 推动跨部门业务协同、提升政府运作效能的出发点,使其与智慧园区高度匹配。FEA 提出划分架构片段的方法,采用统一的架构模型对各个架构片段进行描述,降低了开发架构的复杂性,且可以采用增量方式对架构进行开发和维护。在智慧园区顶层设计中可以借鉴这种适应变化的思想,提升可扩展性和标准性。另外,FEA 框架重视绩效评估和改进反馈,值得在智慧园区顶层设计中被予以重视。

(4) DoDAF 框架体系

DoDAF 全称为美国国防部架构框架(Department of Defense Architecture Framework),前身是 C4ISR 体系结构框架,于 2003 年 8 月发布第一版,目前已更新到 2.0 版本。DoDAF 采用标准方法,为复杂系统的结构化提供指导,能够打破部门或项目的层次界限,提升联合作战能力。DoDAF2.0 版本的体系结构开发过程从以产品为中心转向以数据为中心,立足于实体机构转型,以支持核心决策过程、符合用户需要与目的为根本出发点。其组成为三层结构,自上而下为 DoD 架构框架、核心架构数据模型和 DoD 架构存储系统。

在 DoDAF 框架体系中,存在 8 个视图,52 个模型,如表 4-1 所示。我们可以有针对性地应答智慧园区为何做、如何做等问题。当然,52 个模型并非全部适用,需要遴选。

表 4-1　DoDAF 的 8 个视角

序号	视角	描述
1	全视角	整个系统主题视图,定义了系统的目的、关键的任务和需要整合的数据字典
2	能力视角	描述了组织现有的能力、能力与部门的关系、达成效果时期望具备的能力;通过能力视角评估组织具备的能力,有助于项目实施工作的开展
3	数据和信息视角	描述了系统的元数据
4	作战视角	详细描述了组织应该承担的任务、任务流程、运作节点及任务的对应关系
5	项目视角	描述了项目实施的控制过程
6	服务视角	集中反映了为作战业务行动提供支撑的事务
7	标准视角	定义了体系结构实施过程中应遵循的标准
8	系统视角	描述了系统应该具有的功能,及其与外部系统的接口,交互信息

（5）SOA 框架体系

1996 年，Gartner 最早提出"面向服务的体系结构"（Service-Oriented Architecture，SOA）的思想。基于构件技术提供网络服务是 SOA 的重要思想起源。在 SOA 架构中，流动的应该是一种粗粒度、松耦合的服务架构，将应用系统的不同功能实体（服务）通过定义精确的接口联系起来，可以以通用的方式进行交互，服务的接口独立于硬件平台、操作系统、网络环境和编程语言。SOA 是一种企业架构，因此，它是从企业的需求开始的。

SOA 和其他企业架构方法相比，其最大的优势就是能提供业务敏捷性。它能对企业的变更进行快速和有效的响应，又能从中得到竞争优势。这样，我们就能把 SOA 框架体系与智慧园区中的数据与服务融合，使其能够较好地适应系统的复杂性增长，增加重用以减少成本。但 SOA 偏重于网络服务视角，不易于与非 SOA 系统互通，在智慧园区顶层设计实践中需要和 TOGAF、FEA 等框架结合考虑。

（6）ATA 框架体系

在 FEAF、DoDAF 和 TOGAF 等成熟框架与敏捷开发融合这一技术趋势下，高焕堂和高燕平提出了敏捷顶层设计方法 ATA（Agile Top-level Architecture Design）。该方法基于 FEAF、DoDAF 框架的基础，结合敏捷开发方法，将顶层设计里的系统接口迅速落实为软件代码。ATA 方法顶层架构由下到上依次为系统架构、业务架构、愿景。为配合敏捷的迭代机制，ATA 特别创造一个中层设计，通过系统接口的代码实现，采用迭代模式以敏捷 TDD 方法对代码进行检验并反馈。ATA 方法将成分分析应用于智能城市的设计及效能评估，重视决策者、设计团队和专家组的协作讨论。

4.2.4　四种主流企业架构理论的对比

上述 6 种框架体系中，Zachman、TOGAF、FEAF 和 DoDAF 使用更为普遍。表 4-2 所示是主流企业架构体系之间的特点对比情况。

表 4-2　主流企业架构体系对比表

架构	简介	特点	应用
Zachman	1987 年创立，是其他企业架构的源泉	基本是对企业架构交付物的分类，而不是一个完整的架构	最早出现的理论，影响广泛
TOGAF	1998 年开发，现已发展到 TOGAF9.1 版	流程导向的方法论，逐步细化的架构发展模式，有广泛的应用，资料容易获取	主要应用于企业
DoDAF	1996 年美国国防部发布版本 C4ISR，现在发展到 DoDAF	强调系统间的集成与协作	主要应用于军事领域
FEAF	1999 年 CIO 发布 FEAF1.1 版本	比较全面，体系复杂，包括了流程、参考模型等	主要应用于政府

4.2.5　面对目标的顶层设计

（1）目标顶层设计的重要性

技术人员理解的顶层设计通常是技术方案的顶层设计，设计者假定目标不成问题，这是甲方领导的工作，顶层设计用不着过问，但是在大多数智慧园区的发展目标不够清晰，智慧园区的顶层设计首先应当是对目标的顶层设计，然后才能进入到顶层设计。

智慧园区的目标本身就是一个复杂系统，顶层设计首先就要分析目标系统的合理性，现在的问题是往往没有人认真分析其合理性,面对一个脱离实际的目标,再高大上的技术方案也没有用。

智慧园区的顶层设计第一步是设计合理的目标体系,设计者要研究每一具体目标的价值,目标之间的关联,是否有可行性及什么先做什么后做等。实际上大多数智慧园区建设的不成功并不是工程技术的不可行,而是目标设计的不合理,很多智慧园区规划不成功在于根本没有目标合理性的设计。

(2)决策层的顶层设计

考量的重点是业务合理性,传统信息系统的顶层设计是执行层次的行为,因为效益合理性问题甲方已经考虑过了,执行层次的顶层设计只考虑系统的可行性而不考虑系统的效益。

在智慧园区规划中这种思维不可行,因为智慧园区过于复杂,决策层难以提出明确合理的目标要求,需要顶层设计者来帮助决策层完成智慧园区的目标设计。即智慧园区的顶层设计首先应当是在决策层上的顶层设计,只有在目标层次上的顶层设计完成后才能进入执行层次的顶层设计,进而才能确保智慧园区建设的顺利进行。

智慧园区决策层顶层设计要决定的不是"怎么做",而是应该"做什么",此阶段的顶层设计要解决目标合理化问题,要理清楚各具体目标之间的关系,明确目标的测量评价标准,决策层顶层设计者必须要熟悉决策者的思维方式。

在智慧园区建设中,决策层与执行层面对的问题是不一样的,决策层面对的任务是选择恰当的任务目标,以有限的资源取得最大的效益。效益是一个不确定性问题,影响效益的因素太多,每项决策都会有风险,正确的选择依赖于决策者的经验、视野与对问题的洞察力,并没有规范的方法可循。

执行层次的顶层设计是可行性导向的顶层设计,系统可行性并不考虑项目效益,因为项目的效益是决策层考虑过了的,执行层设计的任务只是保证系统的可行性。执行层解决问题的思维模式主要采用系统工程的方法,通过逻辑设计形成以任务目标为中心的功能链条,确保既定目标的实现,执行层面对的问题主要是确定性的。

目标设计不到位难以弥补,选择恰当的目标是决策层顶层设计的核心任务,目标的合理性是决定项目工程效益的核心,而仓促的目标设计是影响损害最终效益的元凶,目标设计的缺陷即使有最好的执行也是无法弥补的。可行性出现问题容易被立即发现,而目标的不合理往往会在系统上马之后才会被认识到,后者的危害要严重得多。智慧园区规划出现问题主要是决策层顶层设计不到位,必须高度重视目标决策层次的顶层设计。

顶层设计不到位主要是目标设计不到位,如果目标设计合理,可在执行中调整手段终究会成功;如果目标设计不合理,靠专家评审是没有用的,专家评审不会纠正目标设计的失当。

4.2.6 智慧园区顶层设计过程模型

智慧园区作为复杂巨系统,系统要素繁多、系统结构复杂,难以将目标全部准确量化,没有唯一的最优解决方案,且受到人类活动、行政人员意志的直接影响。智慧园区顶层设计过程涉及多领域知识,是社会理论和信息技术相结合的过程,智慧表现为对知识、信息的综合集成,相比之下从定性到定量的综合集成方法具有较大借鉴意义。

智慧园区顶层设计具体过程为:由信息化、管理学、业务领域等各方面专家组成的专家群依据经验知识和园区现状,提出智慧园区建设的远景目标,明确问题,并对解决问题的途径提出假设;对智慧园区系统进行建模,输入园区现状系统模型和建设需求,输出智慧园区顶层设计模型,通过对模型研究进而对实际园区系统进行研究,建模过程既需要统计数据、资料以及通过数据挖掘分析得到客观的理性知识,也需要重视不同领域专家的经验与感性认识;对系统模型进行仿真分析,并依据分析结果进行系统优化,通过反复分析实现从定性认识上升到定量认识;将优化所得的定量结果提交给专家群分析判断,验证经验性假设的正确性,如果不正确需再调整模型,并重复上述过程,直到得出较优的解决方案,形成结论和政策建议。

4.2.7　智慧园区顶层设计在园区建设过程中的作用

持有不同的理念,必将会有不同的顶层设计。只有根据现实状况,结合实现的意图,通过对体系进行需求分析、体系架构设计、体系方案验证等,明确建设目标、应用需求、能力要求、技术体制、实施途径等总体构想。顶层设计在整个园区建设流程中的位置如图4-2所示。

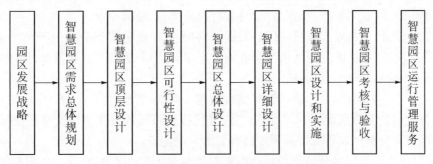

图4-2　顶层设计在园区建设流程中的位置

4.3　智慧园区工程建设顶层设计

4.3.1　我国智慧园区建设发展过程简述

智慧园区的建设是城市化发展的需要,借助新一代的云计算、物联网、分析优化等信息技术,将现有互联网技术、传感器技术、智能信息处理等信息技术高度集成。用户之间根据网络相互联系,快速有效进行信息交流与分享,智慧园区最后可以变成使用效率高、有智慧的、互通的类生命体,并能降低企业运营成本,建立自主创新服务体系的新型园区,从而实现园区经济可持续发展和产业价值链提升的目标。当然,智慧园区的发展不是一下就能成功的,这是需要很长时间的学习发展、改革及不断完善的积累。

智慧园区发展的4个不同的阶段分别是:初创阶段、发展阶段、成熟阶段以及变革阶段,详见表4-3园区发展路径。

表4-3　园区发展路径

	初创阶段	发展阶段	成熟阶段	变革阶段
背景及需求	全国经济体制改革,对经济发展的方式和方向进行试验式尝试	沿海地区的经济开始腾飞,出口加工型产业迅速发展	产业技术含量、附加值提升,园区开始承担吸引和承载高科技产业的责任	国际和国内的双重压力,在激烈的竞争中持续发展
核心竞争力	中央担保的政策支持	政府对产业发展提供的各种优惠政策	优惠政策和高质量的产业服务	社区经营、纵深盈利、区域一体、资本多元
代表产业	出口加工型产业	出口加工型产业	高科技、信息产业、汽车制造	现代信息业、现代制造业、现代服务业

	初创阶段	发展阶段	成熟阶段	变革阶段
盈利方式	并未建立固定的盈利模式	园区内税收成为主要收入来源	税收仍是重要来源,土地增值收入开始激增	税收、土地增值收入和综合服务成为园区主要收入来源
代表园区	深圳特区	上海金桥出口加工区	中关村、张江高科	

(1) 智慧园区不同的发展阶段独特的需求

① 初创阶段:针对主导产业、大型项目招商;政务服务、基础物业、简单配套。

② 发展阶段:针对主导产业链匹配的关键机构招商;产业链服务平台、生产性专业服务。

③ 成熟阶段:产业链匹配及其衍生企业的常态招商;引入第三方社会资源,打造服务联盟。

④ 变革阶段:品牌输出、服务输出。

从表4-3中我们可以看出,我国的经济发展越来越快,智慧园区不只是承担产业的主要载体,也是经济发展的主要承载体。就目前而言,现代智慧园区的筹建早已突破传统园区发展路径,一直继续着完整的产业研究以及跟生活有关的一些配备。

我们可以认为智慧园区从传统的招商引资向管理职能方向上发展,是比较完整的产业和城市完整的服务上的转变,并且慢慢地将园区内以及园区外的优势结合起来。因此,智慧园区向智能及多变丰富的方向发展,各种技术的应用相互慢慢融入我们的工作以及生活的方方面面,直到完整的、全新的、信息化的智能时期开始实现。

(2) 智慧园区已经出现的问题

① 园区管理复杂化

智慧园区存在人口、资源、环境和社会经济要素密集程度相对较高的情况,同样也是信息流、人流、市场和资金流的集散地。因此,园区管理比较复杂,需要全面地、实时地、动态地掌握园区运行状态。过去经典的管理组织架构——自上而下的垂直型管理,已不能适应今天的横向复杂型园区。

② 物联网实施不充分

必须采用的信息传感设备有射频识别设备、红外感应器、全球定位系统、激光扫描器等。物联网按约定的协议,把终端物品与互联网相连接,进行信息交换和通信,实现智能化识别、定位、跟踪、监控和管理。可以根据不同的部署环境、供电情况,考虑将基于 Hi-PLC(宽带电力线载波)、Wi-Fi 与 IoT 融合的无线近场接入结合智能终端识别以太网络,与边缘计算物联网关一起,实现室内外的全面覆盖,满足物联设备的智能识别、安全准入,传感信息的实时回传、边缘计算等园区物联网连接需求。

③ 多网融合度不够

目前存在各种网络,有线无线融合网络,大宽带、低时延、高密度 Wi-Fi 网络以及各种物联网网络,它们彼此之间融合度不高。

④ 综合化管理智慧应用不充分

众多园区对内部工作人员、车辆、环境、园区资产的管理不做统一规划,不做信息统一收集、分析,增加了企业人员管理成本,降低了园区企业内部办事效率。

⑤ 现有信息数据的整合不充分

随着信息化程度的不断提高,很多园区获取数据的渠道不断丰富,数据的体量也越发膨大,并且存在多样性与多元性的特征。这些数据涉及地理信息数据、实时监测数据、多媒体数据等。这些特征给数据综合利用和数据共享带来了极大的不便,有必要对大量的多源异构数据进行整合。

⑥ 数据的增值利用与深度挖掘不够

获取的原始数据较多,后续的开发利用较为原始,只是数据的统一存储和展示,缺少增值产品开发;很多时候只是浅层次的数据查询、定位等,对于网络分析、叠加分析等数据深度挖掘使用很少。

⑦ 信息化配置设施与服务不完备

大部分园区的智慧化跟信息化基础相匹配,但是信息化在服务管理上的效果比较差,造价也比较高。即使创建了数据中心,但是数据容载中心上面信息不全,而且对主要数据也并没有备份。

⑧ 信息安全体系滞后

应关注园区职员是否会有意把重要企业资料泄露出去,园区里面是否可能存在网络信息安全的攻击以及数据泄露的情况。泄露的途径可能是入侵网络中断,也可能是盗取联网数据的服务器,更有可能是在信息传输时被偷窃等。另外,专网出口安全防护既需要安全检查,又要能够适应防最新的应用层攻击、防数据泄漏、合规审查等需要,有效防御各种攻击,精准区别异常流量和正常流量,并能采取相应的措施保护内部网络免受恶意攻击,保证内部网络及系统的正常运行;另外,还需要对内部用户进行行为管理和限流,避免违规发表言论及带宽滥用。

⑨ 企业的格局不大,并没有高科技的人才,在国际上不具备很强的竞争优势

通常园区里面的众多企业还没有形成集团企业,规模经济效益尚未形成。许多企业只是做一些层级比较低的、同质性的竞争。

⑩ 缺乏顶层设计

有关智慧园区建设的政策和制度都缺乏顶层设计方案和确定的组织结构,导致智慧化项目的建设缺乏集中的统筹和规划。

⑪ 多方协作意识和能力有待加强

智慧园区是涉及政府、企业、居民等多主体的空间集合。智慧建设项目需要各主体之间加强信任,提高共识和协作效率。

(3)产生这些问题的简易原因分析

① 智慧城市建设总体站位不高

各地智慧园区的建设站位还不高,整个思维模式停留在从信息化的视角看待问题。没有站在全局的角度去思考,未能从整体性出发,完全没有考虑从整个园区发展战略高度去谋划和推动新型智慧园区建设。

② 缺乏顶层设计或者顶层设计缺乏整体性

各地在智慧园区的建设过程中盲目追求速度,没有从产业、社会的需求角度着手,搭建了好多应用系统,功能却是散乱的,没有整体性。同时,在系统实施过程中没有科学的统筹,结果就是大部分的系统和应用根本没有应有的效果,导致智慧园区建设出现片面化、碎片化、整体性缺乏。

③ 智慧园区的建设成熟需要一个过程

早期的建设者还没有形成一个完整的建设理念,并缺少创新意识和前瞻意识,没有将产业的需求作为重点进行常抓不懈,导致很多企业在使用这些应用时没有真正地感受到智慧园区带来的便利。

④ 缺少数字经济意识

数字经济是新时代经济发展理念的产物,是智慧园区建设规划的重要组成部分。许多业主的数字经济意识固化,在没有掌握先进的科学技术和创新知识情况下,没有将信息技术与园区管理进行有效结合。而传统企业家缺少互联网思维,接受新生事物较慢,转型较慢,观念意识相对滞后,对新一代网络信息技术产业认识不足,重视不够。

4.3.2 项目风险分析

国外把智慧园区在项目上产生的风险主要分为在市场、技术、环境、经济以及管理上的风险。对该项目发生的风险,从 5 个因素研究了其产生风险的原因,并进行深入研究探索。

（1）市场风险因素

① 竞争风险

竞争的原因以及目的就是为了能取得最大的利润。不确定性因素很多,包括企业家的战略、实施手段、品牌制定等各种竞争因素。这些不确定因素导致园区里面的所有公司的预想的利益目的未必能全部实现,不能完成预设的收益目的,甚至还有面临损失经济利益的可能。

② 需求风险

经济发展越来越快,科技创新不断涌现,人们的个体需求不断演变,对生活的必需品、精神产品的需求越来越个性化和多样化。这就导致企业的产品必须紧跟时代步伐和市场的变化,才能维持企业的生存。

（2）技术风险因素

智慧园区的投资建设进程中在选择地址、规划园区以及布局和建设工艺上都存在很多风险,如建设智慧园区需选择合适的地址、规划园区的规模以及布局等。

工程技术风险也是智慧园区的一项关键风险。主要是工程建设有有关法律法规的约束,建筑的开发受国家政策的影响,还受经济效益以及市场的供给及需求和竞争方面的影响。除此之外,每一个参与者的责任心、业务素质、协作精神、团队管理精神等,以及相关的制度规范、法律政策、经济因素、市场因素及自然条件也是风险因素。我们不妨成立专家咨询委员会,对提交的方案及建设方法进行系统性考核。针对平台技术的选择,我们尽量采用成熟技术;针对应用技术的选择,我们优选尖端技术。深化与国内知名 IT 企业的战略合作,借助其先进技术和理念,将其作为智慧园区的技术支撑。

（3）环境风险因素

就智慧园而言,与其相关的环境风险因素以下面三类为主:

① 自然风险:取决于自然条件,具有较高的难确定性;

② 社会风险:取决于社会发展现状;

③ 政治风险:政策改变而导致的风险。

具体分析如下:

A. 自然风险

自然风险,多是由自然因素造成的,如火灾、雪灾以及高温等,该风险会使项目产生一定程度的经济损失(直接或间接),风险覆盖整个项目时期(前期建设与后期运营)。

B. 社会风险

社会风险,基本都是由社会环境因素变化而导致的,会造成项目的经济损失。通常情况下,社会风险由两大风险构成:

a. 城市规划风险:一般是政府规划部分立足当地产业结构调整的角度,对智慧园区做出新的布局导致的风险。存在流程过多、信息传达严重失真等问题,这就使得智慧园区无论是在建设,还是在运用的过程中,都会面临相应风险。

b. 拆迁安置风险:一般是指投资方在拿到获批用地之后,在出让金以及安置费等方面的处理方法不妥当,从而面临一定的风险。

c. 政治风险:在我国,智慧园区的政治风险通常都是因为政策改变导致的。具体可分为以下三种:

地价风险。由于土地供求情况或者土地自身条件不同,导致地价持续变化,从而使成本持续上涨。

土地政策风险。一般是国家从政策方面对土地的使用权限与年限,以及土地产权等做出调整,使得投资方可能遭遇一定损失。

产业政策风险。通常是指产业政策发生变化,抑或是有关部分针对产业结构做出调整,使已形成的市场均衡失衡,造成投资方经济损失的同时,还使其难以决策。

针对这些情况,我们可以制定定期会办制度,加强统筹协调,及时研究分析国家和省市相关政策,根据宏观环境的动向和变化调整智慧园区建设在不同时期的政策方向,有效预防和化解政策风险。

（4）经济风险因素

经济风险因素,即所有同经济发展存在相关性,但又难以确定的因素,如资金、利率以及成本等,通常情况下,其主要由四大风险构成:市场供求风险、融资风险、财务风险、地价风险。

① 市场供求风险

市场供求风险,即市场产生的需求同供给之间存在不协调。由于这种不协调的情况存在,投资方在运营项目的时候,可能会因信息不对称而承受一定的损失,抑或是双方在供求信息的掌握上存在差异,市场发展过快等,导致园区存在空置率过高的情况。

② 融资风险

融资风险,即在进行项目建设的时候,因为融资结构与方式的变化,使得经济条件也随之而变,进而对项目建设产生风险,使投资方可能面临相应损失。

若投入资金过高,在建设方面的主要资金来源渠道是银行贷款,因此在建设初期,投资方会很依赖银行,这一行为存在很大风险。因为银行很可能对贷款额度做出严格管控,抑或是就利率做出上浮的调整,使得建设进度放缓,建设成本升高。

③ 财务风险

财务风险通常发生于项目建设期间,以及后期运营过程中。因为财务因素关系着投资者的经济效益,财务风险过大意味着投资方遭遇损失的可能性更大,以及损失程度更大。智慧园区建设的周期都相对较长,且需要大规模占用资金,所以其财务风险多是通货膨胀,抑或是影响资金变现,不利于投资者的利益。

④ 地价风险

由于土地供求情况或者土地自身条件不同,导致地价持续变化,从而使成本持续上涨。而智慧园区多选址于交通便利的区位,这就决定了其地价相对较高,导致其建设成本不断上浮。

⑤ 管理风险因素

在进行园区建设时会涉及不少复杂问题,如员工参与度、管理者的管理能力、员工所具有的协作精神等,尤其在项目管理中,建立组织、制定计划、消化产品、掌握进度、保证质量、协同伙伴、问题管理、及时报告、转移知识、完成验收等流程中的每一个环节都存在不确定性。这些使得园区管理风险大大提升。

此外,在园区进行建设的时候,需要同不少政府部门打交道,如城管、规划以及战略发展部门等,因此必须提升沟通效率和协调的有效性,确保在各政府部门支持下有序地推进建设工作。

4.3.3 智慧园区需求分析

(1)业务应用需求分析

① 多层次的用户功能角色需求

按服务需求对平台用户进行区分,具体分为三类:领导层(园区领导、区领导)、园区工作人员、网络运维人员。

A. 领导层

领导层需求以掌控为核心,需涵盖以下几点:

工作流:能就重点信息进行节点式的审查与批阅,并就战略高度的任务进行纲要发布。

决策掌控:就统计内容进行查看,尤其是重大项目的进度。

工作汇报:对各部门呈上的工作汇报进行查阅。

园区企业数据:翻阅并掌握园区内企业情况与其具体分布。

园区规划的图像展示:能通过规划图对园区内的企业规划进行全局把握,系统掌握园区当前的发展,并基于图形资料开展招商活动。

园区内重点招商项目的进度报告:能就相关报告进行调阅与查看,能在最短时间内系统掌握进展情况,并给予相应的关注,做到及时批示。

园区主要经济指标的分析报告:对核心经济指标相关分析汇报进行调阅查看,借助系统所植入的统计功能,快速了解园区当前经济情况与园区内诸多企业的排名。

园区重点工程项目进度报告:就重点项目进行进度报告的查阅与跟进,确保能掌握建设最新进展。

园区动态新闻资讯:了解所有部门当前的最新消息,及时掌握整个园区的最新动作情况。

B. 园区工作人员

工作人员一般都更加关注实际操作,如:

行政办公:能实现关于邮件、日程、联系人、通知通告、办公用品、任务等的功能。

工作流:能进行公文的新建、流转、办理、催办、督办、监控以及检索等。

入园企业档案库:能够实现对企业信息的收录与维护,并能直接导出相应的报表。

招商项目汇报:可推进项目管理工作,涵盖项目概况、进度等在内的各类文件,且能实现内容的快速更新,便于领导最快查阅并掌握相关信息,把握全局。

项目投资合同管理:针对现有合同展开管理,使领导能更好地就合同情况进行查询与掌握。

项目立项备案流程:可线上完成项目的立项、备案以及内部审批。

企业经济数据统计分析:可对企业经济数据进行沉淀,并自动形成报表与分析,并能将报表与分析结果导出。

工程项目管理系统:能够对整个项目流程所覆盖的情况进行记录。

② 多形式的信息交互和服务需求

形成以网站与短信平台为核心的媒体对接端口群,让用户突破时间与空间限制,能随时访问平台,了解信息。此外,本网站与短信等服务的界面还能突破不同媒体系统的限制,对内容进行有效整合。

③ 多业务和协同应用服务需求

管理平台最基本的任务是要实现多方协同,因此其必须具备以下几点功能:

A. 园区内的招商项目能实现统筹管理;

B. 能完成对入驻园区内全部企业的信息采集,并完成建档工作;

C. 能完成对入驻园区内所有企业的经济数据统计,并按分析结果进行排名;

D. 能对园区内开展的工程项目展开集中性的管理;

E. 能满足各部门跨区域的协同办公;

F. 能满足园区内各类总览需求,如规划、城建、招商等;

G. 能满足移动式办公,不受时间与空间限制。

④ 服务支撑需求

A. 信息采集需求:信息采集,采用自动方式或手动方式对平台上全部的信息进行采集,并一一上传至本地数据库内。目前网络信息采集技术能实现自动化分类。

B. 信息加工存储需求:通常平台数据库内录入的数据均为原始数据,是无法直接使用的,需对其进行分类与加工,再将整理好的数据存储在数据库中。通常情况下,大型数据库有两种类型:一是信息目录数据库;二是全文数据库。

(2)系统性能需求分析

① 灵活、高效、共享的性能需求

就总体性能而言,平台应满足以下几点需求:

可移植和可扩充需求:首先平台是能够不断扩充的,并具备可移植性,这为未来业务拓展预留了足够空间。

效率需求:与实际业务需求相一致,能确保业务流程的顺利进行,且运行、处理速率都相对较高,还能实现信息在第一时间内的更新。

容量需求:确保园区内的企业都能实现在线办公,具有足够的数据存储空间。

数据扩展对接需求:能同财务、人力资源管理、租赁以及招商等系统实现数据的有效对接(单、双向均可)。

② 高标准网络环境需求

首先明确系统用户,包括业务部门、网络管理部门、互联网,具有规模大、应用形式多样的显著特征。系统对网络要求高,具体要求如下:系统以信道连接互联网为基础,使用内部局域网互联。互联网以及数据存储网络链路之间应保持隔离,同时,三层构架也要相互隔离开;网络的重要节点不存在单点故障,应选择冗余;网络的主干核心层具有千兆交换速率。简而言之,网络必须兼具高性能、高可用性的特征,还应安全、可靠,具有一定的灵活性,能继续扩充,并便于管理。

③ 系统管理需求

项目管理的内容主要包括用户、信息、数据的管理三个部分。

用户管理:对用户的管理除了对客户信息的处理外,还包括客户对自己信息的管制。这一模块的主要任务又包括对资料、功能的管理,以及权限设置等。

信息管理:对信息的管制主要的任务包括定义信息类别目录、公布信息、审核信息、信息反应、检索信息等。依据管理需求信息分为行政办公类信息,工作流信息,各类登记、维护、权限设置等信息以及对智慧园区统计分析产生的信息。

数据管理:保护与监管数据库的主要任务包括处理基本的信息体系、设置功能版块、系统的定期维护、处理客户的全部注册权限信息与权限管理、数据库内信息的备份(自动、人工)。

4.3.4 智慧园区任务分解和建设进度

顶层设计不可能一次到位,也难以要求所有的部门完全按照一个刚性的框架开展建设。可行的做法是由易到难,建立框架,层层推进,逐步深入。

首先,以智慧园区公共平台的顶层设计作为切入点。

通过顶层设计明确园区统筹的网络、基础数据资源、共享交换平台和地理空间信息平台等共性支撑平台,为园区各单位信息化建设和应用提供共性服务。以公共平台作为顶层设计的切入点。在技术上,以云计算的方式建设的公共服务平台可行性高;在业务上,公共平台的统筹建设不涉及复杂的业务协调,工作简单易行。

其次,将总体框架渗透到部门。

在"智慧园区"的基础设施和骨架体系建设完成后,应进一步完成部门一级的顶层设计,通过发布规范性文件的形式,要求有关部门在已经形成的公共平台和重大应用框架下,按照统筹集约建设的思路,将总体框架的要求贯彻到部门内部的信息化体系中,逐步建设从顶层到末梢的全局有序的"智慧森林"。

在任务分解完毕之后,就要逐步落实具体工作。为此,我们为智慧园区建设设定一个周期,并将其分为三个阶段,即规划阶段、建设阶段和运营阶段。

(1)规划阶段

建立云计算与云服务数据中心,保证数据库、各大系统之间顺畅的访问及相应的数据交换,信息的安全保障、监管与合理分配。搭建公共信息平台,将现有数据和系统进行分析梳理、归类融合,构建基础数据库、公共信息平台、城市管理及社会服务应用三层体系架构。

① 编制智慧园区规划方案,初步建立智慧园区建设政策标准体系、评价考核体系、资金保障体系。

② 开展智慧园区公共平台的总体设计和建设,重点开展"智慧园区"顶层设计的工作,开展公共信息服务平台、园区基础数据库等的建设。各部门信息系统接入公共平台,实现横向连接、资源共享、资源整合和业务协同。

③ 开始其他智慧应用的前期规划、设计工作。

④ 按照智慧园区统一规划、统一标准,开展若干已建项目的完善优化工作,启动若干重点前期项目的建设。

(2)建设阶段

建设阶段是"智慧园区"建设的攻坚与完成阶段。重点任务是启动和推进各项重点工程,形成有效的辐射效应,并对"智慧园区"公共平台和已建系统进行完善、优化和提升,确保稳定运行;同时对"智慧园区"政策标准体系、评价考核体系、资本保障体系的成效进行总结和完善。

(3)运营阶段

管理部门进行统筹规划,建立由运营商及相关企业共同投资建设,解决方案提供商、设备生产供应商、内容增值服务商等多方参与的智慧园区应用的运营机制,推动智慧园区建设走可持续的发展道路。管理部门成立智慧园区运营评估机构,制定监管制度和考核体系,负责运营平台的监管及绩效考核。

4.3.5 智慧园区顶层设计必须关注的几个问题

智慧园区建设中会遇到许多实际问题,因此在建设的早期,就要未雨绸缪,对即将面临的问题进行考虑,这将有助于当前智慧园区建设。这些实际问题包括:

(1)需要改进核心技术,如物联网、云计算、大数据、区块链等的相互联系与信息互融技能;

(2)未充分剖析发展动力要素,如建设规格、资源、环境、交通等;

(3)工程理念不一致,如智慧园区的含义是什么,运用何种方式创设,管理和经营策略,标

准制度是什么等;

（4）与该工程相关的法律与法规不完整,对园区相关创设、治理、经营的法律法规问题解决与否含糊不清;

（5）与智慧园区经营相关的治理制度还未建成,如与智慧园区相关的建设、管理、运营机制及技术标准体系、法律、法规、人文道德规范的建设等相关的制度。

4.3.6　智慧园区顶层设计小结

智慧园区是一个系统性的建设工程,不但要求做好方案计划,而且要求系统的策划,比如对经营、建设标准、企业组成、商业规模、制度、资金、人力资源等要素的策划,构成顶层设计结构的八个要点如下:

（1）创新解决方法

将需求作为基础,把物联网、云计算、基础通信当作技术,围绕四层整体实现体系,深层次分析感知层、网络层、平台层、应用层这四层的技术处理计划,使得达到园区的智慧化能有技术上的支撑以及成为现实的资本,整体表现出"集成协同、应用创新"的特征。

（2）协调经营结构

创立经营管理结构,理清经营业务步骤、协调不同部门间的服务步骤,明确经营管制的责任与每一级别的职务。

（3）完善标准体制

探索创立涵盖每一利益个体的技能与服务步骤,以及与智慧园区密切相关的标准体制。

（4）改良商业形式

探索先进的商业形式,可以推动智慧园区一些产业的进步,构建产业协作团体;清楚业务服务者、基础设备与平台的供应方、服务使用方这三方面的主体以及职责,做到对该工程的创设、经营的长久支持。

（5）先进产业结构

针对技术上的问题,采用产学研联合的方式来克服,尤其在准确采集信息方面,激发服务商的热情,采用先进的商业形式,构建开放式的业务结构、基础设备建设经营、感知系统的业务支持。

（6）优化制度

清楚上级部门的治理制度,通晓智慧园区总体的问题解决策划及相关的实行制度。

（7）确保资金来源

工程的责任公司的资金水平必须要有保障,明晰在政府补贴、公司投资、招标投标等不同方面的评判规范,使得资金得到保障,明确建设的招投标与资金预算机制。

（8）加强人才培训

在项目所有的计划实施中,要保证各方面的人才造就,包括管理方向的人才、技术型人才、操作型人才,确保体系的创新性与稳固性。

总的来说,智慧园区创设不是一个简单的工程,它的实质为集成创新。顶层设计的本质就是克服系统构建与目标实施时存在的各类矛盾,改进过程中应用的技术,指出达成目标技术要推陈出新,最后达到预期计划。另外,顶层设计是一个不断完善的过程。即使有科学的设计过程,最优秀的设计团队也没有能力设计完美的信息化体系,同时外部环境的发展和变化也会对顶层设计成果不断提出新的要求。因此,顶层设计应该保持更新,根据外部要求和信息技术发展的新情况,做出必要的调整,以符合最新的要求。

4.4 智慧园区设计案例

我们根据上述顶层设计的原则来进行项目规划和设计。下面展示一个现实案例——雄安新区智慧园区设计案例。由于该设计过于庞大,我们只是截取部分内容让读者阅读,这里主要提到项目概述、智能化设计总体要求、智能化系统框架设计要求。

4.4.1 项目概述

(1) 项目目标

① 快速建设,短期内投入使用,成为疏解北京非首都功能的集聚地,为雄安新区配置首批社会服务配套设施。

② 实现100％二星绿色建筑全覆盖。标志性建筑、政府投资及大型公共建筑应达到绿色建筑三星级标准;住宅、商业与商务设施等公共建筑应达到绿色建筑二星级及以上标准。

③ 形成超低能耗建筑规模应用的低能耗园区,具有典型项目的超低能耗示范作用。

④ 雄安新区绿色建筑应遵循因地制宜的原则,结合雄安新区的气候、环境、资源、经济及文化等特点,采用适宜的技术,提升建筑使用品质,降低建筑对生态环境的影响,整体实现雄安绿色社区。

⑤ 实行建筑师负责制,充分发挥建筑师(项目总负责人)及其团队在前期咨询、设计服务、建造协同、质量控制和运营维护等方面的技术优势,发扬"工匠精神",鼓励设计创新,提升建造品质,创造"雄安质量"。

⑥ 采用建筑信息模型(BIM)技术进行设计,并提交符合雄安新区BIM标准规范要求的成果文件。

(2) 项目规模

本项目总建筑面积约为80万 m^2。主要包含五星级酒店、星级酒店、公寓(包含专家公寓和服务式公寓)、独立商业、商务办公、会展中心、配套商业和幼儿园。

(3) 建设原则

① 环境宜人,提供健康工作和生活

以人为核心,从使用者角度出发,以人性化的设计践行绿色科技。营造一个与自然相融、让生命飞扬和可感知、有温度的生态社区。

② 性能为本,打造雄安质量标杆

③ 科技先行,以点带面快速驱动

雄安商务服务中心会展中心作为首批建设项目率先启动动工。

④ 优质服务,高效承接功能疏解

以商业服务配套功能串联整体空间体系,形成全天候无障碍的公共服务环。

4.4.2 智能化设计总体要求

承接《河北雄安新区规划纲要》和《河北雄安新区智能城市建设专项规划》的上位要求,坚持创新驱动智能引领、数据融合开放共享、市场主导政府引导、同步规划同步建设的原则,通过建设智能基础设施和感知体系,发展高效便捷的智能应用,构筑自主可控的网络安全环境,布局城市智能设施空间,完善智能城市建设保障体系,来探索高效协同的城市治理模式,提供更加优质的公共服务,创造更加宜居、宜业、安全的城市生活,打造良好的营商环境和人居环境,满足人民对更加美好生活的向往。

对于商务服务中心园区智能化设计的总体要求如下:

（1）设计目标

智能化设计为园区内智能型商务办公、五星级酒店、会展中心、行政公寓（酒店式公寓）、专家公寓、政务酒店、幼儿园等业态服务，在智能化、节能减排、云计算、物联网等技术应用和功能实现等方面将处于国内领先和国际先进的地位，形成具有雄安特色的智能化园区。

商务服务中心智能化建设要实现全面感知、开放共治、互通互联、智能示范的整体目标，创造一个良好、舒适、多样化、高效率的工作和优质服务的环境。

全面感知，具备多种不同物联终端及通信协议的接入能力。紧扣多元主体需求，将与商务服务中心园区密切相关的物联感知项目与物理空间建设同步推进，同时兼容多种通信协议和网络环境。

开放共治，累积商务服务中心的数据资产池，构建数据开放体系，促进基层共建共治共享。依法将商务服务中心内各业态建设的公共区域感知设备数据接入，创新机制，保障数据开放共享，促进园区共治，园区全员共享建设成果。

互通互联，商务服务中心智能化应用及业务，在园区内整合不同业态的独立系统。对接容东片区以及雄安新区的平台，打通不同领域在城市级、园区级两个层次的平台，同时，在园区层面实现不同业务体系整合融合，使之形成统一体系架构。

智能示范，赋能商务服务中心通用能力，构建多样化智能场景，提升人民获得感和归属感。融合关于图像、视频、文本等的成熟的人工智能技术，构建安全、环境、服务、社交、价值实现多样化环境。

（2）设计原则

① 以人为本，兴业惠民

提升居民的幸福感、获得感和安全感，努力打造引领智能城市建设发展的全国标杆，使智能城市成为雄安新区建设高水平社会主义现代化城市的重要标志。

② 数字孪生，同规同建

即同步设计、同步建设、同步投产，按照《河北雄安新区规划纲要》的要求，实现城市智慧化管理，坚持数字城市与现实城市同步规划、同步建设。在商务服务中心园区基础设施建设的同时，同步建设感知设施系统以及智能化应用系统。

③ 上位引领，标准先行

严格按国家、地方、行业标准进行建设，严格遵循雄安新区上位规划要求，同时参照智能容东专项导则内容对商务服务中心园区进行智能化设计。

在遵循上位规划的基础上可拓展行业内新技术应用发展空间，进一步提升城市智能化应用和服务能力。

（3）成果总体要求

① 满足功能需求最大化设计

所提交的智能化系统设计成果，必须最大限度地满足智能化系统功能的需求，支撑各业态运营服务管理的运作模式，实现容东片区级和雄安新区级系统的对接，在设计上应采用信息化、网络化、数字化、自动化、物联化、智能化等新技术应用；智能化系统设计成果应体现总体要求的标准化、实用性、可行性、先进性、可靠性、经济性、完整性、集成性等方面。

② 标准化设计

智能化系统设计标准是指导本项目设计的重要依据。只有遵循国家数字化与智能化相关设计标准和规范，遵循上位规划的指引，才能确保设计上的总体要求。目前国家已经可以提供成套的关于数字化与智能化建筑设计的标准和规范，因此遵循标准化设计是本项目设计要求的前提。

③ 实用性和可行性设计

智能化系统设计成果必须满足对实际需求的针对性、合理性、实用性和可行性的要求。智能化系统设计应以满足系统技术应用和实现功能的需求为实用性和可行性设计的原则。在技术应用方面应在充分论证和比选的前提下,首先选择网络化与数字化成熟和主流的应用技术;其次在产品选型方面应注重实际功能和实用性而不盲目追求品牌。智能化应用系统设计应满足三家以上品牌产品的技术性能要求,同时还要充分考虑工程建设实施进度与技术复杂程度,技术应用和系统设备选型不能与系统工程实施相脱节。

④ 先进性设计

智能化系统设计将对商务服务中心各业态运营服务管理和可持续发展产生重大影响,因此在对智能化系统的设计时应有较强的前瞻性,摒弃落后的、不合理的系统设计和技术应用模式,在严格分析研究的前提下积极采用新技术、新产品和新系统。先进性原则还包括科学决策、技术先行和前瞻性原则。

⑤ 可靠性设计

在确保智能化系统具备先进的技术水平和能可持续发展的同时,还要求注重智能化系统与设备的安全与可靠性。由于智能化系统是常年不间断运行的系统,因此稳定可靠尤其重要。减少安全隐患,有利于日常维护,同时具备应对应急事故的能力,是对智能化系统可靠性的关键要求。

⑥ 经济性设计

在确保满足智能化系统技术应用和实现功能,以及系统工程质量和工期的前提下,智能化系统设计应注重经济性的原则。在设计和实施过程中,要充分利用有效的投资,通过简洁、合理、功能明确的系统设计,达到较高的系统性价比。系统设计要符合实际应用的需要,具备合理性、实用性和经济性。要通过设计控制智能化系统工程造价,智能化系统设计应满足设计控制价估算的要求。

⑦ 完整性设计

智能化系统设计属于电子系统工程类设计的范畴,因此智能化系统的设计不仅仅要考虑与建筑结构上的配合和系统管线路由和敷设的设计,而且要考虑智能化的系统设计。

⑧ 集成性设计

智能化系统集成性设计要求,就是从工程实施的系统性和系统的集成性来设计智能化系统的总体结构、网络结构、软件结构、数据结构、安全体系结构、系统间通信协议及接口等;充分考虑数字化与智能化各应用系统之间的信息交互、数据共享、网络融合、功能协同,避免以往将各个数字化与智能化应用系统设计为分离"信息孤岛"的方式。

4.4.3 智能化系统总体框架设计要求

商务服务中心园区包括多种业态及应用场景,在智能化系统设计、实施及后续运营过程中存在多领域、多行业业务并行的情况。要求在智能化设计中,提前统筹考虑,充分分析调研园区内各业务、数据平台及智能化应用的需求,将各业态和部门的不同子系统进行整合和集成,构建出一个逻辑清晰的智能化系统总体框架。

该系统框架设计需重点考虑以下几点:

① 层级性:参考业界园区智能化系统的典型架构特点,分层分级,逻辑清晰。

② 融合性:需统筹 IoT、块数据、视频、融合通信、GIS 等多种新技术,避免业务系统烟囱,支

撑资源融合、数据融合、业务融合。例如,视频语音资源统一整合,包括监控视频、会议视频、手机视频及语音,以支撑园区可视化的调度指挥和运营管理;实现园区层面的物联网传感数据统一汇聚,实现对园区管理运营的直接支持,并可同步接入新区层面的物联网数据平台;业务服务资源整合,对园区内同一类型的业务应用以统一服务编排的方式构建业务能力,实现整体业务服务的融合等。

③ 开放性:整个园区系统架构应避免封闭式设计,需支持多种形式的对接和共享;需支持与雄安新区城市信息模型(CIM)平台、块数据平台、物联网平台等的对接和融合。

④ 扩展性:需考虑通过统一数字平台能力,实现各业态应用的数据集成和业务应用协同,向上支持商务服务中心园区新的业务应用迭代开发和快速上线,向下通过广泛的物联感知连接做到云管端协同,实现物理世界与数字世界的融合扩展。

⑤ 安全性:按照全方位系统安全设计原则,实现端到端的安全保证体系,实现园区智能化设施整体的运行、运维安全。例如,保证关键信息基础设施的可用性与可靠性;保证园区内数据资产的真实性、保密性、完整性及可用性;保证业态应用和服务的可用性、可靠性及可核查性等。

4.4.4 雄安新区智慧园区一中心四平台

当今时代技术发展很快,物联网的空间范围和应用有很大拓展。跨网联合,万物互联。现今物联网已为大数据云计算、人工智能提供了数据支持,从物联网到智联网是互联网、物联网技术发展的必然。

(1)智联网平台

智联网统一开放平台向下接入物联网终端、物联网网关、行业物联网应用平台,实现感知数据的统一汇聚,如图4-3所示。

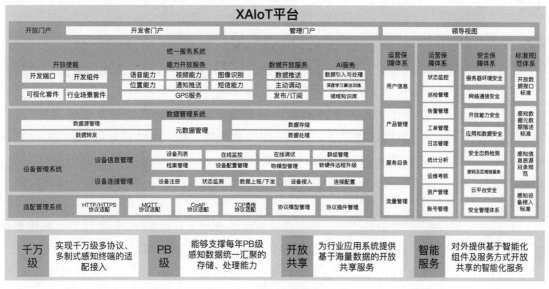

图4-3 智联网平台架构图

园区内政府以及雄安集团投资建设的感知终端,要求统一接入城市物联网统一开放平台,鼓励接入企业等社会投资建设的感知终端,以实现园区感知设备统一接入、集中管理、远程调控和数据发布、共享,为商务服务中心提供管理决策和服务。

感知终端数据规范请遵循《雄安新区物联网建设导则》数据规范部分。

（2）块数据平台

智能化系统的建设须遵循雄安新区数据资源统筹规划、协同共享的原则。在保证智能化系统的数据资源及数据服务的设计符合新区整体数据建设要求的同时，确保全量数据汇聚到块数据平台。

智能化系统总体上应依托块数据平台的数据能力及 AI 能力进行建设，对于块数据库服务、数据处理和分析服务及 AI 能力等，智能化系统原则上应复用块数据平台已有功能。智能化系统建设时应遵循充分解耦的原则，对应用层和数据层分别进行规划设计，实现智能化系统数据能力在块数据平台上的全面整合，块数据平台架构图如图 4-4 所示。

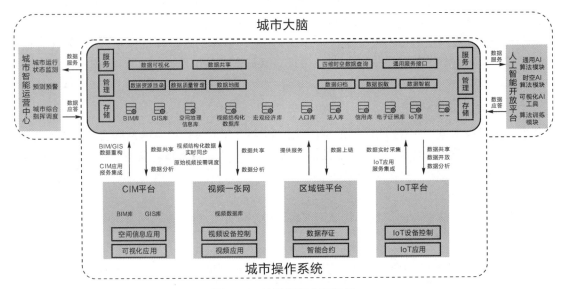

图 4-4　块数据平台架构图

① 数据库规划建设：智能化系统须依托雄安新区块数据平台，在应用层和数据层解耦的原则下建设和部署。智能化系统的业务数据库须基于雄安新区块数据平台提供的块数据库服务进行建设，同时智能化系统产生的数据由块数据平台进行统筹管理并负责共享交换。在进行智能化系统数据库规划建设时，应遵循集约化原则，减少数据冗余，合理利用块数据库服务资源，提高资源利用率；尽量避免使用存储过程、函数等可移植性差的数据库对象。同时智能化系统验收前须向块数据平台提供完整的数据字典，便于后续数据应用及数据价值挖掘。

② 数据标准规范：智能化系统产生的数据资源应符合相关数据标准，标准体系由基础类标准、数据类标准、技术类标准、安全类标准、维护管理类标准等五个类别的标准组成。

③ 数据资源目录：智能化系统须对系统收集或产生的数据资源进行梳理编目和分级分类，并将系统数据资源统一注册到块数据平台数据资源目录系统。

④ 数据交换共享：智能化系统的数据资源共享交换由块数据平台集中统一实施。

⑤ 数据服务管理：智能化系统的数据服务均应注册到块数据平台 API 网关和服务发布与管理模块，所有业务系统集中通过块数据平台向外提供数据服务，所有数据服务统一在块数据平台上进行注册、管理与发布，并进行用户、权限等管理。

⑥ 数据处理、分析服务及 AI 赋能：智能化系统在建设时应复用块数据平台已有的数据处

理、分析服务和 AI 能力,并优先利用块数据平台的相应能力对数据进行处理与分析,同时使用块数据平台的 AI 能力,为智能化系统进行 AI 赋能。

新区智能化系统数据建设的详细要求可参考《块数据建设导则》。

(3)CIM 平台

《新区智能城市建设专项规划》提出汇聚城市基础空间数据(基础地理信息数据以及全生命周期的建筑信息模型数据)、政务数据、社会数据和城市感知数据等,形成从地上到地下,从时间到空间的城市信息模型,建设虚实交融、共生发展的数字镜像城市。

在商务服务中心园区建设中要通过加载全域全量的数据资源构建城市多维数据空间,利用 GIS 服务实现园区从地下到地上地理信息的数字化,利用 BIM 模型构建园区的三维数据空间画像,同时整合城市遥感、北斗导航、地理测绘信息、智能建筑等城市空间数据,在数字空间模拟仿真中组建出虚实映射的数字孪生园区模型。在园区建设时,BIM 成果应遵循我国现行的国家标准、行业标准的有关规定,同时还要遵循雄安新区 BIM 建设标准导则。

另外,商务服务中心内全过程产生的建筑信息模型(BIM)数据需统一接入新区城市信息模型(CIM)管理平台。

接入 CIM 管理平台的数据包括:详勘地质三维模型、三维倾斜摄影模型、经审核的 BIM 模型、工程建设过程中工地监测(包括工地扬尘、环境气象、工程监测等)相关数据(此部分数据优先接入新区 IoT 平台,在 IoT 平台未投入使用时接入 CIM 平台)。

(4)视频一张网平台

视频一张网平台是新区"视频一张网"基础设施的管理服务平台,为各行业提供统一的视频基础服务、视频解析服务、视频能力开放服务等。

园区内投资建设的视频监控系统内各个应用子系统应具备良好的可移植性、伸缩性,适应未来应用动态升级的需要。系统应支持提供不同层次业务服务的接口,便于行业应用灵活调整。系统的业务集成模块,需支持多业务子系统的整合,包括服务整合、应用整合、子系统整合,可高效扩展行业业务。系统在提供包括 Web 客户端、桌面客户端和移动客户端等丰富的人机交互用户终端的同时,需支持向其他业务系统提供视频服务,免除其他业务系统大量重复开发。安全方面需具备权限防范设计、严格的令牌体系、SSL/HTTPS/SHA265+挑战码等技术手段,从架构层面考虑安全性需求,提升系统可靠性。

园区内政府以及雄安集团投资建设的视频监控系统需符合国标 GB/T 28181 要求,可按照国标 GB/T 28181 进行上下级域的互联对接,由园区内视频监控系统将视频监控资源推送给视频一张网平台。园区内平台与视频一张网平台对接功能实现要求包括但不仅限于 GB/T 28181 协议中规定的注册、实时视音频点播、设备控制、报警事件通知和分发、设备信息查询、状态信息报送、历史视音频文件检索、历史视音频回放、历史视音频文件下载、网络校时、订阅和通知等功能。

监控设备接入,指园区内视频监控系统的 DVR(数字硬盘录像机)、DVS(视频编码器)、IPC(网络摄像机)、NVR(网络录像机)等数字视频编码设备和存储设备的投入。监控设备需符合国标 GB/T 28181 要求,并采用国标规定的接入方式进行接入,采用标准解码库实现解码显示。关于点位布放要求以及"视频一张网平台"系统具体对接要求,参照《雄安新区视频一张网导则》。

园区内政府以及雄安集团投资建设的视频终端,要求统一接入视频一张网平台,鼓励接入企业等社会投资建设的视频终端,以实现园区视频感知设备统一接入、集中管理、远程调控和数据发布、共享,为商务服务中心提供管理决策和服务。

（5）数字身份体系与信用体系

《河北雄安新区规划纲要》提出同步建设数字城市,构建透明的全量数据资源目录、大数据信用体系,在商务服务中心智能化设计中需充分考虑数字身份体系与信用体系相关建设内容,涉及人员身份验证、人员信息识别以及人员信用评价、企业信用评价等建设内容时需要预留接口,确保实现这两个体系与城市级体系平台对接。

第二篇　智慧园区与建筑智能化系统

第五章 智慧园区与建筑智能化系统功能及技术要求

5.1 智慧园区的系统功能

智慧园区实质上就是由众多的智能化功能需求综合在一起的智能建筑集合。换言之,智慧园区是由智能建筑群所构成的综合运行体,它是由智能建筑发展而来的现代新型综合管理体系。

5.1.1 信息设施系统

(1)信息设施系统功能需求

应具有对建筑物内外相关的语音、数据、图像和多媒体等形式的信息予以接受、交换、传输、处理、存储、检索和显示等功能。

能融合信息化所需的各类信息设施。这是为建筑物内的使用者及管理者提供信息化应用的基础条件。

(2)信息设施系统的具体项目

信息系统是一个庞杂的综合系统,它由信息接入系统、布线系统、移动通信系统、会议系统、信息导引及发布系统、时钟系统、信息网络系统、有线电视及卫星电视接收系统、公共广播系统、室内信号覆盖系统、卫星通信系统、用户电话交换系统、无线对讲系统等共同构成。

(3)配套机房

智慧园区应在区域内建设智能化系统的机房。在建设时,首先进行通信机房布局规划,满足用户接入、汇聚和转接服务的需求。信息接入机房宜设置在便于外部信息管线引入建筑物内的位置;适当预留机房面积,以满足多家运营商对设备安装和运维的需求,而且具有可靠的供电、环境、安全等保障。通信机房、数据机房、运营管理机房、有线电视前端设备机房、楼层电信间、楼层设备间等的建设及布局应满足机柜配置和维护需要,并预留可扩展的面积。

机房内应配备火灾自动报警系统和其他安全技术防范设施,监控装置通过其系统功能可对机房内能源、安全、环境等基础设施进行实时监控,还可随时采集、分析机房内的各类设施的能耗及环境状态信息等。

5.1.2 智能化应用系统

(1)公共安全系统

该系统的实施应能有效地应对建筑物内火灾、非法侵入、自然灾害、重大安全事故等危害人们生命和财产安全的各种突发事件,同时应建立应急及长效的技术防范保障体系。

根据防护对象的防护等级、安全防范管理的要求,以建筑物自身物理防护为基础,运用电子信息技术、信息网络技术和安全防范等现代先进技术措施,将联网报警系统、视频监控系统、交通监控系统、视频应用系统、应急响应系统等进行整合,集成于同一个视频图像信息管理平台上。同时,该平台系统中的视频监控子系统通过网络可与公安等安保单位相连通,并可将园区安保纳入社会公共安保体系之中,形成社会和园区内部双重安保体系,确保园区内的安全。

（2）交通综合管理系统

应建立交通综合管理系统实现交通管理和停车场管理等应用,提高区域内道路和交通设施的运营效率;通过车内、车外信息来统一向驾驶员提供交通状况、驾驶所需有关信息、行驶路线导航信息以及到达区域的停车位信息,提高交通服务水平,降低交通对环境的污染。

（3）数字标牌及信息发布系统

系统应能向区域内的公众或来访者提供信息发布、音视频演示以及查询等功能。

（4）广播系统

系统应可以统一调度管理区域所管理的语音通信设施,实现业务广播、背景广播和紧急广播,紧急广播具有最高级别的优先权。

系统应能够实现一键发布多区域广播、终端发起广播、自定义广播组、既定预案广播等多种广播方式。

（5）能源管理系统

系统应对区域内的用能进行监测,并具有实时、全局的能耗综合管理功能。主要功能宜包括:能源规划(对电力、天然气、新能源等多种形式能源的规划)、能耗采集(对能耗进行分类、分层、分区域等形式的精细化计量)、能耗分析(对来自楼宇自控系统、能源监控系统、智能抄表系统等采集的能耗信息进行计量和分析)、能源调度(对电力、天然气、新能源等多种形式能源的综合调度)、能源优化(对能源使用策略进行优化管理)、能源审计(进行能源消费分析)等。系统应与区域综合信息集成系统和建筑设备监控系统集成,共享数据信息,通过使各用能设备和系统的测控和能源达到最优组合,实现能耗成本的经济性。系统应与上级能源综合管理系统联网,共享系统数据信息。

（6）环境管理系统

系统应对整个区域进行环境检测,依据检测数据信息,通过建筑设备监控系统实现环境管理,宜与城市公共环境治理系统共享环境参数的测量信息。

（7）建筑设备监控系统

系统应对建筑机电设备的运行状态进行实时监测、监视和控制,应用各类建筑设备关联的运行信息,对建筑设备实施综合优化管理,使建筑设备实现安全、可靠与稳定运行,创建节能、环保、舒适的建筑环境,提高物业管理效率。

（8）门禁系统

园区应在机房、财务室等重点部位设置门禁管理系统,便于对关键部位的实时监控。当有意外发生时(如发生房门非正常开启、非法闯入、火警等意外事件),可自动报警,方便消防控制中心能及时掌握警情信息,迅速采取有效措施,防止或减少损失。

5.1.3　转化集成管理系统

（1）运行管理

智慧园区应建立统一的运行管理系统,在常态时全面监测和协调所辖区域的安全防范、设备监控、能源管理、交通管理、信息发布、环境管理等系统的运行,统计相关数据,显示全局态势。

（2）应急响应

智慧园区应建立统一的应急响应系统,对突发事件和灾害进行检测、识别、跟踪与预/报警,在应急态势下辅助决策、指挥调度、信息反馈,提高对综合性灾害事故的应急处置效率。

（3）公共服务

智慧园区应建立公共服务平台，该平台包括公共信息服务、电子政务服务、生活信息服务。结合项目属性及产业特性可建立电子商务、智慧物流、会议、产业云、培训与外包等服务支撑平台。

（4）建筑信息模型（BIM）应用

智慧园区是高密度城区的重要组成部分，为达到高效管理，可运用 BIM（建筑信息模型）与 GIS（地理信息系统）技术，将建设完成的 BIM 模型与区域的 GIS 结合，配合运营管理，实现多维的显示和管理。

（5）与本地智慧城市对接

智慧园区的综合信息集成管理系统是与本地智慧城市运营中心对接的主体，应能和上级的各信息化应用系统交换信息、协同公共管理，并为区域内的人员和业务提供全方位的服务。

5.2　智慧园区的系统技术要求

5.2.1　智慧园区信息通信基础设施的技术要求

采用综合管理的方式进行系统的规划、设计。

（1）有线通信网络

智慧园区应建设可实现语音、数据传输以及支持广播和电视等的有线通信网络，数据网络主干不低于万兆。

（2）无线通信网络

智慧园区应建设无线通信全覆盖、无线局域网（WLAN）等无线通信网络，园区内应无通信盲区。

（3）信息管线

智慧园区的智能化系统应建设专用的综合管槽，支撑区域内的信息布线，光纤应进入基本功能单元。

（4）机房

智慧园区应建设智能化系统专用的机房。

（5）供电

建筑群的应急响应中心、智能化系统设备总控制室、安防监控中心等重要场所的负荷，应配置两路电源供电末端进行自动切换，并应根据系统设备对电源切换时间、持续工作时间和容量的要求配置不间断电源（UPS）。

区域及楼栋设备控制室和设备机房的供电电源可靠性要求，应与该区域楼栋中最高等级的用电负荷的相同，并根据需要配置 UPS。

楼层电信间、弱电设备间应留有供电电源，供电可靠性及容量应满足相应系统设备的要求，并宜采用专用线路供电。

智能化系统设备应采用三相近线供电系统（TN-S）系统供电。

（6）防雷接地

智能化系统应按照现行国家标准《建筑物防雷设计规范》（GB 50057－2010）和《建筑物电子信息系统防雷技术规范》（GB 50343－2012），采用防护直击雷及减小和防止雷电流产生电磁效应的综合防护措施。

智能化系统应根据建筑物的雷电防护等级及设备所在的防护区域，设计、安装电源线路浪涌保护器、信号线路浪涌保护器、天馈线路浪涌保护器。

智能化系统宜采用共用接地网,其接地电阻值应符合相关各系统中最低电阻值的要求,当无相关资料时,可取值为不大于 1 Ω。

当智能化系统涉及数栋建筑物时,相关建筑物之间的接地网宜作等电位联结。如建筑物难以互相连通时,应对这些建筑物之间的电子信息系统作有效隔离。

智能化系统宜设引自建筑物总等电位联结端子板并设与各层钢筋和均压带连接的专用垂直接地干线,通过连接导体引入设备机房和控制中心,与局部等电位联结端子连接。音频、视频等专用设备的工艺接地干线应独立引至建筑物总等电位联接端子板。

5.2.2 智慧园区对智能化应用系统的要求

(1) 安全防范系统

① 联网报警系统

联网报警系统包括区域内商铺、办公及住宅的报警系统。当客户端发生报警时,迅速将警讯或现场视频图像通过多种方式传输到联网报警系统中心,在操作终端的电子地图上自动弹出警情信息。联网报警接警中心派出人员或联动联网报警指挥中心出警。

建立区域统一接警、指挥、调度的报警中心平台。中心应有相关的接口与 110 指挥系统、视频监控系统等联动,系统之间的信息通信传输和联动必须具有完整的反馈信息,具备相关通信事件记录功能,以确保所有传输的报警信息都能得到及时、有效的处理。中心能提供定制报警等信息流的发送和处理服务,定制专门用户服务、计费管理等功能,构成多种数据信息收集和发布的综合管理指挥平台。

② 视频监控系统

视频监控系统对街区、道路卡口、人员聚集的场所、建筑物出入口、大厅、公共走廊、金融与财务场所、重要机房、物品库房等案件多发和易发区等进行监控。

a. 在区域的重要地段和重点部位安装的监控探测器由专人统一监管,便于收集犯罪证据,同时起到警示防范作用。道路卡口等监控还担负道路自动监控、交通诱导、卡口车辆监控、车辆稽查等城市道路和车辆安全管理的任务。通过与交通监控系统的结合,视频监控系统可为道路管理部门、公安部门、交通执法部门提供有效的工作依据,提高安全保障力度。

b. 街区监控系统应具有智能化功能。系统应设有人的异常行为的检测、识别、跟踪与预/报警的功能。通过检测图像序列中人的异常行为,如人翻越院墙、栏杆,实施打架、斗殴抢劫与绑架等犯罪行为时,实行锁定跟踪与预/报警。系统应设有非法滞留物的识别、跟踪与预/报警的功能。通过检测图像序列物的异常行为,如箱子、包裹、车辆等物体在敏感区域停留的时间过长(如放置爆炸物等),或超过了预定的时间长度事先预警爆炸等犯罪行为。系统应设有人群及其注意力检测控制、识别与预/报警的功能。通过识别人群的整体运动特征,包括速度、方向等,避免形成拥塞和及时发现可能出现的打群架等异常情况。系统应用非接触式的人体生物特征识别技术,设有对通缉逃犯、犯罪嫌疑人与惯犯的检测、识别、跟踪与预/报警的智能化功能。

c. 视频监控系统中的运行管理平台应包含以下功能:监测网络视频监控设备的实时拓扑状态、设备在线状态、网络流量状态、存储系统的数据状态、视频画面的正常或异常状态,并提供相关的统计信息。视频监控中的管理平台,应具备自动发现视频监控系统中前端设备的功能,提高视频监控系统的建设效率。

d. 视频监控系统的标准要求包括以下内容:网络视频监控系统应采用标准的网络进行组网。视频监控系统的前端网络摄像机,应满足现行国家标准《安全防范视频监控联网系统信息传输、交换、控制技术要求》(GB/T 28181—2016)的要求。视频监控系统的前端设备、管理平台、视频存储系统,应满足稳定性的需求。当前端设备发生故障时,不影响历史图像的回放业务;当管理平台发生故障时,不影响实时录像业务;当视频存储系统发生故障时,不影响实时画面显示业务。在不良网络环境下,当网络发生严重数据丢包(小于5%)的时候,应不影响视频监控系统的实况录像和显示业务;视频监控存储系统中硬盘的视频数据,不能被其他系统直接读取,以确保视频监控系统数据保密的功能。

(2)交通监控系统

交通监控系统应具有车辆检测、识别、跟踪与预/报警等功能,能够识别车辆的形状、车标、颜色、类型、车速、车流量、道路占有率等,并将信息反馈给监控管理中心,同时能够识别是否有非法停靠现象、是否有故障车辆等。

系统应具有车辆异常行为的检测、识别、跟踪与预/报警功能,能够检测识别车辆的异常行为,如车辆驶入绿化草地、人行道,车辆逆行、超速、行驶过程突然停下横档后面车辆等,如有该类行为立即对此进行预/报警。

系统应具有交通拥堵检测及自动疏导,统计通过的车辆数、检测交通拥堵,并在交叉路口自适应控制红绿灯的转换时间等功能,并能够通过交通信息屏和无线台对交通进行自动疏导。

系统应具有电子警察检测识别车辆的违规,如闯红灯、超速、逆行与非法停靠等行为的功能,该系统通过与城市治安卡口系统集成,可以实时或定时向各卡口系统发送嫌疑车辆信息,保证各卡口系统拥有最新的嫌疑车辆信息表。

(3)视频图像信息应用

视频图像信息分析可统计人们的各种行为,协助物业、服务、零售等行业的管理者分析营业情况和运营情况,从而提高服务质量。

5.2.3 智慧园区对交通综合管理系统的要求

交通综合管理系统主要包括出行信息系统、交通管理系统。

公共交通系统和停车场管理系统的以下系统功能的设置应与智慧园区管理者的权限相符。

(1)出行信息系统

出行信息系统为出行者提供及时的区域内信息服务,通过车载设施、可变标志、交通信息广播和移动电话等,向驾驶员提供互动信息,让他们快速进出区域,减少区域车辆行驶时间。该系统提供的信息可以分为三类:出行前信息、途中信息和目的地信息。

系统通过将有线通信系统、视频监控系统、道路交通信号控制系统、计算机网络系统等系统的信息集成,建立交通信息公共广播发布系统、信息屏发布引导系统及区域内交通网站等。在早晚高峰期间报告区域内主要路段当前的交通状况,提供交通与地图智能查询、公共交通出行指南、交通实时动态信息,引导司机及早改道,避免堵车。

信息显示终端可以是以下设施:道路信息显示设施,车载,显示设施,家庭与办公室显示设施,交通信息管理中心等的室内显示设施,广场、重要交叉口、公交站点显示设施。

(2)交通管理系统

交通管理系统按照系统工程的方法有机集成区域内的交通工程规划、交通信号控制、交通检测、交通视频监控、停车位管理、交通事故的救援等,实现对交通的实时控制与指挥管理。该系统具有向区域内管理部门和驾驶员提供对道路交通进行实时疏导、控制和对突发事件作出应急反应的功能。交通管理系统包括以下功能:交通控制,交通事故管理,电子收费管理,电子警察,交通环境监测,停车引导与管理,动态警告/交通执法,自行车、行人安全控制,不同交通模式交叉处理,区域内道路、公路交通的信号控制,自行车、行人、不同交通模式交叉口的信号控制,各类交通需求响应,交通事故、交通环境及所属设施管理。同时,系统通过其所属各系统将采集和处理后的交通信息实时地传输到交通信息中心。

（3）公共交通系统

公共交通系统可以提高交通参与者(乘客、司机和管理者)、交通设施(道路等)和交通工具(车辆等)之间的有机联系,最佳地利用交通系统的时空资源,降低运输成本,提高运输效率,该系统主要包括公共车辆行驶信息服务系统、自动调度系统、电子车票系统、区间服务车辆调度系统、响应需求型公共交通系统等。系统向公众提供出行时间和方式、路径及车次选择等咨询,在公交车辆上和公交车站通过电子站牌向候车者提供车辆的实时运行信息,提供电话预约公共汽车的门到门服务等,以提高公共交通吸引力。

系统需与城市交通控制和管理系统结合,负责对公共交通运营、公交出行信息与规划、公共交通需求、公交运营安全及出租车运营进行综合协调管理。

（4）停车场管理系统

采用射频识别、图像自动识别、计算机通信和网络、传感等高新技术所组成的停车场管理系统,能提高停车场车辆进出效率,避免出入口拥堵,为车主提供舒适的通行体验、方便的车位引导服务、智能寻车服务,同时能使管理单位精确、全面地掌握停车场的运行状况,为其提供辅助决策支持。

停车场管理系统具有智能停车管理、车位引导、智能寻车、自助缴费、地下车库灯光节能控制及电动汽车充电桩监管等功能。

① 智能停车管理

系统以车载电子标签、车辆车牌为识别介质,自动识别车辆进出场信息,实现车辆的快速通行。

② 车位引导

系统通过在车位上安装检测终端,检测车位是否被占用,通过安装于停车场通道上方的停车诱导牌,提示区域剩余停车位数量。

系统与出行信息系统结合,将整个停车场的剩余车位信息发送至出行信息系统,提示场内剩余车位总数,并向城区交通信息中心上报。

③ 智能寻车

系统通过高清车辆识别终端识别停放在车位上的车辆号码,使车辆与车位形成一一对应关系。在智能寻车终端上输入车牌号码,可查询车辆停放位置,并得到寻车终端至车辆停放位置的最佳路线。

④ 自助缴费

用户可采用多种缴费方式,包含自助缴费终端缴费、中央缴费、预登记缴费、手机支付等,通过现金、手机、城市交通卡等多种形式缴纳停车费。车主驾驶车辆在预定时间内,可不停车直接出场。

⑤ 地下车库灯光节能控制

停车场内安装移动探测传感器,在没有人员或运动车辆时,场内只开少量的长明灯保证最低限度的安全和监控照明;当有人员或车辆进出停车场时,开启对应区域的照明,实现"车来灯亮、车去灯暗、自动休眠、按需照明"。

灯光节能应与停车管理相结合,当停车系统检测到固定车辆进入停车场后,系统根据该固定车辆的停放区域,将其行驶路线上的灯光预先调亮。

⑥ 电动汽车充电桩监管

停车场如设电动汽车充电桩应建设充电桩监管系统,对充电桩的使用和故障情况实行监管。

5.2.4 数字标牌及信息发布系统

数字标牌及信息发布系统的工程设计应满足实用性、先进性、经济性、可靠性和可维护性的要求,应与区域内建筑的室内外装饰设计、区域环境设计和其他有关工程设计专业密切配合。

系统应以区域内的有线通信网络和无线通信网络为基础,构建信息采编、播控及发布的通信平台。

系统应包括编控室、供配电和防雷接地系统等配套工程。

系统由信息采编、信息播控、信息显示和信息导览部分组成。系统的技术指标应符合国家现行标准《民用建筑电气设计规范》(GB 51348—2019)和《视频显示系统工程技术规范》(GB 50464—2008)的相关要求。

(1) 信息采编

系统应配置信号采集和制作设备及配套软件,宜将交互式可视化编辑器用于节目的编排,并对设计好的节目预览观察。系统可以通过网页、文本文件、应用程序调用等形式,接入第三方应用软件。信息源包括定制的各种图像、音视频、文本数据信息,以及园区实时的公共服务信息。

(2) 信息播控

配置服务器和控制器,为播放终端提供实时信息、在线流媒体、数据库查询等服务。系统对各个播放终端进行远程监控和权限管理,监视播放终端当前的工作状态和播放画面,实现自动开关播放终端;支持多通道显示、多画面显示、多列表播放,支持所有格式的图像、音视频、文本显示,支持同时控制多台显示屏显示相同或不同的内容。

系统宜提供开放式的接口,与其他智能化系统集成。系统宜具有满足客户个性化需求进行的二次开发功能。

(3) 信息显示

信息显示屏的采用应根据使用要求,在衡量各类显示器件及显示方案的光电技术指标、空间位置和环境条件等因素的基础上确定。各类显示屏应具有多种输入接口方式。

(4) 信息导览

信息导览系统宜采用触摸屏查询、视频点播和通过手持多媒体导览器查看的方式浏览信息。

5.2.5 广播系统

广播系统的工程设计应与智慧园区的服务管理功能相匹配,包括业务广播、背景广播和紧急广播。其中业务广播应根据工作业务及建筑物业管理的需要按业务区域设置音源信号,分区控制呼叫及设定播放程序;业务广播播发的信息包括通知、新闻、信息等。背景广播应向建筑物内各功能区播送自然环境气氛的音源信号,背景广播宜播发的信息包括背景音乐和背景音响等。紧急广播应满足应急管理的要求,紧急广播播发的信息应依据相应安全区域划分专用应急广播信令。三种广播模式可根据需求随时进行切换。

广播系统的技术指标和施工方法应符合国家现行标准《民用建筑电气设计标准》(GB 51348—2019)、《公共广播系统工程技术规范》(GB 50526—2021)和《应急声系统》(GB/T 16851—1997)的相关要求。系统应包括播控室、供配电和防雷接地系统等配套工程。

广播系统应由信号源设备、功率放大器、系统主机、扬声器和传输线路等组成。

（1）信号源设备

信号源设备应根据系统用途、等级和实际需要进行配置。

（2）功率放大器

功率放大器采用单声道输出，其容量应符合国家现行标准《民用建筑电气设计规范》（GB 51348－2019）和《公共广播系统工程技术规范》（GB 50526－2021）的相关要求。

（3）系统主机

系统主机应具有广播系统的应备功能，宜提供开放式的接口，可以和其他智能化系统集成。

（4）扬声器

扬声器的灵敏性、额定功率、频率响应、指向性等性能指标应符合声场设计的要求。室外广播扬声器应具有防潮和防腐的特性，其设置应考虑气候条件、风向和环境干扰等影响；声辐射范围应避开障碍物；控制反射声或因不同扬声器的声程差引起的双重声。

（5）传输线路

系统可采用有线或无线传输。室外广播、扩声线路的敷设路由及方式应根据区域总体规则及专业要求确定，可采用电缆直接埋地、地下排管及室外架空敷设方式。

5.2.6　能源管理系统

能源管理系统对各能耗设备布置智能传感设备，通过智能化的仪表对用电、供暖、供冷、用水、燃气等能源使用情况的信息进行采集和监控，对各能耗设备布置节能控制设备；综合采用绿色、低碳、安全、智能化的能源技术，通过能源管理平台等进行统一的能耗管理和优化；在入驻用户电能表、水表、燃气表等旁安置采集器，对各入驻用户的能源数据进行集中远程抄表；宜在分散的每块能耗表旁安置一个采集器，较集中的能耗表可共用一个采集器。

能源管理系统由能耗数据采集系统、数据通信处理系统和能耗管理平台组成，应采用先进成熟的技术、可靠适用的设备，充分利用既有的能耗检测装置。

系统设计应与电气、暖通空调、给水排水等现行专业设计的系统形式相匹配，满足相关专业对计量、检测节点设置的要求，合理设置能源管理系统的表计、表箱和数据采集器。

用能计量装置应具有国家许可证标志、编号和产品合格证；精度等级应满足国家和地方相关标准和规范的要求；系统应具有数据远传功能，使用符合行业标准的物理接口和通信协议。

信息传输应根据实际情况采用有线为主、无线及其他方式为辅的方式。数据传输的性能技术指标应保证用能计量装置、数据采集器和数据管理服务器之间可靠通信。

系统应选用开放式系统平台，具有与综合信息集成系统、建筑设备监控系统集成的通信接口。

能耗数据采集系统、数据通信处理系统和能耗管理平台的建设应满足《国家机关办公建筑和大型公共建筑能耗监测系统分项能耗数据采集技术导则》的相关要求。能耗管理平台应能满足分类、分项和分区计量系统数据信息的采集、存储和传输的要求；宜包括能源计划管理、能源实际管理、能源质量管理和建筑设备系统运行分析等基本功能。

宜采用智能型数字式电能计量表计，具备数据远传功能电能计量表计的精确度等级不低于1.0级，配用电流互感器的精确度等级不低于0.5级。电能计量宜根据负荷类别，即照明、动力和空调进行分项计量，并按照独立管理区域、建立产权或经营区域、公共区域等分区计量。

给水排水计量宜根据不同用水性质、不同产权单位、不同用水单价和单位内部经济核算单元的情况，分别进行计量。室外景观补充水、喷灌系统，雨水回收回用系统，中水回用系统和集中式太阳能热水系统应独立计量。

暖通空调系统宜按照经济核算单元分别进行计量,公共区域宜独立计量。区域能源站应设置冷量计量装置;空调冷却水及冷水系统宜设置补水计量装置;锅炉应设置燃料(燃煤、燃油、燃气)计量装置;蒸汽锅炉应设置蒸汽流量和原水总耗量计量装置,宜设置蒸汽凝结水回收量及回收热量计量装置;热水锅炉应设置供热量和补水量计量装置;热交换站应分别设置空调热水用热计量装置及生活热水用热计量装置。太阳能热水系统、太阳能光伏发电系统、风力发电系统、分布式能源系统等均应独立计量。

5.2.7　环境管理系统

环境管理系统设计应与智慧园区的景观设计、建筑设计、建筑设备设计、照明设计等有关工程设计专业密切配合。系统应成熟、稳定、经济合理。

环境管理系统的传感器选择应符合量程及精度要求,应与建筑设备监控系统及智能照明系统等的要求相匹配。

环境管理系统的设计和施工方法应符合国家现行标准《智能建筑设计标准》(GB/T 50314—2015)的相关要求。

环境管理系统监测室内外空气质量,依据室内温度、湿度及一氧化碳(CO)等气体的浓度参数信息,通过建筑设备监控系统实现对暖通空调系统的优化控制,监测室内外照度,通过照明控制实现对室内外环境的照度调节。监测室外风速、细颗粒物值($PM_{2.5}$)等参数信息,通过建筑设备监控系统实现对建筑通风设备的优化控制。监测生活用水水质和废气、污水等排放物,并实现对其的优化管理。

5.2.8　建筑设备监控系统

建筑设备监控系统的工程设计应符合建筑设备系统的运行工艺要求,系统应成熟、稳定、经济合理。系统监控的对象及控制功能应符合国家现行标准《智能建筑设计标准》(GB/T 50314—2015)及《民用建筑电气设计规范》(GB 51348—2019)的相关要求。

系统设计应与采暖通风、给水排水、供配电及其他相关工程设计专业密切配合。

系统应采用开放式系统,以区域内的有线通信网络和无线通信网络为基础,建立分布式控制网络,满足集中监视管理和分散采集控制的原则。

系统应根据建筑规模和功能要求选择网络结构形式,系统设置的管理层、控制层及现场设备层应保证监控管理的全面性、准确性、实时性。

系统应结合系统网络结构形式和管理模式的特点,设置对应的中心监控工作站、区域监控工作站及远程监控工作站。

系统的数据应具有可靠性、安全性、开放性、可集成性,为建筑环境控制策略、综合信息集成管理、绿色建筑运行和智慧城市运营提供基础信息支撑。

自成体系的专项设备监控子系统(如地/水源热泵机组控制系统、供配电系统、数字综合继电保护系统、智能照明控制系统等),应通过标准通信接口与建筑设备监控系统集成。

系统应与环境管理系统集成,共享室内外环境数据联动控制相关建筑机电设备,优化室内外环境。

系统应与能源管理系统集成,共享数据,对用能设备的控制策略进行优化,对可再生能源的利用进行监控。

5.3 综合信息集成管理系统

5.3.1 系统功能结构

综合信息集成管理系统功能结构如图5-1所示。

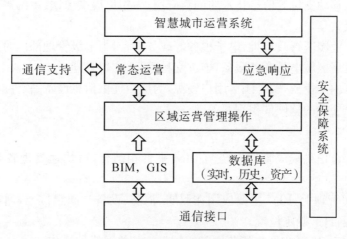

图5-1 系统功能结构图

5.3.2 资源共享

综合信息集成管理系统应汇聚智慧园区所有的智能化应用系统的基础信息和运行信息,以满足运营管理和协同应用的需求。

智能化应用系统、BIM、GIS应通过有效的数据交换接口,为综合信息集成管理系统提供常态管理和应急响应所需的地理位置、建筑空间、视频图像、实时运行、设备资产等数据信息。

系统的数据库信息应按业务需要和权限供智能化应用系统调用,并能按业务需要和权限与上级城市智能化系统交换。

5.3.3 运行管理

综合信息集成管理系统在数据汇聚与分析的基础上,对智慧园区的交通、安全、信息服务、环境、能源、设施等实行统一的监测和管理。

系统应支持智慧园区常态运行中各智能化应用系统的协同联动,提高工作质量与效率。

系统在对交通、安全、信息服务、能源、设施、环境等的管理过程中,应能与智慧城市运营系统交换信息。

5.3.4 应急响应

综合信息集成管理系统应对智慧园区内可能发生的重大事故和突发灾害制定应急预案。

系统应对智慧园区内的气象参数、火灾隐患、交通状况、安全态势等进行实时探测、识别、跟踪与预警。当发生监测值超限报警或重大事件时,综合信息集成管理系统自动转入应急响应状态,执行应急预案或由人工指挥。

系统应对突发重大案件、重大交通事故、火灾、风灾、雨雪灾害、重大设备事故等进行应急响应,及时处置或扑灭灾害,疏散人流和车流,最大限度减少损失,避免次生灾害,恢复智慧园区内的秩序。

5.3.5 公共服务

综合信息集成管理系统应实时发布产业政策动向、各项财税政策、法规、服务及发展趋势、公共事务办理、公用设施业务办理等信息。

系统应建立生活服务平台,在用户商务出行、用户来访、消费等生活服务领域,提供基于地理信息、位置服务、移动支付等信息技术的创新应用;为用户提供餐饮、休闲等生活消费服务,推动服务设施的对接共享。

系统应建立产业园区行政审批、电子税务等政务平台,与上级管理部门对接。

系统应积极发展区域电子商务服务,推进交易管理、支付管理。

系统应建立区内产业云,整合园区用户资源,为用户提供信息设备、软件应用、数据应用、视频会议应用等安全便捷的软硬件租用服务。

5.3.6 BIM 应用

智慧园区的综合信息集成管理系统与 BIM 平台相结合,可快速处理各类问题,提高管理效率。

在建筑物空间管理上,BIM 主要应用在照明、消防、设备空间定位上,通过三维图形显示,可直观形象地发现目标,确定位置。

在设施管理方面,BIM 主要应用于空间规划设施装修及维护操作。

在隐蔽工程方面,BIM 主要应用于园区在建设阶段对地下信息管线进行的科学化施工管理,便于今后的维修、更换和定位。

5.3.7 与本地智慧城市的对接

智慧园区的综合信息集成管理系统应遵循本地智慧城市规划建设的信息交换协议与相关的接口规定。

综合信息集成管理系统的数据格式应在满足智慧园区自身需求的同时,符合本地智慧城市运营中心对信息交换、协同管理及提供服务的工作要求。

在尚未规划智慧城市的地区,智慧园区的综合信息集成管理系统应按照国家和行业的规定,设置或留出通信接口。

第六章　智慧园区智能化管理平台

6.1　智慧园区综合管理工作流平台

6.1.1　平台概述

系统化、信息化成为智慧园区必备的需求,这些成熟的技术应用必将使园区的管理方式变为之前人工模式无法比拟的模式,新的模式将更为有效和合理。这种优势在工作流技术进行业务流水线化方面体现得尤为突出,能协助园区更好地管理业务流程,是智慧园区信息化展示的特征之一。

智慧园区综合管理工作流业务功能主要是实现园区物业、商业和办公方面的管理,具体从物业管理、人力资源管理、资产管理和财务管理这四个方面展开讨论。

6.1.2　工作流系统的业务需求分析

智慧园区利用数字化管理模式,对园区的人与物等资源的数据信息进行深度挖掘,进而优化管理,提高服务质量和效率,使其发挥出最大的经济和社会效益,这就是采用数字化管理的价值目标。要实现这个目标,必须从功能需求开始加以分析。

（1）数字化物业管理

园区物业管理由基础性服务管理和增值性服务管理两种类型共同组成。其中基础性服务管理类似于传统型服务管理,各类费用都归集于物业费中。

① 基础性物业管理功能需求,主要功能可分为如下几个方面:

a. 安全保卫系统:入驻企业人员及车辆出入、道路交通及车辆停放、消防管理,园区总体安保等。

b. 环境绿化及保洁系统:园区绿化规划、栽种及养护;整个园区公共场所的日常保洁。

c. 设备设施维护系统:休闲场所设施设备、电梯等的管理与维护,房产管理与维修。

d. 宣传服务管理:搜集资料,利用广播、网络及布置宣传场所宣传党的方针政策。

e. 客户服务:接待服务、投诉处理、公共医卫等。

f. 文化服务:举办各类文艺活动,营造节假日氛围,加强园区企业之间的交流,丰富人们的精神生活。

② 增值服务又称为延伸有偿服务,属于可选服务项目,费用需要另外单独计算,服务内容一般可分为以下几个方面:

a. 资产管理服务:闲置资产租售服务、房产装潢等。

b. 行政性服务:技能培训、人力资源发掘、手续代办、资质认定。

c. 生活与健康服务:商业、医卫等。

d. 产业培育服务:金融创投、知识产权、科技服务、孵化辅导、市场营销、资源整合等服务。

（2）数字化人力资源

数字化人力资源智慧园区,是对园区赋能了新的功能,比如数字化和智能化的应用;从架构分析,可以认为是人力资源服务产业和园区两块有机结合;该功能是由人力资源服务类产品、管理类产品、技术延伸以及跨界融合四个方面组成的。其价值体现在三个方面,一是为政府提供动态数据信息,形成政府服务窗口的延伸,为政府赋能企业提供新的手段与方法,为政府决策提供数字参考;二是方便园区机构对企业进行融资和投资对接,可以迅速提供市场和政策信息以及技术服务;三是为个人提供动态就业信息,使其了解区域薪酬指数和招聘信息。

数字化人力资源管理包括招聘入职、培训、考勤、薪酬、调动、解聘等内容。

① 通过信息化手段分析单位各部门岗位应配置人员数量及缺员情况,发布招聘信息,通过相应的招聘程序,招聘懂技术、懂业务、有经验、能胜任岗位职能的合格员工。

② 对员工进行培训、考勤、加班和请假及业绩统计考核。

③ 薪酬包括基本工资、福利和绩效奖励。基本工资和福利是根据政策和不同岗位的特征确定的员工的合理收入。这是员工付出劳动价值的基本保障,能激励员工爱岗敬业。绩效奖励是员工在当前时段内所做出的贡献,对于超出该岗位考核要求所创造的价值给予奖励,增强员工自我满足感,从而调动员工的工作积极性,激励员工的创新性,为单位创造更多的业绩。

④ 调动。根据单位各岗位当前的实际需求和员工的实际能力,启动调岗程序,确保各岗位的高效运营和员工特长潜能的充分发挥。其具体程序为,出具调令和发布信息。

⑤ 解聘。根据单位当前的实际工作需求和员工的个人综合素质来确定解聘人员数量及具体人员。解聘的程序为,出具解聘书面通知书,向解聘人员说明原因或理由,并根据国家相关政策规定通过友好协商给予员工一定的经济补偿。

(3) 数字化资产管理

在园区招商入住率逐步提高的过程中,客户群体不断增加,园区的资产也越来越多。这就很有必要对园区资产进行数字化管理。数字化管理是一种科学、合理、高效的管理模式,可以提高资产盘点效率和精确率,是防止资产流失的有效途径。可及时了解资产的当前状况,利于及时采取科学合理的维护措施,确保资产保值增值。

① 系统管理需求:部门管理、用户权限管理、数据库备份与恢复管理、数据导入导出管理、标签打印设置管理。

② 基础资料管理需求:资产类型管理、购置方式管理、存放位置管理、产权单位管理、资产用途管理、资产当前状态管理。

③ 资产管理需求:标签管理、资产入库管理、资产借用管理、资产转移管理、资产维修管理、资产退出管理。

④ 盘点管理需求:盘点数据填报及清点台账;数据对比分析,找出台账数据中存在冲突和不匹配的地方;对资产当前的使用状态及资产情况进行全面记录和维护。

⑤ 报表管理需求:实现资产信息的查询与统计,并能实现 EXCEL 类型的报表创建及预览、在线打印、在线导出等服务功能。

(4) 数字化财务管理

财务管理系统应秉持四大原则,分别是货币时间价值原则、资金合理配置原则、成本-效益原则、风险-报酬均衡原则。其主要功能就是将园区日常经营相关要素串联,通过对运作体系不断调整实现企业目标,积极适应外部环境变化,从而实现财务控制与决策。财务管理系统决定着园区财务发展的主要趋势,通过透明的财务管理系统,可以了解园区企业当前经济条件、资产运转、负债盈亏等基本状况,该系统反映着企业与客户之间的利益关系以及企业负责人之间的出资情况。通过数字化的财务管理,可以基本实现支持决策、事前控制、实时监控、预算管理、现金流管理。

财务管理系统是由会计核算、资金管控、全面预算管理和财务决策四个主要方面构成。

① 会计核算:总账、应收账款、应付账款、资产、采购和项目等的核算。

② 资金管控:账户管理、资金调拨、交易管理、印鉴管理、票据管理、银企效益联动、投融资管理、固定报表报送、工作任务管理、共享平台等。

③ 全面预算管理:就是对企业一段时期内的生产经营、财务支出、项目投资等进行财务资金的预算。包括编制预算、执行预算、反馈和优化的整个链条,合理配置和利用企业的人财物资源,提高企业运营效率。

④ 财务决策:第一,通过系统对财务数据进行收集和整理,随后对数据进行合理分析和应用,以此确定财务决策和具体目标;第二,通过系统形成各项数据分析报告,帮助企业主动设计战略目标,将传统财务人工分析模式转换成网络化和数字化的财务管理模式,提升企业财务功效,进一步优化企业财务决策的科学性;第三,发挥系统在企业财务决策中的指导性和参考性作用,通过数据收集、分析及处理等工作方式,提升企业的财务战略管理水平,解决服务流程和业务流程中的相关问题。

6.2 智慧园区电子政务平台

6.2.1 综述

电子政务系统从结构组成上看,主要由三大部分构成:园区行政部门内部的办公自动化系统、内部流程的规范化,园区行政部门之间通过网络的资源共享、协同工作和跨部门流程的整合,园区行政部门与社会公众(包括企业和个人)的网上互动式交流。电子政务的应用对象为园区行政部门、企业。因此,电子政务的基本内容即是围绕这展开,具体到一个园区行政部门而言:其一为园区行政部门本身的政务业务电子化,即办公自动化;其二为园区行政部门和企业之间交流的互动电子化。

6.2.2 政府信息门户系统

政府信息门户系统将所有的应用和信息数据进行整合,将不同形式、不同类型的信息统一成一致的界面向用户进行体统,这种方式就是将杂乱的信息进行整理,让"人找信息"的模式向"信息找人"的模式进行转变。政府的职能可以通过互联网技术进行升级,提升政府职能的空间和深度,使其更好履行社会类、公共服务类以及市场管理类管理职能,对于民众来说更加快捷、便利。使用户与政府部门建立联系更加轻松。政府信息门户系统通常由三个最基础也是最常用的模块组成,分别是"政务公开""公共服务"和"公众参与"。

政府信息门户系统对于政府的电子政务系统而言是入口,所以面对的用户有内部用户和外部用户两类,对于信息的要求是要保持一致性和便于查找,要让用户在使用过程中能够方便快捷地找到需要的信息和服务。

具体内容有如下几点:

① 公开园区主要领导人的姓名、职务、工作分工等信息;公开园区组成部门、直属机构、各部门管理机构的工作职责、办公地点、联系方式等信息;公开相关法律法规、政策性文件及解读信息;

② 公开最新的政府政策信息、环境保护信息、企业投资信息、政府工作的实时状态信息等等,让用户能够通过网站平台及时了解最新的情况,以及让政府工作对民众保持公开透明;

③ 打造民众的互动空间,让民众的意见和建议能够通过平台被收集,让政府工作人员可以通过平台及时地回复处理,拉近行政机构与民众之间的距离;

④ 园区内的业务申请也可以通过平台进行,用户可以通过平台提交公众业务办理申请,查询业务办理情况,以及接收业务办理结果。提高园区用户办理业务的效率,为用户提供更加优

质便利的办理体验；

⑤ 将公众业务的办理指南和工作业务办理流程图通过平台进行公布，让用户在办理业务时可以根据以上信息进行准备以及了解办理过程。保证用户对政府业务办理的有效监督权力，确保在合理的时限内办理业务；

⑥ 内容发布与管理系统；

⑦ 将政府主要部门的信息以及服务内容进行公示；

⑧ 将政府部门的咨询部门的信息，投诉部门的信息进行公示，让群众在有意见或建议时有明确的渠道可以进行联系；

⑨ 将每天的实时信息进行公布或是设定查询窗口，便于民众进行实时查询，不走冤枉路，例如查询驾驶违规情况、社保缴费情况等；

⑩ 让用户在使用检索窗口时，可以对全站的所有文章进行检索，让用户以最快、最便捷的方式获取到自己关注的文章；

⑪ 开发了投票功能，让用户可以通过投票的方式来表达出自己对热点问题的意见；

⑫ 网络平台的后台管理是对平台使用人员权限的管理，在后台搭建组织建构，对不同类型的工作人员设定不同等级的权限，允许后期系统的扩展性和兼容性；

⑬ 公开领导信箱、在线访谈、网上信访、效能投诉、建言献策、网上调查、政务微博等。

6.2.3 网上审批系统

网上审批业务是针对不同部门、不同科室的一种综合性的业务办理工作，审批业务的核心是发起审批申请的部门，审批信息会根据审批要求在不同科室、不同部门之间进行流转。整个过程都可以通过业务平台的辅助完成，而审批的内在逻辑需要提前进行设定。

（1）需求分析

① 审批申请者

业务审批系统使用者主要有两种类型：普通民众和企业用户。用户在提交审批申请之前都需要提前进行用户注册。

② 审批管理者

审批业务的管理人员包括不进行审批业务的管理员和系统的维护者。管理者维护行政审批业务，进行合理地审批，促进政府职能的正常发挥。

③ 实现的功能

a. 信息服务功能

在行政审批系统中，民众以及企业用户每天会通过这个系统提交大量的咨询、发布不同类型的业务审批申请，大量的信息从该系统被用户上传，系统需要为公众提供资料上传、申请递交、办理情况等信息的查询服务。

办理基本信息查询：系统根据实际的政策法规要求对办理业务的实际内容进行分类，为用户提供辅助服务，例如提供办理业务的资料清单，申请提交的基本内容，以及审批流程的示意图，这类信息系统用图文的形式向用户进行展示。

政府信息的发布窗口：系统通过多种渠道发布有关用户所提出的申请。

审批申请的具体过程：系统将用户提交的审批申请进行流转，政府审批部门的工作人员可以通过系统审核资料以及审批处理。

审批情况的查询：用户登录平台以后可以查询到自己的申请记录，选定具体的申请项目后，可对指定项目的审批进行查询，当审批过程中出现问题时，可以及时地与审批部门联系。

b. 数据交换功能

网上审批业务系统不会局限于一个或几个部门,因为审批申请种类很多,涉及的政府部门也会很多。而且用户提交审批申请时,会根据系统的要求上传大量的信息,信息在交换以及各部门之间流转时,可能会出现问题,所以网上审批系统的基础就是做好数据处理以及提供良好的数据交换服务。数据交换服务具体而言有以下几个方面:

对审批申请进行验证:业务申请中如果有非法信息或申请资料的格式不符合系统要求,系统应当进行智能识别和处理。

对申请状态的及时转换:申请信息按照系统的要求完成后,申请业务顺利提交,申请业务的状态应该发生改变,方便业务人员办理和用户进行查询。

业务人员对申请信息进行核查:对申请资料进行具体项目的核对,将核查无误的信息进行下一步推送,将有问题的信息进行转回处理。

转变申请业务数据的形式:将所有信息都符合审批业务条件的数据进行转换,转换后的文件格式为"XML",便于进行下一步的信息交换。

c. 审批处理功能

审批申请的处理功能首先对用户提交的原始数据进行整理、分类,然后将其划定为不同部门的审批业务并进行转送,由对应的政府部门进行具体的审批办理。其次对各部门已经审批完成的审批结果进行处理,通过将审批结果进行汇总向用户的查询系统或者是其他系统提供具体数据,具体而言步骤如下:

申请项目的预审:项目审批人员在第一时间收到审批资料后进行预审,并且将预审结果以及预审意见进行传递,将其传递给相关人员或单位进行下一步审批。

项目的进一步审批:工作人员在接收到预审结果后,根据具体要求对项目申请进行进一步审核,由此生成最终的审批结果。

审批结果传递给申请用户:审批结果生成以后需要及时向申请人传递,如申请人对申请结果有异议,可以提交意见申请重新审批也可以提交撤销申请。

d. 系统管理

系统管理部分负责整个网络平台的正常运作,系统下面可以分为七个重要的功能模块,具体如下:

平台用户的日常管理:新用户的注册管理,注册用户的信息查询,用户信息的修改以及用户的注销管理。

功能用户的层级管理:根据特定的用户进行特定用户的功能设定,用户可以查看功能的等级,对特定功能的申请,以及功能的修改等等。

用户权限的分配管理:对每个用户,管理员都会根据用户的具体等级进行权限的设定,对特定权限的修改和删除也需要通过这个模块进行操作。

用户权限的日常维护:用户对自己的权限进行实时查看和修改操作。

用户日志管理功能:该部分记录了用户使用系统的所有操作,例如什么时候登录系统,什么时候进行了操作申请,等等。用户可以对日志进行管理,例如查询、修改和删除。

工程管理:该部分重点在于对用户的审批申请进行管理,例如申请资料的储存以及日常的维护等。

系统模型的日常维护:负责系统模型的维护和更新,管理员可以通过日常审批业务的办理情况对申请流程进行系统修改,让网络系统能够与实施的政策相结合,电子审批系统适用于电子政务的发展,能实现电子政务的进一步发展。

（2）系统业务流程

网上审批流程在整个过程中可能会有很多政府部门的参与,需要不同部门之间进行协同处理,系统将审批环节,审批信息的流转过程通过流程图形式进行展示,以便让各个部门对申请过程的全貌有所了解。

用户在门户网站可以发起审批业务的申请,系统收到业务申请后将申请人输入的信息缓存到数据缓存区内,业务受理大厅的业务人员会初步审核申请资料和申请资格,资格和资料符合要求后系统再将申请资料流转至受理单位。受理单位收到业务资料后,根据工作流程再向具体的业务人员进行推送。在各个环节的审批工作都完成以后,如果申请业务比较特殊需要并联审批,系统会自动判定,传送审批资料并及时完成通知操作。

在并联审批完成以后,将受理单位的审批结果进行汇总,受理单位需要完成剩下的审批工作。在所有审批环节都完结以后,系统会自动按照需要完成以下三个工作:第一是将审批后的资料数据进行保存,将其存入特定的数据库;第二是将审批结果告知申请人,途径有短信、电话、邮件等多种形式;第三为将审批结果向受理大厅推送,由外部网站公示。

申请人接收到审批结果以后,如果有意见和建议可以及时地反馈,如没有特殊情况,申请人可以携带相关的证件或材料到领证部门直接领取证件。

6.2.4 政务服务

随着公共服务网络平台的不断深入和完善,以及大数据应用不断地与公共服务领域相结合,云计算可以将各部门、各层级的公共服务领域的数据资源进行整合,由此助力公共服务水平的提高。

（1）公文处理

公文发布的管理:政府在发布公文时主要有五个步骤。第一是公文的起草,根据目的起草公文;第二是公文的审批,审核公文的内容以及形式;第三是公文的签发,由部门负责人确认公文的效力,然后向外公布;第四为发布后公文合理地保存归档等;第五是实体公文的打印。系统根据发文办理步骤进行设定。公文的修改过程以及文号的自动分配都可以通过系统自动完成。

公文的收文管理:政府部门在接收到文件后应当及时登记,然后进行内部传递,相关部门根据文件内容进行办理等等。系统的收文管理除了普通的功能外,还引入了办理意见的手写输入和手写签批。利用电子系统还可以对公文的位置进行追踪,业务人员还可以进行电子催办等。

档案管理:可以分为对纸质档案的管理,对纸质档案的位置、借阅情况的查询,电子档案的管理,电子档案的储存等;实现了与省级档案管理中心的无缝管理,相同的文件不再需要进行重复输入。

公文交换:智慧园区内部电子公文的形式都将通过统一的格式进行存储流转,格式为"XML"格式,这种格式在政务网内部也可以实现安全可靠的分享和传递。

（2）工作管理

工作待办:能对个人待办事宜进行汇总,并统一作出提醒,还能以功能模块上的分类,对待办事宜进行处理并提升。一旦个人完成相关事宜,待办事宜便会提升到已办事务条目中。

工作督办:能就工作进行督办处理,并及时发布督办通报,且就通报内容进行统计,并形成相应的统计表。

领导批示:具备对领导所批示的全部事项进行交办与办理等系列功能,如显示领导批示的情况以及就办理结果作出统计等等。

（3）绩效评估

绩效评估覆盖的对象是在园区内工作的全体员工,由各部门制定与其部门相适应的评估体系,通过从上下级与横向级间开展完成全面的绩效评估。具体囊括的功能有:评估体系的构建、评估工作（网上与线下）的开展、具体的考核以及评估结果的发布等等。

（4）公共管理

电子公告:能就电子公告进行起草、发布回执。

领导活动安排:能记录好领导的日常活动,并保障其是可查询的,活动安排都是按照日历时间展开的,安排能同领导相对应起来,即保障领导与其安排是相对应的,并将安排同步到网站上相对应的版块。

讲话材料:具备收录和查询功能,能很好地将领导发表的讲话材料进行收录,并将其更新到网站上相对应的版块。

公共通讯录:能收录公共通讯录,并能及时更新。各部门的信息由其自行维护,其余部门的用户只有查询权,无改动权。

大事记:准确地记录大事件,可随时进行查询,并将大事件更新到网站上的相应版块。

短信管理:能线上进行短信发送,且可按需求进行群发、组发抑或是单发,保障沟通渠道的畅通。

（5）日常管理

电子邮件:能完成邮件的收发、转发以及回复、抄送等,还能起到提醒的目的。

日常安排:能就个人的行程进行录入并提前提醒,日程安排也是通过日历形式呈现的。

个人通讯录:能够就个人通讯录进行导入,并供大家查询,还能按个人所需就通讯录进行导出与备份。

（6）后勤管理

车辆管理:主要是就派车与车辆维护等情况进行统计。

接待管理:就接待活动进行合理安排,并进行记录统计。

资产管理:就资产作出记录,并可供查询,报废车辆也应有相应的记录。

（7）人事管理

人事信息:主要是就委员会所有的干部的个人信息进行录入,并能就相关信息进行查询与转移等。

考勤管理:就干部出勤进行考察,并统计相应的出勤情况。

6.3 智慧园区能耗监管系统平台建设

6.3.1 平台概述

"智慧园区监管系统平台"能效监测功能主要包括7个子系统,分别是:

① 园区能耗监管子系统。本系统主要由5大模块构成:园区用电管理模块;园区水务管理模块;园区供热管理模块;园区供气管理模块;能源资源申报管理模块。

② 园区排污处理监管子系统。

③ 园区垃圾处理监管子系统。

④ 安保监管子系统。

⑤ 照明监管子系统建设（路灯及景观灯照明）。

⑥ 变配电监测子系统。

⑦ 系统管理子系统。

6.3.2 平台设计原则

人机界面高度友好:选择 B/S(浏览器和服务器)架构,以其为基础构架的界面系统能保障在不同平台时都能形成统一的图形,并对各界面风格予以尊重与支持。

可扩展性:网络结构方式,可以通过增加本地采集仪表或者通过网络拓展来满足用户日后在物理数量上的扩展及功能扩展的需要;

可维护性:对系统配置可以进行状态维护。

完整性:不论是在何种情况下,都要保留原始数据,尤其是在统计与结算用能的过程中。在数据的采集与传输等重要环节,根据需要选择不同的技术,为所获数据的完整性提供保障。

安全性:系统数据库只支持对能量系列原始数据进行调用,数据不能被改动,在其被调用之后,后期的处理是在派生数据库里展开的,派生数据库中的数据是能够被改动的,不过用户需提前获得授权,这些都能保障数据的高度安全。用户所具有的访问权限同其等级相关,如此才能确保无论是能量使用,还是计费过程都是合法合规的。此外,对数据库中的数据还能进行备份与恢复,自动与人工操作均可。

模块化以及可扩充性:就节能监管体系而言,其构成方式是两类方式的融合:一是结构化,二是模块化。与此同时,其拥有很高的兼容性,并且是可扩充的。

先进的数据采集方案:可借助通讯总线与物联网两大技术的融合,实现对数据收集设备的直接访问。

6.3.3 平台功能介绍

"智慧园区监管系统平台"的子系统功能分别介绍如下:

园区用电管理模块:就该子系统而言,其能自动并及时地对区域内的所有电表数据进行获取,实现对各单位用电信息的实时监控,并就获取的数据进行统计分析,通过图表的方式进行呈现。

园区水务管理模块:就该子系统而言,其能自动并及时地对区域内全部水表数据进行获取,实现对各单位用水情况的实时监控,并就获取的数据进行统计分析,通过图表的方式进行呈现。

园区供气管理模块:就该子系统而言,其能自动并及时地对区域内的全部用气信息进行获取,并做好缴费的管理工作,通过计量数据完成对用户用气情况的统计报表,并就其展开同比和环比分析,若发现不正常的用气情况,会及时作出警示,确保用气安全,并避免错抄、漏抄以及人为误抄的情况,并不断强化各单位的安全用气意识。

园区排污处理监管子系统:该子系统能就在线检测仪表进行设置,实现对监测点水质与污水流量的监测,还能将监测信息转化为数字信息并传输到远端电脑中,完成数据的采集工作与远程监测。目前来看,该系统主要由 5 部分构成:采配水装置、预处理装置、在线监测分析仪表、数据传输装置、中心控制系统。

园区垃圾处理监管子系统:该子系统主要是对企业产生的垃圾进行统计,并将其转化为计量数据,实现对垃圾的有效监管。企业垃圾对环境影响极大,因此相关数据必须是原始的,且高度准确的,并做好垃圾清运工作,保障园区标准与国家政策相符。

安保监管子系统:该子系统主要安装于重要的地点,如路口、停车场,还有行政楼、宿舍以及生产楼入口等地,实现 24 h 持续监控。

照明监管子系统建设:该系统主要是基于相应的设备,实现对全部建筑用能现状的全面监测,避免建筑物中出现过大的能量浪费,并配套相应的控制系统,实现对照明系统的控制,大幅降低能量浪费。在此情况下,园区对能量的运用将更高效,能达到节能减排的目的。

变配电监测子系统:该子系统在全部配电室内进行多功能计量仪表的配置,能就低压端进行全面的监测与管理,不仅能完成对电能的计量统计,还能实现多参数的有效监测,如对电流、电压以及功率的监测等。

系统管理子系统:该子系统主要是对园区内相关信息进行提供与管理,如区域、部门以及用户信息等。

整体而言,"智慧园区监管系统平台"已经基本具备十大功能:① 数据的采集;② 数据的处理;③ 能耗的监管;④ 能耗的查询;⑤ 各类信息的维护;⑥ 不正常能耗的报警;⑦ 能耗的公示;⑧ 能源审计辅助;⑨ 能源资源申报与相应管理;⑩ 3D(三维)园区的 GIS 展示。

6.3.4　能耗监管子系统介绍

目前来看,在进行智慧园区管理的时候,不论是所坚持的理念,还是提供的公共服务,均融合了多种技术,如物联网、大数据以及云计算等。系统基于地理、环境以及资源等相关要素展开高效、准确的数字化管理工作,确保管理服务模式的便捷性与灵活性。首先,物联网设备会在园区内就信息进行收集,借助互联网技术统一将其传至云计算平台;其后再通过数据中心就数据展开分析;最后,决策者通过相关信息进行决策。就该监管平台而言,其属于综合管理系统,但主要针对数据进行管理,因此支持技术以网络 GIS 技术、网络服务软件技术以及数据库技术等为核心。系统还能对能源、能效进行监测与评估,优化园区内的能源管理措施,提高用能效率;能就已完成节能改造工作的建筑展开效果评估,且评估结果是可量化的。

（1）能耗监管系统的特点

智慧园区监管系统平台确实推出了不少子系统,针对排污、垃圾处理以及安保等相关情况进行监测。但是,其关注的更多的是能耗的使用情况,能耗也是园区费用支出的大项。因此,本书对监管系统平台的介绍,着重通过大量的笔墨针对节能环节问题进行展开描述。

① 系统性

智慧园区节能运行监管是在一套系统的制度体系下运作的系统工程,构成监管体系的各个环节互相联系、互相作用。要想实现对智慧园区节能运行的有效监管,必须在充分发挥各个环节作用的基础上,用全面的、系统的思路和眼光解决实际问题。

② 强制性

对大型公共建筑,节能运行的监管在启动阶段和发展阶段都需要依靠政府充分行使行政管理职能进行推进,政府的行政管理职能自然带有强制性的色彩。

③ 指导性

建立和实施智慧园区节能运行监管体系的最终目的是通过加强对建筑节能标准的推行,针对现有建筑展开节能改造工作,通过监管推动能耗定额以及能效公示等制度的运作,通过信息公开机制为智慧园区业主提供对比和借鉴,提供管理、技术等方面的有价值的节能信息。

④ 动态性

在对制度进行研究设计的时候,有很多问题是无法提前被考虑到的,这些问题是在实施过程中不断出现的,并会随着世界形势与政策环境的改变而呈动态变化;此外,一些内、外部的条件也会对其造成限制,使得最初的设计同事情发展逐渐偏离。因此必须根据现况对其做出相应的调整。此外,形势变化极大(如此次新冠肺炎疫情全球大爆发),导致不论是发展战略,还是基本政策都出现本质变化,则初设制度也应做出变动,这一变动也可能是颠覆式的,甚至同原有构架相悖。所以,构建智慧园区监管体系的时候,必须坚持节能目标的核心,并围绕其展开对监管制度体系的认识工作,确保其动态发展能随时被掌握。

（2）要实现的目标

① 水、电、空调能耗自动采集分析（报表的生成包括月、季与年度三类）；

② 漏电、漏水能耗出现异常时能够预警（主要是将监测点当下的能耗情况同之前的数据进行比较）；

③ 全部企业都实现能耗的分户统计，即各企业能耗量与其使用量相对应；

④ 能就园区内部用电情况进行分项统计，即按空调、照明以及电脑等用电情况做出划分；

⑤ 能进行数据分析，并从中找出节能措施的突破口（同过去数据相比较，进行归因，明确节能突破口）；

⑥ 能基于系统数据与功能就各建筑单位展开人均能耗情况分析（涵盖水、电以及能量），简言之，就是通过数据化推动低碳办公；

⑦ 能针对园内各单位的能耗展开比较考核；

⑧ 能就相同区域的能耗进行同年度与同期比较，便于后期节能的分析；

⑨ 以独立大楼为单位，能就其能耗使用情况展开合理的评估，并给出相应的节能改造建议；

⑩）能就不同企业的能耗做出比较，并进行排名，帮助其树立节能意识，并鞭策其节能行为；

⑪ 能就能耗数据展开统计、分析，并推出打印与查询等系列功能，即各企业能根据自身需求对系统中的能耗数据进行打印，便于能耗管理部门开展工作；

⑫ 能对能耗数据进行收集，并保证对其的查询不受时空限制，就采集数据展开分析，锁定不正常的能源使用情况，能展开仪表故障排查，并设置相应的报警系统，使系统具有更好的自动化技术。

（3）平台体系架构

就智慧园区当前所用的能耗监管系统而言，其架构分 5 层：感知层、数据采集层、数据预处理层、网络层、数据展示层。

① 感知层

感知层相当于是系统的感觉器官，能就建筑的能耗进行全方位的感知。目前，保障感知层功能实现的技术有传感器技术以及人工录入等，这些技术均用于完成数据收集。

a. 建筑能耗数据

就建筑能耗而言，相关数据分类是势在必行的，具体可分为：电耗量、水耗量、燃气量（天然气量或煤气量）、集中供热耗热量、集中供冷耗冷量、可再生能源等。对相关数据按项目进行分类，则可分为照明、空调、动力用电以及特殊用电数据等。

b. 建筑环境数据

所谓建筑环境数据多是一些气象参数，如温度、湿度以及辐照度等。

c. 建筑人为因素

通常情况下，人为因素都是根据实际情况人为设定的，如办公、访客人数的限制，室内温度的设置，以及设备使用规则等。

d. 建筑本体参数

就建筑本体参数而言，其包含的项目也很多，如建筑的类型、面积以及墙体材料等，甚至包括采暖与空调的形式。

② 数据采集层

此层的任务非常明确，即将建筑能耗所涉及的全部数据都收集起来，并将其存放于本地数据库内。

数据采集主要通过电能表、能量表、水表等获取各回路的电耗及其相关电力参数、能量消耗和水耗等能源信息。接着就是将采集器捕获的数据转存到终端数据库中，转存这一过程是要借助可靠的通信方式的，当前使用较多的有 RS485、M-bus 以及 BACnet 等。

③ 数据预处理层

在智慧园区这一环境里，建筑能耗数据特点是非常显著的，如大体量、高度复杂、高度关联、实时性等。就能耗数据而言，其形式非常多，此外，其结构与量纲也存在不相同的情况，因此在建模计算之前，必须先进行预处理；此外，数据采集还存在空间干扰以及感知受阻等诸多情况，即所采数据有一定的异常率。所以在处理数据时，必须对数据进行清洗、规约、集成，并通过特征提取等方式完成数据的处理，进而完成能耗数据样本与数据库的构建，并保障其准确性与完整性。

④ 网络层

就智慧园区这一环境而言，网络层的角色定位是经络，也就是信息传导系统。其主要功能是对信息进行安全、高效的传递，该过程是借助互联网以及物联网的现代核心技术实现的。因此，在网络层这一结构上，采集到的全部信息都能及时地被传送到终端数据库，且传递过程是高度可靠的，能保障数据的准确度。

⑤ 数据展示层

分类分项等能耗数据在处理之后，需要进行的便是汇总、整合与分析，将其用图表等形式进行表示，供决策者直接观看，为后期节能策略的制定、信息服务的设计提供参考。

园区中的展示层选择的是软件体系结构。若是用户被授予了相应的权限，便可用浏览器对服务中心进行直接访问，实现对图表、数据的系统浏览，且操作简便，有很好的体验感。

数据呈现是通过图表实现的，图表能将数据的值、趋势以及分布情况都完整地体现出来，可根据实际情况选择饼图、条图以及线图等，图表非常灵活，且能客观地将数据反映出来。

（4）控制功能

分组定时控制：可以对不同功能的照明灯具进行分组定时控制。

远程控制：通过主机管理软件可以对会议室照明远程监控，完成照明效果，同时也达到了节约电能的作用。

智能控制：通过无线人体感应传感器，能够自动实现"人来灯亮，人走灯灭"的智能照明效果。

管理员控制模式：管理人员能够通过平台页面管理设备运行状态。

运行状态采集功能：能够对各回路及总电源的电流、电压状态进行实时监测，对非正常状态（故障状态）进行报警显示。

6.3.5　园区排污处理监管子系统

（1）项目背景

智慧园区在进行污水处理时，主要采用的是三类模式：企业先进行预处理，其后污水再通过市政管网输送到专业的处理厂；企业按照国家标准进行处理设施与设备的建设，污水处理达标之后再直接排放，这也是园区内当前的主流方式；在园区内组建污水处理厂，并将园内的污水送至该厂进行处理。

（2）系统特点

实时性强：实时在线监测企业排污状况，可在监控中心任意设置监测点数据的即时自动汇报时间。能及时发现设备闲置、偷排污水的违规现象,便于及时报警,大大提高监理力度和威慑力。

传送范围广:无线通信传输范围广,只要 GPRS 能覆盖的地方都能实现数据的有效传输。

监测面广:无线通信监测点向监控中心返回数据是通过数据通道进行的,并以移动通信中心作为缓冲。当有多个监测点发送数据时,移动通信中心会根据申请条件进行资源优化配置,保证数据有效并可靠地传送到监控中心。

自动报警:当现场污水排放主要理化参数指标超过设定的阈值时,可以自动迅速报警。报警之后,由流动监测车去现场监测。

(3)系统架构

① 架构说明

就在线检测系统而言,配置主要由五部分构成:采配水装置、预处理装置、在线监测分析仪表、数据传输装置、中心控制系统。

目前来看,园区内专门就污水进行采集的系统也是由很多专业设备构成的,如嵌入式污水取样泵以及采水管道等等。在进行监测的过程中,为保障监测频次与预期相符,园区选择双回路采水的设计,即一个使用,一个备用。此外,控制系统内还有专门的设备能就泵故障进行自动检测,一旦设备检测到故障发生,便立即启动备用泵。

监测点也是由很多专门组件构成的,包括监测仪表与数据终端等。相应的工作原理是:监测现场的仪表对水质以及污水流量等数据进行采集,该采集工作是不间断的;再利用远程数据终端对信息进行转化,将之变为数字信号;最后借助信息技术将信号传输至数据采集系统,进而达到远程实时监测的目的。

现场数据采集系统的功能非常明确,就是在现场展开数据采集工作,并将采集到的数据进行存储与传送,检测仪表对信息进行转化,其后再借助信息技术实现对数据的传送与储存。

远程监测中心数据库管理系统,其核心职责是对子站上传的信息进行接收,当然,还包括不同监测点源上传的信息;其后是对接收的信息进行处理,包括筛选、分类以及分析等;再其后是对数据进行统计分析,并完成图表绘制;最后是对分析结果进行存储、显示,供各部门领导进行查看与调用。本系统对自动化与通信等相关协定都是赞同的,因此能对现场仪器进行实时显示,并远程对相关仪器进行参数的设置与修改。

就监测网络而言,系统软件相当于人类的大脑,不仅能显示指示灯当前的状态,还能进行曲线的查询与跟踪,能提前就监控范围作出设定并对固定指标展开监控,如累计流量、断流与过流时间等。与此同时,其还能对异常情况作出处理,是一个高度综合的管理系统。

② 建设规模

将根据各企业污水的具体情况选配安装"现场数据采集存储"单元,并选择好网络传输设备;此外,服务器机房是极为重要的存在,必须重视其建设,因此可基于"智慧园区监管系统平台"已经形成的良好公共资源进行系统云平台的构建,加速建设进程,并做出优化完善。

(4)系统功能

系统必须拥有下述几点功能:

① 能就现场监测所得的原始数据进行查询,并能就偏离数据做出适当修正,能实现对数据的审核、纠错与录入。

② 能对历史数据进行备份与维护。

③ 可借助 GIS 电子地图对水体污染情况进行动态呈现,具体可通过对特定指标的监测实现,如化学需氧量(COD)、生物需氧量(BOD)以及氨氮等。

④ 能通过对历史与当前数据的结合使用,完成对水体污染指数曲线图的绘制。

⑤ 能对监测所得数据展开异常性分析,并能就异常结果进行报警。

⑥ 能对数据进行汇总,将其整理为各类报表的形式,甚至可根据实际需求推出格式特殊的报表。

⑦ 能对监测采集方案进行自定义与合理维护。

⑧ 能实现对现场采样器的远程操控。

⑨ 能对现场数据进行录入与纠错,并进行相关报告。

⑩ 能对现场维护工作进行记录。

⑪ 能就监测站点、项目等诸多信息按实际情况做出最佳配置,使系统具有较好的兼容性能。

⑫ 能对人员权限作出再分配。

⑬ 能对数据进行备份。

⑭ 能对网络用户进行认证,对其权限进行设置,并对其访问情况进行统计。

6.3.6　园区垃圾处理监管子系统

（1）建设目标

建立园区内部的垃圾处理监管系统,该系统功能主要是对企业产生的垃圾进行计量统计,并通过物联网实现全面的监管,此外,需要监管的还有相应的物流储运工作。该系统必须确保所提供的数据是准确、公正的,且是最原始的数据（未被篡改过）,如此才能实现对相关企业清运垃圾的有效监督,判定其是否与园区标准相符,基于实际情况展开垃圾清运分析评价系统的构建工作,实现对评价结果的有效分析,并将之同垃圾清运费的拨付关联起来,促进垃圾物流储运规范、有效、及时。通过网络实现视频、称重、车牌数据与能效监管系统的无缝对接,方便园区相应职能部门的管理。

（2）方案设计

安装视频监控系统,通过监督各企业的垃圾运输车进出垃圾处理站的称重过程,保证垃圾倾倒量的准确性。系统对监控区域内的人流、物流、垃圾车辆、垃圾倾倒情况进行宏观监控,对工作现场提供证据基础。如若出现突发事件,可就视频进行调用查证。为实现对关键区域的360°无死角监控,则需针对现场进行摄像头的布置设计,最大程度消灭不良行为的操作空间。

设计时,应在垃圾站安装地磅监控系统（含地磅、监控、红外对射、磅房控制软件）,并选择好网络传输设备;此外,服务器机房是极为重要的存在,必须重视其建设,因此可基于"智慧园区监管系统平台"已经形成的良好公共资源进行系统云平台的构建,加速建设进程,并做出优化完善。

（3）功能介绍

就地磅称重管理系统而言,所选方案为视频监控抓拍,即将摄像机设置在地磅的入口处,并通过抓拍的方式来完成对车牌号的识别,通过物联网技术将地磅称重系统联系到一起,并直接完成数据的录入,尽可能避免人工操作。此外,系统还通过红外定位的方式来判断车辆上磅的情况;摄像机还能完成集中录像、存储以及相应的管理工作,实现对磅房过往的车辆、人员以及操作人员的全天候录像。

准备一对红外对射仪,将之装于磅体两端,并借助信号线实现其同开关量（IO）卡的无线连接。若是光束被截断,开关量 IO 卡便会收到来自该仪器发出的信号,称重软件也会将接收的信号进行提取与调用;若接收到的是报警信号,则系统将不会对数据进行存储,整个流程也会被终止。本系统会用到几样不可或缺的硬件设备：红外线对射仪、屏蔽信号线、变压器、开关量IO卡。

6.3.7 安保监管子系统

（1）视频监控系统的需求

就视频监控系统而言，其必须拥有下述几大功能：

在园区的全部进出口均有安装，且能实现全天候的高清视频监控；

能就不同点位展开视频录像，且随时都能对其进行查询；

能就生产现场进行监控，确保作业的安全性与规范性；

能对所有大门的出入口的进出、交接情况进行全方位监控；

能够自动调节焦距，确保检测车辆的信息能全部被捕捉；

在上下班时间段能完成对大门口进出员工情况的监控；

能对园区周界环境自动化地展开入侵检测，为安全防范工作提供保障。

（2）解决方案的具体要求

监控系统的综合性是从多角度入手实现的，首要考虑的是环境需求，其次是功能需要，进而完成点位的科学布局，确保建筑内部的关键地方的事态、人流等相关情况都能被监控到，不论出现何种异常情况都能及时取证。监控系统必须涵盖如下几点功能：

能完成多方控制，如云台、镜头、录像、防护罩以及散热等相关的信号控制；

视频信号的存储与获取都是具有时序性的，能进行定点切换；

能对图像进行查看与记录，通过字符进行区分，并配有相应的时间；

能进行远程录像，并随时对本地录像视频进行调阅；

能对叠加信号进行接收，能实现内外通信；

能及时、准确地接收处于安全防范系统内的全部子系统发出的信号，并按需完成系统集成；

同安全报警系统相连，能够自动地就信号进行切换、显示、记录，并追踪报警位置，还能对报警时间进行提示。

（3）系统实现功能概述

① 通过管理中心完成系统管理

就该系统而言，其最核心的部位是管理中心，所有的监控中心都要在提前获得其授权之后，才能同系统相连。此外，管理中心还能直接对下面的各类服务器、设备以及操作用户进行管理。通常情况下，管理中心的职责是对所控设备当前的工作状态做出监测与控制。若是存在设备异常的情况，管理中心就会立即发出警报，并及时向对应的监控中心进行通报，敦促其及时处理；同时，前端设备所有的报警信号都是直接报送给管理中心的，管理中心会先就报警信息进行初筛，再通知相应监控中心，让其及时作出处理安排。

主界面会出现解码服务器相对应的窗口，主要是对当前所选服务器对应的解码路数进行显示，并对主界面树上所呈视的监控点、序列等进行拖动，从而实现对电视墙窗口与监控点的布置与切换。

② 电视墙功能

电视墙有以下几项功能：

能支持对重要图像的手动切换，并进行显示；

能够自动将画面切至报警图像；

能够对画面进行回放。

③ 录像功能

系统主要通过不同监控分中心实现对监控录像分散存储,并通过中心控制室对内容进行集中存储。

就前端的分中心而言,其所配置的硬盘录像机是 $7×24$ h 的定时录像,即其硬盘容量只能满足该周期内的信息存储需求;控制室的配置则与其有很大差异,其配置的是集中存储服务器,能够按需对录像进行选择与备份。

就硬盘录像机而言,其所配置的分散存储能够实现对全部监控点录像信息的记录,并由控制室完成对报警录像的集中存储,简言之,就是对录像进行网络备份,再借助网络数据进行回放。

④ 回放历史图像

控制中心模块中,回放是必不可少的,能够通过特定的关键词对目标视频进行查询与播放。播放屏幕可以是电脑,也可是电视墙。

能够支持对控制中心主界面的图像进行拖动,使其能在特定的窗口被预览。若该窗口存在正在被预览的图像,则会被暂停,但不会对别的窗口造成影响。

⑤ 其他功能

在监控中心进行信息查询的时候,能获得很多相关信息,如操作、报警以及编码设备信息等。

巡检与事故通知是必不可少的,主要是就前段的设备展开工作情况巡检,若有设备出现故障,需立即锁定故障点位,通知相应的分中心进行处理。

报警布防,并就报警源进行锁定与通知,管理中心最主要的职责之一便是对报警信息做出筛选,有效降低操作人员不必要的工作任务,并避免过多不必要的报警信息对网络与系统资源进行侵占。值得注意的是,接警都是由管理中心所负责的,监控中心不负责,只对管理中心筛选后的警报进行处理。

6.3.8　照明监管子系统建设

(1) 系统建设目标

完成无线数字式通信系统的构建,就路灯等照明系统进行远程监控,确保园区内部的所有路灯运行现状都能被及时掌握;一旦有设备发生故障,立即针对其制定解决方案,保证整个路灯系统的正常运行,保障该系统的实用性、安全性与节能性。

(2) 系统建设总体原则

路灯管理系统的建设须以七大原则来推进实施工作,为系统设计与建设提供保障,确保园区内部的路灯管理工作同实际需求相一致。

统一规划:从园区全路灯管理系统的建设需求出发,统一规划设计,统一部署,各路段分级联网管理,以实现系统运行效率的显著提升。

统一标准:在进行系统建设的时候,必须保证其同国家标准相符,并选择同一标准进行框架的搭建,推动资源的统筹与共享。

技术先进:系统平台搭建的过程中,所用技术必须是当前最先进的,能实现可视化,起到对数字化管理等相关业务数据的支持作用,并能借助无线自组网展开,实现通信成本的下调。

面向应用:路灯管理系统建设围绕的核心是有效应用,参考的导向是现实需求,通过技术和科学的工作机制来保障亮灯,确保其运行过程的高度稳定,确保其具有较高效率。

稳定可靠:就路灯管理系统而言,所配置的软硬件都是参考国标与行标设计与挑选的,能满足长时间运行的需求,确保园区内 7×24 h 全程运行需求,即便是某一个设备发生故障,也不会对其余运行造成影响。

信息安全:针对信息展开传输专网的构建,并做到专网专用,以保障其安全性与通畅性。一般来说,以互联网等方式就社会监控资源进行接入与获取的时候,必须采取相应的措施,如网络隔离等,以保障网络高度安全;尤其是在专网不同的情况下,必须确保措施的有效性,避免对专网安全造成影响。

良好的扩容:系统采用模块化建设,分阶段、分区域建设的道路及亮灯工程按要求统一接入系统。

(3)系统建设内容设计

采用先进的路灯无线控制智能管理系统,能够统一对园区内部的全部路灯进行开启与关闭,实现对照明系统的全面管理,保障运行的稳定性与高效性,避免出现没有意义的"全夜灯照明",避免造成电能浪费。

(4)系统网络结构设计

就系统功能而言,管理中心系统是最核心的存在,具备多种核心功能,如汇总、存储分析数据、发出控制指令等,此外,其还能完成对路灯设备等巡检、维护工作的登记与管理,并能将数据整理成相应的报表。管理中心由硬件通信服务器、数据库服务器、工作站和相关网络设备组成。

(5)建设内容与功能设计

系统设计应结合原园区路灯设施、供电等现场情况"量身定做",遵循路灯管理部门提出的技术要求。

为保证系统的可靠性和可扩展性及保护用户的投资效益,选用模块化的系统设备结构,以强大的设备可塑性和可配置性满足系统所处的复杂环境的各种应用需求,并为将来系统规模扩大和功能扩展提供良好的空间。应充分考虑园区的道路亮化、景观亮化、远程电量抄表(亮化方面)与统计、基于 GIS 的路灯设施管理、电缆及路灯设施防盗等涉及亮化方面需要的子系统。

系统选用国际主流技术和软件平台,适应科技发展的高瞻性,确保若干年不落后、不被淘汰,确保维护升级方便。

确保管理系统基本任务的实现。即确保将现场采集的任何数据和各种控制指令准确无误地传递到监控中心。能够在具备基本功能的前提下,在组网合理、维护方便的基础上,将系统可操作性和实用性作为首要考虑因素。

(6)功能详述

数据采集功能:可以实现集中控制器对监控中心的远程上报。每个灯控器和每条回路的数据报文内容包括控制状态、故障状态、亮灯方式、单灯电压、单灯电流、单灯功率、回路三相电压、回路三相电流、回路功率、用电情况等。

控制功能:系统对网内路灯可以实现经纬度对回路的自动控制,分时实现面控(全区域或某一个区)、线控(一条线路)、点控(一盏路灯)、任意组合控制、隔一亮一、隔二亮二、前半夜和后半夜方式,也可按校方实际情况进行设置。

能源计量功能:系统可以实现全园区路灯的电量计量以及每条回路的电量计量,可按日、月、年和时段进行报表图形显示。数据也可通过数据库共享等方式嵌入到园区能源管理平台中。

巡查功能:设置系统自动每隔 n 分钟(预设)采集并存贮各集中管理器的单灯的实时运行数据。采集方式有两种:点查询,即一问一答方式;组查询,每个集中管理器分组依次上报,并在管理软件中优化自动查询算法,使查询的时间做到最短。

报警功能:监控终端运行的各种故障均可优先报警。主动报警内容可归纳为如下类型:白天亮灯、晚上熄灯;电压报警(电压过高、过低);电流报警(电流大于实际电流、小于实际电流)。上述故障出现时,可在任何时刻主动向主站报警。

数据修改功能:监控中心利用下行数据可以修改任何集中管理器的各项工作数据。使集中管理器既可以就地用键盘输入数据参数,又可以从中心直接下发数据。

修改功能包括:系统分站内路灯容量的修改;系统自动循测时间间隔的修改;自动序列表时间参数的修改;调压参数的修改报警上下限参数的修改;亮灯方式的修改;控制类别参数的修改;通讯方式及各种参数的修改。

打印与统计功能:对于分析生产的图表,均能进行打印,可按需选择日报、月报以及年报表等进行打印,甚至是对还未出现的数据进行预订,如亮灯率、故障灯率等等,并进行自动统计。

智能自动序列控制:系统和集中控制器会自动计算每天的开关灯时间,同时在每个集中管理器内存贮一个自动执行序列表,该表划分了最多 6 个时间段(可启用其中一部分),在相应的时间段,可执行预设的多种亮灯方式。

光照度控制(需定制):如遇阴雨或雾天需要提前开灯时,系统自动通过光照度仪采集当前室外的光照度,经过计算,当光照度低于预设光照度值时,立即向集中管理器发送光控开灯命令;同样,当早晨需要延迟关灯时,系统会根据室外光照情况延时关灯。

系统扩容功能:能够以园区的规划需求进行配置,保障具有足够的空间进行扩容,即系统没有容量上限。

系统能进行任意组装与拼接:通过模块化的方式推进管理工作,其中中控室与分站需要保障模块一致,且不会被数量限制。通常情况下,成套系统的配置很简单,只需具备中控室以及分站硬件即可,此外,现有控制系统并非固定不变的,也能对其做出改造处理,点控与线控模块能够以园区需要为导向进行自由选择。

(7) 系统功能展示

系统功能展示包括路灯实时控制、任意组合控制、路灯报警、经纬度控制、集中管理器/回路策略控制、实时/历史数据图表。

系统提供各分站的一次接线图,实时显示路灯的运行电压、电流、亮灯率、运行状态、开关状态等,同时支持查询或打印分站的历史运行数据如电压、电流曲线图、亮灯率直方图等。

6.3.9　变配电监测子系统

(1) 变配电监测系统的目标

电源监测:主要监测对象是电源进出线时所对应的参数,如电压、电流以及功率等。

变压器监测:主要是实现对变压器温度的实时监测,掌握各变压器的运行现状,如通风与油位情况等。

负荷监测:主要监测的是园区内部不同负荷所对应的电压、电流以及功率等;若发现有超负荷的情况,系统会立即根据优先级的排序对低等级的负荷进行暂停。

线路状态监测:主要监测的是联络线所对应的断路器状态,并对故障发出警报。

用电分析与结果的输出:监测的根本目的是针对现况提出改进建议,因此监测配电实时只是第一步,还需通过计算机对监测所得数据进行分析,如利用警报信息实现故障的及时发现、排查与检修,降低故障的发生率;并借助趋势曲线分析以及归因等明确当前用电质量,并做出改进;还能通过分析明确用电规律,进一步优化配电方案,实现运营成本的下调。

（2）建设方案

参数被完整收集之后，会通过集中电量变送器完成相应的存储与显示工作，并将参数与数字信号进行准确转化，再将系统与 RS485 接口相连，将信号传输到变配电系统对应的监控服务器。

就集中变送而言，其最显著的优势在于接线简单，且不需要复杂施工，仅仅使用一个测量器就能完成对诸多电气参数的有效采集，简而言之，各参数的检测工作不需要过多成本。此外，变送器是配置有显示面板的，因此工作人员在现场就能对不同参数进行查询，而不用去看正在使用的机械与仪表。

（3）功能展示

数据采集：就配电监控而言，数据采集是最基本的功能，必须通过现场测控层仪表才能实现，可以在本地实时地对远程采集的数据进行显示。此外，远程设备当前的运行现状也在采集范围之内。

数据处理：必须是自动进行的，且分析必须是高度智能的。

数据库的构建和查询：能够就遥测量与遥信量等数据进行定时采集，并完成相应数据库的构建，采集工作每进行一段时间，便会将该时间段内的数据存放到数据库里，客户能就按需求进行查询。

历史与实时两类数据的输出：客户在就数据进行查阅的时候，能下载与打印数据。

故障报警与事故的追忆：若是配电系统在运行过程中出现故障，则电力监控系统立即（0.3s之内）会发出警报，让用户找到相关问题，并及时采取解决措施，此外，系统还会对具体的时间与地点进行记录，让用户能进行调阅，对故障原因进行排查。

负荷的运行：对重要回路上的相关参数进行定时采集之后，系统能自动地生成运行负荷趋势曲线，以供用户调阅，使用户能掌握相关设备当前与过往运行过程中具体的负荷情况。

网络访问：用户通过浏览器能直接对配电监控系统进行访问，对所有数据进行查阅与调用。

用户权限的管理：用户的权限同其级别相对应，系统会按级别对其权限进行限制，避免误操作给管理工作造成不必要的损失，这样能保障配电系统高度安全，推动其有效运行。

第三篇 "互联网＋高新技术"与5G技术在智慧园区中的应用

第七章　物联网及其在智慧园区中的应用

7.1　物联网概论

7.1.1　物联网发展简史

物联网的实践最早可以追溯到 1990 年施乐公司的网络可乐贩售机（Networked Coke Machine）。1999 年，在美国召开的移动计算和网络国际会议首先提出物联网（Internet of Things，IoT）这个概念，这个概念是麻省理工学院自动识别中心（MIT AUTO-ID）的凯文·艾什顿（Kevin Ashton）教授在研究射频识别（RFID）时最早提出来的，他提出了结合物品编码、RFID 和互联网技术的解决方案。当时基于 RFID 技术、产品电子代码（EPC）标准，在计算机互联网的基础上，利用射频识别技术、无线数据通信技术等，构造了一个实现全球物品信息实时共享的实物互联网（简称物联网）。

2003 年，美国《技术评论》提出传感网络技术将是未来改变人们生活的十大技术之首。

2005 年，国际电信联盟（ITU）在《ITU 2005 互联网报告：物联网》中，正式提出物联网概念，即通过 RFID、红外线感应、全球定位系统、激光扫描器等信息传感设备，按约定的协议，把任何物品与互联网连接起来，进行信息交换和通信，以实现智能化识别、定位、跟踪、监控和管理的一种网络。物联网是在互联网基础上的又一次飞跃，未来的网络不再是虚拟的世界，包括所有人和物在内的各种实体也将拥有自己独立的信息标签（RFID 电子标签），将其转化为可识别的信息后，在遍及全球的网络上传播，实现自动识别、信息互联与实时共享。具体到医疗领域，就是将社区居民、患者、医务工作者，以及在救治过程中所涉及的药品、医疗耗材、仪器设施等的各种信息接入网络，其中任何人在任何时间和任何地点，都能够通过网络，获取所需的信息与个性化的服务。

自 2009 年 8 月，时任国务院总理温家宝提出"感知中国"的构想，并随后将物联网正式列为国家新兴战略性产业以来，物联网在国内的发展就受到了前所未有的关注。2009 年 11 月 23 日，中国电信物联网应用推广中心和中国电信物联网基础实验室在无锡挂牌成立，中国移动也在无锡成立了无锡物联网研究院，成为首家搭建好试验平台的运营商。2010 国际电信展上，智能医疗、智能农业、智能交通、节能减排、移动支付、防灾减灾、物流等物联网应用在展会上亮相。中国电信还特别开发了物联网 RFID 手机——翼机通。

7.1.2　物联网定义及其技术框架

物联网是新一代信息技术的重要组成部分，其英文名称是"The Internet of Things"。顾名思义，"物联网就是物物相联的互联网"。这有两层意思：第一，物联网的核心和基础仍然是互联网，是在互联网基础上的延伸和扩展；第二，其用户端延伸和扩展到了人和物品、物品与物品之间。因此，物联网的定义是通过 RFID、红外感应器、全球定位系统、激光扫描器等信息传感设备，按约定的协议，把任何物品和互联网相连接，进行信息交换和通信，以实现对物品的智能化识别、定位、跟踪、监控和管理的一种网络。

物联网指的是将无处不在（ubiquitous）的末端设备（devices）和设施（facilities），包括具备"内在智能"的传感器、移动终端、工业系统、数控系统、家庭智能设施，个人与车辆等和"外在使能"(enabled)的(如贴上 RFID 的)各种资产(assets),携带无线终端的通信网络实现互联互通(M2M),应用大集成(grand integration)以及基于云计算的软件即服务(Software as a Service,SaaS)营运等模式,提供安全及可控乃至个性化的实时在线检测、定位追溯、报警联动、调度指挥、预案管理、远程控制、安全防范、远程维保、在线升级、统计报表、决策支持、领导桌面(集中展示的"Cockpit Dashboard")等管理和服务功能,实现对"万物"的"高效、节能、安全、环保"的"管、控、营"一体化。

由于物联网出现不久,而且随着对其认识的日益深刻,其内涵也在不断地发展、完善。因此,目前对于物物互联的网络这一概念的准确定义业界一直未达成统一的意见,存在着以下四种相关定义:

(1) 定义一

把所有物品通过 RFID 和条码等信息传感器设备与互联网连接起来,实现智能化识别和管理。

以上概念最早于 1999 年由美国麻省理工学院自动识别(MIT Auto-ID)研究中心提出,实质上是 RFID 技术和互联网的结合应用。RFID 标签可谓是早期物联网最为关键的技术与产品环节。当时认为物联网最大规模、最有前景的应用就是零售和物流领域,应用 RFID 技术,通过计算机互联网实现物品(商品)的自动识别和信息的互联共享。

(2) 定义二

2005 年国际电信联盟在 *The Internet of Things* 报告中对物联网概念进行扩展,提出任何时刻、任何地点、任何物体之间的互联,无所不在的网络和无所不在计算的发展愿景。除 RFID 技术外,传感器技术、纳米技术、智能终端等技术将得到更加广泛的应用。物联网三维概念图如图 7-1 所示。

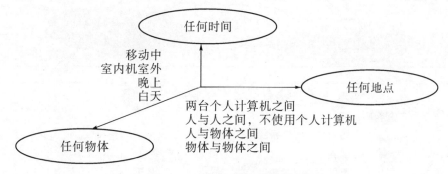

图 7-1 物联网的三维概念图

(3) 定义三

由具体标识、虚拟个性化的物体、对象所组成的网络,这些标识和个性运用在智能空间,使用智慧的接口与用户,对社会的和环境的上下文进行连接和通信。

以上定义出自欧洲智能系统集成技术平台(EPoSS)在 2008 年 5 月 27 日发布的 *Internet of Things in 2008* 报告,该报告分析预测了未来物联网的发展,认为 RFID 和相关的识别技术是未来物联网的基石,因此更加侧重于 RFID 的应用及物体的智能化。

(4) 定义四

物联网是 Internet 的一个组成部分,可以被定义为基于标准的和可互操作的通信协议且具有自配置能力的动态的全球网络基础架构。物联网中的"物"都具有标识、物理属性和实质上的个性,使用智能接口,实现其与信息网络的无缝整合。

以上概念为欧盟第 7 架构下 RFID 和物联网研究项目组（Cluster of Research Projects on The Internet of Things：CERP-IoT）在 2009 年 9 月 15 日发布的 *Internet of Things Strategic Research Roadmap* 研究报告中给出中的。该项目组的主要研究目的是便于欧洲内部不同 RFID 和物联网项目之间的组网；协调包括 RFID 的物联网研究活动；对专业技术、人力资源和资源进行平衡，以使得研究效果最大化；在项目之间建立协同机制。

从以上 4 种定义不难看出，"物联网"的内涵是起源于由 RFID 对客观物体进行标识并利用网络进行交换这一概念，并通过不断扩充、延展、完善而逐步形成的。

7.1.3 物联网技术架构

物联网是以感知技术和网络通信技术为主要手段实现人、机、物的泛在连接，是提供信息感知、信息传输、信息处理等服务的基础设施。随着经济社会数字化转型和智能升级步伐的加快，物联网已经成为新型基础设施的重要组成部分。

物联网涉及感知、控制、网络通信、微电子、计算机、软件、嵌入式系统及机电等技术领域，因此物联网涵盖的关键技术也非常多，为了系统分析物联网技术体系，国家工业和信息化部在其发布的 2011 年物联网白皮书中将物联网技术体系划分为感知关键技术、网络通信关键技术、应用关键技术、共性技术和支撑技术，物联网组织及应用架构图如图 7-2 所示。

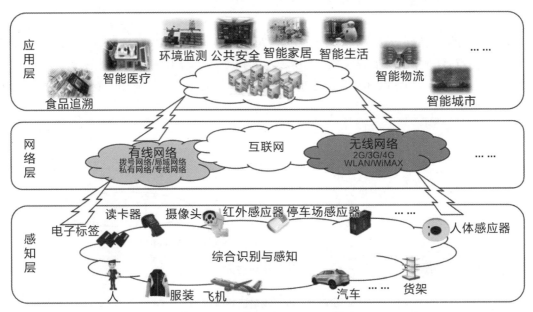

图 7-2 物联网组织及应用架构图

（1）感知层

感知层由数据采集子层、短距离通信技术和协同信息处理子层组成。数据采集子层通过各种类型的传感器获取物理世界中发生的物理事件和数据信息，例如各种物理量、标识、音视频多媒体数据。物联网的数据采集涉及传感器、RFID、多媒体信息采集、二维码和实时定位等技术。短距离通信技术和协同信息处理子层将采集到的数据在局部范围内进行协同处理，以提高信息的精度，降低信息冗余度，并通过具有自组织能力的短距离传感网接入广域承载网络。感知层中间件技术旨在解决感知层数据与多种应用平台间的兼容性问题，包括与代码管理、服务管理、状态管理、设备管理、时间同步、定位等的兼容。

（2）网络层

网络层将来自感知层的各类信息通过基础承载网络传输到应用层，包括移动通信网、互联网、卫星网、广电网、行业专网及形成的融合网络等。根据应用需求，它可作为块传的网络层，也可升级以满足未来不同传输的要求。经过 10 年的快速发展，移动通信、互联网等技术已比较成熟，在物联网的早期阶段基本能够满足物联网中数据传输的要求。网络层主要关注来自感知层的、经过初步处理的数据，以及经由各类网络的传输问题，这涉及智能路由器、不同网络传输协议的互通、自组织通信等各种网络技术。

（3）应用层

应用层主要包括服务支撑层和应用子集层。物联网的核心功能是对信息资源进行采集、开发和利用。服务支撑层的主要功能是根据底层采集的数据，形成与业务需求相适应、实时更新的数据资源库。

7.1.4 物联网的规范历程

（1）国外先进国家物联网发展现状

美国很多大学在无线传感器网络方面已开展了大量研发，如加州大学洛杉矶分校的嵌入式网络感知中心实验室、无线集成网络传感器实验室、网络嵌入系统实验室等开展的研发。另外，麻省理工学院从事极低功耗的无线传感器网络方面的研究；奥本大学也从事了大量关于自组织传感器网络的研究，并完成了一些试验系统的研制；宾汉顿大学计算机系统研究实验室在移动自组织网络协议、传感器网络系统的应用层设计等方面做了大量研究；俄亥俄州克利夫兰州立大学的移动计算实验室在基于网际互联协议（IP）的移动网络和自组织网络方面结合无线传感器网络技术进行了研究。

2008 年底国际商业机器公司（IBM）提出的"智慧地球"概念已上升至美国的国家战略，IBM建议将新一代 IT 技术充分运用到各行各业之中，把感应器嵌入和装备到全球每个角落的各种物体中，并且普遍连接形成"物联网"，而后通过超级计算机将"物联网"整合起来，使人类能以更加精细和动态的方式管理生产和生活，最终形成"互联网＋物联网＝智慧的地球"理念。

IBM 提出"智慧地球"理念后，迅速得到了美国政府的响应，《2009 年美国恢复和再投资法案》提出要在电网、教育、医疗卫生等领域加大政府投资带动物联网技术的研发应用，发展物联网已经成为美国推动经济复苏和重塑其国家竞争力的重点。美国国家情报委员会（NIC）发表的《2025 年对美国利益潜在影响的关键技术报告》中，把物联网列为六种关键技术之一。在此期间，国防部的"智能微尘"（Smart Dust）、国家科学基金会的"全球网络研究环境"（GENI）等项目也都把物联网作为提升美国创新能力的重要举措。与此同时，以思科、德州仪器（TI）、英特尔、高通、IBM、微软等企业为代表的产业界也在强化核心产业化。

在 2013 年开幕的国际消费类电子产品展览会（CES）上，美国电信企业再次将物联网推向了高潮。美国高通已于 2013 年 1 月 7 日推出物联网开发平台，全面支持开发者在美国运营商美国电话电报公司（AT&T）的无线网络上进行相关应用的开发。思科还获得"2012 年度物联网行业突出贡献奖"的提名，2012 年思科发布了一款物联网路由器 ISR819，同时借 2012 年的伦敦奥运会，思科大力地推广了其物联网技术。

目前美国已在多个领域应用物联网，例如得克萨斯州的电网公司建立了智慧的数字电网。这种数字电网可以在发生故障时自动感知和汇报故障位置，并且自动路由，10 s 之内就恢复供电。该电网还可以接入风能、太阳能等新能源，大大有利于新能源产业的成长。相配套的智能电表可以让用户通过手机控制家电，给居民提供便捷的服务。

（2）国内物联网发展现状

1999 年我国就启动了物联网核心传感网技术研究，2003 年中国出现物联网产业，此后对物联网开始重视。

2007 年无锡物联网产业开始发展，当时只是出现萌芽。2008 年金融风暴，无锡的重点产业制造业首当其冲。此时政府开始发掘新产业，而物联网产业是技术、知识密集型产业，无锡毅然地走上了发展物联网的道路，并且成功地对本市经济进行了转型。2009 年 8 月时任国务院总理温家宝赴中科院无锡高新微纳传感网工程技术研究中心、国家集成电路设计无锡产业基地考察时指出要在激烈的国际竞争中，迅速建立中国的传感信息中心，或者说"感知中国"中心。由此，"感知中国"迅速成为中国发展物联网的动员令。

2011 年 11 月工业和信息化部《物联网"十二五"发展规划》正式发布，该规划将超高频和微波 RFID 标签、智能传感器等领域明确为支持重点，并在九大领域开展示范工程。2013 年 1 月发布《国家重大科技基础设施建设中长期规划（2012—2030 年）》，涵盖云计算服务、物联网应用等。

7.1.5 物联网发展趋势

任何新兴产业都是建立在旧有产业的基础之上，但又不同于旧有产业，工业革命、互联网革命无不如此。今天我们站在了物联网的船头，互联网的影响力无处不在，很多人仍然抱有习惯性的思维，从互联网的角度看待和讨论物联网，而这正大大削弱和制约着物联网的创新发展。

物联网不仅是简单意义上的物物相联，它在更深的层次上是一个全球性的信息生态系统，在这个生态系统中，人类仅仅是其中非常小的一部分，但人类的参与是信息生态系统最重要的特征，参与的形式不再停留在基本的生存与生活阶段，而是过渡到更高级的感知自然、认知自然、理解自然、顺应自然、利用自然的新阶段。如果说互联网的发展推动了人类对于自身的认识，那么物联网的发展将极大提升人类认识自然、认识自身的能力，为人类重新融入自然、应对各种地质和气候灾害、应对各种自然挑战提供保障，这些对于人类在地球上的长期生存、延续、发展具有重要意义。

长期来看，物联网不仅是应对经济危机，提升竞争力的有力工具，更是人类发展的必然阶段，它将以前破碎的互联网、工业、农业、气象、地质等等有机地连接起来，形成一个巨大的智慧生态系统，人们对它价值的认知才刚刚开始。

（1）物联网产业技术

技术是应用的基础，物联网要实现物与物之间的感知、识别、通信等功能需要有大量先进技术的支持。目前物联网关键性的技术包括：感知事物的传感器节点技术、联系事物的组网和互联技术、判别事物位置的全球定位系统、实现事物思考的应用技术，以及提高事物性能的新材料技术。

① 传感器节点技术

传感器是一种物理装置或生物器官，能够探测、感受外界的信号、物理条件或化学组成，并将探知的信息传递给其他装置或器官。目前传感器节点技术的研究主要包括传感器技术、RFID 技术、微型嵌入式系统。其中传感器技术是研究的重点，因为传感器节点技术是传感网信息采集和数据预处理的基础和核心，而传感器技术则是传感器节点技术的前提。随着材料、工艺等技术的进步，传感器已经实现了微型化、网络化、信息化，但是在某些领域，尤其是传感器供电技术领域，相关的研究遇到了很大的阻力。因为传感器往往是依靠自身或者由太阳能供电的，而太阳能电池的供电效率以及可靠性都无法满足要求。目前一个比较理想的途径是大力研究无线电能传输技术和高性能锂电池技术,定期对传感器进行远程充电,以延长传感器的使用时间。

② 组网和互联技术

传感器组网和互联技术是实现物联网功能的纽带,目前这一领域的主要研究方向包括:构建新型分布式无线传感网络组网结构,基于分布式感知的动态分组技术,实现高可靠性的物联网单元冗余技术,无缝接入、断开和网络自平衡技术。

一个高效的物联网是由数以万计的传感器节点构成的,而要使这些传感器能够相互协作、高效率运行,就必须有一个强大的组网和互联技术作为支撑。在节点过多时关闭其中的某些节点以延长网络的可用时间,在某些传感器节点出现故障或者脱离网络时能够及时开启备用的节点,在保证整个网络各项功能满足要求的前提下尽可能地延长网络的使用时间。

③ 全球定位系统

全球定位系统技术(GPS)是一种结合卫星及通信发展的技术,该技术利用导航卫星进行测时和测距,从而实现物体的精确定位。全球卫星定位系统由三部分组成:空间部分、地面控制部分、用户设备部分。全球定位系统最主要的指标是定位的精度,目前主要的全球定位系统来自美国,其精度在民用领域为30 m。而为了打破美国在全球定位系统方面的垄断地位,各国目前都在争相发展全球定位系统,典型的例子有欧盟的"伽利略"卫星定位系统、俄罗斯的"格洛纳斯"卫星定位系统以及中国的"北斗"卫星定位系统。随着北斗卫星全部入轨运行,北斗已经实现了全球定位。

④ 应用技术

物联网应用技术是根据具体的物联网应用要求,在传感器节点构成的网络基础上具体服务于特定行业或者实现特定功能的技术。按照具体的任务来分,物联网应用技术主要包括:感知信息处理技术、系统软件、传感器应用抽象和标准化以及应用软件及平台技术。物联网服务的行业领域极其广泛,这决定了物联网的工作平台必须具有极高的开放性。因此,系统软件、感知信息处理技术以及传感器应用抽象和标准化将是研究的重点,也能够为应用软件及平台技术打下坚实的基础。从目前的趋势来看,传感器系统软件将会走模块化设计的思路,并且寻求一种基于新型开放性互联平台的层次化系统解决方案,其他应用技术都将基于这个平台来研发。

⑤ 新材料技术

新材料是指那些新近发展或正在发展之中的具有比传统材料的性能更为优异性能的一类材料。为了进一步提高传感器的性能,新材料技术是不可或缺的。物联网新材料技术的研究主要包括:使传感器节点进一步小型化的纳米技术、提高传感器可靠性的抗氧化技术、减小传感器功耗的集成电路技术。可以预见,随着新材料技术的发展,物联网系统器件会变得更小、能耗更低、可靠性更高。

⑥ 物联网现有各项技术的发展

物联网由传感器网络、射频标签阅读装置、条码与二维码等设备以及互联网等组成。当前各项技术发展并不均衡,射频标签、条码与二维码等技术已经非常成熟,传感器网络相关技术尚有很大发展空间。传感器网络中所包含的关键内容和关键技术主要有数据采集、信号处理、协议、管理、安全、网络接入、设计验证、智能信息处理和信息融合以及支撑和应用等方面。

(2) 物联网应用存在的问题

当前,物联网(IoT)结合5G和云计算等新兴技术,可以提高运营效率、降低成本、改进决策并增强客户体验,可以成为各个行业数字化转型的关键推动因素。物联网应用存在问题如下:

① 缺乏全球物联网安全标准

连接设备数量的增加显著增加了网络攻击的潜在点,并造成了巨大的安全漏洞。当前的物联网生态系统缺乏足够的安全法规来解决这一漏洞。物联网安全包括一系列威胁媒介,这些媒介可以是基于设备、应用程序、网络或数据的。世界需要一个统一的全球物联网安全标准,让无处不在的物联网成为现实。

② 缺乏全球物联网通信标准

目前,世界各地使用了大量的物联网通信协议(用于将物联网设备连接到互联网的技术)。大量的通信协议可能会导致物联网生态系统之间和内部的互操作性问题。目前还没有全球物联网通信标准,这使得大规模物联网部署更加复杂。因此,制定统一的物联网通信标准才能充分发挥物联网的潜力。

7.2 物联网在智慧园区中的应用

7.2.1 传统园区建设中存在的问题

为调整经济产业结构,集聚产业优势,我国大力发展园区经济,使我国地域经济极快增长。在园区建设过程中,传统的建筑智能化管理存在着以下问题:

(1) 设计、建设、应用同质化,难以满足个性化需求。

(2) 建筑物与建筑物之间,建筑物内各子系统间相对独立,存在"信息孤岛",智能化水平低。

(3) 数据采集孤立,系统联动难以实现。

(4) 应用可扩展性差,扩展成本较高。

(5) 无法实现高效、便捷的集中式管理,运营成本高。

(6) 无法实时监控重要设备运行状态,事故预警难以实现。

7.2.2 物联网在智慧园区中的应用

物联网技术的应用,从更高的公共数据应用、异构网络的共享、多重数据的融合的层面出发,解决了上述传统园区存在的问题。

物联网与智能建筑的物理架构具有很多相似性,各个子系统相当于物联网的数据采集节点,利用物联网技术,将数据汇集到数据服务平台,由平台进行数据分析、处理,可提供更高级的动态数据应用服务,将使得传统智能化系统发生根本性的变化,主要优点如下:

(1) 基于物联网的数据服务平台提供了满足用户个性化需求的解决方案,同时对大楼的智能化管理系统进行了整体规划,保证了用户个性化需求的实现。

(2) 充分发挥物联网开放性的基本特点。传统的园区内楼宇智能化系统是自成一体的独立封闭的系统,而物联网是开放的,具有连通性。采用这一技术,可以将世界上具备互联网接入条件的任一地点,与自己的物联网相连,从根本上解决了"信息孤岛"问题。

(3) 把各个子系统集成在一个统一的数据平台上,实现了各系统之间实时数据的交流和共享,弥补了传统智能建筑数据采集孤立的缺陷,解决了系统难以联动的问题。

(4) 物联网数据服务平台中汇集了大量的数据信息,应用开发平台灵活且功能齐全,使平台具有很强的可扩展性。各种软硬件应用已经瀚如烟海,开发人员具备成熟的技术积累,终端用户能享受到各种便利。

(5) 基于物联网技术,只需构建一个统一的数据服务平台,将各系统的运行数据信息汇总,既可实现高效、便捷的集中式管理,又降低了运营成本。

(6) 物联网平台所拥有的专家系统引擎,能够对从各子系统采集到的实时数据进行整合、分析和计算,并结合预案,对非正常状况作出判断,并实施预警联动。因此将物联网技术引入园区建设必将是未来智能园区的发展趋势,而物联网应用平台就是从数据接入、数据处理、数据应用三个层面,为智慧园区提供统一的应用与管理平台。

7.3 物联网在智慧园区应用的典型案例

7.3.1 物联网智慧园区平台整体解决方案

雄安新区市民服务中心园区采用了深圳达实智能股份有限公司所开发的物联网平台解决方案。这里重点介绍该方案。

(1) 自主创新核心产品

① 智联网(AIoT)智能控制平台;

② C3 智能终站展品;

③ 能源管理系统(EMS)节能产品 C007。

(2) 方案特点

深圳达实智能提出的设计思想为"万物智联,心心相通",具体包括如下设计理念:

① 无面板设计;

② 全面感知设计;

③ AIoT&App;

④ 人与人的连接;

⑤ 人工智能(AI)和大数据分析;

⑥ 实现升级迭代,可生长的智慧大厦。

7.3.2 物联网在智慧园区中应用架构图

万物智联中要把万物链接起来要有一个很好的系统架构,新型智慧园区架构是基于智联网智能管控平台的,而智联网智能管控平台是工艺流程中的核心产品。物联网在智慧园区中应用架构图如图 7－3 所示。

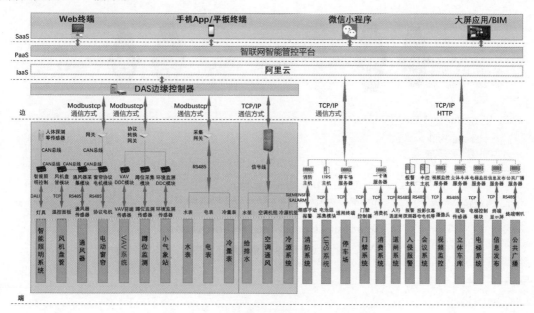

图 7－3 物联网在智慧园区中应用架构图

7.3.3 智联网管理平台

智联网管理平台除本地应用系统、私有云、公有云、混合云这一层采用的是阿里云之外,其他全部由深圳达实智能股份有限公司自主研发,如图7-4所示。

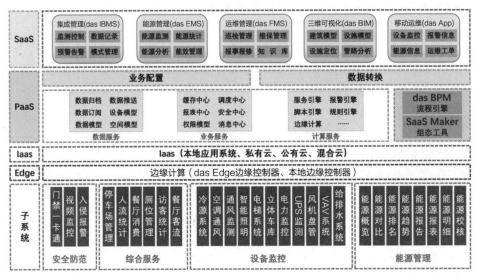

图7-4 智联网管理平台

其中核心部分为SaaS应用模块,包括:集成管理(das IBMS)、能源管理(das EMS)、运维管理(das FMS)、三维可视化(das BIM)、移动运维(das App)。集成管理(das IBMS)、能源管理(das EMS)、移动运维(das App)部分已经由达实智能股份有限公司研发成功并投入使用。运维管理(das FMS)、三维可视化(das BIM)以及新增模块的迭代正在研发中。AIoT管理平台可以支持100万个数据点接入,20万个数据点同时响应时间不超过1 s,SaaS应用模块示意图如图7-5所示。

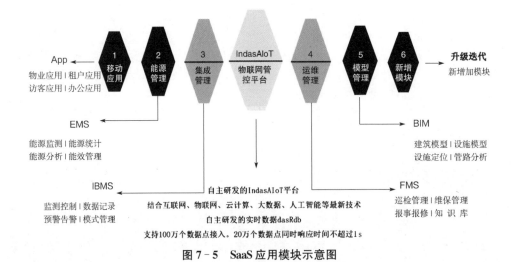

图7-5 SaaS应用模块示意图

（1）智联网管理平台产品

① 边缘控制器

das Edge 边缘控制器为用户提供满足需求的边缘计算性能，为边缘节点数据优化、实时响应、便捷连接、智能应用、安全与隐私保护等业务处理提供计算资源，有效分担云计算资源负荷。边缘控制器也有强大的功能，可多网接入，das Edge 边缘控制器提供多样的网络接入，可进行 3G、GPS、GPRS、Wi-Fi 无线通信机壳接地保护；内置长连接保持机制，具备心跳检查及自动重连能力，保障远端设备处于高可靠、不间断的网络连接中。das Edge 边缘控制器从处理芯片、内存芯片、存储芯片、通信模块到电源器件全采用工业级标准，在电磁兼容（EMC）、宽温特性方面均能达到工业使用等级指标，能适应工业现场恶劣环境，经久耐用。

② 智能终端产品

智能终端产品包括：AI 门禁系统终端，AI 考勤系统终端，AI 消费系统终端，AI 停车系统终端，AI 访客梯控终端，AI 通道系统终端等。其中 AI 门禁系统终端还有个智能终端 Pad 系统，既可用人脸识别也可用卡或二维码等多种方式进行识别。

③ EMC 节能产品

中央空调节能控制系统 EMC007 包括：中央空调主控制柜、水泵智能控制柜、风机智能控制柜、冷却塔控制箱、阀门控制箱、传感器及计量装置等，可根据项目进行模块式选配（以达实集团为例），所有的节能产品形成了一个系统性的节能，系统性的节能是一个真正意义的节能，如达实大厦的节能系统就具备了系统性的节能。它的冷站总装机容量为 3 200 RT（1 RT＝3.517 kW），有 4 台机组，每一台机组容量是 800 RT。采用达实自主知识产权节能控制系统（EMC007），对冷站 4 台全磁悬浮制冷主机、10 台水泵和 16 台冷却水塔进行控制，为大厦提供安全、稳定、高效的冷源供应。通过多个项目以及长期运用数据统计得出常规冷站在各个建筑领域的能效比（COP）都在 5 以下，而高效冷站在各个建筑领域的 COP 都在 5 以上，而达实的高效冷站能效比大于 6.0，节能 50％以上。

（2）智联网管理平台信息流程 App

智能终端可实现无面板控制，整个"大脑"可以基于手机 App 后台通过 IBMS 后台实现通过网关对灯具和空调的控制。通过手机 App 也可以预订会议室，用手机 App 连接 C3 系统，将会议预定的时间、地点、参会人员等发送到 C3 平台，C3 平台通过 Pad 服务器将会议信息直接发送到每一个会议室的 Pad 设备上面，可以实现无感的通行，这就是设备和设备之间，智能终端和智能终端之间的主要链接。

（3）智联网管理平台工艺流程

在一栋大楼里面要增加效率也离不开设备与设备之间的连接，也就是工艺的设计，工艺设计可采用 BIM 技术，比如磁悬浮冷水机组与管道的连接，基于 BIM 技术的低阻力设计可减少系统的输送能耗。

第八章 区块链及其在智慧园区中的应用

8.1 智慧园区及区块链创新指导思想

8.1.1 导言

本节简单讲述区块链及其赋能智慧园区的政策背景、产业分析、现状调查、创新模式、技术路径、场景案例及未来展望等。

区块链技术是一种分布式的账本技术，多个账本共同参与合作，是一项典型的去中心化技术。区块链技术第一个应用为2009年由中本聪（Satoshi Nakamoto）所创立的比特币，是点对点网络、密码学、数学、经济学、计算机科学的共识机制、智能合约等多种技术的集成创新，从技术上进行解构可以分为加密算法、点对点传输、分布式数据存储、共识机制等不同的细分技术。其分布式的多账本架构，提供了一种进行信息与价值传递交换的可信通道，可以保证数据不被篡改、数据可溯源，在数据的真实性得到保证的前提下，互联网、IoT、AI、大数据等创新科技的价值会被更完美地发挥。

作为新兴技术，区块链在新型智慧城市（Smart City）特别是智慧园区（Smart Park）领域具有较大潜力。区块链技术可以提高全球城市的可持续性发展，从而维持更多的城市人口。这对全人类的良性发展至关重要。同理，在智慧城市这一先行概念的引导之下，区块链赋能智慧园区的理念也于近年来开始被讨论和逐渐实施。智慧园区普遍被认为是在开发区的空间区域内，按照科学发展的理念，融合应用IoT、AI、云计算、大数据、空间地理信息等新一代技术，通过检测、分析、集成和响应等方式综合运用园区内外的数据和资源，实现园区管理高度信息化和智能化，从而提升对于园区企业和机构的服务自动化、便捷化和定制化等，提高园区管理的效率和企业竞争力。将传统园区转变为"智慧园区"需要精密规划并融合各种前沿技术，区块链如何结合其他创新科技作为智慧园区的关键组成部分是目前主要的挑战。

区块链对智慧园区运营的核心优势包括：更高的透明度和连接性、直接通信、信息完整性、高效的管理等。在基础设施方面，运用区块链技术可探索实现信息基础设备间数据信息的高效交换，提升信息基础设施协同能力。在数据资源方面，借助区块链自身数据不可篡改、可溯源等特性，有望打破原有数据流通共享壁垒，提供高质量数据共享保障。在智能应用方面，依托区块链提供的更加可信的合作环境已经出现了一大批亮点应用。

8.1.2 政府战略、政策及指导意见

新型智慧城市成为我国经济社会发展重要组成部分。作为重大工程项目，新型智慧城市已于2016年纳入《国民经济与社会发展"十三五"规划》，国家各部委及各级政府以此为指引，围绕信息基础设施、信息惠民服务、智能制造、"双创"、"互联网＋政务服务"等领域，陆续出台和落地标准、产业、人才、试点示范等相关政策，全面推动我国经济社会各领域数字化转型和创新发展，如图8-1所示。其中，《国家新型城镇化规划（2014—2020年）》和《关于深入推进新型城镇化建设的若干意见》，明确将智能交通、智能管网、智能园区、智能水务等的发展作为提升城市和中小城镇公共服务水平和新型城镇化建设的重点方向之一，深化了新型智慧城市建设与新型城镇化融合发展的内涵。

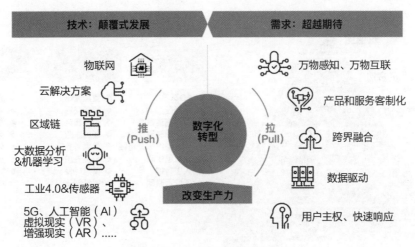

图 8-1 数字化转型思维导图

资料来源:华为公司技术报告

新型智慧城市建设普遍进入第二轮升级规划建设阶段。全国已有近半数城市发布新型智慧城市总体规划、顶层设计、专项规划,区域、县域、新区智慧城市规划更是遍地开花。新型智慧城市建设呈现省级城市领跑、地级市跟进、县级市及城市群起步的态势,其中超过 94％省级城市、超过 71％地级市、超过 20％的县级市及城市群均提出建设智慧城市,并涌现出一批城市智脑、一批特色亮点应用和模式,中国已成为全球智慧城市技术产业创新发展的重要力量。

作为实施智慧城市的基本技术架构,区块链在国家的科技发展战略中起到越来越重要的作用。一是我国的区块链标准化工作起步比较早。底层框架技术标准化工作从 2016 年起有序展开,相关科研机构都在积极参与区块链底层构架标准的制定工作,到目前,在区块链基础标准、数据隐私保护和跨链技术标准等方面取得了很大的进展。我国正在着手建立区块链国家标准,以从顶层设计推动区块链标准体系建设。区块链国家标准将包括基础标准、业务和应用标准、过程和方法标准、可信和互操作标准、信息安全标准等方面,这将进一步扩大区块链标准的适用性。二是国家的产业政策非常主动积极,极大地推动了区块链的相关领域研究以及产业化全方面发展。中国不但顺应全球化需求,从国家层面及地方层面均出台相应政策,而且政策推出的密度和力度一直呈加速趋势,在很短的时间内做到了国际领先。中国在区块链的专利数量上一直遥遥领先于各国,相关的政府级应用更是走在前列,比如 2018 年深圳税务局就推出了区块链发票。

2019 年是区块链发展关键的一年。中国中央政府高屋建瓴地把区块链提高到了国家顶层架构的战略高度。中共中央政治局 2019 年 10 月 24 日就区块链技术发展现状和趋势进行第十八次集体学习。中共中央总书记习近平在主持学习时强调,区块链技术的集成应用在新的技术革命和产业变革中起着重要作用。我们要把区块链作为核心技术自主创新的重要突破口,明确主攻方向,加大投入力度,着力攻克一批关键核心技术,加快推动区块链技术和产业创新发展。

而进入了 2020 年后,为了提振经济及推动经济转型升级,中国政府再一次提出了新基建的概念并重点实施,如图 8-2 所示。"新基建"不是新词汇,早在 2018 年 12 月的中央经济工作会议公报上就首次出现在了官方文件上。其后,从中央顶层设计到地方布局规划,都可见其身影。但如今,政府工作报告首次明确纳入"新基建",按下了加速部署发展的"快进键",意味着"新基建"正式站上"新风口",这无疑是在危机中育新机,于变局中开新局的一项重大举措。

图 8-2 新基建助力国民经济转型
资料来源:华为公司技术报告

疫情之下,新基建的推动力度快马加鞭,2020 年 3 月,中共中央政治局常务委员会召开会议提出,加快 5G 网络、数据中心等新型基础设施建设进度。5 月 22 日,2020 年《政府工作报告》提出,重点支持"两新一重"(新型基础设施建设,新型城镇化建设,交通、水利等重大工程建设)。

可以清晰看出国家的战略脉络,无论是智慧城市、区块链还是新基建,名称不同,但内涵一样丰富,涵盖范围更广,都是为了一个目的,即推动数字经济社会发展,更好地推动中国经济转型升级,以迎接人类发展下一阶段的数字化革命。它们都体现了产业转型升级的新方向,都体现出加快推进产业高端化发展的大趋势。

8.1.3 区块链集成创新与应用深度融合的发展趋势

早在 2019 年 10 月 24 日,中共中央政治局就区块链技术发展现状和趋势进行第十八次集体学习。中共中央总书记习近平在主持学习时强调,区块链技术应用已延伸到数字金融、物联网、智能制造、供应链管理、数字资产交易等多个领域。目前,全球主要国家都在加快区块链技术发展。我国在区块链领域拥有良好基础,要加快推动区块链技术和产业创新发展,积极推进区块链和经济社会融合发展;要强化基础研究,提升原始创新能力,努力让我国在区块链这个新兴领域走在理论最前沿、占据创新制高点、取得产业新优势;要推动协同攻关,加快推进核心技术突破,为区块链应用发展提供安全可控的技术支撑;要加强区块链标准化研究,提升国际话语权和规则制定权。

要加快产业发展,发挥好市场优势,进一步打通创新链、应用链、价值链。要构建区块链产业生态,加快区块链和人工智能、大数据、物联网等前沿信息技术的深度融合,推动集成创新和融合应用。要探索"区块链+"在民生领域的运用,积极推动区块链技术在教育、就业、养老、精准脱贫、医疗健康、商品防伪、食品安全、公益、社会救助等领域的应用,为人民群众提供更加智能、更加便捷、更加优质的公共服务;要推动区块链底层技术服务和新型智慧城市建设相结合,探索其在信息基础设施、智慧交通、能源电力等领域的推广应用,提升城市管理的智能化、精准化水平;要探索利用区块链数据共享模式,实现政务数据跨部门、跨区域共同维护和利用,促进业务协同办理,深化"最多跑一次"改革,为人民群众带来更好的政务服务体验。

毕马威的《2020 中国领先金融科技企业 50》报告指出,以金融科技为代表的智慧城市的底层技术方面有如下值得关注的发展趋势:

① 人工智能由感知型向认知型发展;

② 自然语言处理和图计算等技术仍将高速发展;

③ 区块链应用的加速落地。

金融行业将依托联盟链构建不同行业、生态、主体和企业的连接能力,打破信息孤岛,形成可信价值和数据共享网络,数字金融服务便会水到渠成。区块链除了在金融领域被直接应用,其在其他领域的应用也将会推动数字化经济的发展,例如数字政府对于小微企业金融服务有支撑作用。

8.1.4　区块链赋能智慧园区建设

《国家信息化发展战略纲要》《"十三五"国家信息化规划》等国家重大政策文件,均明确提出要加强顶层设计,分级分类推进新型智慧城市建设,提高城市基础设施、运行管理、公共服务和产业发展的信息化水平。

国务院发布的《新一代人工智能发展规划》明确,部署智慧城市国家重点研发计划重点专项,加强人工智能技术的应用示范。《2019 年新型城镇化建设重点任务》的通知提出,优化提升新型智慧城市建设评价工作,指导地级以上城市整合建成数字化城市管理平台,增强城市管理综合统筹能力。

近年来,我国国家级高新区和经开区的数量呈现稳步增长的趋势。前瞻产业研究院智慧园区研究小组认为,国内的园区正在经历从传统的工业园区向新区过渡、由单一园区向综合园区发展的变化。尤其是经开区和高新区通过产业结构升级和服务内容升级,打造多产业融合和社会服务聚集的综合性园区,并逐步向智慧化新区方向发展。

随着各地智慧园区建设风生水起,中国智慧园区建设已经在地域分布及建设模式上取得了一定的特色。从区域分布来看,环渤海、长三角和珠三角地区,依托其雄厚的工业基础,成为全国智慧园区建设的聚集区;中部沿江地区借助沿江城市群的联动发展势头,大力开展智慧园区建设;西部地区依托各园区特色,也在智慧园区的建设中追赶中东部地区。目前基本形成"东部沿海集聚、中部沿江联动、西部特色发展"的空间格局。

在国家宏观政策引导和园区发展趋势的双重因素影响下,未来我国园区智慧化、数字化建设需求会继续高速增长。目前,各地不同类型的园区根据自身的发展定位与市场竞争情况制定了各自的发展规划,也在加强园区智慧化、数字化的建设投资力度。以信息化建设为例,园区信息化费用所占比重约为园区投资开发成本的 10%～15%。

区块链等新技术的应用,正在大幅提升智慧园区的实施能力。区块链正重塑社会信任,成为维系智慧园区有序运转、正常活动的重要依托,其具备全网节点共同参与维护、数据不可篡改与伪造、过程执行透明自动化等特性,有助于全面升级基于信任的智慧园区应用与服务。智慧园区正在构建新的创新生态。在开放的体系中,创业者、企业、创新服务机构等创新主体围绕园区治理、公共服务、生产效能等方面的需求,提出各种创意,并通过创新创业过程将创意变成现实。随着区块链、人工智能、移动物联网等领域的重大技术突破,如图 8-3 所示,未来在智慧园区领域将出现更多的独角兽企业。

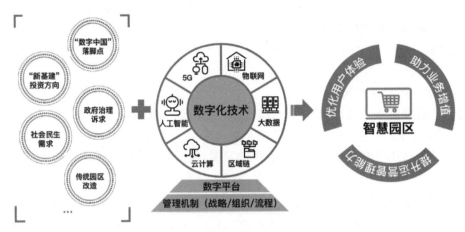

图 8-3 数字化技术赋能智慧园区

信息基础设施与电子政务依然是新建智慧园区建设的重点。智慧园区信息基础设施建设主要沿着"宽带、融合、泛在、安全"的方向,不断夯实宽带网络建设;加快建设面向家庭用户的社会信息服务网络,建立惠及人人的电子政务平台和公共服务体系。

我国新型智慧城市建设经历了数字城市和智慧城市的发展阶段,近 20 年来始终无法避免"信息孤岛"和重复建设的弊端。除了缺乏统一标准、理论体系和方法论、成功案例等原因,智慧城市传统的建设模式也是造成智慧城市"信息孤岛"和重复建设的重要原因。目前智慧城市建设往往是先建各个独立孤岛式的业务系统(平台),再通过数据共享、系统集成、系统统一集中搬迁等方法来解决"信息孤岛"和"数据壁垒"。各个厂商开发的业务系统在结构、技术、方法、数据标准方面都不统一,造成了智慧城市信息孤岛遍地、数据烟囱林立,建设周期长、建设成本高、系统集成和数据共享效果差,进而造成事后再消除"信息孤岛"和避免重复建设难上加难。传统智慧城市"少慢差费"的建设模式不可持续。

政府和行业从业者们都意识到了必须改变以往智慧城市"先建信息孤岛,再消除信息孤岛"的"少慢差费"重复建设的传统模式。必须遵循习近平总书记关于"要推动区块链底层技术服务和新型智慧城市建设相结合"的指导思想。新型智慧城市和数字政府建设中采用区块链分布式、"去中心化"的体系架构,通过"区块链云平台"资源管理的虚拟化,将各个已建、在建、未建的业务系统(分布式节点)统一虚拟化地综合集成在"云平台"上。通过"云平台"为新型智慧城市和数字政府提供云计算 3S 服务[基础设施即服务(IaaS)、平台即服务(PaaS)、软件即服务(SaaS)]。采用边缘计算和物联网技术提供各分布式节点(政府部门)、"去中心化"的实时监控和运营操作的创新模式。该创新模式可以有效消除信息孤岛,打通数据壁垒和避免重复建设,大大节省建设费用,大大缩短建设周期,实现"区块链+"新型智慧城市深度融合应用"多快好省"和可持续发展。

有了区块链的技术支撑,智慧园区必将进一步强化统筹力度,集业务融合、技术融合、数据融合于一体,同时做到去中心化的跨层级、跨地域、跨系统、跨部门、跨业务的协同服务,包括基础设施的共建共享、数据资源的整合和分布、核心平台统筹谋划和应用服务整合。同时,智慧园区全面推动数据资源加速整合、核心平台统筹谋划。政务数据形成统采、统存的数据资源池,部门间按照权限有序共享,并利用园区数据共享交换平台服务和第三方数据服务,实现涵盖政府、企业、行业的园区主数据资源体系,为各类智慧应用系统提供一体化协同管理和服务能力。

8.2 区块链技术概述

8.2.1 导言

不管人们愿不愿意,区块链时代以比大多数人预想的要快的速度来临。而区块链的潜能也将远远超过最初理解的加密数字货币和数字资产交易领域,区块链进入更广泛的几乎横跨所有最前沿的新科技领域,比如 AI、大数据、智慧城市、IoT 等。

认知是所有新技术推广应用的最大障碍,区块链从字面上很不好直观理解。当下国内有关区块链的书籍不下百本,本章希望能结合智慧园区主题的技术性、学术性,而尽量做到浅显易懂,让专业和普通读者都能领悟到区块链的价值与奥秘。

与其他系统相比,区块链提供了更好的安全性。现今对它的评价已经是互联网的 2.0 版本,它很可能是 21 世纪最让人兴奋并值得期待的前沿科技之一,全世界嗅觉敏锐的创业者纷纷加入这个重构现代社会经济的"风口",而智慧城市、智慧园区是这股热潮中的绝佳战场,智慧城市、智慧园区时代为区块链的应用提供了广泛的可能性,序幕才刚刚开始。

如果说电子计算机应用是第三次工业革命兴起的标志之一,那么区块链就是新兴互联网与科技产业最引人注目的产物,也是未来的几年中最有前景的行业之一。

希望阅读完此章,您将拥抱一个新的时代,认识一个全新的低成本信用机制及价值流转方式,了解区块链如何服务新型智慧城市、智慧园区等新技术和新经济领域。虽然目前区块链服务智慧城市、智慧园区还处于非常早期,其应用场景和潜力还没有充分展现和释放,但根据高德纳技术成熟度曲线理论,新技术往往会经历这样的周期:诞生的促动—膨胀的期望—泡沫的破灭—实质的应用。区块链终究会找到属于它的位置,通过打造新型智慧城市、智慧园区来造福人类。

8.2.2 背景

简单来说,区块链的兴起更像是一种平民运动,一种自下而上的去中心化的普及应用。在数字化和对等网络两大社会潮流的影响下以及全球经济发展需求的推波助澜下,区块链站上了世界舞台。

三十年前的数字化潮流,一直持续到现在,并且今后的几十年可能还会一直延续下去。人们不得不承认,这就是现阶段社会的趋势潮流。

随着计算机互联网络技术的不断演进,越来越多的实物被数字化。人们最熟悉的就是信件,从古至今,信件在消息的传递上扮演着必不可少的角色。而在当今的数字化时代,信件渐渐被电子邮件取代,电子邮件具有比纸质信件更快、更全面、成本更低的优势,人们也不用再去邮局寄信件。实物信件被数字化并渐渐淡出了人们的视野,邮局的数量也随之锐减,实物信箱也逐渐被废弃。

在人们身边被渐渐数字化的实物还有很多,像是书籍、唱片、照片、电影、文档等等。数字化保存与传播,让人们享受到了更多的便捷。除了实物被数字化,货币、资产也在经历数字化。在古代,金银是通用货币,但随身携带大量的金银会很不方便,也很不安全。于是银票应运而生,银票就像是现在的银行卡,而钱庄就是现在的银行。人们曾经可以这么说,银票就是货币凭证、财产证明的一种实物代表。如今,资产不是一堆的现金,甚至也不是银行账户里的一串数字,而很可能是数字钱包里的一串加密数字。

在 2008 年世界金融危机的大背景下,中本聪创立了比特币,试图建立一种点对点的加密电子货币来解决了人与人之间的信任问题。比特币的主要特征就是去中心化,在没有中心化的总节点的情况下达成对交易账本的共识。比特币是区块链在实际应用中的第一个成功案例,是商业、技术和时代潮流演进的结果。

8.2.3 技术

区块链从技术本质上来说是一种不可篡改、开放共享的分布式数据库,记录对等网络中公有或私有的交易。任何一个网络节点都可以成为区块链系统中的一员。通过哈希算法链接的区块顺序链,永久记录区块链网络中的各个节点之间资产交易的历史记录。

区块链归纳起来主要有以下核心技术应用及实现机制,如图8-4所示。

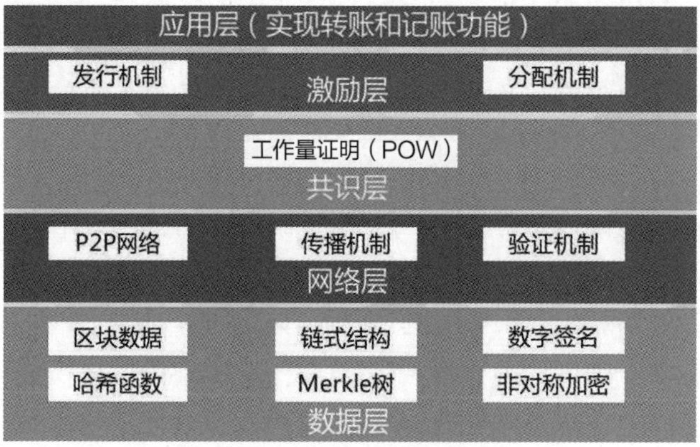

图8-4 区块链基础技术架构

（1）点对点分布式技术

点对点技术（Peer-to-Peer,简称 P2P）又称对等互联网络技术,它依赖网络中参与者的计算能力和带宽,而不是把依赖都聚集在较少的几台服务器上。P2P 技术优势很明显:点对点网络分布特性通过在多节点上复制数据,增加了防故障的可靠性,并且在纯 P2P 网络中节点不需要依靠一个中心索引服务器来发现数据,系统也不会出现单点崩溃。

（2）非对称加密技术（加密算法）

非对称加密（公钥加密）指在加密和解密两个过程中使用不同密钥。在这种加密技术中,每位用户都拥有一对钥匙:公钥和私钥。公钥在加密过程中使用,私钥在解密过程中使用。公钥是可以向全网公开的,而私钥需要用户自己保存。这样就解决了对称加密中密钥需要分享所带来的安全隐患。非对称加密与对称加密相比,安全性更好:对称加密的通信双方使用相同的密钥,如果一方的密钥遭泄露,那么整个通信就会被破解;非对称加密使用一对密钥,一个用来加密,一个用来解密,而且公钥是公开的,密钥是自己保存的,不需要像对称加密那样在通信之前要先同步密钥。

（3）哈希算法（信息与数据转换）

哈希算法又叫散列算法,是将任意长度的二进制值映射为较短的固定长度的二进制值,这个小的二进制值称为哈希值。它的原理很简单,就是把一段交易信息转换成一个固定长度的字符串。

（4）共识机制（中间件封装技术）

由于加密货币多数采用去中心化的区块链设计,节点是各处分散且平行的,所以必须设计一套制度,来维护系统的运作顺序与公平性,统一区块链的版本,并奖励提供资源维护区块链的使用者,以及惩罚恶意的危害者。这样的制度,必须依赖某种方式来证明,是谁取得了一个区块链的打包权（或称记账权）,并且可以获取打包这一个区块的奖励;又或者是谁意图进行危害,并且会获得一定的惩罚。这样的机制就是共识机制。

区块链是基于互联网发展所产生的技术,区块链也是对互联网的修正与补充。它并不是一种单一的技术,而是如上多种技术整合的新型应用模式。

为了方便理解,这里用一个例子来解释区块链。可以把区块链比作实物账本,一个区块就相当于这个账本中的一页,区块中所记录的信息就是这一页上记载的交易内容,"链"就是将这些区块连接起来的账本装订线。

区块链运用的技术在早些年就被开发、应用,所以对人们来说并不陌生。只不过现在这些技术以新的结构组合在一起,形成了一种新的数据记录、存储和表达的方式。

8.2.4 演化

2008 年,由次贷危机引发的金融危机席卷全球,人们再次意识到传统金融系统的不足,并设法对其改进和优化。同年 11 月,一位署名为中本聪的密码专家发表了那篇著名的论文《比特币:一种点对点的电子现金系统》,宣告比特币的诞生。当然,后来人家都知道,这同时伴随着区块链时代的诞生。如今,区块链技术及应用的发展早就超出了比特币所代表的数字加密货币的范畴。

(1) 第一代:币

比特币是一套分布式自治系统,是应用数学和金融经济学的完美结合,同时囊括了央行(发行货币)、商行(支付)以及作为货币本身的职能。在这套系统里,天才的中本聪采用非对称密码来解决比特币的所有权问题,采用未花费的交易输出(UTXO)模型定义了一个"币"的概念,并用区块链解决分布式交易验证的问题。工作量证明(POW)方式维护了系统的正常稳定以及安全,在博弈论的作用下,所有矿工维护统一的区块链,以最终解决双重支付问题。直到今日,比特币依然是无可动摇的数字加密货币龙头老大。

之后出现了很多尝试改进比特币的其他主流数字加密货币,比如莱特币(Litecoin,LTC),虽然对比特币的改进很少,但其创造和转让基于一种开源的加密协议,这种协议不受任何中央机构的管理,从而引发了算法改进热潮,催生了很多数字货币。如果将比特币视为一场社会实验,众多山寨币则是一种比特币实验,莱特币激活隔离验证,再次印证了这一说法。

数字货币经过了长达十年的无序发展和莽撞竞赛后,目前已经走到了一个分水岭,主流数字货币已经开始从研发领域的混乱丛林走上央行监管的中道和正道。比如,全球主要经济体都在研究央行数字货币,国际清算银行的报告显示,截至 2020 年末全球已有 86% 的央行正在研究央行数字货币。中国数字货币已走在全球前列,"高层肯定、央行主导、多场景使用"是中国数字货币的基本特点。由于中国社会普遍使用移动支付,人们对于数字人民币支付也很容易做到接受和无障碍使用。再如,七国集团(G7)针对央行数字货币确定了共同指导原则,在肯定央行数字货币提供流动性等功能的同时,尤为关注发行数字货币过程中的用户隐私保护等监管问题。由此可见,各国央行发行数字货币为区块链技术提供了更广泛的实践机会,也打响了全球数字货币发展规则制定权的争夺战。

(2) 第二代:链

当人们逐渐捋清比特币和区块链的关系之后,视野顿时开阔,人们发现比特币仅仅是区块链的一个数字加密应用,区块链还会有其他应用,由此,整个行业的发展重心由"币"转向"链"。如今很多人都知道,可以将区块链视为一个分布式数据库,该数据库的核心特点是沿时间轴记录数据与合约,并且只能读取和写入,不能修改和删除。

比特股(Bit Shares)率先奏响区块链探索的号角,以太坊(Ethereum)则真正让这场革命发生质变。以太坊的概念首次在 2013 至 2014 年间由程序员维塔利克·巴特林(Vitalik Buterin)

受比特币启发后提出,大意为"下一代加密货币与去中心化应用平台"。以太坊不但继承比特币的诸多优点,同时引入了很多创新,从设计上解决比特币扩展性不足的问题。以太坊是一个智能合约平台,同时也是一个分布式应用底层协议,是目前应用最广泛的公共区块链平台。众多的山寨币和一些联盟链都是基于以太坊来发行和部署。到目前,以太币是市值第二高的数字加密货币,仅次于比特币。

以太坊最迷人的地方莫过于其几乎具备"图灵完备性"的虚拟机(EVM),尤其是具有智能合约的功能性属性,这是以太坊的核心。智能合约是"执行合约条款的计算机交易协议",也可以理解为以太坊系统里的一个自动代理人。当合约执行的条件被触发,也即合约执行了之前写入的计算机代码,合约会自动运行代码,最后返回一个结果。因为智能合约将根据提前写入的触发条件信息来执行,从而完成自身的业务逻辑,其所能提供的业务场景几乎是无穷无尽的,因为图灵完备的语言提供了完整的自由度,让用户可以搭建各种应用。

当然,这也带来了巨大的技术复杂性以及容错成本。比如,区块链上的所有用户都可以看到基于以太坊的智能合约,这会导致包括安全漏洞在内的所有漏洞都可见,并且漏洞可能无法被迅速修复。以太坊为此还出现过硬分叉来解决这个问题。其他典型问题包括合约编程语言Solidity缺陷、编译器错误、以太坊虚拟机错误、对区块链网络的攻击、程序错误的不变性以及其他尚无文档记录的攻击。如今社区普遍认为,这套体系还远远不完善,有待优化的地方还有很多,区块链和智能合约的探索之路还很漫长。

(3) 下一代:网

在过去10年多时间里,数字货币产业已由币发展进入链发展的时代,那下一步将如何发展呢?

互联网诞生至今不过几十年,如今已改变了全世界。人们普遍认为,互联网之后,下一个网络是物联网。物联网已被提及多年,更有IBM孜孜不倦地在研究,但始终没有获得实质性进展,人们甚至对物联网为何物还不能做清晰描述。直到区块链出现之后,局面才被打开。

造成该困境的原因之一是,过往的技术无法实现真正的自动化,而比特币这套已被证明切实可行的分布式自治组织(DAO)正好完美地解决了这个问题。DAO提供了自动化的基因,可作为物联网的根基,如图8-5所示。

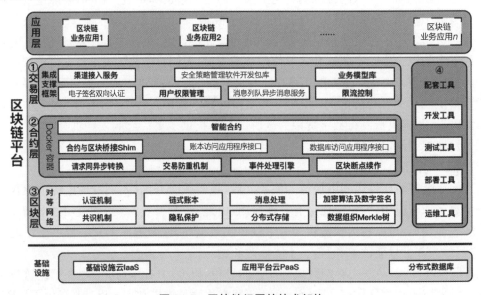

图8-5 区块链组网的技术架构

如今物联网和区块链总是被捆绑在一起讨论,展望未来无处不在的物联网,这很令人兴奋。因此我们有理由相信,区块链的下一个进化形式是网络,众多的区块链不会再彼此分隔。而今天要讨论的智慧园区就是基于这众多的链网才能实现。

8.2.5 特征

区块链的技术特征,其实也就是它的定义。本章尽量用通俗易懂的语言来阐述。

(1)开放、共识

一个分布式的共享账本,意味着任何人都能够参与到区块链这个系统当中来。每一台设备都能够成为一个节点,得到一份完整的区块链数据库拷贝。

节点之间基于一套共识机制,互相竞争、共同维护整个区块链。

如果有哪一个节点计算错误或者产生故障,其余节点仍能不受影响继续正常工作。就像是在蚂蚁社群中,损失一只两只工蚁是不会对整个社群造成影响的,整个系统还是会按照它原有的工作意识、生活习惯继续下去。

(2)去中心化、去信任

传统的中心化数据库中,因为两个互不相识的交易方很难达成能够交易的标准,就需要一个第三方来为这个交易做担保或者是确认。

比如人们经常使用的淘宝就是一个中心化的第三方。当人们想要在淘宝上买一件商品的时候会先付钱,但这个钱并不是直接付给卖家,而是交到了支付宝这个平台上作抵押。在卖家收到支付宝发来的确认收款指令后,卖家开始发货,商品经过物流派送到了买家的手上,买家确认收货,支付宝平台才会将钱转给卖家,这就是中心化的第三方平台。

而区块链系统与传统的中心化账本系统相比,具有完全公开、不可篡改、防止多重支付等优点,并且不依赖任何可信的第三方。

由于区块链系统中的各个节点都可以参与其中,故不存在中心化的数据管理或者是数据库。节点之间通过数字签名验证进行数据交换,无须建立信任,因为此过程无法产生欺骗。

(3)交易透明,双方匿名

区块链的运行规则是公开透明的,所有的数据信息也是公开的,因此每一笔交易都对所有节点可见。可以把区块链这个虚拟的东西比喻成的一个实物账本,每个参与其中的人都会有一份这样的账本,并且可以看到账本记录的交易记录以及交易数据,实现交易透明化。

区块链数据是由每个节点共同维护的,人们都能通过复制,获得一份完整的数据库拷贝。因此节点之间无须公开身份。每个参与的节点都是匿名的,人们从区块链上看到的只是交易的记录和数据,并不会知道交易双方的信息,从而使参与者的私密性得到了保障。

(4)不可篡改性

单个甚至多个节点对数据库的修改无法影响其他节点的数据库,单个节点数据的修改,并不能得到其他节点的认可与承认。

区块链还是会以大多数节点的数据作为正确值,区块链实行的是共识机制,简单来说就是少数服从多数的原则,少数人的不同意见并不能影响到大局的走向。除非能控制整个网络中超过51%的节点同时修改,但这几乎是不可能发生的事情。

就像是人体里的各种细胞,如果有人控制了身体细胞总数的百分之五十一,就能够对我们的身体构造、行为结果做出改变。但是细胞不断在死亡、新生、分裂,谁都不可能控制那么多细胞同时做出反应。

（5）可追溯性

实现基础信息的可追溯，其协议与运作机制的关键在于标记一个"时间戳"（一个能表示一份数据在某个特定时间之前已经存在的、完整的、可验证的数据，通常是一个字符序列，唯一地标识某一刻的时间）。

时间戳为信息的追踪提供了很好的寻找路径。全部节点每十分钟记账、确认信息，再将这些数据信息记录下来，生成一个十分钟内全网正确、无重复信息的账本数据库"Block（区块）"。

区块链中的每一笔交易都通过密码学方法与相邻两个区块串联，也正是源于这样一个机制，人们可以追溯任何一个区块的数据信息的前世今生。这就是一根线，按照时间的顺序将一个个区块链接起来，想查找哪一个区块的时候，顺着这条线，找到想要的时间点，就能找到想要的信息数据。

（6）智能合约

智能合约允许在没有第三方的情况下进行可信交易，这些交易可追踪且不可逆转。从商务环境来看，传统上，财务资金流和商务信息流是两个截然不同的业务流程，商务合作签订的合约，在人工审核、成果鉴定后，再通知财务进行打款，形成相应的资金流。和这个例子一样，智能合约基于事先约定的规则，通过算法代码形成一种将信息流和资金流整合同步的"内置合约"，实现履约自动化和智能化。

医院利用智能合约履行电子病例的应用案例如图 8-6 所示。

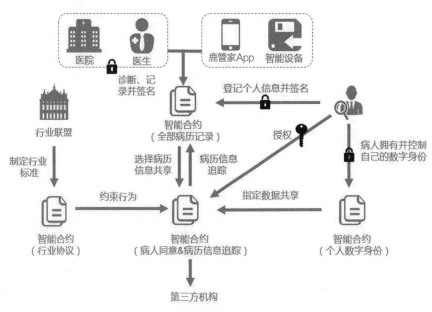

图 8-6　智能合约的应用案例

8.2.6　革新

人类的每一次技术演进与革新，不仅仅使生产力、生产效率得到提高，而且随着生产力的不断提升，人们使用的资源也得到了更为全面的应用。

原有资源的使用率与产出率得到进一步的优化，或者是原来无法投入生产的资源也能够得到很好的利用，生产能力从客观条件的限制中得到了解放，让每一分的资源都能够被投入生产，极大程度地解放了社会生产力。

为什么会有区块链这样的一个技术？区块链技术是为了解决什么问题？

（1）区块链解决了互联网最大的痛点

如何在低成本信任情况下实现可靠传递？

互联网被称作自工业革命以来人类最伟大的技术发明，实现了陌生人之间可靠的、近乎零成本的信息传递，短短几十年的时间就重塑了人们的生活方式。但是互联网不是面对面交流，人们永远不知道网络的另一端是一个人还是一条狗，没有办法去信任网络完全未知的另一端。需要信任的合作在互联网上是很难完美实现的。

双方通过互联网取得了联系，如果要做一笔交易，双方就真的想当然地建立互信吗？一方担心"万一我付了钱对面不给我发货怎么办"，另一发同样也在担心"万一我发了货，他不给我结算资金怎么办"。

而区块链解决了如何以一个很低的成本，来建立一个可靠的、世界性的信任问题。

区块链技术依靠密码学和数学的巧妙的分布式算法，在无法建立信任关系的互联网上，无须借助任何第三方中心的介入就可以使参与者达成共识，以极低的成本解决了信任与价值的可靠传递难题。正因为解决了互联网信任这个难题，诸多因无法达成信任共识而无法解决的问题才能够迎刃而解。

因此区块链被认为是互联网发明以来最具颠覆性的技术创新。

（2）区块链颠覆了商业运作方式

凡是新技术的开发与应用，肯定会对人类的社会生活和商业运作造成影响，影响的程度一定是随着新技术的普及而逐渐加深。

区块链实质是去中心化的分布式数据库，去除中间机构，不需要第三方机构来做信用背书，自然而然就少了组织的运营成本，同时也大大提高了工作运转效率，从而降低了全社会的交易和运营成本。

（3）区块链重构了金融行业

金融领域可堪称是区块链技术的最重要商业应用领域之一。区块链技术对整个行业都带来了影响，金融领域首当其冲。

区块链作为未来金融科技的底层技术构架，必然会从众多方面重新塑造金融领域，改变当前的金融生态环境。在强化金融监管、防患金融风险、打击非法集资等方面，区块链都会有广阔的应用前景。

"区块链+"时代将会是互联网金融的下一个发展阶段。其中，支付是金融市场最重要的基础设施和实施手段。

瑞波实验室在区块链支付服务这一方面拥有比较成熟的技术和模式。瑞波实质上是一个可共享的开源数据库，一个开源的点对点网络，它构建了一套完全不同的账户体系。它可以实现去中心化的支付与清算功能。在瑞波体系中，各国法定货币、各种虚拟货币都可以自由兑换，而且货币兑换和交易的效率更高，速度更快，交易手续费用更低、几乎为零。快速、廉价且安全的资金流通，轻松俘获了金融支付的芳心。

征信在促进信用经济发展和社会信用体系建设中发挥着重要的基础作用，征信市场是一个巨大市场。

征信系统建设的目的是为了方便社会大众，为社会各行各业提供信用服务，但人们在查询征信时往往遇到难以查询、所得信息不全、所得信息不准确等问题。区块链技术为征信难题提供了一种全新的思路，从而可提高征信的公信力，降低征信成本；可保证征信信息的安全；可打破数据孤岛难题。

（4）革新各个行业

区块链在不断的发展和完善的过程中，会在更多的生活和商业领域进行更好的服务和应用。区块链技术涉及的商业领域有网络安全、医疗健康、制造业和工业、政府管理、慈善业、零售业、房地产、交通、旅游以及媒体等等，如图8-7所示。

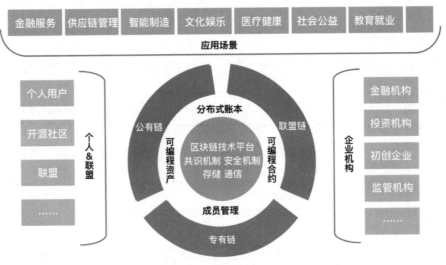

图8-7　区块链生态图

8.2.7　集成

作为区块链的核心技术自主创新的突破口，区块链技术的集成创新是重点。习近平总书记已经为区块链技术集成创新指出了实施的路径。因此区块链技术发展和应用趋势必然是技术集成创新和深度融合应用。

习近平总书记提出了区块链技术集成的创新概念，强调要加快区块链和人工智能、大数据、物联网等前沿信息技术的深度融合和应用，要推动区块链底层技术服务和新型智慧城市建设相结合，探索区块链在信息基础设施、智慧交通、能源电力等领域的集成应用，提升城市的智能化、精准化水平。

区块链与信息栅格技术集成创新：

"信息栅格"（Information Grid，IG）技术是第三代互联网的核心技术，其核心就是能对现有互联网进行分布式节点化的应用和管理，消除信息孤岛。信息栅格技术框架与传统分布式技术框架的根本区别在于资源与节点的关系，将资源与节点分离，也就是实现了分布式节点与底层技术服务的逻辑分离，使分布式资源实现更广泛、更有效的资源组织、调用和管理，这在传统分布式技术框架中是很难做到的。

信息栅格与区块链在分布式节点、去中心化、分布式数据库、共识机制、加密算法等技术特征上具有同一性和一致性。信息栅格更强调系统集成、资源共享、业务协同、按需获取信息；区块链则注重在金融行业的应用、分布式数据库（分布式记账）、数据安全、加密算法等。区块链与信息栅格技术集成创新具有广阔的发展前景，其技术集成与深度融合应用具有以下特点：

（1）增强区块链系统集成能力

信息栅格为区块链提供了统一的开放式平台、接口标准以及交互流程，实现了不同节点应用系统之间的信息互联互通，使得区块链各分布式节点之间可以自动完成系统集成的互操作，同时保证了整个"区块链"各个节点内部信息的一致性、整体性、完整性、安全性。

（2）增强区块链节点资源共享能力

区块链与信息栅格集成创新节点资源共享，包括多传感器数据融合、异构数据库及分布式数据库的数据共享交换、应用程序的共享共用三个方面。多传感器数据融合包括区块链节点内的传感器之间的实时集成及区块链节点传感器之间的实时集成。各节点"异构数据库共享交换"根据数据库多源性、异构性、空间分布性、时间动态性和数据量巨大的特点，提供数据存储标准、元数据标准、数据集（数据封装）的交换标准，提供数据存储与管理、远程数据传输的策略。应用程序共享共用信息平台和应用系统具有共性需求的封装组件及中间件、平台支撑模块、平台接口模块、应用数据挖掘分析和协同操作等软件程序，在区块链格中共享已开发、已拥有和已运行的共性软件程序，使得"区块链"中其他节点信息平台和应用系统都可以通过远程共享共同使用或下载安装这些软件程序。

（3）增强区块链分布式资源处理能力

区块链与信息栅格集成创新分布式资源处理主要体现在有效的资源注册、资源发现、节点资源组织与协同，处理各种应用请求，为执行远程应用和各种活动提供有力的区块链底层技术服务支持。其创新的关键，是把一切分布式节点资源（数据、信息、页面、应用）均表达为节点服务，这些节点服务通过协同实现分布式节点自治、自处理、自适应、自学习，最终发布到统一的区块链云平台——开放式分布式节点集成服务平台上。

（4）实现区块链自适应信息传输能力

区块链与信息栅格集成创新自适应信息处理采取了信息栅格的传输机制，使得区块链具备信息传输的自适应性。在信息栅格环境中，使用前不再需要把数据全部下载到本地节点，而是针对不同用户应用的需要，采用并行传输、容错传输、第三方控制传输、分布传输、汇集传输、传输策略等传输策略。信息格栅保证在互联网或物联网环境上可靠地传输数据以及实现大量数据的高速移动、分块传输和复制，可重启，可断点续传。栅格文件传输协议 GridFTP 保证了信息节点中不同传输方式的兼容性，提供了安全、高效的数据传输功能的通用数据传输协议，以及解决了大量数据传输的性能和可靠性问题。

（5）实现区块链即插即用、按需服务能力

区块链与信息栅格集成创新即插即用、按需服务，体现在能够集成所有的信息系统及各种应用系统等，而每个独立的信息节点又包括很多应用系统（或子系统），使得区块链通过信息节点和应用系统的共性策略和统一的技术服务接口将底层的各种应用程序资源进行封装。区块链用户对各种底层技术服务的使用是完全透明的，因此只要符合区块链底层技术服务的标准和权限，任何区块链用户都可以方便地接入各个节点和应用系统，按需提取自己所需的信息与服务。

（6）实现区块链去中心化信息集成能力

区块链与信息栅格集成创新去中心化信息集成，改变了以往树形、集中式、分发式的信息共享方式，取而代之的是网状、分布式、按需索取式的信息共享模式；不再强调集中式的信息中心，取而代之的是无中心或多中心和分布在各个信息节点中具有不同应用的信息系统。这些信息节点或信息系统的访问接口是统一的，所提供的统一封装的信息、数据、页面（URL）、服务等组件和中间件也都是经过严格规范的。区块链所采用的去中心化信息集成的共享机制，克服了传统集中式信息共享机制的弱点。

（7）提高区块链综合安全防护能力

区块链与信息栅格集成创新综合安全防护区别于一般传统安全防护的模式，在区块链无中心或多中心以网络为中心的条件下，具有顽强抗毁的能力。信息和网络安全渗透于"区块链"的各个信息节点、平台、应用系统和各组成部分,渗透于信息流程的各个环节。因此该集成创新必然会增强区块链安全防护能力,能采用有效措施,使区块链具备良好的抗毁性、抗干扰性和保密性能。

8.2.8 应用

区块链技术从 2009 年比特币诞生起就掀起了数字世界的热潮,从那时起,它就试图被用于重塑金融、医疗保健、制造业,乃至政府等行业的业务。

但十几年过去了,人们发现,目前大家所谈论的区块链应用好像都还是假设,或者说是一种愿景。如果读者认为区块链技术与你的生活相距甚远,那么下面例子也许会让读者改变自己的看法,区块链应用场景如图 8-8 所示。

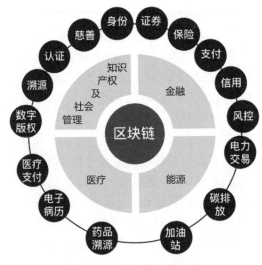

图 8-8 区块链应用场景

(1) 产品供应链

人们日常使用的产品,从生产到被放上货架,中间会经历很多的环节。从一开始零配件的生产,再到零配件的组装整合,最后被精装配送到消费者眼前,就形成了一条完整的产品供应链。

虽然描述得很简单,产品生产的过程却是复杂至极。只有负责某一部分的单位会对自己的工作有一个详尽的了解,该单位对上下部门都是一无所知的,对消费者更是知之甚少。

那么如何才能保证每个环节都能够符合生产标准,或者保证当生产出现了问题,能够快速、准确地找出问题的源头呢?

区块链技术的应用就能够很好地解决这些问题。当区块链技术应用到生产过程的每个环节,公开透明地将这些工作操作记录在链,哪个环节出了问题,追溯的时候一目了然。这从根本上保障了产品的质量标准,更利于每个生产环节的相互协作。

区块链应用到供应链上的最突出优势之一,就是它可以让数据的交互性更强。基于这点,公司可以更容易和制造商、供应商等分享信息和数据。区块链的透明性可以帮助减少延迟,同时防止产品停滞在供应链。每个产品都能被实时追踪,可以把失误的概率降到很低。

比如,农业供应链公司利用区块链技术平台销售农产品,不但确保终端消费者能够了解食物品名、质量、产地、运输环节、价格等全部信息,还实现了公开、透明消费。

再比如,国外某海运公司利用初创公司 Wave 研发的区块链技术应用平台,与其他公司合作首次完成了跨国的集装箱运输,成功体验了区块链技术带来的无纸化交易平台,实现了原文件的安全交换。

（2）信息安全问题

个人信息泄露会给信息人造成财产和精神的双重伤害,使其饱受骚扰之苦。更可怕的是个人信息泄露,通常会伴随数以万计的个人信息被窃取、非法贩卖,有人甚至会通过正规的数据交易机构窃取到数据。

而随着区块链技术的兴起,区块链技术所具备的加密性可以为个人信息的保护提供解决方案。区块链技术可以对个人信息进行分布式保存,避免单一服务器所面临的安全风险。比如被广泛应用的数字身份标识号（ID）,世界很多智慧城市已经使用区块链创建了电子身份系统,将其作为居民市政服务的一种数字护照。数字 ID 是加密的,允许居民支付或登录很多其他市政服务。

（3）媒体

媒体公司已经开始采用区块链技术。2018 年 7 月,区块链内容分发平台 Decent 宣布推出非营利性机构 PUBLIQ,他们开发出了一个基于区块链技术的内容发布和分享平台,希望用一种类似比特币的系统来打击假新闻,允许作家和其他内容创作者通过区块链传播作品并获得即时付款。

（4）在线音乐

许多音乐艺术家为了使在线音乐能被更加公平地共享而不受传统音乐巨头的控制,近年来纷纷使用区块链技术来搭建线上音乐平台。据 Billboard 报道,三家公司准备为艺术家们建立更加直接的支付通道来解决支付问题,通过智能合约来解决认证问题,目的是提供一个无中介化的原创音乐交易和交流平台,让听众可以在无中介的情况下将数字货币直接支付给艺术家。这个平台也希望在艺术家和客户之间建立更直接的激励方式。

（5）电子税务

例如,深圳市税务局和腾讯公司合作发布的全球首次应用的区块链电子发票,让经营者可以在区块链上实现发票申领、开具、查验、入账;消费者可以实现发票链上储存、流转、报销;而作为税务监管方、管理方的税务局,则可以实现全流程监管的科技创新,实现无纸化智能税务管理。

（6）公益

在公益监管方面,区块链技术对公益事业的健康发展具有革命性的促进作用。区块链技术的公开透明性,能够确保捐款人对自己资金的流向清楚、明白、可查询;不可篡改的特性也能确保财务信息不会被篡改;匿名性还能保护捐款者的隐私。

（7）公证

在需要公证的领域,如身份认证、健康管理、司法仲裁、投票、借贷系统等,使用中心化服务器存储数据都会存在造假问题。如今全球各地,造假无处不在。而区块链天然具备公开透明、公平公正、不可造假的属性,且成本低、可以预见,未来所有公证类应用都会选择用区块链技术来解决造假问题。

如上所述,其实区块链技术早就已经悄悄地出现在了智慧生活的方方面面。

8.2.9 现状

区块链尤其是联盟链技术自诞生之后一直迭代完善,其技术复杂程度、应用能力边界、安全与治理能力已有了质的飞跃,渐渐在农业、金融业、制造业、能源、政务、医疗、教育、文娱等国民经济的各个领域中成为主流技术路线并逐渐落地发展。

2018年IBM的区块链发展报告就指出,全球九成的政府正在规划区块链投资。同时各政府还预估,区块链将在金融交易、资产管理、合约管理及法规监管领域上产生莫大的效益。超过一半的国家已经在区块链上投入了资源,并且预计将在今年推出相关产品。

进入2020年之后,疫情倒逼全球各国和各行业的数字化进程加速,尤其是中国政府重点推进的数字化转型,进而推动互联网服务也进一步升级,对相关信息基础设施的可信、开放、敏捷、协作等能力的要求随之提高,并要求数据等生产要素能更合理地流动和配置。而区块链具备解决以上一系列难题的架构和方案,产业区块链的时代也渐渐拉开序幕。

2020年以来,基于疫情带来的数字化发展思考,以及全球央行数字货币探索的推进,各国政府纷纷加强了对区块链技术的战略部署。

美国以区块链风险防范与产业发展并重,一方面强化加密货币在金融领域的风险监管,另一方面积极支持区块链技术在实体产业的应用。2019年6月,美国发布《国防部数字现代化战略》,明确将探索区块链技术在网络安全领域的应用。2020年10月15日,美国白宫发布《关键与新兴技术国家战略》(*National Strategy for Criticaland Emerging Technology*),该文档详细介绍了美国为保持全球领导力而强调发展的20项关键与新兴技术清单,分布式账本技术(类同于联盟链技术)就位列其中。而作为首次被提升到美国国家战略高度的技术,分布式账本技术预计将获得美国政府更多的人力和资本资源投入,相关的知识产权、研究、开发或科技成果的保护也将进一步加强。

2020年10月,美国众议员达伦·索托(Darren Soto)撰写的《数字分类法案》(*The Digital Taxonomy Act*)和《区块链创新法案》(*The Blockchain Innovation Act*)作为最新的《消费者安全技术法》的一部分,已经被美国众议院通过,并已提交美国参议院进行讨论。其中,《数字分类法案》明晰了数字资产与数字单元(代币)的定义,并将责成联邦贸易委员会防止两者中的不公平交易行为;《区块链创新法案》则重点探讨区块链该如何应用于消费者保护场景,并提议加强研究区块链技术的商业与投资趋势、政企合作的最佳实践、对消费者保护的潜在好处与风险、如何将区块链用于减少商业欺诈、监管与创新的平衡等内容。

相比于美国,以太坊的出现使得加拿大的区块链产业散发出了"青春活力"。目前,加拿大国内存在着一个庞大的区块链创业社区,汇集了包括以太坊概念提出者维塔利克·巴特林(Vitalik Buterin)在内的一大批区块链间断人才,此外,区块链领域的两位重要奠基者威廉·穆贾雅(William Mougayar)和唐·泰普斯科特(Don Tapscott)也均来自加拿大。与美国证券交易委员会(SEC)的无所作为不同,针对区块链创业公司和其他金融科技公司,加拿大证券管理委员会(CSA)目前主动地推出了新的金融科技(Fintech)"沙箱"计划,以促进国内区块链行业的发展。

2018年,欧盟立法机构通过《区块链:前瞻性贸易政策》决议,促进该地区自由贸易和商业领域的区块链应用。2020年9月,欧盟委员会发布了一份全新的数字金融一揽子计划。该计划以2018年的《欧盟金融科技行动计划》和欧盟议会、欧盟监管当局等机构此前在数字领域的工作为基础,详细涵盖了数字金融战略、零售支付战略、加密资产立法建议和数字运营韧性相关立法建议等四个方面内容。

在自身开源文化推动下,欧洲在各个方面均引领了世界区块链行业的发展,不论个人还是企业机构都积极参与到区块链项目中。调查显示,欧洲区块链创业公司主要集中在伦敦、阿姆斯特丹、巴塞罗那、柏林等地。

爱沙尼亚是世界上电子化最先进的国家之一,爱沙尼亚政府已经在税收系统以及商业注册系统中使用了区块链技术,并将区块链技术运用到了公民电子健康记录系统中。持有智能卡的公民能够享受1000项政府在线服务,包括查询自己的健康记录。Skype公司联合创始人贾安·塔林(Jaan Tallinn)此前就在爱沙尼亚开创了一家名为"Funderbeam"的区块链公司。

英国将区块链提升到国家战略高度,由财政部、经济部两部门共同主导推动。早在2017年,英国首席科学家马克·沃尔波特(Mark Walport)爵士就发布了一份长达88页的区块链研究报告,主要概述了区块链在未来的发展潜力,同时着重提到了区块链能够极大提高政府的公共服务效率。不久之后,总部位于伦敦的金融科技公司GovCoin Systems Limited即宣布进行了区块链实验,以支持政府优化福利分配的发展目标。马恩岛地区政府已经开始使用区块链注册表来记录当地公司对区块链技术的应用情况。英国央行行长马克·卡尼(Mark Carney)表示,央行已经就中央银行数字货币(CBDC)的概念验证技术进行了深入研究。

德国积极支持区块链发展。2019年9月颁布《德国区块链战略》,明确了区块链技术在稳定金融、激发创新、规范投资、行政服务、知识普及等五大领域采取优先行动。同时,明令禁止私有稳定币对法定货币构成威胁。

2021年9月,全球7个主要央行为现金数字货币勾勒出一份可能的运作手册,希望在赶上加密货币趋势之际,也能兼顾有关商业银行可能受到冲击的疑虑。美国、英国及欧洲央行等7家央行指出,公开使用的零售型央行数字货币必须同时运用到公共部门及民间部门机构,以便与既有的支付体系融合。

虽然欧盟尚未在法律方面对区块链进行详细的定义和分类,但瑞士早几年就已率先开启了区块链在本国的规范化进程。2021年4月,瑞士金融市场监管局(FINMA)宣布,将对部分金融机构进行授权,允许其开展相关银行业务。相比于银行营业牌照,该授权所涉及业务范围有限,但相应的准入门槛和营业风险也较低。

在亚太地区,日本、韩国和新加坡等亦正在有条不紊地推进区块链产业的布局与发展。例如新加坡金融管理局(MAS)推出的"监管沙盒"和"快捷沙盒"机制有利于合格的申请企业在21天内获准开展金融产品服务的创新测试,而新加坡专利局(IPOS)则推动区块链专利申请流程提速,周期从2年缩短至6个月。

日本颁布《支付服务法案》,正式承认比特币支付的合法地位,对数字资产交易也提出了明确的监管要求。在应用支持方面,日本政府也做得不错,在日本的国家级战略中,如2016年的《日本再兴战略》、2017年的《未来投资战略》,区块链都是重点投资关注领域。2018年的《部分银行法施行令修订法案》将推动数字货币接入银行系统。

韩国互联网与安全局2018年开始全力构建区块链生态系统,并计划在物流、能源等核心产业内开展试点项目,把此技术当作是第四次工业革命。

澳大利亚和新西兰也是区块链活跃地区。据悉,澳大利亚中央银行正在对区块链技术进行内部研究。澳大利亚央行引入区块链改造贸易金融和支付清算系统,证券交易所(ASX)早已与多家数字货币公司联合研发证券市场解决方案。2018年以来,地方政府支持的"区块链驾驶执照系统"和"数字货币支付水电费"等应用也陆续推出。

从国内看,我国区块链起步较美国稍晚,但发展速度很快,并迅速站到了全球区块链研发和应用的前沿,更加注重技术创新与实体经济融合应用。2016年12月,我国首次将"区块链"作为战略性前沿技术纳入《"十三五"国家信息化规划》。各地政府也相继出台了区块链相关政策文件,积极推进区块链产业发展。目前,我国区块链已初具产业规模,在数字金融、物联网、智能制造、供应链管理、数字资产交易等领域广泛应用。我国对区块链的技术创新也逐步积累了有效的治理经验。过去几年来,我国区块链行业出现了大量的创业公司,同时也形成了诸多的区块链发展联盟:

① 中国分布式总账基础协议联盟(China Ledger Alliance):联盟致力于研究和了解全球区块链技术的最新动态,深入探索区块链技术多种技术路线的变化,特别是对加密算法、私有链、联盟连、侧链技术以及闪电网络技术等进行了深入的研究和分析。

② 金融区块链合作联盟(深圳)(Financial Blockchain Shenzhen Consortium):该联盟集结了包括微众银行、平安银行、招银网络、恒生电子、京东金融、腾讯、华为、银链科技、深圳市金融信息服务协会等在内的 31 家企业,旨在整合及协调金融区块链技术研究资源,形成金融区块链技术研究和应用研究的合力与协调机制,提高成员单位在区块链技术领域的研发能力,探索、研发、实现适用于金融机构的金融联盟区块链,以及在此基础之上的应用场景。

③ 前海国际区块链联盟(Qianhai International Blockchain Ecosphere Alliance):联盟旨在整合国内外区块链人才、技术、资本等各方资源,建立区块链技术及其应用推广的集约高效生态环境,加快区块链技术成果产业化进程,促进区块链技术在我国社会经济建设各个领域的推广应用,主要成员包括微软、IBM 和香港应用科技研究院(ASTRI),以及以前海链科为代表的一批中小型区块链研发企业。

各国政府和跨国国际组织对区块链和分布式账本技术本身持偏支持和鼓励态度,而基于对金融稳定性、投资者保护、反洗钱、反恐怖融资等风险的顾虑,针对虚拟货币、稳定币及相关应用的监管态度则愈加趋严。例如,反洗钱金融行动特别工作组(FATF)在去年就通过了对反洗钱四十项建议的修订,澄清了 FATF 标准如何用于虚拟资产和虚拟资产服务提供商,以应对虚拟资产被犯罪分子和恐怖分子滥用的威胁;2020 年 6 月,FATF 推进了第一次审查以监测各国和各虚拟资产服务提供商对该监管规则的执行情况,并表示未来继续加强对虚拟资产及其服务的监控。同时,FATF 还审议通过了拟提交至 G20 的"稳定币"研究报告,表示将继续密切监视稳定币的风险行为,如通过无托管钱包进行的匿名点对点交易等。

简而言之,各国普遍以发布鼓励支持政策为主。政府鼓励企业用区块链解决数据共享问题,提升价值流通效率。政策差异主要在于支持的力度和方式。目前在区块链扶持政策方面,主要分为财政补贴、注册条件和应用支持三方面。

8.2.10 展望

"区块链十"产业时代已经到来。区块链十智慧城市、区块链十智慧园区、区块链十供应链金融、区块链十物联网、区块链十大数据、区块链十人工智能、区块链十跨境支付等都是区块链在未来的应用场景。

区块链的出现,使世界飞速改变着,往大的方向看,也可以说区块链正在以一种新的姿态重组着世界。越来越多的人聚焦于区块链,并且感受到它所蕴含的强大影响力和新生活力。政府机关和国际组织也不断以自己的方式推动着区块链行业健康发展。

随着区块链技术的快速演进,各行各业都会相继进入区块链 3.0 时代。当克服了区块链当前应用的技术瓶颈,达到极高并发交易量(TPS)的处理能力,快速的交易确认时间,极低甚至免费的交易手续费,良好的社区共识环境等条件时,商业级的需求一旦爆发,"区块链十"时代就到来了。

8.3 区块链驱动智慧园区

8.3.1 区块链的启示：智慧园区的去中心化管理

全球智慧城市都在争相使用区块链作为改善城市生活计划的基础，起码新闻报道是如此。头条新闻充斥着来自迪拜等地的创新成果，迪拜旨在巩固其作为智能经济的全球领导者的地位，成为第一个拥有区块链驱动的城市；莫斯科最近成为首个在电子投票系统中使用区块链的城市，旨在消除腐败和选民欺诈，等等。

但是政府公共部门并不是智慧城市中唯一受益于区块链技术的部门。园区设计、建设和管理方，以及区块链科技公司也在竞相努力研发来重构智慧园区的关键业务流程从而帮助园区实现管理高度信息化和智能化，从而提升园区企业和机构的服务自动化、便捷化和定制化，以最终提高园区管理的效率和企业竞争力。

在伦敦举办的"Blockchain LIVE 2019"会议上，参会者就"下一代基础设施：为智慧城市和智慧园区打造未来"进行了热烈讨论。参会者就什么是"智慧城市/智慧园区"，未来智慧城市/智慧园区设计的总体蓝图，区块链如何助推智慧城市/智慧园区的技术实现，智慧城市/智慧园区所包括的诸如高速互联、绿色能源、交通形式、水和污染管理、通用标识(ID)、数字 ID 以及商业交易等议题发表了诸多主题演讲并达成了共识。

区块链是一个基于数据块链的系统，一旦发布，就无法对其进行修改。在智慧园区的建设和管理领域，这项技术具有巨大的变革潜力。为了释放这种潜力，园区的设计、建设和管理方等正在学习和挖掘区块链系统如何协助他们改造智慧园区和执行管理职责。同时，参与园区改造和建设的其他专业人员(建筑设计师、建造公司、地理学家和相关行政管理人员)也在进一步了解这种技术。最终目标是让这些不同的利益相关者为智慧园区提供基于区块链生态系统的本地智慧化服务。

区块链技术允许园区管理者让人流、信息流、资金流在园区不同元素之间进行最优化分配。通过这种方法实现的去中心化的分散治理可能是解决各种园区治理问题的关键方案。

园区是融产业发展、居民生活、基础服务等为一体的空间集合，是城市的基础单元之一，可以说是智慧城市的创新实验室。因此可以认为智慧园区各个应用场景需要众多的解决方案：辅助决策、园区管理、企业服务和生活服务等。每一类别中又集合了众多细分应用场景。比如，智慧园区的技术架构体系是由多个子系统构成的互联互通的整体系统，主要由感知层、网络层、数据平台层、应用服务层四个层级，以及完善的标准体系构成。由感知层感应采集信息，通过网络层进行数据的传导，在数据平台层进行数据集中处理，至应用服务层实现相应目标，再由展示层进行呈现，完成人机交互，如图 8-9 所示。

而区块链是可以将这些不同场景和层面包装在一起的技术壳。不过，这一领域的创新管理模式目前还比较敏感，因为它是颠覆性的技术实现和管理方式。园区管理者、第三方服务方，以及园区的入驻机构和企业等，都可能是这个技术网络和管理网络的平等一分子，甚至园区里任何一个普通个人也可以公平地参与园区的管理，而且各参与方都是公开透明。

平等、透明和共识这三个关键概念与区块链的技术是如此的一脉相承。

园区已经超越了处理楼宇停电漏水，路灯和垃圾收集的简单粗放型的管理模式，该模式是基于过去几十年来我们治理园区的经典组织架构——自上而下的垂直型管理。今天，园区更加复杂，提供的服务也更加多样化。一个直接的结果就是园区事务的管理方式发生了变化：管理组织由纵向垂直型逐渐演化成横向复杂型。园区管委会不再是高高在上的，它已成为构成全面

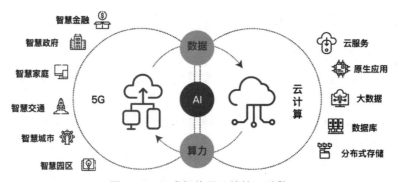

图 8-9 组成智能园区的核心引擎

资料来源:华为公司技术报告

复杂管理网络节点的一部分。

园区规划是支持管委会整个管理战略的基本架构,它由庞大而繁杂的各类横向交织的管理工具以及大量数据支持。信息和通信技术会将这些数据流高效分发到每个管理终端,从而实现最佳的服务管理。这是智慧园区的基础。除了要高效和可持续发展,智慧园区还必须创建可相互关联并能自我优化的多类平台,以形成能够预测和监视实时事件的创新数字生态系统和服务,而这是以前不可想象的功能。这种数字化转型同时也必将带来一个开放的参与框架。

考虑到上述情况以及应对当今智慧园区挑战的需求,区块链的去中心化和开放性可能是一个最佳且别无选择的技术解决方案。确实,使用此技术的条件与智慧园区的需求紧密相关:

① 在高度互联的园区网络,多个单位、终端、节点共享信息;

② 数据不间断实时更新;

③ 需要实时快速验证共享数据及其更新是否有效;

④ 各类服务和入驻机构的存在增加了管理的复杂性;

⑤ 各类园区管理参与者快速、敏捷地联系和互动。

区块链具有一个美丽而独特的技术功能,可以仅共享参与者希望知道的信息,同时保持其他所有内容的加密和不可访问性。加密技术在这里是核心,用来防止操纵、信息修改和隐私侵犯。可以预估到,合乎逻辑的是,园区管委会作为"去中介"代理人的管理者必将因为这个区块链的特点而在初期抵制区块链的实施。区块链从业者和推动者们要努力说服园区管委会,让他们相信只要与控制、安全性、私密性、效率、透明度等有关的所有其他角色均保持不变,园区的公共管理就不会有任何问题,管委会的管理角色也不会一下子受到剧烈的冲击。

8.3.2 区块链整体架构

四层架构的区块链总体架构图例如图 8-10 所示。

(1)区块链分布式节点设施层

分布式节点设施层分别由网络融合与安全物理平台和区块链分布式节点物理平台构成。网络融合与安全物理平台由互联网、5G 无线网、物联网、电子政务外网的软硬件组成,提供区块链各分布式节点之间,以及各分布式节点与区块链云平台之间的通信和带宽的网络基础设施;区块链分布式节点物理平台由节点内部的网络、数据、信息、安全的软硬件设施设备组成,提供各分布式节点内部的底层技术服务。

图 8-10 区块链总体架构图

（2）区块链底层技术服务层

底层技术服务层分别由分布式节点资源平台和分布式节点接入平台构成。分布式节点资源平台由分布式数据库系统、分布式业务应用系统、分布式密钥系统、分布式共识系统组成，提供分布式节点各自的数据、信息、安全、服务等资源；分布式节点接入平台由节点数据封装、节点信息封装、节点页面封装、节点服务封装组成，对分布式节点资源进行分类组装，并进一步采用容器技术对数据类、信息类、页面类、服务类进行组态（俗称"打包"），形成区块链底层技术服务的组件（或称"构件"），包括业务组件、通用组件、安全组件、中间件组件，为区块链云平台上层功能提供调用、映射、交换、集成、共享等底层技术服务，如图 8-11 所示。

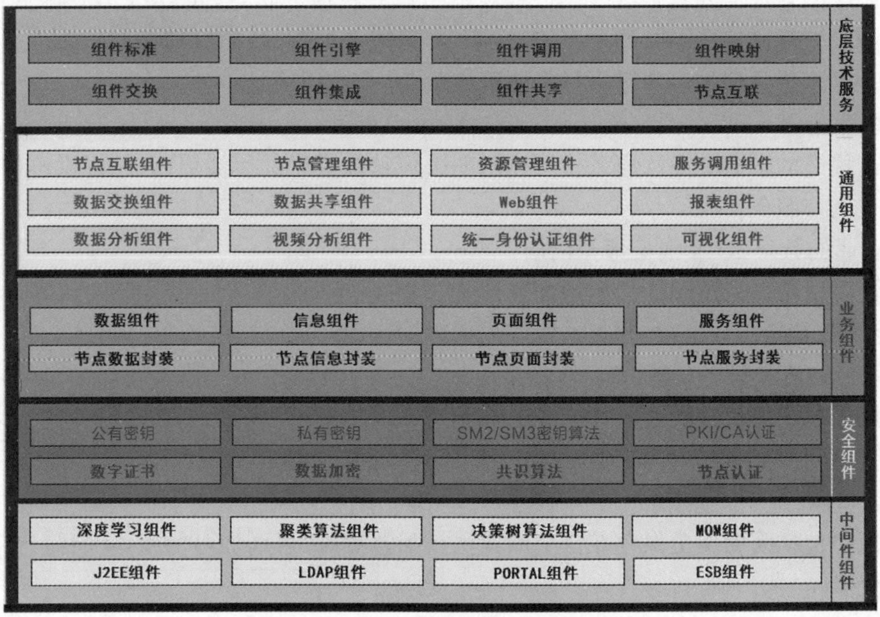

图 8-11 区块链底层技术服务结构图

（3）区块链云平台层

云平台层根据应用需求结合区块链底层技术服务，提供区块链各分布式节点之间的信息交换、数据共享、业务协同、服务调用等底层服务功能；同时集成创新构建虚拟网络中心、虚拟数据中心、虚拟运营管理中心和信息共享集成平台，对区块链各分布式节点进行有效管理和集成应用。通过区块链云平台实现与政务服务、城市治理、社会民生、企业经济等领域第三方已建、在建和未建的行业级业务平台及应用系统的集成和深度融合应用。

不同于城市级云平台，园区级区块链云平台作为智慧园区统一信息与数据的中心节点，承担业务级二级平台及应用系统节点的系统集成、数据交换、数据共享、数据支撑、数据分析与展现、身份统一认证、可视化管理等重要功能。例如，该云平台可以由以下业务支撑系统组成：

① 综合信息集成系统；

② 数据交换共享系统；

③ 数据资源管理系统；

④ 数据分析与展现系统；

⑤ 统一身份认证系统；

⑥ 可视化管理系统。

（4）虚拟化应用层

虚拟化应用层通过区块链底层技术服务和节点设施的结合以及区块链云平台的服务支撑，将分散在不同地理位置上的分布式节点资源虚拟为一个空前的、强大的、复杂的、巨大的"单一系统"，以实现网络、计算、存储、数据、信息、平台、软件、知识和专家等资源的互联互通和全面的共享融合应用，在智慧城市和智慧园区应用场景提供公共服务 App、政务服务网站、可视化集成展现、大数据分析展现、决策与预测信息、城市治理综合态势场景、应急指挥调度救援、人工智能深度学习等功能集成应用。

8.3.3 区块链在智慧园区的应用场景

智慧园区的管理需要具备统一、有序、规范、自动、快捷等特点，主要包含工商注册、物业管理、在线保修、智能监控、预约、办公系统、楼宇管理、税务处理、招商管理等职能。

如下是可以想象到的区块链在智慧园区中的 10 个应用场景：

（1）企业注册

基于区块链的本地工商注册系统可以阐明公司从头到尾的生命周期，并提供可信赖的公司实体全方位调查服务。

（2）企业的数字 ID 及线上虚拟门店

区块链可以帮助智慧园区的本地商业比如零售商、餐厅、酒店等服务提供商等创建集成解决方案，将服务和货币数字化，并打通税务局等政府部门。

（3）贸易物流和财务管理

园区层面基于区块链的贸易物流和财务管理解决方案可以消除不必要的验证层，从而提高效率并提高透明度。

（4）人事服务

个人简历包括受雇历史保存在链上而无法被随意篡改，可增加可信度，从而简化招聘流程，降低招聘成本。

（5）支付和转账汇款

最典型的区块链应用是支付和转账汇款，这对于已经迈入移动支付时代的国家（比如中国）尤其适用。支付和转账可以快速、低费率执行。

（6）智能合约

一旦满足某些预设条件，智能合约便会在多方之间自主执行。交易和协议将会被自主完成，而无须第三方的中介，从而使流程更快、成本更低。

由于具有技术的安全性和不变性，区块链是存储智能合约的理想选择。比如，它可以用来帮助改善园区企业的现金流，因为智能合约支持在处理交易后自动即时支付并开出发票。

最后，智能合约可以加快区块链交易的速度，减少"区块链挖矿"的延迟，在此期间，分布式网络将使用复杂的数学公式来验证交易。

（7）公证服务

区块链可以提供便宜和方便的园区公证服务。例如，Web 应用程序 Stampd. io 使用区块链为数字创作提供经过公证的所有权证明。

（8）反欺诈

据不完全调查分析，全球范围巨量的在线支付中起码有 0.4% 的交易涉及欺诈，损失高达千亿美元之多。区块链通过使用基于公共密钥密码学的数字签名，使数字身份跟踪和管理变得更加安全。

（9）供应链

区块链技术提供了数字化的、可审核的永久记录，以向产品供应链上各利益相关者展示过程中每个步骤的产品状态。由于所有内容的透明化，供应链的运作极大简化了。

（10）分布式云存储

区块链可用于创建安全的、加密的、分布式的云存储解决方案。云存储的各个方面（采集、传输、处理、存储和分析）都被加密输入到区块链中，做到高度安全和可信。

在如上场景，区块链对园区运营的核心优势包括：

① 更高的透明度和连接性

智慧园区可以通过一个开放的、可访问的横向复杂系统，使用区块链垂直服务（例如移动性和安全性）进行互连，该系统能够与园区内用户实时交换数据。

② 直接通信

区块链使园区管理部门和用户可以实时进行数字化交互，而无须中介机构，加快原有的通过官方系统的缓慢服务。

③ 信息完整性

使用区块链技术可以全部或部分加密文件，以便私密、安全地共享所需要的信息，而不会产生受到第三方操纵的风险。

④ 高效的管理

区块链的信息溯源特性，使所有信息获取者都可以知道每种资源的来源和目的地，并让使用者在不损害相关利益方隐私的情况下快速得到园区服务。比如，办公租赁部门通过区块链提供相关不动产权溯源和租赁登记服务。

可以预见到，随着区块链技术的快速发展和应用层面的铺开，基于区块链的智慧园区的新时代即将到来，未来智慧园区蓝图框架如图 8-12 所示。

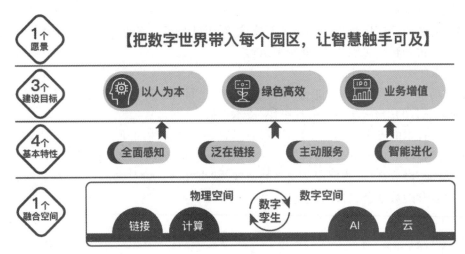

图 8 - 12 未来智慧园区蓝图框架

8.3.4 基于区块链的智慧园区明星项目

将传统园区转变为"智慧园区"需要缜密的规划并整合各种前沿技术。其中,至关重要的是要突出区块链与人工智能(AI)、物联网(IoT)、大数据和云计算如何协同构架并作为智慧园区的关键组成部分。如下是几个利用区块链和相关技术支持智慧园区革命的项目。

(1) IoTA——M2M 解决方案提供商

IoTA 将物联网(IoT)与分布式账本技术相结合,将支持统一通信协议的微芯片植入所有的机器设备中,使所有的机器设备互联互通,为 M2M 的经济发展提供动力。

IoTA 网络由称为"Tangle"的有向无环图(DAG)代替,而不完全是区块链。DAG 具有极高的吞吐量,这是连接地球上所有设备所必需的刚性技术要求。这弥补了目前区块链吞吐量不足的技术瓶颈。

IoTA 基金会业务开发负责人威尔费里德·皮门塔(Wilfried Pimenta)指出,智慧城市/智慧园区是 IoTA 跨部门创新最快的领域之一。这些智慧城市/智慧园区生态系统是基于 IoTA 在移动性、能源或数据市场上的工作和合作伙伴关系而建立的。

IoTA 已经开展一些试点实用先例:比如帮助欧盟的 5 个城市成为"积极能源"的参与者,生产比其消耗更多的能源;又如和台湾合作创建首批基于区块链的智慧园区。在台北,IoTA 正在创建一个名为"TangleID"的 ID 管理系统。该项目旨在减少身份盗用,最大程度减少身份欺诈,该系统能分发病历,获取社会保障等。

(2) 沃尔顿链——提供智慧城市最安全的价值传输层。

和 IoTA 类似,沃尔顿链(Walton Chain)结合了微芯片硬件和区块链软件,提供了广泛的废物管理解决方案,是智慧园区革命中的明星项目。

沃尔顿链网络专为并行侧链而设计,它允许许多孤立的企业在同一网络上进行交互,同时保持支持 IoT 计划所需的高吞吐量。

在智慧园区方面,沃尔顿链宣布了在中国和韩国的多个项目,包括智慧卫生、智慧资源优化、海港园区管理等。

沃尔顿链也深入参与了中国的多个智慧园区工程。实际上,Citilink(沃尔顿子公司)创建了屡获殊荣的智能废物管理系统,该系统在沃尔顿链之上运行。

根据沃尔顿链网站的新闻稿,Citilink 提出的系统完全实现了废物管理的"四个现代化":精确的废物水平监控、实时处置、完整的管理映射和系统集成。它包括独立的专利技术,例如用于员工的环卫智能手表、智能垃圾桶、超低功率多通道检测设备,以及用于所有级别的环境废物管理的其他先进技术和设备。当配备相应的传感设备、智能终端和系统,该系统可以连接人、物和最重要的数据,从而大大提高废物行业的管理和运营效率。

同时,沃尔顿链与阿里云(Aliyun)合作,在中国的雄安新区和余杭区试点园区进行了测试。阿里巴巴的云计算和人工智能,加上沃尔顿链、物联网和区块链技术正在大力推进智慧园区解决方案,包括智能资源分配优化、园区管理和业务生态系统重新设计。

(3) Power Ledger——去中心化能源市场

位于澳大利亚珀斯的 Power Ledger 是一家基于区块链的分布式能源市场提供商,在全球范围内开展了多个智慧城市/智慧园区试点项目。其主张的分布式的园区电力生产和消耗可提升能源行业的效率,并使未来的园区更具弹性。

2017 年 11 月,西澳政府宣布为澳大利亚弗里曼特尔市的智慧城市项目提供资金。Power Ledger 提供了基于区块链的区域性的分布式能源和水系统。具体来说,Power Ledger 建立了可再生资产(能源和水)的交易层,并为社区拥有的电池农场提供技术基础。这使社区的公民和私营企业可以生产自己的能源(太阳能板等)并在公共市场上出售,以换取通证,然后用其购买区域内供水或进行法定交易如图 8-13 所示。

Power Ledger 还有一项野心勃勃的项目,就是追踪硅谷的无碳用电量。其创建了用于电动汽车市场的低碳燃料标准(LCFS)交易的数字记录,在加利福尼亚州最大的公共电动汽车充电设施之一中跟踪能源生产,存储和使用信息并使所有信息上链,目标是降低成本并减少碳消耗。这项应用将极为贴切地解决园区内新能源车的交通管理。

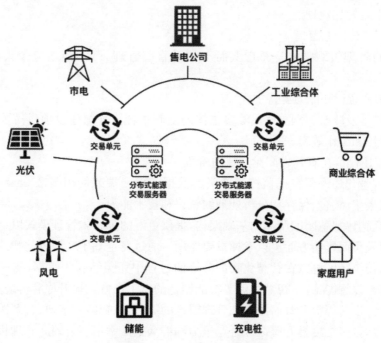

图 8-13 分布式能源架构图

Power Ledger 还与日本第二大电力公司关西电力公司(KEPCO)合作,他们正在试用一个 P2P 系统,以允许一定区域内的消费者在区块链上生产和销售自己的可再生能源。

（4）Civic——数字身份管理方案

未来的数字经济将在很大程度上依赖于在个人、公司和政府之间安全地转移数字资产。其中，数字身份是非常关键的核心。区块链技术是用于创建数字身份和自我主权身份的完美解决方案。其优势是：高安全性-分布式存储将数据泄露和篡改的风险降到最低；维护个人隐私，个人可以根据喜好自愿共享个人信息。

Civic 是一个领先的基于区块链的项目，提供了许多围绕数字身份的解决方案，包括可重复使用的实名认证（KYC）、ID 防盗保护和安全身份平台（SIP）。Civic 提供了一种技术方案，用户必须确认其身份以满足"KYC"要求，该方案极大提高了用户的安全性和便利性。创建一个 KYC 个人资料，然后用户就可以轻松地验证自己的身份，以获取广泛的服务。

比如，园区的安全身份平台允许个人创建数字身份，该身份将存储在使用区块链构建的分布式账本中，这使用户可以以数字方式验证交易方的实际身份。因此可以将数字身份应用于智慧园区内的所有公共和私有服务，例如，公司注册、租赁、门禁、安保、餐厅、公证、文件验证等，甚至可在园区内出售自己的个人专长服务以换取园区通证，通证可用于购买园区内的其他服务。

8.3.5 结论

智慧园区是智慧城市的重要表现形态，其体系结构与发展模式是智慧城市在一个小区域范围内的缩影，既反映了智慧城市的主要体系模式与发展特征，又具备了一定的不同于智慧城市的发展模式的独特性。

目前，智慧园区的实现还有很大的技术障碍和管理挑战。

（1）缺乏顶层设计

有关智慧园区建设的政策和制度都缺乏顶层设计方案和确定的组织结构，导致智慧化项目的建设缺乏集中统筹和规划。

（2）管理模式传统老套

过去经典的管理组织架构——自上而下的垂直型管理，已不能适应今天的横向复杂型园区。

（3）多方协作意识和能力有待加强

智慧园区是涉及政府、企业、居民等多主体的空间集合。智慧建设项目需要各主体之间加强信任，提高共识和协作效率。

（4）"智慧"还停留在有其表而无其魂的阶段

很多园区智慧化还停留在把监控摄像头的数据上传云端或使用园区 SaaS 管理系统的阶段，缺乏对数据采集、整合、保存和分析处理的意识和技术能力。

而区块链在构建智慧园区所需的基础架构，提供更好的分布式管理模式以缩小园区管理各种效率问题，以及负面影响方面可以发挥重要作用。通过奠定基于区块链的智慧园区的技术架构和管理架构，传统园区可以在智慧化转型升级的过程中完美结合大数据、物联网与人工智能的最新发展趋势，以智能工厂、智慧物流等智能制造的新生产方式提升原有传统产业发展模式，以智慧政务、智能安防等提升政府服务和管理园区的能力，以智能一卡通、智慧医疗等方式提升居民生活便利性，以多维度提升园区综合竞争力和群众生活幸福感。园区管理机构和其他日常服务提供商将可进行更安全的数据管理和更快捷、成本更低的园区服务。

智慧园区的改造和建设需要多个异态的技术生态系统，这些异态系统需高度兼容，这样才能发挥功能，否则，这些异态系统将变得孤立，因不同系统使用不同的协议语言而无法相互通信，会使得整个架构落于表面而无法达到设计目标。

对于智慧园区而言,最重要的是集成。上面提到的所有服务都不是鼓励存在和运营的。它们需要被放在一个系统中。区块链提供的技术可以将它们组合成一个可以跟踪所有方面组合的单一系统。

区块链技术应用在智慧园区时,可以改善园区管理、办公和生活。区块链技术的实施主要围绕以下几个核心展开:

① 全面分析园区内外部发展环境,综合考虑园区自身特点和需求,明确园区智慧化建设总体目标、技术路线、产业体系、市场定位等。

② 根据园区不同的产业发展、空间布局、资源分布等特点,根据智慧园区建设总体目标,明确智慧化建设细分场景、技术环节、采购需求及建设方案等。

③ 结合产业功能与产城融合的要求来合理布局各类智慧化建设项目。

④ 政府通过人才、技术、资金、组织管理等方面配套服务来保障智慧园区建设。

区块链基于其执行验证和安全交易的最重要属性,将革命性地提升智慧园区的建设和管理,以透明、高效和私密的方式协调、集成和控制不同的园区服务。

现如今中国大力推进的新基建战略,涉及区块链、AI、IoT 等诸多新兴科技,以技术创新为驱动,以信息网络为基础,提供数字转型、智能升级、融合创新等服务的基础设施体系。未来的智慧园区必将由区块链结合其他创新技术来驱动。同时,必须参考"基础设施网络化、开发管理精细化、功能服务专业化、产业发展智能化"的总体建设思路,来搭建智慧园区的区块链技术架构。

我们还有很长的路要走,虽然目前技术还有各种缺陷和瓶颈,应用场景和环境也尚不成熟和完善,还存在许多挑战。但是上面介绍的技术、提到的案例、强调的举措等都证明了一切目标都可实现。区块链必将使我们的园区更智慧、更智能。

可以肯定的是,在不远的未来,智慧园区和今天一定大不同。

第九章　云计算与云服务及其在智慧园区中的应用

9.1　云计算

9.1.1　云计算概述

（1）云计算定义

云计算（cloud computing）是基于互联网的相关服务的增加、使用和交付模式，通常涉及通过互联网来提供动态易扩展且经常是虚拟化的资源。云计算示意图如图 9-1 所示。

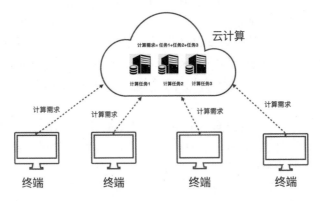

图 9-1　云计算示意图

美国国家标准与技术研究院（NIST）认为：云计算是一种按使用量付费的模式，这种模式提供可用的、便捷的、按需的网络访问，进入可配置的计算资源共享池，包括网络、服务器、存储、应用软件、服务的资源能够被快速提供，只需投入很少的管理工作或与服务供应商进行很少的交互。

（2）云计算概念

云计算常与网格计算、效用计算、自主计算相混淆。

① 网格计算

网格计算是分布式计算的一种，网格计算模式是由一群松散耦合的计算机组成一个超级虚拟计算机，常用来执行一些大型任务。

② 效用计算

效用计算是对 IT 资源的一种打包和计费方式，比如按照计算、存储分别计量费用，像传统的电力设施一样。

③ 自主计算

自主计算是具有自我管理功能的计算机系统。

事实上，许多云计算部署依赖于计算机集群（但网格的组成、体系结构、目的、工作方式大相径庭），也吸收了自主计算和效用计算的特点。

9.1.2 云计算特点

(1) 云计算基本特点

云计算使计算分布在大量的分布式计算机上,而非本地计算机或远程服务器中,企业数据中心的运行将与互联网更相似。这使得企业能够将资源切换到需要的应用上,根据需求访问计算机和存储系统。

云计算好比是从古老的单台发电机模式转向了电厂集中供电的模式。它意味着计算能力也可以作为一种商品进行流通,就像煤气、水电一样,取用方便,费用低廉,它们之间最大的不同在于,云计算是通过互联网进行传输的。

(2) 云计算八大特点

云计算具有如下八大特点:

① 超大规模

"云"具有相当的规模,谷歌云计算已经拥有 80 多万台服务器,亚马逊、IBM、微软、雅虎等的"云"均拥有几十万台服务器。企业私有云一般拥有数百上千台服务器。"云"能赋予用户前所未有的计算能力。

② 虚拟化

云计算支持用户在任意位置使用各种终端获取应用服务。所请求的资源来自"云",而不是固定的有形的实体。应用在"云"中某处运行,但实际上用户无须了解、也不用担心应用运行的具体位置。只需要一台笔记本或者一个手机,用户就可以通过网络服务来实现需要的一切,甚至包括实现超级计算这样的任务。

③ 高可靠性

"云"通过数据多副本容错、计算节点同构可互换等措施来保障服务的高可靠性,使用云计算比使用本地计算机可靠。

④ 通用性

云计算不针对特定的应用,在"云"的支撑下可以构造出千变万化的应用,同一个"云"可以同时支撑不同的应用运行。

⑤ 高可扩展性

"云"的规模可以动态伸缩,满足应用和用户规模增长的需要。

⑥ 按需服务

"云"是一个庞大的资源池,用户按需购买;云可以像自来水、电、煤气那样计费。

⑦ 极其廉价

由于"云"的特殊容错措施可以采用极其廉价的节点来构成云,"云"的自动化集中式管理使大量企业无须负担日益高昂的数据中心管理成本,"云"的通用性使资源的利用率较之传统系统大幅提升,因此用户可以充分享受"云"的低成本优势,经常只要花费几百美元、几天时间就能完成以前需要花费数万美元、数月时间才能完成的任务。

云计算可以彻底改变人们未来的生活,但同时也要重视环境问题,这样云计算才能真正为人类进步做贡献,而不只是简单的技术提升。

⑧ 潜在的危险性

云计算服务除了提供计算服务外,还必然提供存储服务。但是云计算服务当前被垄断在私人机构(企业)手中,而他们仅仅能够提供商业信用。政府机构、商业机构(特别像银行这样持有敏感数据的商业机构)对于选择云计算服务应保持足够的警惕。一旦商业用户大规模使用私人机构提供的云计算服务,无论其技术优势有多强,都无法避免这些私人机构以"数据(信息)"的重要性挟制整个社会。对于信息社会而言,"信息"是至关重要的。另外,云计算中的数据对于数据所有者以外的其他云计算用户是保密的,但是对于提供云计算的商业机构而言这些数据确实毫无秘密可言。所有这些潜在的危险,是商业机构和政府机构选择云计算服务、特别是国外机构提供的云计算服务时,不得不考虑的一个重要的前提。

(3)云计算演化形式

云计算主要经历了四个阶段才发展到现在这样比较成熟的水平,这四个阶段依次是电厂模式、效用计算、网格计算和云计算。

① 电厂模式阶段

电厂模式就好比是利用电厂的规模效应来降低电价,并让用户使用起来更方便,且无须维护和购买任何发电设备。

② 效用计算阶段

在 1960 年左右,当时计算设备的价格是非常高昂的,远非普通企业、学校和机构所能承受的,所以很多人产生了共享计算资源的想法。1961 年,人工智能之父约翰·麦肯锡(John McCarthy)在一次会议上提出了"效用计算"这个概念,其核心借鉴了电厂模式,具体目标是整合分散在各地的服务器、存储系统以及应用程序来共享给多个用户,让用户能够像把灯泡插入灯座一样来使用计算机资源,并且可以根据其所使用的量来付费。但由于当时整个 IT 产业还处于发展初期,很多强大的技术(比如互联网)还未诞生,所以虽然这个想法一直为人称道,但是总体而言"叫好不叫座"。

③ 网格计算阶段

网格计算研究如何把一个需要非常巨大的计算能力才能被解决的问题分成许多小的部分,然后把这些部分分配给许多低性能的计算机来处理,最后把这些计算结果综合起来攻克大问题。可惜的是,由于网格计算在商业模式、技术和安全性方面的不足,其并没有在工程界和商业界取得预期的成功。

④ 云计算阶段

云计算的核心与效用计算和网格计算非常类似,也是希望 IT 技术能像使用电力那样方便,并且成本低廉。但与效用计算和网格计算不同的是,2014 年云计算在需求方面已经有了一定的规模,同时在技术方面也已经基本成熟了。

(4)云计算影响范围

① 软件开发特点

软件开发的特点主要有以下几点:

a. 所开发的软件必须与云相适应,能够与虚拟化为核心的云平台有机结合,适应运算能力、存储能力的动态变化;

b. 数据存储结构、处理能力要能够满足大量用户的使用;

c. 要互联网化,基于互联网提供软件的应用;

d. 安全性要求更高,可以抗攻击,并能保护私有信息;

e. 可工作于移动终端、手机、网络计算机等各种环境。

云计算环境下,软件开发的环境、工作模式也将发生变化。虽然传统的软件工程理论不会发生根本性的变革,但基于云平台的开发工具、开发环境、开发平台将为敏捷开发、项目组内协同、异地开发等带来便利。软件开发项目组可以利用云平台实现在线开发,并通过云实现知识积累、软件复用。

云计算环境下,软件产品的最终表现形式更为丰富多样。在云平台上,软件可以是一种服务,如 SaaS,也可以是一个网络服务(web services),也可能是可以在线下载的应用,如苹果的在线商店中的应用软件等。这种云服务将在 9.2 节论述。

② 软件测试

在云计算环境下,软件开发工作的变化,也必然对软件测试带来影响。

软件技术、架构发生变化,要求软件测试的关注点也做出相对应的调整。软件测试在关注传统的软件质量的同时,还应该关注云计算环境所提出的新的质量要求,如软件动态适应能力、大量用户支持能力、安全性、多平台兼容性等。

云计算环境下,软件开发工具、环境、工作模式发生了转变,也就要求软件测试的工具、环境、工作模式也发生相应的转变。软件测试工具也应工作于云平台之上,测试工具的使用也应可通过云平台来进行,而不再是通过传统的本地方式;软件测试的环境也可移植到云平台上,通过云构建测试环境;软件测试也应该可以通过云实现协同、知识共享、测试复用。

软件产品表现形式的变化,要求软件测试可以对不同形式的产品进行测试,如网络服务的测试、互联网应用的测试、移动智能终端内软件的测试等。

9.1.3 云计算应用

云计算的普及和应用,还有很长的道路要走。社会认可、人们习惯、技术能力,甚至是社会管理制度等都做出相应的改变,方能使云计算真正普及。但无论怎样,基于互联网的应用将会逐渐渗透到每个人的生活中,给服务、生活都会带来深远的影响。要应对这种变化,很有必要讨论业务未来的发展模式,确定努力的方向。

9.1.4 云计算安全与隐私信息

(1) 云安全

云安全(cloud security)是一个从云计算演变而来的新名词。云安全的策略构想是:使用者越多,每个使用者就越安全,因为如此庞大的用户群,足以覆盖互联网的每个角落;只要某个网站被挂马或某个新木马病毒出现,木马病毒就会立刻被截获。

云安全通过网状的大量客户端对网络中软件行为的异常监测,获取互联网中木马、恶意程序的最新信息,并将信息推送到服务端进行自动分析和处理,再把针对病毒和木马的解决方案分发到每一个客户端。

(2) 云存储

云存储是在云计算概念上延伸和发展出来的一个新的概念,是指通过集群应用、网格技术或分布式文件系统等,将网络中大量不同类型的存储设备通过应用软件集合起来,使它们协同工作,共同对外提供数据存储和业务访问功能的一个系统。当云计算系统运算和处理的核心是大量数据的存储和管理时,云计算系统中就需要配置大量的存储设备,那么云计算系统就转变成为一个云存储系统,所以云存储是一个以数据存储和管理为核心的云计算系统。

(3) 隐私信息

云技术要求大量用户参与,不可避免地出现了隐私问题。用户参与即要收集某些用户数据,从而引发了用户对数据安全的担心。很多用户担心自己的隐私会被云技术收集。正因如此,在加入云计划时很多厂商都承诺尽量避免收集用户隐私,即使收集到也不会泄露或使用。但不少人还是怀疑厂商的承诺,他们的怀疑也不是没有道理的。不少知名厂商都被指责有可能泄露用户隐私,并且泄露事件也确实时有发生。

事实上,国家在大力提倡建设云计算中心的同时,对云技术与互联网的安全性也高度重视。国家发展改革委办公厅等联合发布《关于下一代互联网"十二五"发展建设的意见》强调,"互联网是与国民经济和社会发展高度相关的重大信息基础设施",明确提出要"加强网络与信息安全保障工作,全面提升下一代互联网安全性和可信性。加强域名服务器、数字证书服务器、关键应用服务器等网络核心基础设施的部署及管理;加强网络地址及域名系统的规划和管理;推进安全等级保护、个人信息保护、风险评估、灾难备份及恢复等工作,在网络规划、建设、运营、管理、维护、废弃等环节切实落实各项安全要求;加快发展信息安全产业,培育龙头骨干企业,加大人才培养和引进力度,提高信息安全技术保障和支撑能力"。

9.2 云服务

9.2.1 云服务概念

云服务是基于互联网的相关服务的增加、使用和交付模式,通常涉及通过互联网来提供动态易扩展且经常是虚拟化的资源。云是网络、互联网的一种比喻说法。过去往往用云来表示电信网,后来也用其来表示互联网和底层基础设施的抽象。云服务指通过网络以按需、易扩展的方式获得所需服务。这种服务可以与IT和软件、互联网相关,也可是其他服务。云服务意味着计算能力也可作为一种商品通过互联网进行流通。

9.2.2 云服务分类

简单来说,云服务可以将企业所需的软硬件、资料都放到网络上,在任何时间、地点,使用不同的IT设备互相连接,实现数据存取、运算等目的。当前,常见的云服务有公共云(public cloud)与私有云(private cloud)两种。

(1) 公共云

公共云是最基础的服务,多个客户可共享一个服务提供商的系统资源,他们无须架设任何设备及配备管理人员,便可享有专业的IT服务,这对于一般创业者、中小企来说,无疑是一个降低成本的好方法。

① 公共云分类

公共云还可细分为3个类别:软件即服务(SaaS)、平台即服务(PaaS)、基础设施即服务(IaaS)。

人们平日常用的Gmail、Hotmail、网上相册都属于SaaS的一种,主要以单一网络软件为主导;至于PaaS则以服务形式提供应用开发、部署平台,加快用户自行编写客户关系管理(CRM)、企业资源规划(ERP)等系统的速度,用户必须具备丰富的IT知识。

② 公共云服务特点及适用场合

上述公共云服务成本较低,但使用灵活度有不足,不满足这种服务模式的中小企业,不妨考虑"基础设施即服务(IaaS)"的IT资源管理模式。IaaS架构主要通过将虚拟化技术与云服务结合,直接提升整个IT系统的运作能力,当前的IaaS服务提供商,如第一线安莱公司,会以月费形式提供具顶尖技术的软硬件及服务,例如服务器、存储系统、网络硬件、虚拟化软件等。IaaS让企业可以自由选择使用那些软、硬件及服务,中小企业都可根据行业的需要、发展规模,建设最适合自己的IT基建系统。

③ 公共云服务优势

公共云服务模式的优势有四方面:

a. 不必配备花费庞大的IT基建设备,却可享受同样专业的服务;

b. 管理层可根据业务发展的规模、需求,调配所需的服务组合;

c. 当有新技术出现时,企业可随时向服务提供商提出升级要求,不必为增加硬件而烦恼;

d. IaaS 服务提供商拥有专业的顾问团队,中小企业可免却系统管理、IT 支持方面的支出。

（2）私有云

目前,大企业倾向架设公共服务云中的私有云端网络。

此外,近年经济竞争激烈,大型企业也关注成本的节约,因而也需要云服务。虽然公共云服务提供商需遵守行业法规,但是大企业（如金融、保险行业）为了兼顾行业、客户私隐,不可能将重要数据存放到公共网络上,故倾向于架设私有云端网络。

① 私有云的运作形式与公共云类似

然而,架设私有云却是一项重大投资,企业需自行设计数据中心、网络、存储设备,并且需拥有专业的顾问团队。企业管理层必须充分考虑使用私有云的必要性,以及是否拥有足够资源来确保私有云正常运作。

a. IaaS

消费者通过互联网可以从完善的计算机基础设施获得服务。

b. PaaS

PaaS 实际上是指将软件研发的平台作为一种服务,以 SaaS 的模式提交给用户。因此,PaaS 也是 SaaS 模式的一种应用。但是,PaaS 的出现可以加快 SaaS 的发展,尤其是加快 SaaS 应用的开发速度。

c. SaaS

SaaS 是一种通过互联网提供软件的模式,用户无须购买软件,而是向提供商租用基于 Web 的软件,来管理企业经营活动。

② 私有云按需计算

顾名思义,按需（on demand）计算将计算机资源（处理能力、存储等）打包成类似公共设施的可计量的服务。在这一模式中,客户只需为他们所需的处理能力和存储支付费用。那些计算需求高峰和低谷不固定的公司特别受益于效用计算。当然,该公司需要为高峰使用支付更多,但是,当高峰结束,恢复正常使用模式时,他们的费用会迅速下降。

按需计算服务的客户端基本上将这些服务作为异地虚拟服务器来使用,无须为自己的物理基础设施投资,公司与云服务提供商之间执行现用现付的方案。

按需计算本身并不是一个新概念,但它因云计算而获得新的生命。在过去的岁月里,按需计算由一台服务器通过某种分时方式而提供。

9.2.3 云开发的优缺点

（1）优点

云开发的优势之一就是规模经济。利用云计算供应商提供的基础设施,同在单一的企业内开发相比,开发者能够提供更好、更便宜和更可靠的应用。如果需要,应用能够利用云的全部资源而无须要求公司为类似的物理资源投资。

云应用通常是"租用的",以每用户为基础计价,而不是购买或许可软件程序（每个桌面一个）的物理拷贝。它更像是订阅模型而不是资产购买模型,这意味着更少的前期投资和一个更可预知的月度业务费用流。

企业喜欢云应用是因为所有的管理活动都经由一个中央位置而不是从单独的站点或工作站来管理。这使得员工能够通过网络来远程访问应用。其他的好处包括用需要的软件快速装备用户(称为"快速供应"),当更多的用户导致系统重负时添加更多计算资源(自动扩展)。当员工需要更多的存储空间或带宽时,公司只需要从云中添加另外一个虚拟服务器,这比在自己的数据中心购买、安装和配置一个新的服务器容易得多。

对开发者而言,升级一个云应用比升级传统的桌面软件更容易。只需要升级集中的应用程序,应用特征就能快速顺利地得到更新,而不必手工升级组织内每台台式机上的单独应用。有了云服务,一个改变就能影响运行应用的每一个用户,这大大降低了开发者的工作量。

(2)缺点

也许人们所意识到的云开发最大的不足就是给所有基于 Web 的应用带来麻烦的问题:它安全吗? 基于 Web 的应用长时间以来就被认为具有潜在的安全风险。由于这一原因,许多公司宁愿将应用、数据和 IT 操作保持在自己的掌控之下。

也就是说,利用云托管的应用和存储在少数情况下会产生数据丢失。尽管可以说,一个大的云托管公司可能具有比一般的企业更好的数据安全和备份工具。

9.2.4 云服务存在问题

数据隐私问题:如何保证存放在云端的数据隐私不被非法利用,这不仅需要技术的改进,也需要法律的进一步完善。

数据安全性:有些数据是企业的商业机密,数据的安全性关系企业的生存和发展。云计算数据的安全性问题会影响云计算在企业中的应用。

用户的使用习惯:如何改变用户的使用习惯,使用户适应网络化的软硬件应用是长期而且艰巨的挑战。

网络传输问题:云计算服务依赖网络,目前网速低且不稳定使云应用的性能不高。云计算的普及依赖网络技术的发展。

缺乏统一的技术标准:云计算的美好前景让传统 IT 厂商纷纷向云计算方向转型。但是由于缺乏统一的技术标准,尤其是接口标准,各厂商在开发各自产品和服务的过程中各自为政,这为将来不同服务之间的互联互通带来严峻挑战。

9.3 基础云服务智慧园区应用

基础云服务提供计算、存储、网络、安全、数据库等支撑园区应用的部署和运行。云应用示意图如图 9-2 所示。

基础云服务示意图如图 9-3 所示。

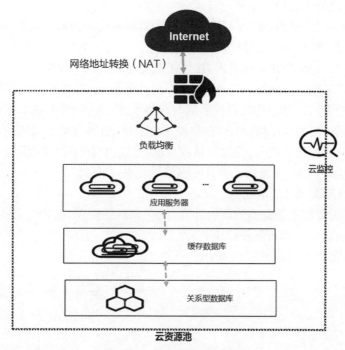

图 9-2 云应用部署示意图

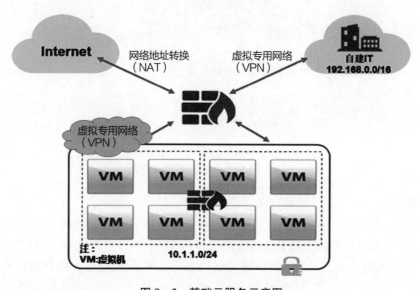

图 9-3 基础云服务示意图

9.3.1 弹性云服务器

（1）简介

弹性云服务器（Elastic Cloud Server，ECS）是一种可随时自助获取、可弹性伸缩的云服务器，支持包年包月、按需付费两种计费方式，帮助用户打造可靠、安全、灵活、高效的应用环境，确保服务持久稳定运行，提升运维效率。

（2）优势

稳定可靠：故障自动迁移，服务可用性达 99.95％；数据多副本，数据持久性达 99.999 99％；

支持云服务器和云硬盘的备份及恢复。

安全保障:100%网络隔离,安全组规则保护,远离病毒攻击和木马威胁;Anti-DDoS流量清洗、Web应用防火墙、Web漏洞扫描提供多维度防护。

软硬结合:深度结合虚拟化优化技术,提供极致高性能的用户体验。

弹性伸缩:支持调整主机规格和带宽,高效匹配业务要求,节省成本;支持计算能力的垂直伸缩;支持对中央处理器(CPU)和内存的升级与降级操作;支持增加、减少磁盘;支持计算能力的水平伸缩,可以通过应用程序接口(API)和控制台创建、销毁虚拟主机实例,通过与负载均衡配合实现水平伸缩;支持计算能力、存储容量和总输入/输出(I/O)带宽等同步线性扩容。

高并发:单虚拟机(VM)支持数十万并发网络吞吐率(PPS)。

(3) 应用场景:部署园区基本业务

通用型弹性云服务器主要提供均衡的计算、内存和网络资源,适用于业务负载压力适中的应用场景,满足企业或个人普通业务搬迁上云需求。

典型的架构应用示意图如图9-4所示。

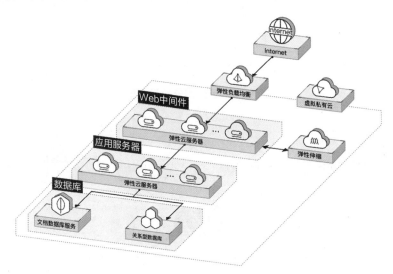

图9-4 典型的架构应用示意图

(4) 功能描述

形态丰富:多类型[支持通用型、内存优化型、高性能计算型、超高I/O型、图形处理器(GPU)加速型、现场可编程阵列(FPGA)加速型等],多规格(云主机支持CPU主频3.0 GHz,CPU支持64核,内存支持256 GB;单块磁盘支持32 TB,单台云主机支持总磁盘容量160 TB,内网带宽不少于10 GB),多种操作系统(支持Ubuntu、CentOS、CoreOS、Debian、Fedora、EulerOS、Windows等操作系统);提供用户自服务门户和API接口;用户可自行创建不同规格的虚拟主机,自定义CPU、内存、网络、磁盘等属性。

安全防护:防以太网地址解析协议(ARP)欺骗,支持防分布式拒绝服务(DDoS)攻击。新创建的云主机要求默认关闭除管理端口之外的所有端口。提供账号防暴力破解功能,如提供连续密码输入错误账号被锁定机制,提供密码复杂度强制要求检查机制。提供数据传输加密功能,系统内部采用安全套接层(SSL)协议加密。全方位的安全防护,使用户更安心使用云服务,专注业务核心。

存储能力:基于分布式架构的,可弹性扩展的虚拟块存储服务;具有高数据可靠性,高I/O

吞吐能力,支持共享磁盘,多个虚拟机间通过共享盘进行数据共享。

便捷管理:提供控制台、远程终端和 API 等多种管理方式,给用户完全管理权限,支持动态升级、快照备份、整机备份、性能监测分析、异常告警、日志管理等功能,提供快照和自定义镜像能力,支持对运行或停止状态的虚拟主机生成快照,提供快照回滚功能。虚拟机可自动宕机迁移,自动快照备份和进行数据恢复。虚拟主机支持自定义镜像和增量快照,能够在镜像服务控制台(consol)界面导入或导出。

安全登录:提供账号/密码证书密钥等系统登录方式。

网络访问:服务云为用户提供安全、稳定、高速、隔离、专有的网络传输通道。

自助选择镜像:灵活便捷地使用公共镜像或私有镜像申请弹性云服务器,具备完善的镜像管理能力。

云端监控:提供开放性的云监控服务平台,提供资源的实时监控、告警、通知等服务。

弹性伸缩:根据业务需求和策略,自动调整弹性计算资源;可配置定时、周期或监控策略。

负载均衡:弹性负载均衡将访问流量自动分发到多台云服务器。

资源隔离:用户的云主机提供逻辑或者物理隔离,确保不同用户之间数据互不可见。

9.3.2 云硬盘

(1) 简介

云硬盘(Elastic Volume Service, EVS)为弹性云服务器(ECS)、裸金属服务器(BMS)等计算服务提供持久性块存储的服务,通过数据冗余和缓存加速等多项技术,提供高可用性和持久性,以及稳定的低时延性能。用户可以对云硬盘做格式化、创建文件系统等操作,并对数据做持久化存储。

(2) 优势

规格丰富:提供多种规格的云硬盘(普通 IO、高 IO、超高 IO),云硬盘可挂载至云服务器用作数据盘和系统盘,用户可以根据应用程序及费用预算选择适合业务场景的云硬盘。

弹性扩展:可以创建的单个云硬盘最小容量为 10 GB,最大容量为 32 TB,即云硬盘容量为 10 GB～32 TB。若用户已有的云硬盘容量不足以满足业务增长对数据存储空间的需求,则可以根据需求进行扩容,最小扩容步长为 1 GB,单个云硬盘最大可扩容至 32 TB。同时云硬盘支持平滑扩容,扩容时无须暂停业务。

安全可靠:系统盘和数据盘均支持数据加密,保护数据安全。云硬盘支持在线备份、快照等数据备份保护功能,能够支持针对任意备份点进行回滚恢复等操作,为存储在云硬盘中的数据提供可靠保障,防止应用异常、黑客攻击等情况造成的数据错误。三副本保存使数据可靠性高达 99.999 999 9%。删除用户磁盘时,云硬盘支持选择是否彻底清除磁盘数据,以保证数据的安全。

实时监控:配合云监控(cloud eye),帮助用户随时掌握云硬盘健康状态,了解云硬盘运行状况。

高性能:I/O 吞吐最高可达 350 MB/s,每秒进行读写操作的次数(IOPS)最高可达 30 000以上。

(3) 基本功能

基本功能包括以下几种:

① 磁盘的创建和删除、挂载与卸载等;

② 快照的创建、删除、恢复到原磁盘、回滚等功能;

③ 提供控制台、API及远程终端等管理方式；

④ 磁盘支持在线扩容，处于挂载状态时支持扩容，包括系统卷和数据卷扩容。

9.3.3 对象存储服务

（1）简介

对象存储服务（Object Storage Service，OBS）是一个基于对象的海量存储服务，为客户提供海量、安全、高可靠、低成本的数据存储能力，包括创建、修改、删除桶，上传、下载、删除对象等服务。

OBS还具有图片处理（image processing）特性，为用户提供稳定、安全、高效、易用、低成本的图片处理服务，包括图片剪切、图片缩放、图片水印、格式转换等，从而使得从不同终端查询图片和资料的开发变得简单和低成本。

（2）优势

数据稳定，业务可靠：支持3副本，无单点故障，通过服务区域（AZ）内设备和数据多冗余、AZ之间数据容灾，保障数据持久性高达99.999 999 999％，业务连续性高达99.99％，远高于传统架构。

多重防护，授权管理：OBS通过可信云认证，让数据安全放心。支持超文本传输协议（HTTP）和超文本传输安全协议（HTTPS）访问。支持多版本、服务端加密、防盗链、密钥管理、虚拟私有云（VPC）网络隔离、访问日志审计以及细粒度的权限控制，保障数据安全可信。

智能高效，随需扩展：OBS通过智能调度和响应，优化数据访问路径，并结合事件通知、传输加速、大数据垂直优化，为用户提供1 000万系统吞吐量（TPS）的大并发、单流大于300 MB/s的大带宽、时延小于20 ms的数据访问体验，为业务保驾护航。

简单易用，便于管理：支持以软件形式提供服务，支持将数据以对象方式进行存储，用户可以通过调用API操纵存储的数据，实现在任何应用、任何时间、任何地点上传和下载数据。OBS支持标准表现层状态转移（REST）API、多版本软件开发工具包（SDK）和数据迁移工具，让业务快速上云。无须事先规划存储容量，存储资源可线性无限扩展，不用担心存储资源扩容、减容问题。

数据分层，按需使用：提供按量计费和包年包月两种支付方式，支持标准、低频访问、归档数据独立计量计费，并支持生命周期管理（桶级别和对象级别）实现自动的数据迁移，从而大幅降低存储成本。

文件分类优化：支持大文件并配置分段上传大文件，支持断点续传；能够针对海量小文件的频繁增、删、查、改操作进行存储优化。

（3）功能描述

OBS为用户提供OBS管理控制台、OBS客户端、多语言SDK、REST API等多样化的使用方式。详细功能如表9-1。

表9-1　OBS功能说明

功　　能	说　　明
桶基本操作	指定不同服务区域创建不同存储类别的桶、删除桶、修改桶的存储类别等
对象基本操作	管理对象，包括上传（含多段上传和追加写功能）、下载、删除；修改对象的存储类别等
服务端加密	用户可根据需要对对象进行服务端加密，使对象更安全地存储在OBS中

续表

功　能	说　明
事件通知	通过 OBS 通知功能,在存储桶中发生某些事件时接收到通知,支持以短信、电子邮件、应用(REST API 接口)等方式接收通知信息
桶权限	管理桶权限,包括桶策略、访问控制列表(ACL)和跨域资源共享(Cross-Origin Resource Sharing, CORS)
流量监控	流量监控存在帐户级和桶级两个维度,分别统计帐户下所有资源和各桶下所有资源的使用状况
访问日志记录	支持对桶的访问请求创建并保存访问日志记录,可用于进行请求分析或日志审计
生命周期管理	支持设置桶和对象的生命周期管理策略,实现自动删除超期的对象或实现自动数据迁移(标准存储、低频访问存储、归档存储之间的数据迁移)
设置跨区域复制	将源区域存储桶的数据实时同步到目标区域存储桶
数据回源规则	回源策略支持对读取数据的请求以多种方式进行回源访问,满足数据热迁移、特定请求的重定向等需求
碎片管理	碎片管理功能可以清除由于对象上传失败而产生的垃圾数据
对象统一资源定位系统(URL)	通过对象 URL 共享数据
多版本控制	管理桶的多版本状态,允许桶内同一个对象存在多个版本
静态网站托管	支持设置桶的网站属性,实现静态网站托管;也可设置网页重定向,访问桶资源可以重定向至指定的主机
防盗链	提供防盗链功能,防止 OBS 中的对象链接被其他网站盗用
对象 ACL 设置	为对象设置 ACL 访问权限
图片服务	对存储在 OBS 上的图片进行格式转换、剪裁、缩放、旋转、水印、样式封装等各种处理
对象元数据	根据用户需要为对象设置属性
API	OBS 支持 REST API 操作和相关示例
SDK	提供主流语言 SDK 的开发操作和相关示例,包含但不限于:Java SDK、Python SDK、. NET SDK、PHP SDK、Android SDK、iOS SDK、Node. js SDK、BrowserJS SDK、C SDK、Go SDK、Ruby SDK

9.3.4　弹性负载均衡

(1) 简介

弹性负载均衡(Elastic Load Balance, ELB)通过将访问流量自动分发到多台弹性云服务器,扩展应用系统对外的服务能力,实现更高水平的应用程序容错性能。

用户通过基于浏览器、统一化视图的云计算管理图形化界面,可以创建 ELB,为服务配置需要监听的端口,配置云服务器,配置轮询、最小连接数等流量分发策略,消除单点故障,提高整个系统的可用性。弹性负载均衡示意图如图 9－5 所示。

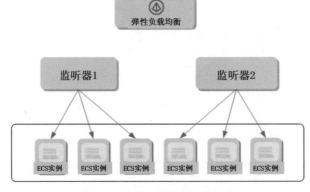

图 9 - 5　弹性负载均衡示意图

（2）优势

性能强悍：集群支持最高 1 亿并发连接，满足用户的海量业务访问需求。

高可用：采用集群化部署，支持多可用区的同城双活容灾，支持无缝实时切换。

灵活扩展：根据应用流量自动完成分发，与弹性伸缩服务无缝集成，灵活扩展用户应用的对外服务能力。

简单易用：快速部署，实时生效，支持多种协议、多种调度算法，用户可以高效地自行管理和调整分发策略。提供用户自服务门户和 API 接口，用户可自行创建负载均衡实例，并对其进行配置。

（3）应用场景

Web 和视频类应用：具有访问量高的特点，通过弹性负载均衡将用户的访问流量均匀地分发到多个后端云服务器上，确保业务快速平稳运行。Web 和视频类应用部署示意图如图 9 - 6 所示。

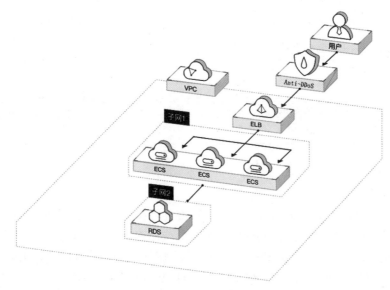

图 9 - 6　Web 和视频类应用部署示意图

（4）功能描述

① 多协议支持

四层负载均衡：支持传输控制协议（TCP）和用户数据包协议（UDP）的四层负载均衡，满足高性能和大规模并发连接的业务诉求。

七层负载均衡：支持HTTP和HTTPS协议的七层负载均衡，针对HTTPS协议提供多种加密协议和加密套件，满足灵活安全的业务诉求。

② 高可用保障

健康检查：定期检查后端云服务器的运行状况，如果后端云服务器出现异常，会将流量转发到其他正常运行的云服务器，保障用户业务的高可用性。

同城双活容灾：采用集群化部署方式，支持同城多可用区的双活容灾，一旦某个可用区出现故障，可无缝实时切换到其他可用区，保障用户业务不受影响。

③ 会话保持

四层会话保持：四层（TCP协议、UDP协议）负载均衡通过源网际协议（IP）地址提供会话保持能力。

七层会话保持：七层（HTTP协议、HTTPS协议）负载均衡通过Cookie提供会话保持能力。

④ 弹性伸缩

对接弹性伸缩服务：支持对接弹性伸缩服务，根据实际业务量灵活调整后端云服务器的数量。

ELB自动扩展能力：根据用户的实际流量，自动扩展负载均衡的分发能力，保障良好的业务体验。

9.3.5　虚拟私有云

（1）简介

虚拟私有云（Virtual Private Cloud，VPC）是用户在云上申请的隔离的、私密的虚拟网络环境。用户可以自由配置VPC内的IP地址段、子网、安全组等子服务，也可以申请弹性带宽和弹性IP搭建业务系统。虚拟私有云示意图如图9-7所示。

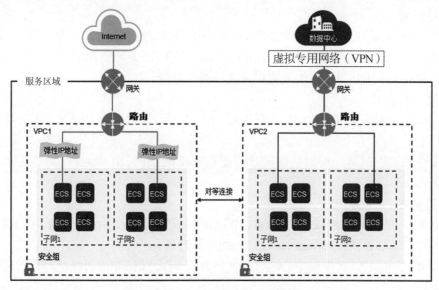

图9-7　虚拟私有云示意图

（2）优势

安全可靠：云上私有网络，租户之间100%隔离，VPC能够支持跨AZ部署ECS实例。

灵活配置:网络规划自主管理,操作简单,轻松自定义网络部署。

高速访问:全动态边界网关协议(GBP)高速接入云,云上业务访问更流畅。

互联互通:云在安全隔离基础上,支持客户灵活配置 VPC 之间互联互通。

(3)应用场景

基于云提供的 VPN/云专线服务,高速连接云上私有网络和用户自有 IT 设施,满足云上和自有设施间业务和数据的迁移,支撑混合云应用场景等。混合云示意图如图 9-8 所示。

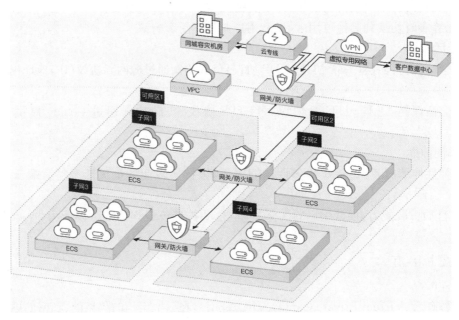

图 9-8 混合云示意图

(4)功能描述

① 弹性带宽

弹性公网 IP 提供独立的公网 IP 资源,包括公网 IP 地址与公网出口带宽服务。可以与弹性云服务器、虚拟 IP、弹性负载均衡、网络地址转换(NAT)网关等资源灵活地绑定及解绑。在不停止服务的前提下用户可以自由地对带宽进行弹性升降。

② 隔离与自定义

租户间 100%隔离:利用虚拟可扩展局域网(VxLAN)协议可实现 VPC 之间严格的逻辑隔离。

用户 100%自定义:客户可以根据自己需要选择搭配子网、IP 地址段、动态主机配置协议(DHCP)等子服务。

③ 高速带宽

全动态 BGP(边界网关协议)带宽服务:用 BGP 协议同时接入多个运营商,可以根据设定的寻路协议实时自动切换故障,保证网络稳定和网络低时延。

静态 BGP 带宽服务:云数据中心同时接入运营商 BGP 线路和静态线路,具有高带宽、高性价比的特点。

④ 访问权限控制

安全组:利用主机侧防护,通过对报文协议[TCP、UDP、Internet 控制报文协议(ICMP)]以及端口的过滤保证在数据中心下对虚拟机的访问进行严格的控制。

ACL防火墙:利用网络侧防护,使用VPC的子网级别和VPC级别安全服务,支持黑白名单,可用来控制一个或多个子网的进出流量。

⑤ 灵活组网

自定义路由:自定义路由表中包含VPC内自定义路由规则,可用于判断网络流量的导向目的地址。

对等连接:对等连接是指两个VPC之间的网络连接。可以使用私有IP地址在两个VPC之间进行通信。

⑥ 混合云架构

虚拟专用网络(VPN):基于互联网,在客户本地数据中心和VPC之间建立的一条互联网安全协议(IPsec)加密通信隧道。

云专线:客户通过运营商在自有数据中心和云之间建立的一条高速、稳定、安全连接的专属通道。

9.3.6 云数据库

(1) 简介

云关系型数据库(Relational Database Service,RDS)是一种基于云计算平台的即开即用、稳定可靠、弹性伸缩、便捷管理的在线关系型数据库服务。云关系型数据库服务具有完善的性能监控体系和多重安全防护措施,并提供了专业的数据库管理平台,让用户能够在云中轻松地设置和扩展关系型数据库。通过云关系型数据库服务的管理控制台,用户几乎可以执行所有必需任务而无须编程,这简化了运营流程,减少了日常运维工作量,从而可以专注于应用开发和业务发展。

云数据库MySQL是全球目前最受欢迎的开源数据库之一,其性能卓越,搭配LAMP(Linux+Apache+MySQL+Perl/PHP/Python),成为Web开发的高效解决方案。云数据库拥有即开即用、稳定可靠、安全运行、弹性伸缩、轻松管理、经济实用等特点。

(2) 功能描述

数据库支持最多4 TB的存储空间,最大实例规格支持60核CPU、512 GB内存。数据库实例的底层资源是(CPU和内存)独享的,不受其他实例影响,确保高并发场景性能和延迟均保持稳定。其他功能具体为:

① 提供统一的认证模式、支持安全套接层/安全传输层(SSL/TLS)加密,支持打通异构系统间的认证与权限。

② 数据存储在云硬盘EVS中,3副本存储,提供7个"9"的可靠性。

③ 支持创建数据库时指定实例IP地址,支持修改数据库实例IP地址。

④ 支持分钟级实现磁盘扩容,对业务无影响,支持手动主备倒换(功能)。

⑤ 可挂载的指定的企业信息门户(EIP),最多支持2 000 Mb/s的带宽。

⑥ 支持复制模式的修改,支持恢复至原实例,支持单机一键转主实例。

(3) 优势

低成本:支持即开即用、弹性扩容,运维便捷,完全兼容原生数据库引擎,用户无须再次学习。

高性能:使用数据库云化改造技术,大幅优化传统数据库。

高安全性:支持网络隔离、访问控制、传输加密、存储加密、数据删除,防DDoS攻击,具有多层防火墙安全防护。

9.4 "3S 云服务"创新商业模式

9.4.1 加快智慧城市建设更要注重智慧园区发展

智慧园区是园区信息化基础上的升级版本,是智慧城市的重要表现形态,其体系结构与发展模式是智慧城市在一个小区域范围内的缩影,既反映了智慧城市的主要体系模式与发展特征,又具备了一定的不同于智慧城市发展模式的独特性。

在智慧园区的建设要满足不同人群的需求。从运营者的角度出发,智慧园区需要高效智能的管理、绿色节能的设施;从企业的角度看,智慧园区长远发展更需要各类企业服务资源,如工商注册、财务税收、融资担保等服务;从员工的角度出发,良好的办公环境,以及完善的生活服务是首要需求。围绕企业的发展要求和人才的精神需要,建设智慧型园区,必须协调政府、企业等各方资源,实现管理、工作、生活智慧化,三位一体打造智慧园区。

9.4.2 新型智慧城市运营商"3S 云服务"商业模式的提出

我国新型智慧城市建设从 20 世纪末开始,经历了数字城市和智慧城市的发展阶段,20 多年来始终无法避免"信息孤岛"和重复建设的弊端。数字城市和智慧城市建设中普遍存在标准不统一、数据不统一、规划设计不统一等问题。传统的建设模式也是造成智慧城市"信息孤岛"和重复建设的重要原因。目前智慧城市建设往往是先建各个独立孤岛式的业务系统(平台),再进行系统集成、数据共享交换、系统统一搬迁。由于各个厂家开发的业务系统在结构、技术、方法、数据分类编码等方面的不统一、不一致,加之没有统一的标准可依,因而事后再打通信息壁垒和避免重复建设就难上加难,甚至成了不可能完成的任务。

传统智慧城市先建信息孤岛再消除信息孤岛的建设方式,造成了目前智慧城市"信息孤岛"遍地、"数据烟囱"林立,并且建设周期长、建设成本高、系统集成和数据共享效果差。为此必须改变以往智慧城市先建信息孤岛再消除信息孤岛"少慢差费"重复建设的传统模式。必须遵循习近平总书记关于新型智慧城市建设的指导思想、理论体系和系统工程方法论。按照中共中央、国务院《粤港澳大湾区发展规划纲要》中关于"推进新型智慧城市试点示范和珠三角国家大数据综合试验区建设,加强粤港澳智慧城市合作,探索建立统一标准,开放数据端口,建设互通的公共应用平台,建设全面覆盖、泛在互联的智能感知网络以及智慧城市时空信息云平台、空间信息服务平台等信息基础设施"的要求,本书提出以下新型智慧城市可持续发展"多快好省"创新建设新模式。

新加坡新电子系统公司根据近 20 年来新加坡和国内规划建设智慧城市的经验。率先提出了新型智慧城市运营商"3S 云服务"的商业模式。新型智慧城市通过统一的云计算"3S 云服务",可以消除"信息孤岛",打通"数据壁垒",有效避免重复建设,同时可以将新型智慧城市业务平台及应用系统统一部署和系统集成在"3S 云服务"体系架构中,快速部署、节省投资,为新型智慧城市提供大数据与人工智能应用,为新型智慧城市提供网络融合、信息互联、数据共享、业务协同的高效、可靠、安全的"城市智慧大脑"功能。

9.4.3 新型智慧城市运营商"3S 云服务"创新模式

新型智慧城市运营商基于"3S 云服务"提供分布式大数据存储与处理服务、智慧城市行业级平台及应用系统服务、大数据挖掘分析与人工智能深度学习(机器学习)应用服务;以"边缘计算"网络体系架构为核心,采用面向海量边缘数据分布式"可视化集成平台"客户端系统、人工智能神经网络大数据深度学习和实时处理分析技术;基于"云与地"二者之间的互联和融合,采用IPV9 物联网通信协议,构建"时空安全通道",实现互联网与物联网之间信息与数据安全传输。

采用边缘计算解决"云端"与"地端",实现互联网与物联网的互联互通,以及云端"3S 云服务"(B/S)与地端智慧城市"可视化集成平台"客户端系统(C/S)之间信息与大数据的实时处理;解决了万物互联时代云计算服务所涉及带宽及流量的瓶颈和实时性、安全性、可靠性等不足的问题。

9.4.4 新型智慧城市运营商"3S 云服务"商业服务优势

从智慧城市的运营管理和技术应用的特点来看,新型智慧城市"3S 云服务"完全不同于传统集中式云中心系统结构,采用"区块链+信息栅格"去中心化的分布式架构。智慧城市"3S 云服务"分布式架构,采用"云端"(中心节点)和"地端"(智慧城市分布式节点)线上云计算和线下边缘计算(B/S+C/S)相结合的技术模式,为智慧城市提供全面的"3S 云服务",即基础设施即服务(IaaS)、业务平台即服务(PaaS)、软件即服务(SaaS)和本地化智慧城市运营管理"可视化集成平台"及应用系统的运行、监控、管理、操作、设置与实时场景展现等业务应用功能。智慧城市用户通过按需获取"3S 云服务"和本地化运行操作的模式,使智慧城市涉及基础设施、业务平台、软件的应用在部署、使用、升级、功能及系统集成等方面更加灵活和便利。

基于"3S 云服务"商业服务模式的新型智慧城市,将充分基于政务、民生、治理、经济各个领域的应用需求,设计开发可配置、可伸缩、可扩展的新型智慧城市应用架构。智慧城市用户无须再购买行业级业务平台、应用系统软件以及部署软件所需的软硬件资源,只需使用移动终端和本地化运营管理中心"可视化集成平台"客户端系统即可随时随地使用"3S 云服务"上所有的智慧城市行业级业务平台和应用功能。"3S 云服务"商业服务模式能够让智慧城市用户以低成本,低门槛和低风险的方式建设新型智慧城市。"3S 云服务"更具有目前任何一种智慧城市建设模式所不可比拟的明显优势。

(1) 大大节省智慧城市建设成本

智慧城市"3S 云服务"采用共享共用模式。各个智慧城市只需要建设本地化的智慧城市"运营管理中心"和可视化集成客户端系统平台,而网络融合与安全中心、大数据资源中心等信息基础设施,以及各行业级平台及应用系统均可以采用"共享服务"(或称之为"购买服务")的方式。新型智慧城市"3S 云服务"商业创新服务模式可以节省 70%的智慧城市建设费用。

(2) 大大缩短智慧城市建设周期

传统智慧城市建设是一期一期地建设行业级平台及应用系统,再进行系统集成和数据共享交换。通常最快见到智慧城市建设成效也需要 3~5 年的时间。而如果采用"3S 云服务"共享共用"三租云服务"的模式则只需建设本地化的智慧城市"运营管理中心"和"可视化集成平台"客户端系统,无须建设网络融合与安全中心、大数据资源中心等信息基础设施,以及智慧城市各行业级平台及应用系统。采用新型智慧城市"3S 云服务"模式,可以在一年内建成并见到智慧城市建设的成果和实效。

(3) 实现智慧城市系统集成和大数据开发与人工智能应用

基于智慧城市"3S 云服务"的共享共用的模式,智慧城市各行业级平台及应用系统采用统一部署和系统集成和大数据共享交换,完全实现了智慧城市网络融合、信息交互、数据共享、业务协同。在智慧城市各行业级平台及应用系统集成的基础上,"3S 云服务"通过智慧城市大数据的采集、清洗、挖掘、开发和进一步通过人工智能深度学习与神经网络,为智慧城市提供社会和城市综合治理精准化的知识数据和智慧化的决策与预测信息。

(4) 促进智慧城市、大数据、人工智能深度融合应用

智慧城市"3S 云服务"共享机制的核心,就是将智慧城市、大数据、人工智能等物理的、逻辑

的、虚拟的资源整合在"3S云服务"的软硬件应用环境中。智慧城市既是产生海量数据的源泉，又是大数据和人工智能应用的实际场景。智慧城市"3S云服务"将有力支撑各个智慧城市与大数据、人工智能在各个领域的深度融合应用。

（5）为企业提供"共享经济"云服务

"3S云服务"商业服务模式可以为智慧城市各行各业提供"共享经济"云服务，包括各类企业"ERP云平台"共享服务、智慧园区"综合管理云平台"共享服务、物流企业"智慧物流云平台"共享服务、商贸服务企业"智慧商务云平台"共享服务、旅游企业"智慧旅游云平台"共享服务、制造业企业"智能制造云平台"共享服务、化工企业"智慧环保云平台"共享服务、金融企业"智慧金融云平台"共享服务、学校教育单位"智慧教育云平台"共享服务、卫生部门和医疗医院"智慧卫生医疗云平台"共享服务、健康养老服务企业"智慧健康养老云平台"共享服务等等，"3S云服务"是实现社会资源合理配置，落实国家关于社会公共服务与共享经济的创新应用模式。

（6）实现本地化智慧城市运营管理

"3S云服务"商业模式通过本地化智慧城市"运营管理中心"和"可视化集成平台"客户端系统，采用线上"3S云服务"（B/S）和线下"可视化集成平台客户端系统"（C/S）的"虚拟机"＋Web服务器＋镜像服务器（B/S＋C/S）的模式；可以根据本地智慧城市租用"3S云服务"的各行业级平台及应用系统的功能、运行、操控、设置、修改、管理等的需要，通过本地化"可视化集成平台"客户端系统"四界面"的数据、信息、页面、服务等系统化、结构化、标准化的应用封装和跨平台及跨业务的调用和推送，更好地实现智慧城市的综合态势、应急管理、公共安全、公共交通、市政设施、生态环境、宏观经济、民生民意等所涉及多领域、多方面、多维度的有效监测、监控、监管，并在"城市智慧大脑"的全面掌控与实时管理之中实现智慧城市资源的汇聚共享和跨部门的协调联动；根据本地智慧城市的业务协同和事件决策的需求，展现所需的可视化应用场景，为智慧城市高效精准管理和安全可靠运行提供支撑。

（7）集成已建业务平台及应用系统

通过智慧城市本地化"可视化集成平台"客户端系统，可以实现本地智慧城市已建业务平台及应用系统的系统集成和数据共享交换。通常市县一级都已建有政务服务（一站式服务）、数字城管、公共安全、交通管理、雪亮工程、社区服务等业务平台及应用系统。通过本地化"可视化集成平台"客户端系统，可以实现上述智慧城市各已建业务系统的集成管理和综合业务应用。本地智慧城市"3S云服务"建设模式的特点就是充分利用智慧城市现有资源，且建设周期短、见效快、投资少。该模式已应用于广西梧州新型智慧城市"3S云服务"中心（示范工程）。

（8）建设可持续的新型智慧城市

通过智慧城市"3S云服务"的商业模式，可以有效支撑已建系统、在建系统和未建系统的行业级业务平台及应用系统的系统集成、大数据共享交换和人工智能应用。智慧城市"3S云服务"商业模式具有可扩展、可迭代、可持续、消除"信息孤岛"、打通"数据壁垒"、避免重复投资、支撑新型智慧城市可持续建设和发展的强大优势。

9.5　云服务智慧园区应用未来发展趋势

9.5.1　智慧园区物联服务

统一平台：一套平台统一管理，企业无须关心内部业务提供服务的方式，依靠云化物联网平台来完成统一调度、统一管理、服务注册、服务发现、业务路由。

边云协同：开箱即用，享受云服务便利。一个控制台可管理公有云及边缘节点，打通云上云下企业应用、数据、设备及合作伙伴等领域信息孤岛,实现信息共享,数据上云不再是难题。

无缝集成:企业的数字化转型的核心要务就是将信息技术(IT)与运营技术(OT)融合在一起,对主流的 IT 系统、工业设备等进行预对接适配,支持多种异构数据源的直接采集及 Modbus、OPC-UA 等常用工业协议,应用无须修改,能实现无缝集成。

9.5.2 智慧园区视频云应用

边缘应用生命周期管理:符合开放容器计划(Open Container Initiative,OCI)标准的第三方应用快速发放到边缘节点运行,以及边缘应用的卸载、配置变更、版本升级、监控和日志采集。

海量边缘计算设备安全接入:只需创建并纳管边缘节点、创建应用模板、部署应用和为智能边缘平台创建委托多个简单步骤,便可完成边缘节点的云端接入,云端统一提供设备监控和日志采集。

开放生态、丰富的智能边缘市场:提供边缘应用市场,用户可以在边缘应用市场进行边缘应用的发布和订购。

企业云:提供基于园区场景的智能分析服务,如园区门禁、安全区域监控、智慧停车等,提升园区客户对园区场景的使用体验。

9.5.3 智慧园区数据中台应用

数据中台旨在打破园区数据孤岛,建立统一的数据资产管理和开发平台,不断沉淀和丰富行业属性的数据主题库和知识库,最终助力企业实现数据化转型,其主要竞争力包含以下几方面:

一站式智能数据运营平台工具:贯穿数据采集、开发、治理以及应用的全流程一站式开发平台,支持对接所有厂商云服务和传统企业传统数据仓库,支持百万级别作业量的作业调度,大幅降低园区数据开发者入门门槛,数据开发效率提升 10 倍以上。

All for Data:通过引入 AI 技术提升园区数据运营能力,对 AI 的应用包括智能数据治理、数据智能关联与推荐、自动 AI 报表、行业知识图谱构建、自然语言数据搜索、智能运维运营解决方案等,这些能大幅提升数据治理效率。

园区行业主题库:基于园区管理经验,形成并预置符合业界标准或业界最佳实践的行业主题库,大幅提升园区数据管理质量和效率。

全场景可视化:包括数据开发、数据呈现、数据资产盘点可视化,可视化提升虚拟资产可视、可用能力。

第十章　大数据及其在智慧园区中的应用

10.1　智慧园区大数据基本概念

10.1.1　大数据实施背景

大数据是世界各国的热点领域和重要研究方向。2020年3月4日,中共中央政治局常务委员会会议强调,加快数据中心、5G网络等新型基础设施建设进度。据不完全统计,仅1个多月的时间内,中央层面就至少5次部署与"大数据"相关的任务,而且大数据中心首次被明确纳入"新基建"范畴。"新基建"概念,起源于2018年底中央经济工作会议,会议指出,要"加快5G商用步伐,加强人工智能、工业互联网、物联网等新型基础设施建设"。

与过去由铁路、公路、轨道交通等基建和公共设施组成的传统基建相比,大数据"新基建"是驱动和支撑云上应用正常运转的最基本动力,任何应用都离不开数据的运算、传输和存储。"大数据中心"于"新基建"七大领域之列,是各项设施中不可或缺的基础设施建设。

党的十九大报告指出,"建设现代化经济体系,必须把发展经济的着力点放在实体经济上,把提高供给体系质量作为主攻方向",要"推动互联网、大数据、人工智能和实体经济深度融合"。为进一步落实《国务院关于印发促进大数据发展行动纲要的通知》和《大数据产业发展规划(2016—2020年)》,推进实施国家大数据战略,务实推动大数据技术、产业创新发展,工业和信息化部主要围绕大数据关键技术产品研发、重点领域应用、产业支撑服务、资源整合共享开放4个方面组织开展2018—2020年间大数据产业发展试点示范并发布了项目名单,主要包括大数据存储管理、大数据分析挖掘、大数据安全保障、产业创新大数据应用、跨行业大数据融合应用、民生服务大数据应用、大数据测试评估、大数据重点标准研制及应用、政务数据共享开放平台及公共数据共享开放平台等10个方向的项目。其中产业创新大数据应用及民生服务大数据应用方向的项目最多,2020年大数据产业发展试点示范项目名单(含4大领域和6个方向)如表10-1所示。

表10-1　2020年大数据产业发展试点示范项目

领域	方向
工业大数据融合应用(90项)	工业现场方向(14项)
	企业应用方向(43项)
	重点行业方向(33项)
民生大数据创新应用(70项)	民生大数据创新应用(70项)
大数据关键技术先导应用(20项)	大数据关键技术先导应用(20项)
大数据管理能力提升(20项)	数据管理能力方向(7项)

近年以来,大数据等新一代信息技术的不断发展及应用,打通了不同行业和层级的数据壁垒,提高了整体运行效率,推动着深刻的社会性变革,促进了社会的经济发展,并且在数字经济时代发挥着巨大的潜力作用。

例如,2015 年贵州省启动了我国首个大数据综合试验区的建设工作,将贵州大数据综合试验区建设成为全国数据汇聚应用新高地、综合治理示范区、产业发展聚集区、创业创新首选地、政策创新先行区。同年上半年,该省以大数据引领的电子信息产业规模同比上涨 34％。

国家发展改革委有关专家表示,大数据综合试验区建设不是简单的建产业园、建数据中心、建云平台等,而是要充分依托已有的设施资源,把现有的利用好,把新建的规划好,避免造成空间资源的浪费和损失。探索大数据应用新的模式,围绕有数据、用数据、管数据,开展先行先试,更好地服务国家大数据发展战略。

10.1.2 智慧园区大数据范式

人类社会每天产生的数据以兆亿字节计算,同时大数据正对人们工作和生活产生着重大的影响。我国在使用大数据方面有着相当大的潜力,随着数据量的日益增长,产业逐渐成熟,大数据相关产业前景十分广阔。而智慧园区作为数据枢纽,综合开发各类应用,承载着各类信息系统的基础保障,是搭建数字化平台不可或缺的载体。

数字化时代潮流中,大数据是智慧园区的重要基础组成部分,顺应"数据为王"的发展趋势,以数据智能和价值再造为核心,实现全要素数字化融合,多类数据连接、融合、共享、协同。它的高价值和数据增长特性体现出对智慧园区的最好诠释,围绕"增效""促产""便民"实现对园区资产的保值、增值。

增强移动宽带、海量物联、高可靠低时延连接等信息技术的应用对数据的处理和存储提出更高的要求,而且需要连接的设备具有种类繁多、数据类型多样化、数据实时性要求高的特点,需要具备超大带宽、海量数据、超低时延的特性。随着我国政府对"新基建"发展的推进,大数据中心作为底层基础设施有望持续增长,更侧重于在新型科学技术领域的发展,数字化、信息化、智能化特征明显。

在大数据开放的态势下,数据生态圈进化主要是考虑到对大数据采用的思想起点、技术工具以及对大数据的认识、能力建模,进行梳理总结并形成稳定的范式。在这基础上还要加入应用的技术效用和实践价值,使其不断完善成熟,为智慧园区赋能。

10.1.3 智慧园区大数据需求分析

从整个行业未来的发展趋势来看,创新、智慧、生态等发展理念将是未来产业园区越来越重视的问题,园区管理更加智能,能源消耗更低,办公区域将与更多的城市生活元素相结合,形成独特的中国特色文化特性。

为了能够使数据的海量信息和复杂数据有机结合,需要对智慧园区制定顶层规划架构体系,云上应用的增加,物联网、5G 通信技术等技术的衍生,将催生更庞大的用户流量,使大数据数量呈几何级数的增长。大数据成为技术和应用的支撑,也将成为园区经济稳定增长的重要因素。

智慧园区大数据实现了各类信息的采集和多方应用。物联网信息无处不在,需要对需求信息进行编辑整理。因此开发相应的大数据平台,由于各项信息资源互有交叉,平台建设与数据应用虽然存在着互补与互利的情况,仍需要对各大数据应用平台从顶层进行统一设计,实现资源共享。

应基于大数据技术,通过对智慧园区用户的工商信息、交易信息、生产经营信息等多维度数字化社会数据的可视化监控和记录,利用风控模型,结合标准化的企业信用等级评价标准,构建智能化的风险识别预警体系。数据本身、数据节点、数据环境三大要素相互联系、相互作用,构成复杂的数据生态圈系统。

目前,政府行政、园区管理、综合调控、公共安全、交通物流、民生服务、企业经济、组织机构及各大中小企业等部门都有单独的数据库,应建立和采用统一的数据编码格式与存储模式,统一有效的数据管理模式与统一的数据架构系统,在园区数据从上级发送到下级时,以及在不同的部门间实现数据共享。重点工作在于统一数据格式、统一空间基准、统一评价标准,以及安全规定的信息共享方面,相关法律法规也需增加相应的支撑条款。

因此,智慧园区规划重点是构筑大数据系式,建立大数据生态圈,以及依赖国内各类各级数据库建设的标准规范,实现整体数据的统一。

10.1.4 智慧园区大数据应用

园区是城市经济发展、产业调整和升级的重要空间聚集形式,肩负着聚集创新资源、培育新兴产业、推动城市化建设等一系列的重要使命责任。园区工作一直以来是各地政府日常工作的一个重点,是地方经济发展的推动力,然而随着我国经济发展进入新常态以及投资环境的新变化,政府的园区工作也在逐渐转变,园区产业结构趋向优化,应注重招商方式的多元化,务求实效、实时、实用。

而大数据应用作为智慧园区重要系统和价值单元,除了作为园区智慧化建设的标志外,对园区管理以及高效运营的反哺作用也越来越突出。智慧园区的发展依赖技术服务商的技术变革、应用场景更新、数据化的深入。大数据时代下 AI 认知计算和人工智能、虚拟现实(VR)和空间分析、机器人流程自动化技术、基于位置的服务(LBS)区块链、3D 打印、5G 通信技术等技术应用都在逐渐渗入人们的工作生活,同时不经意间也在改变人们的生活方式。

例如将人工智能技术与园区安全相结合,从人工智能算法到高清摄像机、从边缘到私有云的全方位软硬一体解决方案,覆盖园区内企业、会场、展馆等不同的应用场景,与各种网络条件、使用环境及管理系统的数据整合。以最小的开发成本实现灵活定制与高效集成,让人工智能技术驱动传统园区的变革,从根本上提高园区工作效率。

10.1.5 智慧园区大数据服务目标

园区建设正在经历四个阶段,从基础子系统分部建设、虚拟现实多业务融合、基于数据智能化的运营到智慧数据生态圈建设,通过对智慧园区的建设,提升园区管理水平及服务能力。这能极大地提高园区工作效率,进一步提高园区管理决策的科学性。

在智慧园区建设的核心过程中,大数据环境下的应用有三个层次的集成。

第一个集成就是应用的集成。不同应用之间,界面开发是功能或技术层面的叠加,如综合标识和信息发布。各种移动设备的交互和集成,提高基础设施运营保障能力。通过专业研发,实现基础设施全生命周期的高可用性、高效率、高负载、高安全性、高可靠性,实现接口类型的定期开发和应用功能的扩展。

第二是需求的集成。在系统层面,按照功能需求定位数据和不同应用,根据市场和用户需求,整合数据共享和数据交互,提高园区各类资源的利用效率,实现可回收、低排放、可持续的生产模式,促进园区管理与环境协调发展。它比第一层集成整合更加庞杂。

第三是价值的整合。数据的价值远远大于数据本身,这是长期发展的必然结果。在第一层和第二层整合的基础上,对数据的需求进行引导,既自主产生新的数据,也是一种有无限需求的整合方式,能够使园区经济活动、日常事务、工作和生活逐步达到和谐和统一的效果。实现园区的公共安全行为和群体性事件的及时应对和早期预防,有利于和谐园区建设,最终能实现数据的共生发展和社会的和谐进步。

利用大数据系统框架下的数据聚合和数据分析能力,能实现智慧园区服务管理创新,显著提升网格化管理和多元化服务的综合能力。大数据系统汇集园区部门和园区企业的基础数据，通过动态数据采集系统、相关企业日志、事件台账数据资源，将园区数据扩展到企业、园区和网格化管理；在数据汇集层，建立人、地、事、物等多维数据库，将场景、组织和楼层等多维数据库汇聚集合起来，实现指标数据的关联。在数据分析层，围绕网格化社会管理、社会服务和社会参与三条主线，运用统计分析和挖掘分析技术，分析人员和服务数据管理背后的规律特征。在能力提升层，园区部门根据数据分析结果实现联动共享，用户与园区部门基于数据共享服务平台实现互动沟通。园区部门借助大数据系统框架相关技术，及时发现不同群体在不同阶段的公共服务需求，优化园区劳动力配置，提高园区企业部门工作效率，提升园区管理水平，提高园区企业和公众的满意度。

10.1.6 建设智慧园区大数据的意义和作用

智慧园区依托大数据框架营造搭建，而依托大数据建设智慧园区的这股热潮正在成为城市间竞争的基本指标，成为展示数字化成熟水平的名片，成为保持智慧园区竞争力的核心手段。园区不仅是所在区域资金、人才、物资、市场、能源的高度集中地，也是各类数据生成、交换和传播的高速汇聚点。

智慧园区包括园区管理、电子政务、物流交通、产业发展、园区安全等基础服务，主要技术及典型应用模式如表 10 - 2 所示。而利用好大数据是园区数字化发展的基础。数字化程度和水平成为衡量园区管理发展、综合实力和文明程度的主要指标。

表 10 - 2　智慧园区主要技术及应用模式

主要技术	典型应用模式
城市信息模型(CIM)	整合多维度多尺度的园区信息模型数据和设备级以上的感知数据，应用建筑信息模型(BIM)等虚拟仿真技术，构建支撑园区规设建管的基础操作平台；可应用于物理空间数字化和各领域数据、技术、业务深度融合，推进园区规划、建设、管理、运行的数字化、智能化和智慧化；打通系统集群数字孪生体间的互联互通、互信协助机制和技术，提升园区服务及空间治理的现代化水平
区块链	实现园区生产和服务领域的数据流互联互通，构建可跨集群联动的统一区块链体系，加密数据架构，使用可信的对等网络创建(如数字交易账本)，验证 P2P 及其他流程的交易，应用于触发自动支付等应用
机器人流程自动化(RPA)	自动化技术发展使得机器基于认知和知识的能力得到了提升。机器人模仿人员的行为，捕获、复制和处理数据，从过去的行动中学习和作出判断，能够批量执行重复性任务，实现管理活动的自动化和标准化，持续降低管理成本和人为的错误率
5G 通信技术	应用数据传输速度比 4G 的移动网络速度提高约 7 倍，数据下行速度提高约 12 倍，可应用于提高数据的可访问性，可实时对数据备份，将偏离正常系统的数据进行归类处理和异常分析，使用户能够快速地对异常情况作出响应，从而快速洞察风险与机遇，有效控制风险，同时作出准确判断
3D 打印	可应用于产品实物的快速成型，最终以按需生产取代低价值的库存积压，是直接材料战略寻源不可或缺的组成部分
人工智能	利用机器学习和识别算法对非结构化的数据进行快速提取、认知、学习和可视化操作
智能传感器	智能传感器由一系列模拟和数字模块组成，每个模块都提供特定的功能。数据处理和模数转换(ADC)功能有助于提高传感器的可靠性和测量精度，智能传感器在电子设备中起着至关重要的作用，应用也在不断扩展

智慧园区并不是园区的简单的信息化升级，也不是新技术应用的堆砌。它打通了全链条数

据流,涉及各部门数字化的升级,增进了园区内外协同的透明度,从单纯聚焦经济效益向兼顾阳光、绿色的社会效益转变,已经成为区域投资、贸易、技术转移和资金流动的主要推动力,而且数据建设有利于促进区域资本积累和社会进步。

智慧园区大数据在区域经济社会发展中起着十分重要的作用,是智慧园区资源化发展的首要目标。大数据不仅致力于自身产业园区全生命周期的管理和发展,而且促进园区内有序生产和高效沟通,提高包括社会、经济、文化各个领域经济活动的综合竞争力,最终通过数据和相关发展产生"集聚"和"辐射"效应。发展大数据产业具有社会价值和经济价值双重意义,通过大数据产业可以集聚行业高端人才,带来人才团队,对产业、经济产生辐射作用,创造出更多经济价值。

10.2 智慧园区大数据建设原则

10.2.1 建立顶层设计的数据统一标准

积极探索智慧园区建设标准体系在数据类型领域的应用,是实现我国"两化融合"和"四化同步"的重要组成部分;形成统一、开放、共享的标准体系规范,也是研究确定数据存取规范、使用权、产权和数据定价主体利益的重要环节;研究制定规范相关主体利益的大数据标准,扩大规范数据开放共享和数据交易市场,同时推动大数据开放、数据接口标准相互保障等重要标准体系规范为整个园区的智慧标准体系保驾护航。遵照适用于智慧园区的大数据标准集的标准体系,规范定义园区管理各业务领域的元数据和数据规范,并且进行编码标准化,使园区在数据建模、数据采集、加工处理、数据交换的过程中有统一的标准、规范,为最大限度地实现数据优化管理和资源共享提供基础条件。

统一规划大数据标准体系,可以通过相关价值部门的相互关联,建立一个相互依存、相互关联、相互补充的完整数据生态圈系统,为不同部门提供安全保障,实现大数据标准对相关领域的开放共享。

10.2.2 积极探索和推进数据共享和先进机制

首先,在园区大数据实用性和可用性的前提下,采用国内外各种先进的数据技术,保证数据基础结构和运营管理平台的完整性。对园区内企业和个人的社会数据进行全域整合,延伸数据价值链,形成数据生态圈。一方面,需要加强对区域数据资源的管理,加强园区自身的公共服务水平和对数据的感知,降低由于信息不对称造成的决策失衡,在数据融合、开放的基础上,降低社会的管理成本和风险,促进社会的创业和创新;另一方面,需要加强社会、园区、企业的合作,强化数据共享意识,并将监管方、三方参与者、个人数据隐私保护和大数据的受益者作为一个整体,从而形成对数据开放的激励机制、评价机制和传输机制。

结合园区实际情况,以相关行业信息标准为基础,制定园区数据字典和信息编码标准,统一数据交换标准,建立安全高效、充分共享的数据中心。

数据交换与共享数据库平台实施包括两个部分:一是信息编码标准的建立;二是数据交换机制的建立。该平台提供园区现有或原有系统与数据交换、共享数据库平台之间的数据集成机制。利用数据交换与共享数据库平台,实现数据交换和共享,根据对园区现有业务系统和数据的分析,将基础性数据、开放共享的数据,抽取到共享数据库,既提高数据的共享和利用效率,同时保证数据的权威和准确性,形成全域统一的共享数据集。

10.2.3 遵循大数据内在逻辑

智慧园区大数据的建设必须遵循内部逻辑和统一的体系与规范,包括数据权限、系统权限、安全传输协议、基于密钥认证等方面,建设过程中还需要遵守信息安全保密方面的协议,保证个人和组织的信息不泄漏。大数据的信息聚合促使不同领域的大数据标准具有开发共享和融合关联的内在逻辑,数据生成的自主信息协调机制实现了控制和通信中的信息对称,使其避免受单一实体的控制,实现了完全的自我完善,提升数据的价值和实现质的飞跃具有深远的意义。比如去中心化虚拟币执行的奖励机制,以区块链的形式将虚拟币奖励给所有投资、维护资源的用户。随着企业和个人社会责任和法律意识的逐步提高,对个人隐私和共享数据认识的提高,应将开放数据共享和收益挂钩,形成促进公开分享社会数据的激励机制,使其成为社会创新和进步的基石。大数据通过自我发行来实现自我发展而无须依赖任何外部条件,数据系统的互联互通和自我控制、5G 通信技术的发展和产业的带动、工业物联网的进一步发展,以及数字孪生(Data Twin,DT)技术将更加体现大数据驱动与智慧园区实体的深度融合。大量数据集的可用性与机器学习取得显著突破的步伐一致,使更先进、更复杂的 AI 算法被发展出来。虚拟代理通过自我学习的方式实现智慧园区发展突破,实现人与环境、服务、空间的大规模协同和创新。

10.2.4 推进全链条、多维度、集成化大数据应用

大数据在国家管理和社会治理中的意义重大。应以大数据集建和共享为途径,建设国家大数据中心,开展电子政务、智慧城市等基础建设,推进技术集成、业务集成和数据集成,实现跨业务、跨系统、跨层次的一体化管理与服务。

因此,大数据为园区整体智慧化规划和园区业务深度整合提供长远协调和引导工程实践的指导作用,率先服务智慧园区的需求。

10.3 智慧园区大数据体系架构

10.3.1 开发和建设的统一

智慧园区是园区数字化基础上的升级迭代,是智慧城市的重要表现形态之一,其体系结构与发展模式是智慧城市在一个区域范围内的缩影,既反映了智慧城市的主要体系模式与发展特征,又具备了一定的不同于智慧城市发展模式的独特性。智慧园区从规划到建设坚持统一大数据体系架构,规划涉及大数据体系、大数据生态圈应用、大数据技术特征、各级数据库规范。统筹园区整体全面系统的应用,强化规建管一体化应用,落实以数据为核心的园区数据互通互联,以园区数据底板集成载体的方式,真正实现智慧园区的升级落地,需要建设城市信息模型(CIM)管理平台在智慧园的应用,把 CIM 技术具体落地到园区建设运行中。

CIM 主要目的是提供一种有效的方法,以组织平台模型来描述城市的信息。CIM 基础平台一般意义是在城市基础地理信息系统(GIS)的基础上,建立建筑物、基础设施等三维数字模型,表达和管理城市三维空间的基础平台,CIM 基础平台是城市规划、建设、管理、运行工作的基础性操作平台,是智慧城市的基础性、关键性和实体性信息基础设施。而建立智慧园区 CIM 的目的是通过对数据的有效组织,形成对园区的数字孪生(DT)模型,并依托这种镜像模型,有力支撑数据平台的具体应用,实现针对园区各方面领域的规划、建设和运行管理等专业的有效协同、精确分析、实时预警预测以及动态的高仿真可视化管理。

依托具备底层的园区 CIM 基础数据,同时利用 BIM(建筑信息模型)、GIS(地理信息系统)、IoT(物联网)的信息技术的集成和提升,建立起园区的基础数据块,连接园区内各个项目的已完成、在建和拟建项目的所有规划、建设、运营管理过程的数据,进行数据分析时并不一定直接对业务的数据源处理,而是先经过数据采集、数据存储,之后进行数据分析和数据处理,打造数据底板集群节点。

基于底层数据集群节点对更多维度的数据进行连通,横向对接行政管理、交通物流、民生服务、企业经济、组织机构等条线的数据,最终通过不同的应用将数据还原到不同业务系统场景下,形成园区的数据生态圈。

一般来说,大数据平台根据数据流的流向大致可划分为数据集成层、文件存储层、数据存储层、数据处理层、数据分析层、数据应用层等,而数据管理层基于数据管理和运维的出发点,能够进行数据开发到销毁的全生命周期的管理,制定数据标准、质量和安全策略,实现了数据跨越多层、集群管理的目的(图10-1)。根据不同的应用场景、技术手段更新,将会有各式各样的技术组件,实现实时采集、实时处理等具有不同侧重的数据模型。

数据集成层:包括数据集成转换组件,数据处理(数据抽取、加载、转换过程,ETL)、数据清洗及开发工具,也有数据迁移、数据爬虫工具等。如互联网网页、舆情数据库,接收网页和数据源数据,将外部数据结构化,从而建立知识图谱。

文件存储层:按指定数据格式录入的数据文件将被存储,而有用的数据将进一步流向数据存储层,为进入编程模型、处理和分析做进一步准备。

数据处理层:按照不同的应用处理方式,通过加工处理,将导入的数据按需保存至数据储存层。

数据分析层:主要包含了分析引擎,比如应用数据挖掘、机器学习、风控模型等进行分析和处理。

数据访问层:主要是实现读写分离,将偏向应用的查询等能力与计算能力剥离,包括实时查询、多维查询、常规查询等应用场景。

数据应用层:根据不同的行业应用特点,该层包括分布式调度和训练引擎、运筹优化引擎、预测引擎、知识导入模块,还有风控搜索引擎、用户认证系统等。

数据服务层:通过不同的可视化工具、图形化展示等,为用户提供可扩展的系统功能。

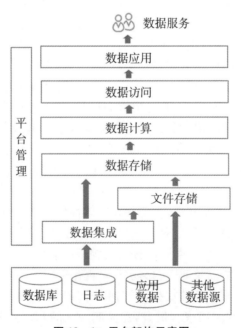

图10-1 平台架构示意图

总体而言,先进的开发架构能够使大规模的分布式数据处理更加灵活便捷,同时具有容错性高、可靠性高、可扩展性高、吞吐率高等特性,能兼顾数据开发的成本问题。国内外领先企业已经采用更为先进的架构。达到多样化不同类型数据、实时增量数据采集和流批一体化,开发和维护支持图像化编写和配置,支持多种技术组件和调度策略的统一是目前研究方向。

10.3.2 数字孪生建立实体和数据的模型

在智慧园区建设过程中,利用实体建立数据模型系统,可以帮助管理者清晰直观地掌握园区的运营情况。结合数据集成与融合、数据处理与净化、数据服务可视化、数据价值实现四大核心能力,将数据放在相关位置进行分析。

DT 的智慧园区数据模型系统,包括信息采集模块、数据处理和存储数据库、用于处理和应用数据库的智慧园区数据展示平台。信息采集模块包括地面信息采集单元和空中信息采集单元。地面信息采集单元包括手机信令、目标射频识别标签,在该区域的监控视频和安装在关键监测领域的各种传感器。空中信息采集单元包括无人机拍摄的实时数据和遥感卫星图像地图,智能园区数据显示平台包括地理信息数据显示和分析、专题数据显示、专题数据检索、专题数据汇总和对物联网传感设备的实时监控。

对于基于 DT 的数据控制方法、流程装置、存储设备和介质,其方法包括:在定点数据装配场景中获得至少两层的标准数字孪生模型,将其与自动装配的目标数据匹配,其中不同级别的标准数据孪生对应定点数据装配过程中不同粒度的参考信息的信息值;在至少两级别标准数据数字成对中提取目标参考信息的信息值,得到与目标数据装配动态生成环境相匹配的数据信息值;将数据信息值输入到预设的自组织模型中进行迭代运算,将得到的自组织数据模型的最优解作为定点数据装配场景下数据装配对象控制信息的信息值。该方法实现了定点数据装配场景中数据目标装配的数据控制。

而数字架构也在朝着这个方向发展。智慧园区通过虚拟化呈现数字孪生世界中的每一栋建筑、每一个房间,甚至每一个通风口都可以在数字孪生的世界里呈现、展示、模拟和优化。例如数字孪生可应用于新冠疫情联防联控、燃气管网泄露监测、园区内涝灾害预测防控等。通过远程控制 CIM 数字孪生管理平台,园区管理部门可实时监测到设备级终端的运行状态,而设备异常能够同时通过 IoT 及时反馈到园区管理云平台,利用园区全生命周期大数据的建模、机器学习及自动控制系统策略、风险监测预防机制来实现风险预案提前布防、事故实时响应、事件及时处置。各种各类的风险和故障预案方案是智慧园区 CIM 开发实现的关键,国内亟须建立和使用这类应用体系。总而言之,目前数字孪生仍然是分散的、静态的,而将来必须一定是连续的、动态的。无论是大数据、物联网、云计算,还是在数字孪生的虚拟世界中构建一个真实的物理世界和数据模型,目的都是不断诊断、预测和决策,寻找一条零成本试错之路。建议以"城市信息模型(CIM)—数字孪生系统—园区智慧治理体系"为新路径和新模式建立新一代智慧园区建设与治理方法体系,探索通用模型赋能多样化场景的新科学问题,在此基础上构建多级互联、分散协同、虚实互动一体化的数字孪生园区。实时交互地实现物理世界和空间数据之间的数据传输,从现实世界到数字孪生世界,使数字世界快速优化、反馈、服务智慧园区的各个方面。

10.3.3 数据架构分类

数据开放计划在 2015 年 4 月国务院办公厅发布的《2015 年政府信息公开工作要点》首次出现。同年 9 月,国务院发布了《促进大数据发展行动纲要》,要求我国在 2018 年底前建成政府数据统一开放平台,提出促进政府数据的深度挖掘和创新应用将创造出巨大的政治、经济和社会价值。《促进大数据发展行动纲要》部署三方面主要任务:一要加快政府数据开放共享,推动资源整合,提升治理能力。二要推动产业创新发展,培育新兴业态,助力经济转型。三要强化安全保障,提高管理水平,促进健康发展。

智慧园区大数据应采用统一的规划,智慧园区大数据各级数据库规范包括园区级大数据库、企业级主题数据库、业务级应用数据库(表 10-3)。

智慧园区大数据体系规划包括智慧园区数据库构成、各级数据库结构、技术应用、实现功能、共享交换、数据安全等。

大数据应用分类规划包括数据采集与传输、数据导入与处理、数据抽取与加工、数据挖掘与智能分析等。

大数据技术分类规划包括数据资源管理、数据交换与共享、数据存储、数据分析展现、可视化应用、数据安全管理等。

表 10-3 大数据规划分级

规划分类	第一级	第二级	第三级	第四级	第五级	第六级
数据库规范	园区级大数据库	企业级主题数据库	业务级应用数据库			
体系规划	智慧园区数据库构成	各级数据库结构	技术应用实现功能	共享交换	数据安全	
应用分类规划	数据采集与传输	数据导入与处理	数据抽取与加工	数据挖掘与智能分析		
技术分类规划	数据资源管理	数据交换与共享	数据存储	数据分析展现	可视化应用	数据安全管理

智慧园区各级系统产生海量异构数据或表面无关的数据,经过 ETL 和数据深度挖掘,可以得到它们之间相关性。构建智慧园区大数据平台从面向数据源的架构分类,将这些不相关的数据转化为本质,分析架构技术选择和场景应用,提炼出智慧园区的核心价值。

本节从几种数据类型入手,分析和提取了相关数据,描述了一些相关研究,并找出了涉及数据的一些关键科学问题,重点研究的是 ETL 和数据与地理位置的匹配工作,为下一步智慧园区建设大数据部署做好数据准备工作。

大数据在工作中有三个应用:一是与业务相关的,如用户画像、风险控制等;二是涉及决策、数据科学的领域、理解统计学、算法,这是数据科学家的范畴;三是与工程相关的,明确如何实现、如何实施、要解决什么业务问题,这是数据工程师的工作。数据工程师在商业和数据科学家之间架起了实践的桥梁。本节所述的大数据平台体系结构的技术选择和场景应用都倾向于工程方面。

大多数已建立的业务系统对数据源的处理不是直接进行的,通常需要对数据源进行数据收集和存储,然后进行数据分析和数据处理。从整个智慧园区的数据生态圈的角度来看,整个园区需要大量的数据资源。因此,完成一系列的数据链项目需要大量的资源。大数据量需要集群;控制和协调这些资源需要监控和协调分配;对大规模数据进行部署还涉及日志记录、安全以及与区块链和云端的集成,这些都是大数据生态系统的边缘。

10.3.4 数据信息基础建设

以园区基础数据及地理信息、空间信息为基础,通过数字孪生建立实体和数据的模型,同时联系园区的云数据资源池,以及支撑数据管理维护、共享交换、对外服务的公共服务平台,实现数据资源的整合、共享与协同应用。主要包括共享服务门户、资源展示与应用、信息服务与管理、系统定制与开发、数据共享与交换、数据管理和运维管理等内容。

智慧园区数据中心具备数据存储、数据处理、数据挖掘、数据分析、数据集成、智能分析、可视化展示等功能应用,具有可扩展、可迭代、可持续的目的,应支持实时数据库、多媒体数据库、MPP(大规模并行)数据库、关系数据库等多种主题源的应用,来满足智慧园区所产生的越来越大的数据量要求。

10.3.5 数据生态圈形成数据闭环环境

通过大数据分析、云计算、物联网和移动应用,形成数据生态圈。以"智慧"为导向的高新技术产业开发区管理单位自身正处于转型期,通过大数据分析,提高公共配套服务能力,利用云计算重塑智慧园区数字化服务能力,实现线下实体与实体的互联互通,用移动应用 App 构建智慧园区的参与互动系统,让园区服务更加便捷、高效。

数据生态圈是政府、组织、数据使用者、公众和外部环境共同决定开放数据最终效果的过程,它是一个复杂而动态的"生态系统",是一个数据的生成、利用、效果生成和反馈的动态循环过程。

数据生态圈理论已经涉及具体的应用研究,如网络信息生态圈、商务网络信息生态圈、电子政务信息生态圈、舆情信息生态圈等,数据生态圈的研究具有以下几个特点:数据量大,处理速度快,数据类型多样,数值密度低。

数据量大表示大数据的数据量巨大。数据集合的规模不断扩大,数据量已从 GB 级、TB 级扩大到 PB 级,甚至开始以 EB 和 ZB 来计数。

处理速度快指城市、处理分析的速度持续在加快,数据流量大。加速的原因是数据创建的实时性以及有需要将流数据结合到业务流程和决策过程的要求。数据处理速度快,处理能力从批处理转向流处理。业界对大数据的处理能力有一个称谓——"1 秒定律",即可以从各种类型的数据中快速获得有高价值的信息。这说明了大数据的处理能力,体现出它与传统的数据挖掘技术的本质区别。

数据类型多样说明大数据的类型复杂。如今,社交网络、物联网、移动计算、在线广告等新的渠道和技术不断涌现,产生大量半结构化或者非结构化数据,如 XML(计算机之间的信息符号标记)、邮件、博客、即时消息等,导致了新数据类型的剧增。企业需要整合并分析来自复杂的传统和非传统信息源的数据,包括企业内部和外部的数据。随着传感器、智能设备和社会协同技术的快速发展,数据的类型无以计数,包括文本、传感器数据、音视频、点击流、日志文件等。

数值密度低指由于大数据体量不断加大,单位数据的价值密度在不断降低,然而数据的整体价值在提高。

例如,舆情分析场景一般要求所有数据存储两年,平均一天超过 600 多万条数据,两年超过 700 多天×600 多万条,总共几十亿条的数据。爬虫爬取的数据是舆情,做分词后它们能得到的是大段的网友评论,如果要查询舆情,要做全文搜索。通过比较,选择采用"Elastic Search"。在一个超过 3 亿个数据的单一测试上,爬虫将数据爬取到 Kafka,做流量处理,内部做重去噪语音分析后,再将数据写在"Elastic Search"中,采取最差的条件查询,基于 Lucence 创建的索引,使查询更有效率,保证搜索是全表搜索,而查询时间可以控制在几秒钟内。

例子表明,大数据的特点之一是多数据库。应用时根据不同的场景选择不同的数据库,因此会产生大量的冗余。数据源选择和设计规划应提前确定。

数据生态圈运行机制中的共生互利机制、合作竞争机制、价值增值机制、动态平衡机制和信息流机制,对数据生态圈的健康运行具有理论指导意义和现实意义。

智慧园区数据生态圈可基于 Hadoop 集群生态系统,其分布式存储系统 HDFS(Hadoop

Distributed File System)适用于大数据的技术,包括大规模并行计算框架(MapReduce)、数据挖掘(Mahout)、分布式数据库(Hive)、云计算平台、互联网和可扩展的存储系统,具有从各种各样类型的数据中,快速获得有价值信息的能力。现行主流除了采用 Hadoop 平台,还有MongoDB、Apache Kafka、Oracle Database 等结构化数据库平台。

HDFS 是 Hadoop 项目的核心子项目,是 Hadoop 生态系统中所有组件的基础,具有容错性高、可靠性高、可扩展性高、吞吐率高等特性。Hadoop 生态系统使用主从(Master/Slave)架构进行分布式储存和分布式计算。Master 负责分配和管理任务,Slave 负责实际执行任务。在一个配置完整的集群上,想让 Hadoop 这头大象奔跑起来,需要在集群中运行一系列后台(deamon)程序。

Hadoop 框架的主要模块包括如下:Hadoop Common、HDFS、Hadoop YARN(集群资源管理框架)、Hadoop MapReduce。上述四个模块构成了 Hadoop 的核心,Hadoop 框架还有其他几个模块。这些模块包括:Ambari、Avro、Cassandra、Hive、Pig、Oozie、Flume 和 Sqoop,它们进一步增强和扩展了 Hadoop 的功能。

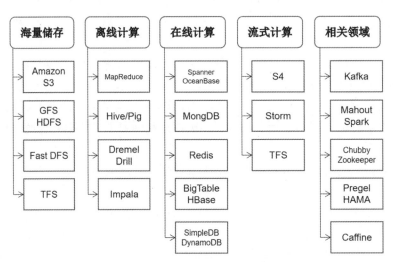

图 10-2 Hadoop 集群生态系统架构

随着收集和使用的数据量的飞速增长,数据体量日趋增长,数据形态多样化且不统一,多种数据源之间的采集、传播和共享遇到困难。元数据管理作为大数据治理的核心,是有效管理这些数据的基础和前提,在数字化建设中发挥着重要的作用。

10.3.6 元数据解决方案

元数据(metadata)是描述数据的数据,是关于数据的结构数据。大卫·马可(David Marco)在他的《元数据仓储的构建与管理》一书中,对元数据给出了这样的定义:元数据是"所有系统、文档和流程中包含的所有数据的语境,是生数据的知识"。换句话说,如果没有元数据,组织 IT 系统中收集和存储的所有数据都会失去意义,也就没有业务价值。

(1) 元数据的分类

元数据是描述数据仓库内数据的结构和建立方法的数据。可将其按用途的不同分为两类:技术元数据(technical metadata)和业务元数据(business metadata)。

① 技术元数据

技术元数据是指数据仓库的设计和管理人员用于开发和日常管理数据仓库时用的数据,是存储关于数据仓库系统技术细节的数据,是用于开发和数据仓库使用管理的数据。主要包括以下信息:数据源信息、数据转换的描述、数据仓库内对象和数据结构的定义、数据清理和数据更新时用的规则、源数据到目的数据的映射、用户访问权限、数据备份历史记录、数据导入历史记录,信息发布历史记录等。

根据元数据在系统应用上的作用,又可以将技术元数据再细分为开发元数据和控制元数据两种类型。开发元数据是在数据仓库应用构建和数据库设计和构建中创建并使用的。它是大多数控制元数据和使用元数据的源。控制元数据也称管理元数据,这类元数据用于控制和管理数据仓库环境的运作。控制元数据通常又分成两种,即在数据加载进程执行中使用的元数据和在数据仓库环境管理中创建并使用的元数据。前者由数据源的物理数据结构和数据抽取、数据转换等规则组成,后者由数据换算无数据和数据字典对照元数据组成。

技术方面的元数据内容会来源于多个地方,如数据库目录、数据抓取转换和加载工具、前端展示工具、映射规则、源与目标数据序、版本和发布信息等。

② 业务元数据

业务元数据是数据仓库环境的关键元数据,是用户访问时了解业务数据的途径,内容来源包括:用例建模(case modeling)工具、控制数据库、数据库目录和数据抽取/转换/加载的工具。另外的业务元数据,例如对象连接关系或数据质量指标,是用元数据库管理工具直接输入的。

业务元数据的定义及指标如表 10-4 所示。

表 10-4　业务元数据定义及指标

元数据名称	描述内容
语义层	也称为元数据层、业务视图层,包含指标、数据元素、数据列等信息,维度层次关系的定义等内容,可以支持客户利用语义层建立查询、分析、报表等应用(语义层在前端工具、关系数据集市、多维数据集市上都应该有对应的支持)
对象所有人	指示查询、表、视图或报表的所有人
业务分类/业务分组	描述用户不同的分组和分类,例如计费、营销等
数据元素	提供用户关于数据元素的信息,包括定义和允许的取值
数据表/视图	提供用户关于所有可用的表,包括描述等
数据列	以用户熟悉的业务术语,给出所有可用列的描述、名字
当前状态与可用性	指示数据仓库中信息的当前状态和可用性
报表或查询	描述用户可用的预定义的报表或查询
指标	业务分析统计指标的定义、计算方法、统计口径
数据质量指标	提供数据对象完整性的指标,如:某数据元素的记录有 90% 是正确的,那么相应地,有一个 90% 的指标值

在各数据子集下分数据类,数据类还细分数据子类,数据类/子类下分数据项,总体分为四层结构。业务元数据主要包括以下信息:访问数据的原则和数据的来源、用户的业务术语所表达的数据模型、对象名和属性名;系统所提供的分析方法以及公式和报表的信息、概念模型、多维数据模型、业务概念模型与物理数据的依赖。

（2）元数据的结构

数据层次和元数据结构如图 10 - 3 所示。

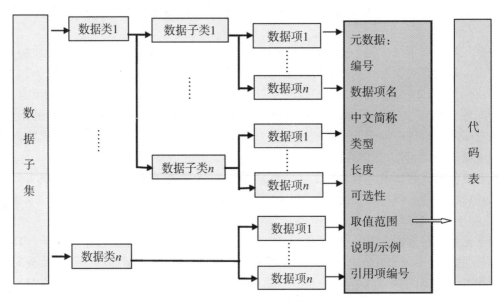

图 10 - 3 数据层次和元数据结构

数据集元数据结构将数据元素分成组，基本的元数据结构包括：

元数据名称：所用的数据元素的名称，具有语义，面向用户；

数据项名：数据元素的英文字母名称（在实际数据结构中采用）；

数据类型：对数据元素的类型释义；

长度：数据元素能容纳的最大字符数；

可选性：对数据元素约束状态的描述，包括必备数据元素或可选数据元素；

取值范围：数据元素取值的约束与规范；

说明/示例：一种说明或举例；

编号：数据元素的唯一标识，采用全局统一的四段八位编码（反映了数据的四层结构）；

引用编号：指明数据元素引用哪个编号的数据元素的元数据格式。

（3）元数据采集

技术元数据的采集，首先根据现有元数据设计出元模型，然后将数据仓库系统之中的元数据按元模型集中汇总并关联到一起，达到管理部门对数据统一管理与应用的目的。ETL 等产生的元数据，对于元数据管理工具支持的格式可直接进行导入，对于一些自定义的规则需要进行格式转换并导入。业务元数据相对复杂，来源较广泛且不统一，需要对业务系统进行深入理解，按业务主题进行整理，梳理出业务范围、业务名称、业务定义、业务描述、业务关系等，并将其添加到元数据管理系统中。主要从以下几方面来进行梳理：第一，业务平台中的各业务流程。第二，交易、结算系统，各种财务公式、过程逻辑、业务规则等。第三，报表系统，比如表头，包含合计、平均数等聚合函数的列，一些计算公式等。第四，表格、在 Excel 中进行业务计算的公式、列的描述、代码描述等。第五，文件数据中的标题、作者、时间、内容主题等。对元数据存储的管理需要使用专门的工具，通过 Pentaho 平台进行存储管理。

例如财务样本数据以一年周期为查询时间范围，研究经费科目为支出类记账凭证，原始字段要有编号、日、序号、科目代码、类型、科目名称、摘要、配套活动、项目代码、借方金额、制单、项目名称、复核人、经办人、来源代码、来源名称、经费性质、资金性质、类款项、预算年度、项目大类、负责人工号、负责人姓名、所属部门。通过工具与数据库系统的对接,将元数据导进去,对于不支持系统对接的元数据,可手动进行添加。通过管理工具提供的辅助功能可对元数据进行标注、完善等。

（4）元数据管理

元数据获取的价值需要按照行业标准和最佳做法指导中的既定流程进行管理。元数据管理是一个与主数据管理和数据治理同样重要的功能,因为元数据管理是这些准则的基础组成部分,没有元数据无法管理主数据。此外,组织部署了数据治理项目,但没有解决元数据管理问题,仍然获得了成功,是因为数据管理员执行的活动和任务侧重于元数据和元数据管理过程。

元数据管理包括业务词汇表的开发、数据元素和实体的定义、业务规则和算法以及数据特性的管理。最基本的管理是管理业务元数据的收集、组织和维护。技术型元数据的应用对主数据管理和数据治理项目的成功至关重要。

（5）元数据的作用

元数据就是打破不同的数据格式,拓宽数据定义,统一数据范式,形成多维数据,而且通过提取转换规则可以清晰地描述关键数据,通过业务模型和数据模型可以有效地映射整个数据工作流、数据流和信息流,从而帮助用户更容易地理解数据仓库的内容,使数据更有价值。

元数据被定义为"关于数据的数据",例如传统数据库中的数据字典就是一类元数据。随着计算机技术的广泛应用,元数据越来越受到人们的关注,这是由各种需求决定的。

一是管理数据的需要。当系统数据量越来越大时,检索和使用数据的效率就会降低。存储有关系统和数据（称为元数据）的内容、组织、特征等信息的详细信息,有助于有效管理数据,从而提高效率。

二是系统分布、互操作性和重用的要求。近年来信息系统的一个共同趋势是信息共享,信息逐渐开放要实现异构系统中的信息共享,需要描述数据语义和软件开发过程的元数据,这些元数据必须标准化,才能充分实现分发、交互和重用。

三是元数据复用和综合的需要。目前,能够满足大型业务应用需求的单一工具很少,用户往往需要使用组合工具。在不同工具之间交换数据的一种方法是通过标准元数据进行交换。

元数据是关于数据的数据,是描述和定义"业务数据"本身及其操作环境的数据,因此元数据具有上述重要功能。此外,现有企业乃至园区不仅需要处理各种应用数据,还需要重点关注如何建立和管理更高层次的元数据信息仓库,使其成为各种应用与新应用来源之间的纽带。

在大数据的时代背景下,数据即资产,元数据实现了信息的描述和分类的格式化,从而为机器处理创造了可能,它能帮助更好地对数据资产进行管理,理清数据之间的关系。元数据管理是提升数据质量的基础,也是数据治理中的关键环节。元数据管理不当,信息很容易丢失,进而不能对业务进行有效支撑,用户或数据管理人员要识别相关信息就会变得十分困难,最终也会失去对数据的信任。

（6）元数据应用

元数据管理工具为所有业务人员提供元数据服务,使用户能够从业务角度快速理解数据,帮助用户更好地利用数据。以下三个方面阐述说明了元数据的实际应用价值:

① 交易链路分析

元数据可以帮助快速梳理出系统服务之间的调用关系和服务之间的接口。例如,在交易记账系统中,有一个复杂的记账服务接口,例如现金结算系统。为了更清晰、准确地了解交易过程,需要对各种服务进行梳理和整合。由于涉及不同部门和系统,工作量和工作难度都会比较大。为了解决这一问题,元数据链路分析可以实现自动化的梳理任务,元数据可以通过服务接口采集,自动获取服务信息,包括参与输入输出接口的调用字段信息,并由系统自动采集相关数据字典和关系映射,避免记录由人工梳理造成疏漏。业务元数据规范化,完成整个服务系统。此外,元数据还可以进行实体关联分析、实体差异分析、指标一致性分析、辅助应用优化和辅助案例管理。

② 元数据比较分析

在系统从开发环境到测试环境再到生产环境的设计、开发、测试、上线过程中,无论是需求变化还是故障的产生,都会导致元数据的改动变化。从整个库表的结构重新设计,小到一个表中的字段类型变更,所有问题都会导致系统结构的改变。为了避免这个问题,可以利用元数据系统具有的对比分析功能,元数据系统可以自动采集库、表、字段、视图、存储过程的结构,以保证其所处环境中的元数据是最新、最准确的元数据结构。与在线测试库的数据环境相比,元数据系统可以很容易地发现问题,可以大大降低出现这些问题的概率。

③ 数据流向分析

在数据平台系统中,业务数据从业务数据转换为分析数据,通过大量的数据提取、转换和清理过程形成分析统计数据。数据通过"业务系统""数据仓库""数据集市"分析"数据报表"。处理环节相对较长,而处理方式多种多样,数据项容易不符合业务逻辑,问题较难在短时间内解决。图10-4通过使用元数据系统进行数据流分析,即影响分析和血缘分析,提供了字段级的数据解析。上下游之间的数据处理环节可以通过图形的方式快速定位,可以快速定位特定的表和某些字段,然后再做详细的逻辑分析,这简化了分析环节,提高了解决问题的效率。

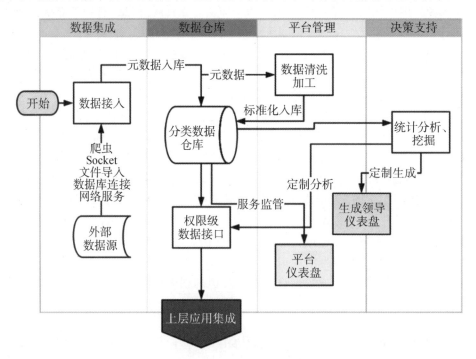

图 10-4　数据处理流程图

10.3.7　大数据技术平台架构

智慧园区大数据平台,作为基础建设的面向数据的数据管理平台,核心需求是数据的储存和读取,然后因为海量数据、多数据类型的信息需要有丰富的数据接入能力和数据标准化处理能力,有了技术能力就需要纵深挖掘附加价值更好的服务,如信息统计、分析挖掘、全文检索等,考虑到面向的客户对象有的是上层的应用集成商,所以要考虑灵活多样的数据接口服务来支撑,如图 10-5。

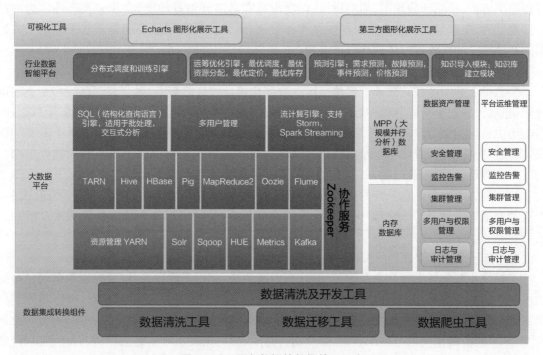

图 10-5 面向数据的数据管理平台

基于智慧园区的相关应用及关联性,或基于用户的浏览及使用习惯的历史记录,以及基于如协同办公、会议等硬件关联件,根据用户当前所查看的页面的类型及内容、之前与当前关注的数据信息内容动态组合,推荐及展现数据服务。考虑到面向的用户对象有的是上层的应用集成商,应考虑用灵活的数据接口服务来支持,形成有效的数据一张网,进而构造数据生态圈。

从某个程度来说,数据可以通过自行发行其原生的数字形态来实现自我发展,无须借助任何外部力量,每当产生一组自发式数据,数据之间将激发相互关联产生数据涟漪,自动生成多维的数据,数据体系结构逐渐进化为稳定的范式,每组数据体系将螺旋式发散地传输,既是相互缠绕的又是互不干扰的。大数据平台的作用是帮助建立用户的使用忠诚度,也可以根据用户的意愿推荐最能满足需求的数据产品和应用来产生更多的有用数据,从形式上来讲可视化平台推荐的服务应用应覆盖至智慧园区各个子系统当中,使应用的首页及相关链接均可体现对大数据方法技术综合多种类型的平台服务。

10.3.8 大数据技术平台应用

智慧园区大数据技术应用,是建设全面地统一整合各方面管理和服务的信息数据资源,以数据采集、决策分析为手段,建立或接入多种形式的资源共享数据库系统,为园区管理部门、公众和企业提供园区管理云平台,在各级数据库实现数据的开发共享,还需要建立安全标准,以及运营和维护保障体系。智慧园区的大数据平台应用初步实施为园区信息资源流转,建立园区运营管理平台,包括虚拟园区建设和物业管理平台,通过信息门户数据化分析展示智慧园区的数字化监控与管理知识数据应用于相关业务协同和决策管理。依托 CIM 平台的智能物联网数据实现园区终端设备的接入。利用数据整理分析后的统一展示分析体现园区的精细化服务和管理,实现绿色虚拟智能建造。通过对生产生活过程的 AI 预测,对服务和管理过程进行优化,开发智慧园区的特色应用。在此基础上,园区企业、建筑、能源管理、安保、消防设施等子模块应用被集成到 CIM 智慧园区管理云平台中,通过统一标准化机制就能全方位掌握园区信息与态势,具备监测监控、预测预警预案、辅助决策、调度指挥和总结评估等功能,实现突发事件信息的统一接警处理、跟踪反馈和综合分析等应急业务管理,有效提升园区监控和管理水平。基于大数据的智慧园区的服务可以体现在以下方面:

(1) 园区公共服务子模块

大数据下的园区公共服务子模块是园区数字化建设的首要核心,融合管理部门和企业内部便民信息、公共安全与应急管理数据,甚至物联网的传感器所产生的各营业系统的海量数据,并且与历史情况相结合,构建园区综合数据视图,从中提取园区服务和管理工作中真正需要的信息,实现不同应用的数据共享,及时将民生情况及公共决策的影响反映出来。利用数据挖掘自动发现业务运营规律,通过物联网、云计算、移动互联网各类技术手段呈现大数据下的宏观视角,采集、智能抓取各信息系统的资源数据,搜集相关领域的企业、设备、节能、原料、资金、交易、投资和诚信等信息,对其进行数据分析及发展趋势分析,及时了解整个园区经营状况及活动和运行状态。

(2) 园区交通综合管理子模块

该模块主要包括出行信息系统、交通状态识别系统,利用车载设备、可变标志等向驾驶员提供可识别的互动信息,同时利用超声波、视频监控、远距离识别技术对园区车辆、道路和停车场信息进行采集和处理。该模块基于园区 CIM 全景数字地图,展现园区内道路、停车场实时位置和空位等情况,提供交通与地图查询、公交出行指示、拥堵路况实时信息,引导人们绿色出行,实现园区交通状态的综合协调管理,大幅提升园区出行体验感。

(3) 园区能源管理子模块

能源管理子模块是通过智能化仪表对园区内用电、用水、供热、供冷、燃气供应等能源供应和使用情况进行实时采集和分析,利用能源管理平台模块进行统一的管理和优化,为园区能耗管理、能源控制、低碳节能策略制定提供数据和决策支撑,辅助园区提升可再生能源使用率、清洁能源使用比例以及建筑节能率,助力园区实现绿色低碳目标。

(4) 视频监控及联网报警子模块

视频监控及联网报警子模块是建立区域统一指挥、调度的中心平台,对园区重点地段、部位建立有效的安全管理,为安保部门、交通管理部门、消防部门提供有力的保障措施。自动采集和监测园区内各种数据,并建立数据库进行跟踪和分析,便于实现园区自动综合监管协同。

(5) 智能物业建设子模块

智能物业是园区的公共服务平台,包含建筑设备监控子模块,能全面提升园区在管理服务、招商引资、应急事件处理等方面的能力,在园区物业运营管理中起关键作用。

(6) 园区环境管理子模块

园区环境管理子模块是智能化、精细化提升传统园区物业在公共设施管理、绿化管理、环境容貌、卫生等方面能力的平台,结合景观、建筑、设备等,依据工程设计、施工、运营、物业管理需求和相应规范规定,检测相关的温度、湿度、风速、水质、亮度等舒适度指标,实现指标的不断优化。

(7) 数字标牌及信息发布子模块

数字标牌及信息发布子模块采用集中管理方式,统一控制园区内所有信息发布通道,向区内公众和工作人员发布信息,实现区域相关信息快速、统一和高效的传播,成为企业和公众了解园区信息的重要平台。

更多的子模块和应用场景将随着技术应用和开发的升级呈现出来。智慧园区特色管理模块建设是延续规划、设计、建造阶段的园区 CIM 系统。在运营管理阶段结合物联网技术将园区整体交通、环境、能耗运行状态的信息在大数据平台上进行展现,实现对智慧园区整体运行状态的数字模拟。

10.4 智慧园区大数据建设部署

数据中心的规模每年以大约 30％的比例在增长,这得益于国内"互联网＋大数据"、云计算、物联网以及 5G 通信技术业务的发展。除了国家发展战略和政策方面对于"互联网＋"以及数据多模的重视之外,大数据、云计算以及物联网应用的不断创新,使智慧城市、信息消费需求持续强劲增长。还有,智慧园区的建设部署规范的逐步成熟化,也是数据中心发展的重要推动力。

智慧园区数据中心关注点主要有几个方面:

一是对于节能,更加响应地方和国家的节能政策,关注包括各个省市电源使用效率(PUE)的限制,以及新技术、新产品的应用等等。在安全上更加注重园区的安全以及基建系统的安全,避免责任事故的发生。在设计阶段,更加注重 BIM 协同的整体设计,因为数据中心的管线非常多,管线的汇总也非常复杂。所以,智慧园区数据中心对于管线的汇总 BIM 协同设计是非常重视的,同时对 CIM 后期结合运维和展示也是作为一个重点来管控。智慧园区的数据中心需要采用合理的现代化的技术来提高整体的管理效率,降低运营成本。传统的园区管理有被投诉服务体验差、能源浪费大、运营成本高的痛点,智慧园区数据中心通过利用大数据、物联网、云计算以及人工智能等革命性技术,将传统园区变成安全舒适、高效绿色的智慧园区。

二是在整体和分区建设上,主要是根据近期的需求和远期的规划更加注重园区的整体规划和分期建设。而企业级数据中心更多地关注企业形象,建设要与企业形象相匹配,接待会议、入口大厅、展厅等要符合企业形象,也更加重视业务宣传以及实际的亲身体验。

三是对园区的规划越来越重视。主要是重视合理的分区,包括对数据中心园区的生产、贯通、配套、综合等区域的合理划分,对景观的重视也越来越高。更多的业主希望营造一个公园式的数据中心园区。对园区的绿化包括水系的重视程度越来越高,也是想给员工营造一个更加舒适的环境,增强对员工的人文关怀。

智慧园区就是利用云计算、物联网以及大数据、人工智能等新技术,来解决传统园区存在的痛点,通过这些技术营造一个安全舒适、高效绿色的整体智慧园区。

10.5 智慧园区数据安全管理

数据安全是指在技术和管理上为数据处理系统建立的安全保护,即保护计算机硬件、软件和数据不因偶然和恶意的原因而遭到破坏、更改和泄漏。

智慧园区大数据服务和管理过程中包含了数据采集与存储、数据清洗与挖掘、数据可视化、数据决策分析等过程。能够随时随地对园区平台系统、服务、数据等进行访问是数字化、智慧化实现的必要条件。为实现企业内外的互联互通,传统的设备也会变为联网设备,实时在线数据在园区内部和外部快速流转,这可能带来数据安全和网络安全风险。以近年来日趋猖獗的撞库攻击为例,攻击者常常会利用数据泄露获得的用户名和密码等登录信息,尝试访问其他在线网站上的用户账户,从而给相关企业造成巨大损失。数据安全和网络安全对于园区智慧化转型的成熟度至关重要。只有具备足够的数据安全和网络安全防护能力,在各个环节上巩固保障,才能应对智慧园区大数据应用带来的挑战。

要消除数据安全和网络安全方面的顾虑,系统的运行维护是大数据可持续发展的重要保障。信息系统在使用的过程中会不断产生数据,系统需要不断完善和演进,大数据的建设是园区基于信息技术的管理创新、服务创新的建设。大数据的建设过程不仅包括信息化项目建设,也包括系统交付后的运行管理、优化改进、二次开发,是长期不断持续的过程。因此大数据建设时需要考虑数据安全系统在运营期间的安全管理和创新机制,切实把大数据安全管理建设纳入常规性的智慧园区投入,以保持智慧园区服务质量和服务水平。

智慧园区大数据系统必须符合国家信息化标准规范要求,随着智慧园区智慧化建设的深入发展而及时更新、不断完善,形成既满足智慧园区当地的自身业务特殊要求,又具备行业通用性和普遍性的完善的标准体系。

智慧园区大数据相关安全管理标准必须有很强的兼容性、开放性和可管理性。基于国家《中华人民共和国数据安全法》,兼顾《大数据开放共享安全管理规范》(DB52/T 1557－2021)地方标准和已有的各个行业标准之间的兼容性、一致性以及可扩展性,确立数据分级分类管理以及风险评估,检测预警和应急处置等数据安全管理基本制度;明确开展数据活动的组织、个人的数据安全保护义务,落实数据安全保护责任;建立保障数据安全和推动数据开放的制度措施。建设和完善园区的各项标准并给出信息分类编码规格说明书,建设形成符合园区自身实际,同时和国家法律标准等信息规范相兼容的数据安全管理标准,体现标准的唯一性、适用性、扩展性、规范性、全面性,使各类数据按照统一的安全标准产生、存放、应用,使数据真正实现共享。随着智慧园区的发展,数据安全标准也在不断充实、及时更新,因此数据安全标准的建设同时能够提供灵活调整数据安全标准的管理和维护工具,对数据安全进行有效管理,促进数据安全与发展齐头并进。

安全管理建设标准化研究和标准制订的目的在于满足智慧园区大数据建设的需要,加强智慧园区建设的统一领导,建立智慧园区大数据标准的管理体系,保证数据在采集、处理、交换、传输的过程中有统一的安全管理规范,最大限度地实现信息资源共享,使智慧园区各个系统得到协同发展。

10.5.1 数据安全建设内容

数据安全建设是智慧园区建设的重点之一,对推进园区数字化、智慧化建设,保证数据的交流与共享有着重要的意义。数据安全管理规范体系是数据在采集、处理、交换、用户访问、传输、管理过程中的统一规范,是实现园区数据资源共享和信息系统协同发展的基础和前提。

数据安全包括实体安全、运行安全、数据(针对信息内容)安全和管理安全四个方面:

① 实体安全是指保护计算机设备、网络设施以及其他通信与存储介质免遭地震、水灾、火灾、有害气体和其他环境事故破坏的措施、过程。

② 运行安全是指为保障系统功能的安全实现,提供一套安全措施(如风险分析、审计跟踪、备份与恢复、应急措施)来保护数据处理过程的安全。

③ 数据安全是指防止数据资源的非授权泄漏、更改、破坏,或使数据被非法系统辨别、控制和否认。即确保数据的完整性、机密性、可用性和可控性。

④ 管理安全是指通过数据安全相关的法律法令和规章制度以及安全管理手段,确保系统安全生存和运营。

随着智慧化水平的不断发展,数据中心的信息安全逐渐成为被关注的焦点。目前在数据安全管理方面,管理数据内容包括业务数据管理标准和数据代码标准。数据管理标准规范业务数据模式的设计,以及需要提供的详细规范要求,包括数据共享和交换的标准、数据中心存储的标准、业务系统数据模式的标准。数据代码标准是园区管理数据所涉及的代码规范,也就是数据标准中所引用的字典规范,其中包括引用的国家标准、行业标准、企业标准等。国内标准有《国家经济信息系统设计与应用标准化规范》《标准化工作导则 信息分类编码规定》等;国际标准方面,以 ISO/IEC 27001:2005 为核心的信息安全管理标准将逐渐发展成为一套完整的标准族,已经成为世界上应用最广泛与最典型的信息安全管理标准,是国际上具有代表性的数据安全管理体系标准。许多国家的政府机构及跨国公司已采用了此标准对信息安全进行系统的管理,数据中心应逐步建立并完善标准化的信息安全管理体系。

按照 BSI 的规划(包括国际标准化组织的考虑)具体包括:

① ISO/IEC 27000(基础和术语);

② ISO/IEC 27001(信息安全管理体系要求),已于 2005 年 10 月 15 日正式发布(ISO/IEC 27001:2005);

③ ISO/IEC 27002(信息安全管理体系最佳实践),2007 年 4 月直接由 ISO/IEC 17799:2005(已于 2005 年 6 月 15 日正式发行)转换而来;

④ ISO/IEC 27003[信息安全管理系统(ISMS)实施指南];

⑤ ISO/IEC 27004(信息安全管理测量和改进);

⑥ ISO/IEC 27005(信息安全风险管理指南),以 2005 年底推出的 BS 7799-3(基于 ISO/IEC 13335-2)为蓝本;

这些标准或指南,互相支持和参照,共同为组织实施信息安全最佳实践和建立信息安全管理体系而发挥作用。

经过不断的修订,这些标准目前已经成为信息安全管理领域的权威标准。其两个组成部分目前已分别成为 ISO 17799 和 ISO 27001 标准。BS 7799 涵盖了安全所应涉及的方方面面,全面而不失操作性,提供了一个可持续发展提高的信息安全管理环境。

BS 7799 分两个部分,第一部分,也就是刚刚被国际标准化组织吸纳成为 ISO/IEG 17799:2005 标准的部分,是信息安全管理实施细则(code of practice for information security management),主要供负责信息安全系统开发的人员作为参考使用,从 11 个方面定义了 133 项控制措施,可供信息安全管理体系实施者参考使用。

ISO 17799:2005,即信息安全管理实施细则(code of practice for information security management),从 11 个方面定义了 133 项控制措施,可供信息安全管理体系实施者参考使用,这 11 个方面是:

① 安全策略(security policy);

② 组织信息安全(organizing information security);

③ 资产管理(asset management);

④ 人力资源安全(human resources security);

⑤ 物理和环境安全(physical and environmental security);

⑥ 通信和操作管理(communication and operation management);

⑦ 访问控制(access control);

⑧ 信息系统获取、开发和维护(information systems acquisition, development and maintenance);

⑨ 信息安全事件管理(information security incident management);

⑩ 业务连续性管理(business continuity management);

⑪ 符合性(compliance)。

BS 7799 的信息安全标准第二部分,就是 ISO/IEC 27001:2005,它是一整套信息安全管理体系规范,指定说明了建立、实施和维护信息安全管理系统的要求,并指出了风险评估实施机构应该遵循的标准规定。该规范能够组织建立信息安全管理系统,并对组织的信息安全系统进行审核和验证,可用于指导相关人员应用 ISO/IEC 17799。其最终目的是建立适合园区的信息安全管理系统(ISMS)。可以说,ISO/IEC 27001:2005(BS 7799-2)告诉我们应该做什么,而 ISO/IEC 1779:2005(BS 7799-1)提供了一些如何做或如何做好工作的指导。

其中,除了访问控制、信息系统获取开发和维护、通信和运行管理等方面都与技术密切相关,其他方面则更侧重于组织整体的管理和运行。ISO 27001:2005 是建立 ISMS 的一套需求规范,详细描述了信息安全管理系统的建立、实施和维护的要求,并指出了实施组织应遵循的风险评估标准。ISO 27001:2005 作为一套管理标准,是对适用法律法规的补充和注解,能指导相关人员如何应用 ISO 17799:2005。其最终目标是建立适合园区需要的 ISMS。

10.5.2 信息安全管理体系

信息安全管理系统(ISMS)是 1998 年前后从英国发展起来的信息安全领域的一个新概念,它是管理系统思想和方法在信息安全领域的应用。近年来,随着国际标准的制定和修订,信息安全管理系统得到了全世界的迅速接受和认可,成为各国、各种类型和规模的组织解决信息安全问题的有效手段。因此,ISMS 认证成为智慧园区向社会展示其信息安全水平和能力的有效途径之一。

ISMS 作为一个整体或在一个特定范围内,是组织建立信息安全政策和目标,以及用于实现这些目标的方法的系统。基于对业务风险的理解,ISMS 包括一系列的管理活动,如建立、实施、操作、监控、评估、维护和改进信息安全,如组织结构、政策、规划活动,目标和原则、人员和职责、过程和方法、资源等很多要素的集合。

ISO 27001 是建立和维护信息安全管理体系的标准,它要求应该通过这样的过程来建立 ISMS 框架:确定体系范围,制定信息安全策略,明确管理职责,通过风险评估确定控制目标和控制方式。体系一旦建立,组织应该实施、维护和持续改进 ISMS,保持体系运作的有效性。此外,ISO 27001 非常强调信息安全管理过程中文件化的工作,ISMS 的文件体系应该包括安全策略、适用性声明(选择与未选择的控制目标和控制措施)、实施安全控制所需的程序文件、ISMS 管理和操作程序,以及组织围绕 ISMS 开展的所有活动的证明材料。

信息安全管理体系是指组织单位按照信息安全管理体系相关标准的要求,制定信息安全管理政策和策略,采用风险管理方法,实施信息安全管理计划、工作制度,审查检查信息安全管理,提高信息安全管理执行力。信息安全管理系统是根据 ISO/IEC 27001 的要求建立的,是在 BS 7799-2 的基础上发展而来的。

ISMS 是建立和维护信息安全管理体系的标准和应用,它要求组织通过确定信息安全管理体系的范围、制定信息安全政策、明确管理职责、基于风险评估选择控制目标和方法等活动,建立信息安全管理体系。体系建立后,园区的相关管理应按体系规定的要求运行,以保持体系运行的有效性。信息安全管理体系应形成一定的文件,即应建立并保持文件化的信息安全管理体系,该体系应详细阐述受保护资产、组织风险管理方法、控制目标和控制方法以及保证程度的必要性。

10.6 数据中心绿色节能技术

数据中心在支撑"云大物移智链"技术改造能源系统的同时,全年保持不间断运行,其能耗强度极高。

数据中心存在诸如存储空间有限、处理数据量剧增导致能耗升高等问题。数据中心作为"云大物移智链"技术的主要运营载体,是数字经济发展的重要基础设施,其在存放海量数据的同时,也为网络计算提供必要的管理与计算。

10.6.1 数据中心能耗成本突出

数字经济的发展对超大规模数据中心、高性能计算和存储、高速无损网络等技术的研发,提出了更高要求,数据中心的数量和能耗也持续快速增长。《全国数据中心应用发展指引(2019)》显示,截至 2018 年底,我国在用数据中心机架总规模达到 226 万架,与 2017 年底相比,增长 36％。超大型数据中心机架规模约 83 万架,大型数据中心机架规模约 84 万架,与 2017 年底相比,大型、超大型数据中心的规模翻了一倍。数据中心利用率总体不断提升,超大型数据中心利用率仍需进一步提高。《点亮绿色云端:中国数据中心能耗与可再生能源使用潜力研究》显示,2018 年我国数据中心总用电量约 1.61×10^{11} kW·h,占中国全社会用电量的 2.35％,超过上海市 2018 年全社会用电量(1.57×10^{11} kW·h)。照此趋势预计,2023 年中国数据中心总用电量将达到 2.67×10^{11} kW·h,2019 年—2023 年 5 年将增长 66％,年均增长率将达到 10.64％。该报告首次对数据中心行业采购和使用可再生能源的必要性与可行性进行了分析。

数据中心一般由所在地电网或专用的发电设施提供电能,电能主要用于 IT 系统及设备、空调散热系统、照明设备等三个部分。据《全国数据中心应用发展指引(2018)》报告,截至 2018 年年底,全国在用超大型数据中心平均 PUE 为 1.40,大型数据中心平均 PUE 为 1.54。北京要求的 PUE 是 1.4,上海要求的 PUE 是 1.3,2019 年深圳要求的 PUE 是 1.25。从产业建设发展情况来看,我国数据中心规模总体快速增长,发展质量不断提升。

从技术发展趋势来看,5G 通信技术、工业互联网、人工智能、虚拟现实(VR)、增强现实(AR)等新技术和新应用快速演进,对数据中心的规模、建设模式、性能、网络连接等各方面产生重要影响,数据中心正加速技术创新和变革,未来将呈现"大型数据中心＋边缘数据中心"协同发展的局面。报告还指出,随着新型业务发展和功率密度提升,液冷将成为数据中心新型制冷方式。

数据中心的快速发展导致了巨大的能耗,增加了数据中心的运行成本,同时也产生了大量的污染物。因此,数据中心的能源供应优化方案将成为焦点。一方面,有必要降低负荷侧数据中心自身的能耗;另一方面,在夏热冬暖、经济发达地区,分布式能源更适合用于数字中心。同时,在数据中心能源供应顶层设计中,要充分发挥综合能源系统的潜力。

总的来说,中国作为一个发展中国家,正处于"互联网＋"驱动下的数字经济加速发展时期,特别是在区块链的应用方面,我国数据中心的能源消耗问题将会越来越突出。因此,需要关注数据中心的能源消耗,为数据中心寻找合理的低成本、可持续的能源供应解决方案。

10.6.2 数据中心运维的分析对比

传统的数据中心有以下四大用能特征:

一是能耗强度高。数据中心机架的额定负荷在 2~8 kW 之间,一个大型数据中心的机架数量可达3 000个以上。数据机房单位面积能耗约为800～1 000 W/m²,能耗成本也是数据中心运行成本的主要部分。

二是冷负荷需求较大。机架主机消耗的电能95％以上变成了热能,加上其他建筑冷负荷,为了保障主机的安全运行,需要大量的冷能来维持数据中心的恒温恒湿环境,数据中心的热(冷)电比往往在1左右,甚至大于1。

三是供能可靠性要求高。数据中心几乎需要全年不间断运行,对电能、冷能供应的安全性要求极高,一般需要2路以上市电供应以及大量不间断电源作备用。

四是用能负荷及热电比稳定。数据中心能量一般用于较为恒定的计算量及空调系统,表现出全年及典型日较为稳定的负荷特征,同时空调冷负荷能耗与其他电力的能耗之比恒定。

因此,数据中心的能源供应优化方案成为焦点。首要降低负荷侧数据中心本身能耗,包括采用更节能的机架、服务器及机组运行策略和配电系统,优化空调散热系统能耗,使用自然或免费冷源。

相较于传统的电力分供系统,数据中心综合能源系统具备七大特点:

一是系统就近布置,采用错峰用电,余电可上网,是电力供应紧张、电网容量不足区域新建用电强度极高数据中心的优选方案。

二是系统分布式就近布置,可孤网运行,能源供应可靠性高,可提高数据中心能源供应抗风险能力,符合数据中心用能的可靠性要求。

三是能量梯级利用,既发电又供冷,且系统输出热电比与数据中心负荷热电比较匹配,供需之间损失小,系统综合能源利用效率可达70％以上,符合区域发展的高效原则。

四是系统运行清洁环保,分布式能源系统的年碳排放以及污染物排放较煤电分供排放低,符合区域清洁发展的环保倡议。

五是与煤电以及绿电分供系统相比,分布式能源系统投资虽高,但年运行费用低,保证了有效的投资回报率,降低了数据中心的运行成本,具备经济可行性。

六是系统运行灵活,可作为电网的调峰电源,并可设置储冷、储电等单元,可结合当地分时、梯级电价以及用电成本进行灵活运行。

七是具备良好的扩展互动功能,可与周边用能单元集成,共筑能源互联网生态,实现区域能源参与者的友好互动、多方共赢。

当地数据中心能源系统基于分布式能源系统,并引入原动机烟气余热回收有机朗肯热功循环和低品位热能利用的地源热泵系统,与电网供电和电压缩制冷相结合,构建多能互补冷热电综合能源系统,这将有力支撑数据中心及其周边区域的冷、热、电需求,保证综合能源系统较好的能量、经济、环境和社会效益。

人工智能技术使数据中心基础设施更加智能化。利用数字化、智能化技术手段帮助数据中心基础设施管理从被动运维走向自动运维,提升运维效率,从人工到智能,助力运维成本降低35％。同时通过自动资产追踪管理提升IT设备使用率,智能化匹配数据中心供电、制冷、空间、带宽等资源,实现资源最佳利用,促进利用率提升20％,降低数据中心营业费用(OPEX)的同时最大化数据中心的实际收益。

10.6.3 数据中心规划设计

在数据中心规划的早期阶段,有必要将其作为一个整体统筹,采取适应当地条件的措施,与综合能源系统做好"顶层设计"的数据中心能源供应,并构建一个绿色能源的多能互补的综合能源系统耦合,促进数据中心高效、绿色、经济、可靠运行。将分布式能源系统提前纳入园区基础设施建设规划,尽早使能源服务企业介入,有助于提升园区全生命周期的专业化优质能源服务,提高园区环境质量和用户舒适度,促进投资。

在规划、能源利用系统的案例研究的早期阶段,需要做好具有类似负荷特性数据中心的调研方案,做好余热资源的识别,调研周围的负载特征、资源质量和时空分布。从能源利用的角度来看,数据中心"量"和"质",结合园区区域发展总体规划和控制计划(如电网规划、绿色能源发展规划)。在概念阶段,结合分布式能源系统的基本特征,废热回收系统、多能互补的综合能源系统和能源互联网网络的基本特征,基于网络耦合和启发方式,能源供应设备的转换特性(如冷、热、电)和天然气集成,构建满足数据中心能源供应需求及其周围能源负荷的能源供应拓扑结构。

在综合规划方面,确定数据中心能源使用的边界和约束条件。考虑灰色模型和能源价格,制定系统运行策略,并基于能源枢纽规划方法,对系统配置(容量和数量)、能源/经济/环境多属性进行综合评价比较,避免设备利用率低的问题。基于多用户的需求,数据中心设计考虑从业主、政府和社会,短期、中期和长期的区域能源供应计划和场景分析,能源供应价格体系考虑操作环境和用户的感受,以及考虑多能互补的综合能源系统物理层、信息层和应用程序层的技术场景、建设模式和服务模式。

10.7 数据中心建设标准化

随着大数据、物联网、云计算等高科技技术的推广和应用,数据中心的应用市场规模不断扩大,这对数据中心的基础设施提出了更高的要求。随着业务的发展和应用的增加,传统数据中心建设缓慢、运维困难的弊端逐渐显现。智慧园区的数据中心建设已经从管理信息系统发展为智慧园区环境下的整体化大数据系统的建设,在深度和广度上,原有的信息标准都不能适应今天的需求。

数据中心运营商和制造商正在探索数据中心建设的新模式。为了适应数据中心建设快速、功率高密、运维简单的发展趋势,引入模块化建设理念来解决传统数据中心建设和运维中存在的问题。

得益于模块化数据中心的明显优势,模块化数据中心逐渐成为国内数据中心建设的主流趋势。主要的制造商已经推出了模块化的数据中心产品和解决方案。可以看出,真正的模块化数据中心的主要特征是模块化设计。也就是说,数据中心建设过程中,部分设备从主机房区域的部分安装工作中剥离出来被放在工厂预制完成,然后通过简单的现场装配和调试完成。这种构建模块方法是模块化数据中心的一个重要特点。通过单个模块的预制、预集成、预调测和多个模块的快速复制部署,可以显著缩短数据中心的建设周期。

具体来说,一个真正模块化的数据中心同时具有以下四个主要特征:

(1)系统可扩展

架构的模块化:微模块集成了供电配电、制冷、综合布线等一整套系统,确保系统可按需扩展,基础设施同步 IT 需求,减少一次性投资。模块化基础设施可以根据当前 IT 需求进行部署,也可以根据业务需求进行在线扩展。

组件模块化:模块化架构解决了数据中心的建设问题,但数据中心的核心是使用和维护。真正的模块化数据中心应该从使用的角度来考虑如何实现组件模块化,如 UPS 模块化、电源分布、制冷组件可热插拔,实现 5 分钟维护,最大限度解决运维问题。

（2）灵活配置支持不同的应用场景

模块化的数据中心应该灵活匹配不同行业客户对数据中心建设的不同需求，根据不同的规模和颗粒度满足客户对不同场景和条件的需求；可灵活支持多种组合配置模式，如列间空调＋模块化 UPS＋电池入列/出列、房间空调＋封闭通道＋UPS、电池列集中供电等。在安装、升级、重新配置或移动模块时，独立组件和标准接口可以极大地简化工作负载，节省时间和投资。

另外，在供配电设备和制冷方案中，可根据客户要求提供 N、$N+1$、$2N$ 等配置方案，以满足不同可靠性水平的要求。

（3）整体标准化

真正的模块化数据中心应该是设计统一、各部件出厂预制、软硬件接口统一的产品标准件。无须定制软硬件，可满足高质量、快速部署的需求，简化客户层面的交付对接接口。

由同一厂家提供标准化的产品，而不是用零碎的硬件拼凑。如果模块化数据中心仅仅是多个制造商现场的设备，以及多个制造商的硬件拼凑的定制软件和硬件接口，那么虽然这类散件化的组合解决方案解决了冷热通道的隔离问题，某种程度上提高了制冷效率和降低了 PUE，但它具有不同的设备接口，带来了定制工作量大、交付质量低、交付速度慢等诸多问题。

模块化的数据中心并不像想象的那么简单。它不只是常见的模块化 UPS、行级空调、机柜及通道组件的简单拼凑和叠加，这就涉及模块化数据中心智能化管理。

（4）智能化管理

智能模块化数据中心不仅是硬件模块化，还需要一个统一的部署管理大脑。所谓智能模块化数据中心，它不仅是硬件模块化，还需要一个统一的管理智能化管理系统，为数据中心注入智能化的"灵魂"：管理系统作为数据中心机房的"大脑"，应以硬件模块化为基础，才能实现智能化管理，简化操作，提高操作效率。

在能耗方面，真正的智能模块化数据中心应该能够通过集中管理系统来调配供配电、调配制冷资源、控制能耗、提高设备利用率，从而降低资源消耗。

例如，HUAWEI DCIM＋管理系统可以通过多个分散控制系统（DCS）实现全网统一管理，对数据中心的电源、制冷量、空间、网络带宽资源、IT 负载需求等数据进行深入分析，实现资源的优化匹配。基于园区平台的人工智能技术带动数据中心的能效检测和调优，不断优化和降低能耗，调整数据中心的硬件架构，规范管理架构，真正实现数据中心的可视化、控制和可管理性。

从以上描述可以看出，未来人工智能技术和物联网技术将成熟并进一步融合，真正的智能模块化数据中心具有部署迅速、可靠性极高、按需部署、弹性扩容、高效节能等优势。智能化的微模块化数据中心将成为数据中心行业的主流趋势。

10.8 园区云数据资源中心和分布式机房

以 5G 通信技术为首的信息技术也引发了新一轮智慧园区建设。本小节通过对智慧园区发展现状和趋势的分析，结合需求和目标，阐述 5G 智慧园区建设的政策建议，从顶层设计、信息基础设施建设、信息基础设施建设等方面入手，以智能化运营管理平台（IOC）为核心，帮助智慧园区升级和管理。

智慧园区"运营管理中心"重点建设"大数据资源中心"，建立拥有应用数据、经验数据、知识数据的大数据体系，海量数据是智慧城市的特有产物。建立开放共享的数据系统，通过数据规范的集成和共享,实现和形成数据的"总和",有效提高决策支持数据的生产和应用水平,进一步提高智慧园区管理的科学化、智能化水平。

从数据共享的角度,凡是涉及园区管理和政务,包括监测管理、社会民生服务、公共服务、商务服务、企业经济等信息和数据,都是保障园区常态和非正常(应急)运行的基础。基础数据包括法人、企业、财政、统计、资源、安全、交通、能耗、市政、生产、市场、商务、物流、卫生、房产和园区等数据。根据园区管理和公共服务的需要,信息和数据流可以是纵向或横向的。智慧园区大数据中心具有分类、清理、提取、挖掘、分析、收集、共享和交换等错综复杂的功能。

智慧园区大数据为"运营管理中心"提供信息与数据的展现、查询、调用、应用,为智慧园区各级主管部门领导制定战略决策、编制行政文件和行业计划、配置资源等工作提供信息与数据支撑。

10.9 智慧园区大数据建设的现状与发展

在工业和信息化部的指导下,各行业协会和专家将智慧园区的内容划分成了智慧规划、智慧基础设施、智慧服务、智慧运行、智慧环境、智慧信息资源、智慧园区感知七大维度,并从全国200多个先进园区中选取了首批智慧园区试点。但到目前为止,以下几个痛点还没有完全解决:

(1) 信息孤岛问题尚未解决。

信息孤岛是指部门和线路之间的信息交互不能完全共享和互通,从而形成一个孤立的信息系统的问题。因此,企业政府在智能建设方面投入了大量资金,但没有享受到管理和运营效率的提高。由于功能脱节、信息不共享、业务流程不透明,结果可能是每个部门都做了智慧化的建设,但总体情况没有改善。

智慧园区目前发展的痛点其实并不是技术问题。技术的发展速度比我们想象得要快。制约智慧园区发展的痛点之一是人们的意识。许多企业或地方政府有足够的资金,但每个企业或部门都在投资自己的一部分,各自为政,又不互动,自然形成信息孤岛。

从小智慧园区到大智慧城市,背后的问题不是技术问题,更多是人的问题。信息孤岛问题存在的一个很大的原因是人们不愿意分享信息和数据。

(2) 智慧园区投入产出的矛盾。

一方面要加强园区内部的互动交流和管理能力;另一方面要提升园区各方面的资源整合能力。然而,与政府主导的智慧城市建设不同,智慧园区的建设更多的是要考虑经济效益。不可避免的问题是:智慧带来了多少效益;提高基础设施的运营和支持能力,提高园区的管理水平和服务能力,提高园区资源的利用效率,降低人员投入的规模,这些效益是如何评估和量化的;效益和成本之间是否存在平衡。

完整的智慧园区架构主要涉及四个层面,从基础设施层面向下到智慧应用层面向上。对于数十万平方米的园区来说,构建完善的智能系统意味着数百万的一次性投资和未来每年不小的运营维护成本。

(3) 设备设施已升级,但管理模式未跟上。

如果园区忽视了管理体系、管理标准和流程体系的同步升级,最终将导致经营效果和用户体验不尽人意。

从园区管理的角度来说,流程的优化需要智慧的技术手段介入,利用智慧园区的发展,着力打造一个全新的数据生态环境,将数据互联互通的同时,更需要关心园区的主题。通过技术手段协助园区管理服务的逐步提升,引导和参与到人为因素的决策环节,实施和执行将形成一个个闭环反馈的核心。

10.9.1 智慧园区大数据的综合保障措施

利用新一代信息技术推动智慧园区的发展并不简单,是一个长期、渐进的过程。这一过程涉及智慧园区从信息化、数字化转型智慧化所需的各方面能力的提升,是从规划思路、基础建设到设计应用、综合系统集成再到创新引领。当前园区的数字化程度相对较低,智慧化停留在比较低的层级,内外协同、数据共享的智慧园区还没有实现。在园区部署的相关单一应用或者多个应用上,大数据技术采用率也非常低,部分数字技术的使用还处于初期阶段。要克服所面临的制约因素,需由多方主体同时发力,推动智慧园区转型朝着更落地更深入的方向发展。

(1) 加强组织领导

大数据的时代已经来临,园区管理部门及企业需要对各自的行业板块进行重新评估,但是园区管理部门及企业对如何推动大数据应用缺乏深入认知,遇到的困扰常常是不知道大数据部署的能力要求、实施路径和具体应用场景,认为简单的线上信息化或者把业务从线下移到线上就是实现了大数据转型。管理部门对于智慧园区大数据转型所需的各种储备的认识也不够清晰。高德纳商业咨询服务机构(Talent Neuron)的一项调查中有53%的受访者表示,无法确定大数据转型所需的技能是转型的第一大障碍,31%的受访者表示企业无法确定市场领先的数字化技能的内容。其中一个原因就是园区管理部门及企业在大数据转型的供应、需求、可用性等方面容易处于盲目状态,导致园区管理部门及企业辨不清方向,导致冒进,回报欠佳,影响了园区管理部门及企业利用大数据推动转型的积极性。

事实上,智慧园区大数据发展,不仅包括数据流程信息化,更多的是利用大数据、人工智能、区块链等先进数字技术与园区管理部门及企业有机、紧密结合,应用大数据使得管理更加智能、协同和高效。积极推进大数据的规划、建设、运营工作同时,智慧园区规划建设领导小组出台大数据实施方案,以上级管理单位名义印发实施细则,做好智慧园区大数据建设的规划制定工作,建立智慧园区建设工作的统筹协调机制。

大数据技术在不断进步,企业对大数据的认知也需要不断更新。而作为管理和服务单位,园区更需要建立数字化思维,把大数据作为提升企业竞争力的重要内容。目前,园区智慧化建设的基础条件不够坚实。园区智慧化建设使用的新一代信息技术包括大数据分析、云计算、5G通信技术、物联网、人工智能、区块链等,这些技术将在不同的应用场景中交织融合、共同作用,因此,那种单一技术广泛使用而其他技术消失或弱化的现象不大可能出现。例如区块链和物联网相互关联才能形成适应园区建设的风险管控解决方案,新一代信息技术与园区具体业务的融合是创新的驱动因素。

(2) 完善配套政策

智慧园区建设坚持以当地政府为主导,当地政府是智慧园区的整体组织者、管理者、保障者和直接的参与者,是智慧园区发展的直接动力。要协调各方科学制定建设规划,充分调动各方积极性,积极构建以政府为主导、企业为主体、市场为导向、产学研用相结合的推进体系,不断增强建设智慧园区的综合实力。

借鉴国内外先进经验,探索数据系统建设领域的相关标准,建立大数据规范完善的法律、法规和政策支撑体系,结合智慧园区建设需求和探索实践,着力引进培育一批大数据相关领域的标准法规研究机构。推进开放共享数据,研制数据确权,制定与大数据利益相关的数据审批和定价规范,明确大数据共享相关主体范围,制定完整的开放数据共享标准体系,高度重视智慧园区建设相关的运营规则、法规规范、信息化技术标准、制度规则的创新和应用试点示范工作。促进园区服务开放,为数据共享提供标准保障,是大数据开放共享标准体系建设的重要任务,是促进开放数据共享的重要方法。统一的标准是构建共同意识或共同价值的基础,共同价值是各方达成共识,形成合作的前提。构建大数据开放共享标准体系,通过统一标准,实现不同领域的数据开放共享,形成共同意识和利益。制定和完善智慧园区建设方面政策,优化发展环境,规范建设行为,确保最佳的投资、创业环境。提高各项制度、法律、法规的执行能力,将其纳入绩效考核体系,建立和完善法律、法规和政策支撑体系。同时,建立配套服务体系,按照配套先行、服务先行的理念,加强交通、网络、通讯等方面的基础设施建设,美化环境,不断完善相关的工作生活服务,建立多层次的配套服务体系。

(3) 构建运行机制

智慧园区大数据服务及管理主要基于 ITIL(IT 基础架构库)的理论和方法,结合智慧园区建设实际情况,构建一套完整的、实用的 IT 运行维护体系。大数据服务及管理的目标是以"运维周全、服务到家"为宗旨,实现智慧园区大数据建设项目的"零风险、零故障",根据日常监测数据预测系统潜在故障,提前排除故障。

为确保智慧园区大数据相关部分能够连续、可靠、安全运行,降低故障发生的概率,提高智慧园区的运行管理水平和服务保障能力,为智慧园区各领域、各行业工作提供高效、可靠、便利的服务,构建基于 ITIL 的运行服务及管理体系,规范事件管理、问题管理、配置管理、变更管理及发布管理等流程,并建立智慧园区大数据的运维管理工作平台,实现智慧园区系统、平台的分级预警、分时响应、快速恢复。同时,为确保整个项目运行服务及管理工作更加高效地开展,完成相关人员培训、日常维护、应急保障、模拟演练、备品备件管理、资产管理和文档管理等。

大数据的运行维护是智慧园区可持续发展的重要保障。信息系统在使用的过程中会不断地产生数据,因此需要不断完善和演进。大数据的建设是园区基于信息技术的管理创新、服务创新的建设,因此大数据建设的过程不仅是智慧园区建设的过程,也包括了系统交付后的运行管理、优化改进、二次开发,是长期不断持续的过程。因此大数据建设时需要考虑系统在运行管理期间的运行和创新机制,不断提高大数据的运行质量和服务水平,切实把大数据的运行维护纳入智慧园区常规性的预算投入,以保持智慧园区服务质量和创新机制。

(4) 强化人才培养

智慧园区大数据的实现需要高素质人才供给,人才是赋能智慧园区的关键因素。智慧园区建设最重要的保障就是人才的引进和培养。相关人才需要具备过硬技术,例如需要了解数据算法,并熟练掌握产品、市场、数据分析等技能。根据测算,我国大数据人才缺口高达 150 万,供需比例严重失衡,人才培养在某种程度上决定了大数据能实现多少生产价值,也影响着数字化战略、组织的实施和管理,是智慧园区实现数字化转型的关键。尤其对于中小型园区,其数字化基础薄弱,要做到大数据信息化,把业务和数据深度融合,需要大量的资金。迫于资金的压力,园区对大数据的投入往往十分有限。根据相关调研,数字化转型投入超过年销售额 5% 的企业占比为 14%,近七成(69%)企业的数字化转型投入低于年销售额的 3%,其中 42% 的企业数字化转型投入低于年销售额的 1%。我国在智慧化方面的基础人才和与应用场景匹配的数字化技能人才都面临严重缺口。

要坚持引进与培养并重,注重高技能创新型人才培养,加强高层次人才再教育,以即将推进的各示范项目为载体,培育一批高水平的人才队伍。发挥大数据人才工程的引领作用,吸引业界知名的专家学者参与研究。同时,利用当地的教育科研资源,创新培养机制,制定和落实培养措施,在培养的过程中,发掘各种渠道,积极创造有利条件,鼓励人才积极参与智慧园区的实践,为智慧园区建设的人才培养提供保障。

(5)开放共享数据体系

借鉴国内外先进经验,探索数据系统建设领域的相关标准,推进开放共享数据,研制数据确权,制定与大数据利益相关的数据审批和定价规范,明确大数据共享相关主体范围,制定完整、相互衔接的开放数据共享标准体系,促进开放共享数据提供标准保障,是大数据开放共享标准体系建设的重要任务,是促进开放数据共享的重要方法。

在大数据共享的立法基础之上,研究和数据分类分级、数据确权、数据流通、数据定价相关的标准,通过分级分类和量化,真正规范数据分配和定价,从而实现市场范围主体的相关利益明确界定,规范开放数据共享和大数据市场环境,激发企业、社会组织和个人参与数据交换活动,进一步促进社会开放数据资源共享。

10.9.2 智慧园区大数据发展趋势

(1)智慧园区数据全覆盖化

鼓励园区企业和管理部门制定构建复合知识化战略规划体系,包括对技术、数据、人才以及与之相关的政策、运营、模式、流程的一系列调整,结合实际情况,制定大数据应用的具体计划和路线图,明确自身布局大数据的方向、目标和重点,勾画大数据应用的生态蓝图愿景,并构建与之相适应的大数据治理模式、手段和方法。智慧园区通过大数据不断深入能够扩大应用的边界,大数据技术正给传统园区发展方式带来颠覆性和革命性的影响。随着5G通信技术等新一代通信技术的发展,大数据技术全面发展并渗入到人们的生活和工作,极大促进了人与数据共生发展的程度,智慧园区将加速进入一个完全互联互通的状态。

(2)大数据平台集约化

大数据实现的三大核心要素是智能联网的机器、人机协作和先进的数据分析能力。三大核心要素缺一不可,形成一个闭环控制的生态圈。没有大数据的采集、传输、处理和分析,智慧园区的执行、控制、运营和优化将无从谈起。通过对周围的现实世界进行网络化虚拟和建模,可为园区管理者决策提供依据,提升优质资产的保值和升值,营造优质体验和服务,将园区的关键数据信息深入剖析发展成为综合基础服务。

(3)构建智慧园区数据生态

多维度的大数据体现智慧园区水平,推动传统产业园区从能源高耗低效、劳动粗放的生产方式上转变。提高生产效率、服务质量,降低能耗和大数据技术的发展也与传输处理效率不断提高、数据质量不断提升、不确定性因素不断强化的过程有关。通过建立包括数据定义、数据技术、数据生产过程、数据在线监测、数据使用过程等在内的数据全生命周期治理体系,可有效追溯数据的产生和产生原因,不断增强数据生态圈的质量保证能力。通过与园区内外多个数据源相关的数据分析,可以挖掘和发现复杂问题的根源。由此可见,大数据技术是提高智慧水平的必要手段。

在数据采集方面,推动点数据标准化的应用,提高算法处理容限和输出精度,将标准应用于更多的应用平台和内外数据接口,如园区移动数据接口等,并利用传感器数据接口,将其用于视频采集、震动信息采集、管网状态信息采集、红外信息采集等。以技术研发围绕智慧园区的核心应用场景,加快数字孪生、区块链、人工智能等前沿数字技术的应用突破,提高智慧园区完整的大数据处理能力。

在算法和软件方面,对更多的算法进行改进,开发或二次开发相关软件,增加对数据分析和需求分析的投入,提高算法研究的深度和效率。应该在理论上增加算法实验数据的范围,研究在每个算法中定位算法层的实现,大量使用智慧园区数据的候选算法,将相同类型的数据添加到测试环境进行实验,构建更好的学习网络。在 GIS 信息处理上细化信息层图,将大数据应用点与实际需求有机结合,构建开放式园区地图功能平台,采用集体共享数据方式,提升智慧园区活力。通过优化数据中心布局,进一步提升服务能力。强化智慧化人才教育,持续提升智慧园区规划和技能水平。完善大数据治理体系建设和安全防护体系建设,加强数据标准化和数据管理,建设漏洞库、病毒库等网络安全基础资源库,搭建安全测试环境。为园区短期和长期的管理决策提供可视、自动、智慧响应服务,最终使智慧园区实现云边端可控、高度协同和整体最优的效果。

不难预测,智慧园区大数据的应用将继续保持高速增长的趋势,各种规模的数据中心运维和管理工作将迎来新的挑战和机遇,这是一个巨大的市场,精准把握其发展趋势,可以让我们掌握发展的主动权。

第十一章 人工智能及其在智慧园区中的应用

11.1 人工智能概述

11.1.1 人工智能的定义

人工智能(AI)是英文"Artificial Intelligence"的简写。

从字面上看,人工智能可以包含人工创造或制造的智能机器、智能材料和智能系统等。现在国内已经将智能音箱、智能监控系统和其他众多的智能软件、App 进行了产品化。目前正在探索和建设中的智慧园区、智慧城市,甚至未来可期的智能材料、智慧社会、智慧星球等等都离不开人工智能的赋能。

在学术界,曾经有几个重要的观点:

1956 年,达特茅斯会议首次提出人工智能的定义:使一部机器的反应方式像一个人在行动时所依据的智能。

美国斯坦福大学著名人工智能研究中心的尼尔斯·约翰·尼尔森(Nils John Nilsson)教授定义"人工智能是关于知识的学科——怎样表示知识以及怎样获得知识并使用知识的学科"。

美国麻省理工学院的帕特里克·温斯顿(Partric Winston)教授认为"人工智能就是研究如何使计算机能做过去只有人才能做的智能工作"。

中国通信学会认为,人工智能是计算机科学的一个分支,它企图了解智能的实质,并生产出一种新的能以与人类智能相似的方式做出反应的智能机器,该领域的研究包括机器人、语言识别、图像识别、自然语言处理和专家系统的研究等。

人工智能从诞生以来,理论和技术日益成熟,应用领域也不断扩大。可以设想,未来人工智能带来的科技产品,将会是人类智慧的"容器"和延伸。

人工智能是模仿人的意识、思维的信息过程。人工智能不是人的智能,但它能像人那样思考,也可能超过人的智能。

站在人类自身发展的角度,具备人工智能能力的新一代机器人(图 11-1),能像人那样思考,但又具有比人类强大得多的能力(包括思维能力)的智能机器人必将出现。他们可能会成为特定领域改造世界的主力军,当然,在特定情况下也有可能成为人类的对手。所以人工智能也是双刃剑,导致了很多争论。这也是历史上很多新生事物出现及发展过程中不可避免的处境。

图 11-1 人工智能机器人

在此,本书采纳目前人工智能领域内,被广泛接受的一个定义表述,它涵盖了短期和长期可能见到的人工智能的范畴,即:

人工智能是利用数字计算机或者算法控制的机器模拟、延伸和拓展人的智能,感知环境,获取知识并使用知识获得最佳结果的理论、方法、技术及应用系统。

根据人工智能是否能正式地推理、思考和解决问题,可以将人工智能分为弱人工智能和强人工智能。

弱人工智能(Artificial Narrow Intelligence, ANI)是指擅长于单个方面的人工智能。数据分析处理和数据特征自动提取、图像分类、人脸识别、语音识别、图像处理、模式识别、机器翻译等等都属于弱人工智能,也就是现在大多数人在研究的领域。

强人工智能是指真正能进行思维的智能机器,并且这样的机器是自觉的和有自我意识的,这类机器可分为类人和非类人两类。

5G 时代的到来,驱动"A、B、C、D、E"等行业快速发展,即"A"(AI,人工智能)、"B"(Blockchain,区块链)、"C"(Cloud,云端)、"D"(Data,大数据)、"E"(E-commerce,电子商务)。现如今人工智能已经悄然走进人们生活中,从智慧家居、智能机器人到无人驾驶、无人工厂,人工智能技术被广泛应用到社会各个领域,改变甚至颠覆了人们已有的认知,对制造业、交通、医疗、文化等产业形态带来极大的积极影响。

最近若干年,人工智能得到了社会各界越来越多的重点关注。在《2019 胡润全球独角兽榜》中,人工智能产业相关的企业有 40 家,属于中国的有 15 家。2019 年 6 月,上海证券交易所科创板正式落地,对中国人工智能产业起到了较大的推动作用。公开资料显示,8 月份科创板挂牌企业中,近五成企业(27 家)涉及人工智能、大数据和云计算领域。

11.1.2　人工智能主要知识体系

人工智能知识体系主要由数据挖掘、数据可视化、深度学习和神经网络构成。通过数据挖掘和数据可视化,构建大数据的系统化、结构化、标准化。深度学习、机器学习和神经网络则是利用人工智能技术和各种应用算法,对大数据进行处理、分析、应用等的一系列的运算和操作。

人工智能知识体系是用于开发模拟、延伸和扩展人的智能的理论、方法、技术及应用系统的一门技术科学。除了前续章节已经介绍的大数据知识部分以外,人工智能主要包括深度学习、机器学习、深度神经网络。

(1) 深度学习

深度学习是用于建立模拟人脑进行分析学习的神经网络,并模仿人脑的机制来解释数据的一种机器学习技术。从某种意义上来说,深度学习是特征学习。深度学习的概念可以理解为,基于样本数据通过一定的训练方法得到包含多个层级的深度网络结构的机器学习过程。深度学习所得到的深度网络结构包含大量的单一元素(神经元),每个神经元与大量其他神经元相连接,神经元间的连接强度(权值)在学习过程中被修改并决定网络的功能。通过深度学习得到的深度网络结构符合深度神经网络的特征,因此深度网络就是深层次的神经网络,即深度神经网络(DNN)。

(2) 机器学习

机器学习属于人工智能及模式识别领域,应用于解决工程应用和科学领域的复杂问题。机器学习是使用计算机模拟或实现人类学习活动的科学,是人工智能中最具智能特征,最前沿的研究领域之一。机器学习作为实现人工智能的途径,在人工智能界引起了广泛的兴趣,它已成为人工智能的重要课题之。机器学习是用算法解析数据,通过不断学习,对世界上发生的事作出判断和预测的一项技术。机器学习的本质是从数据中构造算法,而深度学习是机器学习中的一种特殊算法,一种在数据中学习多层次抽象的算法。

(3) 深度神经网络

深度神经网络由多个单层非线性网络叠加而成。常见的单层网络按照编码解码情况分为3 类:只包含编码器部分、只包含解码器部分、既有编码器部分也有解码器部分。编码器提供从输入到隐含特征空间的自底向上的映射,解码器以重建结果尽可能接近原始输入为目标,将隐含特征映射到输入空间。

前馈深度网络(FFDN)由多个编码器叠加而成。反馈深度网络(FBDN)由多个编码器叠加而成。双向深度网络(BDDN)通过叠加多个编码器层和解码器层构成,每层可能是单独的编码过程或解码过程,也可能既包含编码过程也包含解码过程。卷积神经网络(CNN)是由多个单层卷积神经网络组成的可训练的多层网络结构。卷积神经网络包括卷积、非线性变换和下采样三个阶段。其中,下采样阶段为非必需的,一些卷积神经网络完全去掉了该阶段,通过在卷积阶段将卷积核窗口滑动步长设置为大于1,达到降低分辨率的目的。

人工智能(深度学习+神经网络部分)的知识体系结构如图 11-2 所示。

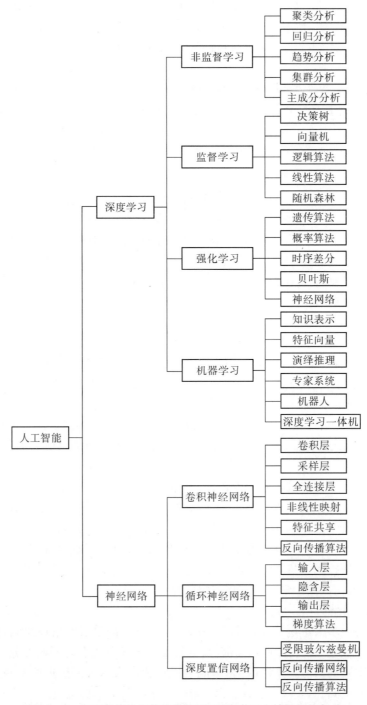

图 11-2 人工智能知识体系结构图(深度学习+神经网络部分)

11.1.3 人工智能发展史

（1）人工智能的起源和发展

从 1956 年至今，全球人工智能的基础理论研究和标志性事件有几次高潮和低谷，如图 11-3 所示是总体低潮高潮波动的时段。如表 11-1 所示是有代表性的人工智能高低潮事件列表。

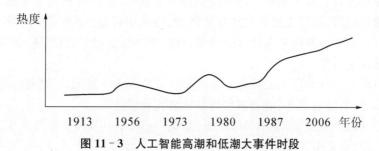

图 11-3 人工智能高潮和低潮大事件时段

表 11-1 人工智能高潮和低潮大事件

出现	第一次高潮	第一次低潮	第二次高潮	第二次低潮	第三次高潮	
1910 伯特兰·罗素（Bertrand Russell）出版《数学原理》 1936 年，"人工智能之父"艾伦·图灵（Alan Turing）提出了"可计算机器"的概念 1943 年，美国心理学家沃伦·麦卡洛克（Warren McCulloch）和数理逻辑学家沃特·皮慈（Walter Pitts）提出神经元的 MP 模型 1949 年心理学家唐纳德·赫布（Donald Hebb）提出了赫布学习规则，实现连接强度可调整	1956 年，达特茅斯会议召开，人工智能正式诞生，基础理论被充实，感知器（单层神经网络）、贝尔曼公式被提出	1973 年，《莱特希尔报告》指出人工智能没有取得预期，二十世纪七十年代，数学模型和数学手段要求巨大算力，无法实现	1980 年，卡耐基梅隆大学为美国数字设备公司（DEC）制造出专家系统；1986 年，多层神经网络被发明，大卫·如米尔哈特（David Rumelhart）和杰弗里·辛顿（Geoffrey Hinton）提出反向传播（BP）算法	1987 年，专家系统所依赖的 Lisp 机器在商业上的失败 20 世纪 90 年代中期，乌拉弟米尔·瓦普尼克（Vladimir Vapnik）等人发明的支持向量机（SVM）算法迅速打败了神经网络算法，成为主流 神经网络再次陷入冰河期	2006 年，杰弗里·辛顿（Geoffery Hinton）利用预训练和微调大幅减少了训练多层神经网络的时间，提出了"深度学习"概念，并在语音识别领域取得进展 2012 年，在语音识别领域取得了重大突破	2016 年，谷歌的 AlphaGo 战胜李世石 人工智能理论获得突破：深度学习、支持向量机（SVM）、Boosting 法、贝叶斯采样推理被发明 2018 年，BERT 模型称霸自然语言处理 2017 年，图形处理器（Graphics Processing Unit，GPU）、数字信号处理器（Digital Signal Processing，DSP）成为人工智能的硬件核心元件 同时，大数据获取愈发容易 2017 年，埃隆·马斯克（Elon Musk）的 Neuralink 公司开始研究脑机接口，尝试把动物大脑意念（智能）输出到设备

（2）人工智能技术的发展

目前在我国，基于人工智能的语音识别、图像识别、人脸识别已经有越来越广泛的应用。对我国人工智能技术来说，最大优势就在于应用场景众多，数据丰富，可以不断推动人工智能技术迭代；而最大的考验则是芯片这样的核心硬件不能完全满足需求。

2018 年 10 月，华为发布全栈全场景人工智能解决方案，同时发布了两款人工智能芯片，昇腾 910 和昇腾 310。昇腾 910 是目前单芯片计算密度最大的芯片,而昇腾 310 芯片则是极致高效计算低功耗人工智能芯片。两款人工智能芯片的率先发布显示出华为在国内人工智能硬件领域的领先。

人工智能目前已经应用到了社会中各个重要领域。比如,在 2018 杭州·云栖大会上,杭州城市大脑 2.0 正式发布。这个城市管理平台集合了大数据、云计算和人工智能等技术,根据现场连线显示的管理数据,杭州全市车辆的总体数据、市民出行量、交通安全指数、报警量等数据均得以实时呈现。人工智能技术在社会的宏观管理、细节甄别(如人脸识别)、事故预警、智能防控等各环节都被深度应用。

中国大陆目前有 500 余家人工智能主流企业。具体到人工智能技术层面,排名前三的技术分别为计算机视觉、智能机器人、语言识别与自然语言处理技术。

人工智能之所以如此强大,离不开以腾讯、华为、百度等中国人工智能巨头企业的引领,以及地平线、美团、依图、爱奇艺、大众点评、海康威视、大华、澜起科技、优刻得、拼多多、科达等众多独角兽企业的积极投入。大批的初创公司紧跟其后,大量涌进人工智能阵营,开发各类应用。由人工智能主导的一场时代技术变革正在上演。

目前弱人工智能主要靠大数据训练加深度学习,很难实现技术的质变,达到强人工智能。下一步,人工智能很可能走向后深度学习时代,凭借技术创新达到强人工智能。可以预见,在强人工智能阶段,相关产业构成还会有大的变化。

(3)人工智能助力社会发展

从 200 多年前西方工业革命后西方资本主义鼎盛,到现在数字经济已成为多数发达国家和发展中国家不可或缺的组成部分。

工业革命后,机械化开始出现,20 世纪数字化信息革命后,人工智能开始进入各个领域。从机械手辅助,到自动化流水线,到黑灯工厂,人工智能已经取代了很多高危、人工低效的工作岗位,大大地促进了制造业的标准化,提高了制造业的劳动生产率,降低了制造成本。

人工智能进一步发展,进入了越来越多的生活和工作领域。

生活中,如天猫精灵、智能电脑(支持如微软 Cortava、亚马逊 Alexa、小米"小爱同学")、智能手机,各种智能 App 层出不穷,大大提高了人们生活的便利度。现在,人们已经很难离开人工智能的辅助了。

在医疗领域,在一些图像诊断的场合,人工智能辅助的诊断系统的准确率已经超过了经验丰富的医生。而且人工智能辅助诊断系统的效率非常高,还方便远程诊断,大大方便了病人就诊,大大改善了病人体验。在新冠肺炎疫情防控当中,人工智能在肺炎 CT 照片识别中也表现突出,给了紧张的医疗人员很好的支持,为挽回很多患者的生命发挥了很大作用。

在智慧城市、智慧园区领域,人工智能也当仁不让,发挥着非常大的优势,提升了整个社会运转的效率。在新冠肺炎疫情控制期间,从人脸识别到红外线智能测温,再到健康码,再到密切接触者追踪,人工智能技术都发挥了不可或缺的作用。在智慧城市和智慧园区的应用领域,人工智能已经渗透到了几乎所有应用领域,比如智能交通管理、智能安防监控、智能节能管理、智能停车管理、智能资产追踪、智能电网管理、智能环保管理、智能垃圾处理、智能综合服务平台。

回看 200 年的人类政治经济史,可以非常清晰地看出在数字化社会全面到来的今天,人工智能已经成为越来越不可缺乏的社会基础设施中的主要技术之一。

结合区块链等新兴技术,人工智能必将助力人类社会发展到崭新的基于大数据、区块链的科学人工智能辅助治理决策的阶段。这将带来人类社会治理的部分质变,加速推动人类社会向更高阶段发展、成熟。

（4）人工智能发展带来的问题

现在,全球研究脑机接口或类似的意念控制的技术很热潮,有一个很重要的原因,即人们对人工智能的恐惧。比如埃隆·马斯克(Elon Musk)认为,超级人工智能的崛起只是时间问题,而人工智能能自我学习、自我优化、快速迭代,使其有可能最终失控,反过来奴役人类。为了避免悲剧发生,人类只有一个选择:以"毒"攻"毒",借力人工智能,人机合一,变成超级人类。

另一个更大忧虑是人类自身的两极分化。如果说,以前的技术进步,只是让"富者愈富,贫者愈贫",而脑机接口等技术等突进,则可能将让富者愈聪明、愈博学、愈健康,贫者愈弱小,乃至最终出现超级人类。比如,利用脑机接口,可以把整个大英博物馆的知识,植入人的大脑;甚至于把云端大型智能计算中心的辅助决策结论,直接通过脑机接口,发送给相关人,真正实现把人工智能智库装到脑子里。超级人类的实现,在未来也很可能不可避免。

此外,之前的弱人工智能主要依靠特定算法在数据上的计算实现,人们容易理解和控制人工智能的行为和结论,但是当机器学习、深度机器学习越来越成熟后,人们对人工智能的控制不断减弱,有时,要深入理解人工智能的行为和结论变得很困难。尤其是目前人们还很难把人类社会的伦理道德和自然法则变成确定的边界去约束或引导机器学习,使得人们很难保证人工智能做出的决策符合自然界的基本法则或者人类社会的基本伦理道德。这也是全球现在人工智能理论研究的热点和跨学科主题。还需要更多的人工智能专家和社会学家、法学家、各界人士共同探讨,找到好的解决方法,让人工智能发挥长处,尽量减小人工智能带来的风险。

11.2 人工智能在智慧园区中的发展和创新

11.2.1 人工智能在园区中的发展

人工智能和园区的结合,从无到有,从不重要到不可或缺,可以划分成四个阶段,每个阶段的特点、时间点和相关度,可以简单小结为如图 11-4 所示。

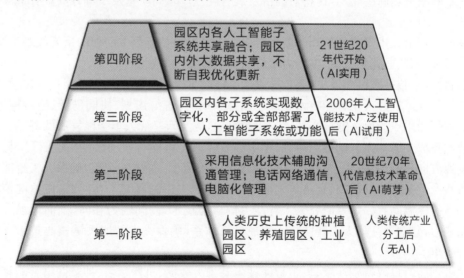

图 11-4 智慧园区发展阶段

目前,我国的智慧园区发展很不平衡:发达地区的部分园区已经处在数字化园区,甚至智慧园区的阶段;欠发达地区的不少园区还停留在信息化园区阶段,刚开始进入数字化园区的阶段。

党的十八大提出全面建设小康社会,智慧城市、智慧园区开始得到更多专业人士和各界群众的关注。从改革开放时代开始的传统的产业园、经济开发区、产业贸易园到数字化园区,再到现在的智慧园区,经历了几十年的风雨,到如今开始形成百花齐放、各具特色的雏形。大部分的园区目前还只具有智能辅助的一些离散子系统,并没有发展到真正的智慧园区的阶段。

11.2.2　人工智能在智慧园区中的主要应用范围

人工智能技术已经成熟地应用在语音识别、自然语义识别、人脸识别、情绪识别、模式识别、机器学习、深度机器学习、人工神经网络、虚拟现实(VR)、增强现实(AR)、混合现实(MR)、智能数据分析推理等领域。

目前,在智慧园区领域,人工智能技术也已经渗透到越来越多的管理子系统体系中。

在智慧园区中,目前已经广泛地部署了各类人工智能系统,可以分成以下三类:

① 智能基础设施(智能办公楼、智能展厅、智慧园区电网、智能仓库、智能会议室、智能餐饮店、智能保健室、智能健身房、智能绿化区、智能污水处理、智能垃圾分类、智能安防等);

② 智能管理(智能物流、智能安防、智能停车、智能餐饮、智能报关等);

③ 智能服务(智慧线上推广、智慧网上招商、智能餐饮、智能会议服务、智能展会等)。

11.2.3　人工智能在智慧园区中的技术创新指导思想

人工智能的研究和使用目前还处在初级阶段,而人工智能技术是新一轮科技革命和产业变革的重要驱动力量,加快发展新一代人工智能是事关抓住新一轮科技革命和产业变革机遇的战略思维。应通过发展新一代人工智能,促进其同经济社会发展深度融合,推动我国新一代人工智能健康发展。

围绕提升我国人工智能国际竞争力的迫切需求,新一代人工智能关键共性技术的研发部署要以算法为核心,以智慧城市、大数据和物联网为基础应用,以提升感知识别、知识计算、认知推理、运动执行、人机交互能力为重点,形成开放兼容、稳定成熟的人工智能技术体系。

人工智能技术集成创新体系研究重点受云计算、区块链、物联网、大数据、人工智能等新一代信息技术的集成创新的驱动,这将对经济发展、社会进步、高质量发展等方面具有重大而深远的意义。

发展人工智能技术集成创新和深度融合应用是赢得科技竞争主动权的重要战略思维,是推动科技跨越发展、产业优化升级、生产力整体跃升的重要战略资源。

在智慧城市、智慧园区建设中,要狠抓人工智能技术集成创新。人工智能具有多学科综合、高度复杂的特征。通过人工智能技术集成创新体系研究、统筹谋划、协同创新、稳步推进,以增强原创能力作为重点。以关键核心技术为主攻方向,夯实新一代人工智能发展的基础。通过人工智能技术集成创新体系基础理论研究,学习和研究人工智能科技前沿的"无人区",努力在人工智能发展方向和理论、方法、工具、系统等方面取得变革性、颠覆性突破,确保人工智能在新型智慧城市涉及政务、民生、治理、经济等领域的深度融合应用的研究走在前面,使关键核心技术的集成创新占领制高点。重点研究人工智能关键核心技术,以问题为导向,全面增强人工智能科技创新能力,建立新一代人工智能技术集成创新体系,确保人工智能关键核心技术牢牢掌握在自己的手里。

在技术创新时也要特别注意,人工智能技术基于大数据、机器学习、神经网络智能算法等技术,对于数据的黏度很高。而且,人工智能如果不能很好地被人们所监控,客观上存在人工智能失控的风险。所以必须让人工智能和多种新技术(如区块链)集成创新,提高人工智能的可控度、可信任度,真正助力新形势下的智慧园区建设。

11.3 人工智能在智慧园区中的应用实例

11.3.1 塔普翊海的数字孪生智慧园区方案

塔普翊海(REALMAX)成立于2003年,中文名称为"塔普翊海(上海)智能科技有限公司"(http://www.realmax.com/),是国投智能参与投资的AR计算企业,推动增强现实相关的人工智能技术在各相关行业平台上的规模化应用。企业自主研发的RealWeb云平台采用WebAR技术,提供了安全的场景数据服务,内容生态系统的建立让更多开发者使用超大可视角的沉浸式AR眼镜"REALMAX乾"展开创新,让用户体验没有屏幕边界的数字信息视界。战略深耕典型垂直行业的场景应用,通过自主设计、研发量产的AR智能硬件满足消费者用户在真实世界的数字化交互,实现了中国AR计算企业在下一代计算平台的国际竞争和趋势引领。其与合作伙伴的核心技术已经在时下流行的数字孪生时代被深度嵌入集成。

例如,2020年新冠肺炎疫情后刚启动的内地某城市的智慧城市项目的数字孪生园区项目和相关伙伴合作,采用孪生技术,解决了当前园区在感知业务领域各自为政、条块分割、烟囱林立、信息孤岛的问题。数字孪生园区将针对这些不同的应用场景,统筹感知体系建设,统一采集汇聚,实现园区动态数据整合与共享,形成全域覆盖、动静结合、三维立体的规范化、智能化、全联接的感知布局,实现物理园区在数字园区的精准映射。

从核心技术平台看,数字孪生园区在传统智慧园区建设所必需的物联网平台、大数据平台、应用支撑赋能平台基础上,增加了园区信息模型平台。该平台不仅具有园区时空大数据平台的基本功能,更重要的是成为在数字空间刻画园区细节、呈现园区体征、推演未来趋势的综合信息载体。基于数字空间的孪生体,智慧园区将带来前所未有的场景化应用体验,园区将开启个性化服务新时代。图11-5是数字孪生园区的生长示例图。

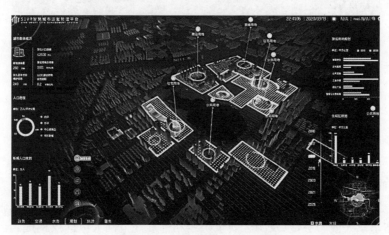

图11-5 孪生园区生长示例图

通过这种孪生园区结构,数字园区与物理园区两个主体虚实互动、孪生并行、以虚控实,通过物联感知和泛在网络实现由实入虚,再通过人工智能的科学决策和控制,由虚入实,实现对物理园区的最优管理。优化后的物理园区再通过物联感知和泛在网络实现由实入虚,数字园区仿真决策后再一次由虚入实,这样在虚拟世界仿真,在现实世界执行,虚实迭代、持续优化,逐步形成深度学习、自我优化的内生发展模式,大大提升园区的治理能力和水平。

此外,数字孪生模式下,通过数字空间的信息关联,可增进现实世界的实体交互,实现情景交融式服务,真正实现精准映射、虚实交互、软件定义、智能干预。图11-6就展示了规上企业的物理分布。

图 11-6 孪生园区规上企业分布示例图

数字孪生园区的核心价值,在于通过建立基于高度集成的数据闭环赋能新体系,生成园区全域数字映像空间(全要素场景),并利用数字化仿真、虚拟化交互、积木式组装拼接,形成软件定义园区、数据驱动决策、虚实充分融合交织的数字孪生园区体,使得园区运行、管理、服务由实入虚,可以在虚拟空间建模、仿真、演化、操控,同时由虚入实,改变、促进物理空间中园区资源要素的优化配置,开辟新型智慧园区的建设和治理新模式。图 11-7 清晰展示了数字孪生园区的地下管缆示意图。

图 11-7 孪生园区赋能园区地下管缆示例图

数字孪生智慧园区建设内容的总体架构设计图如图 11-8 所示。

可见,数字孪生园区并没有脱离智慧园区的总体架构布局,它由新型基础设施、智能运行中枢、智慧应用体系三大横向层,以及园区安全防线和标准规范两大纵向层构成。

基础设施层包括全域感知设施(包括泛智能化的市政设施和园区部件)、网络连接设施和智能计算设施。

智能中枢层是数字孪生园区的能力中台,也是园区大脑,通过感知设施管理、园区大数据与信息模型融合,构建园区的数字底座,是数字孪生园区精准映射虚实互动的核心。同时,智能中枢层通过数据提取、智能分析、智能预测、智能优化等共性技术赋能与应用支撑平台,提供场景服务、数据服务、仿真服务等能力。

应用服务层基于数字孪生底座及赋能中台,为园区运营微单元、应急指挥、网格化治理等联动业务,实现三维空间可视化、模拟仿真、预测决策等应用。

目前,采用此数字孪生园区理念的智慧园区项目已经在全国若干城市开始设计建设。

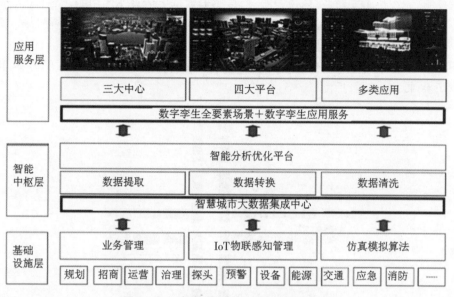

图 11-8 孪生园区赋能总体架构设计图

11.3.2 格兰斯贝智能照明解决方案

目前智能照明在许多数字化园区、智慧园区中已经普遍使用。苏州格兰斯贝网络科技有限公司借鉴新加坡组屋的先进经验和理念,利用先进的物联网技术和人工智能技术做了智能照明产品,可以有效节约 70% 以上照明能耗,并且能保障照明舒适度。

技术实现上,格兰斯贝与中科院上海无线通信研究中心联合打造无线自组网传感网。智慧照明产品 GS-Lighting,拥有完全自主知识产权的硬件设计、传感自组网通信协议与核心算法代码。每盏格兰斯贝智能灯集成了智能模块 GS-Linker,智能模块通过 2.4G 自组网通信协议和强大的智能调光控制,可多跳桥接形成无边界大规模自组织网络,并实现炫酷实用的智能调光效果。园区中的多盏智能灯构成了如图 11-9 所示的网络。

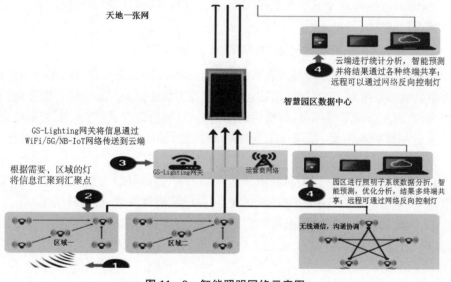

图 11-9 智能照明网络示意图

在使用效果上,多灯联动,人未到灯提前亮,人走灯休眠。GS-Lighting 还利用物联网技术集成远程控制、无线传感安防、室内位置服务、传感器数据上传等实用功能,GS-Lighting 广泛应用于物业、办公区域、地下空间、大型商场等多种场景,并已在百度、华为、虹桥机场、第一太平、诺基亚、万科等现场有了大量实际应用。

如图 11‑10 所示的停车场典型应用场景,在路口也可以采用相邻组关系的方案,保证照明区域平滑切换,提高人感舒适度。

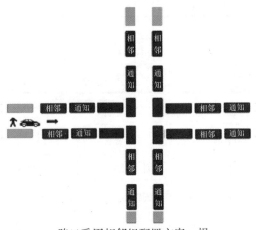

路口采用相邻组配置方案,提
前点亮前方路口或车道照明

图 11‑10　智能照明功能示意图二

使用这样的智能照明方案,同时可以优化智慧园区安防联动和空间规划。详细如下:

灯上集成已有传感器,区域内如有人员活动,可以实时向后台发信息,并在后台自动绘制人员分布热力图。利用人员热力分布情况,可以进行进一步数据挖掘,并进行空间利用规划。

遍布于各个房间里的灯,组成一个无线传感安防网络,在不该出现人的区域或时间,如果感应到动态活动行为,便通知保安进行查看。

报警信息可上传至监控后台,通知指定区域的摄像机进行拍摄。

访客或安保人员佩戴蓝牙手环或工牌,手环和工牌可以实时监控人员位置并记录访客或安保人员行动轨迹和时间。

11.3.3　北京分形科技海淀智能公园项目人工智能实例

公开网络信息显示,北京分形科技有限公司成立于 2003 年,是一家以人工智能为核心驱动力,提供网络品牌形象策划、人工智能网站建设以及人工智能解决方案的综合服务商;积累了故宫、国家博物馆、海淀公园等等项目;可提供智慧博物馆、智慧医疗、智慧校园、智慧党建、智慧公园、智慧社区的整体解决方案,以及 IoT 智能物联产品,如智能步道、AR 太极、智能分类垃圾桶、智能语音亭。

2019 年 12 月 11 日,北京分形科技有限公司(简称"分形科技")的人工智能公园(海淀公园)项目获得中国设计红星原创奖。本节列举此项目的代表性场景,以抛砖引玉。

通过人工智能的方式让"静"的东西"动"起来,例如:智能步道、智能导览屏、智能语音亭、智能分类垃圾桶、智能家居、情绪识别、游览大数据分析、时空门(同声传译)、AR 太极等等。如:

(1)情绪识别场景

情绪识别场景如图 11‑11 所示,主要基于人脸微表情识别,自动感知情绪随环境氛围的变化。

（2）AR 太极

AR 太极将太极拳和 AR 技术、人工智能技术相结合，面对面虚拟教学，促进全民健身运动的普及与发展。场景实例如图 11-12 所示。

图 11-11　情绪识别体验点

图 11-12　AR 太极体验点

北京分形科技有限公司通过诸多的融入人工智能的场景体验点，让游客深刻感受到了智慧公园的魅力，大大增加了公园给游客带来的欢乐，也促进了人工智能的普及，提高了人们的休闲生活质量。

11.3.4　深圳敢为技术智慧园区项目实例

公开网络信息显示，深圳敢为技术软件基于华为 OceanConnect 云平台提供的智慧网关、边缘计算、智慧园区应用及 IOC 运营中心，以支撑多种应用的敏捷开发与部署，打造端到端的智慧园区整体解决方案，目前已经成功实施了若干项目。

该智慧园区方案的层次结构图如图 11-13 所示，主要基于以下的层次架构：从下到上分为边缘接入、华为城市物联网平台、应用平台和 IOC 运营管理中心。

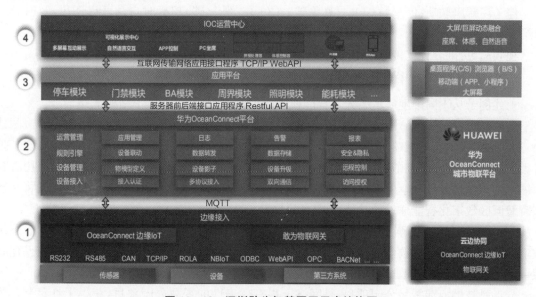

图 11-13　深圳敢为智慧园区层次结构图

注：ODBC 指开放数据库连接，WebAPI 指网络应用接口程序，OPC 指边缘过程控制，BACNET 指智能建筑通信协议。

边缘接入层通过物联网的各种底层协议接口[如推荐标准异步信息协议（Recommended Standard，RS232、RS485）、控制器局域网络（Controller Area Network，CAN）、互联网传输控制协议（TCP/IP）、远距调制协议（ROLA）、窄带物联网（NBIoT）]，把传感器、底层设备和第三方系统结合后，把传感器的探测信息，通过敢为的物联网网关，以 MQTT（Message Queuing Telemetry Transport——消息队列遥测传输，是由 IBM 开发的一个即时通信协议）实时通信协议接入到华为的城市物联网云平台，或者直接控制远处的制动器。

华为 OceanConnect 物联网平台，实现了运营管理、规则引擎、设备管理、设备接入方面的众多模块。应用平台则包括了停车模块、门禁模块、模块分析（BA）模块、周界模块、照明模块等等。

而在智慧园区的运维管理层，则在 IOC 运营中心实现可视化展示，主要通过大小屏幕多屏互动、自然语言交互、App 控制和电脑（PC）座席联动的方式，提供多方式、多维度的可视化展示和人机界面，实现管理运维人员对智慧园区各层程序、设备的检验、控制、维护。

同时依托华为 OceanConnect 物联网平台，可以把智慧园区的物联网控制和智慧城市的相应控制系统连接起来，形成一个"大城小园联动智能网"，让智慧园区真正融入智慧城市，消除一个个的信息孤岛。

从兆邦基科技中心项目来看人工智能如何在智慧园区中发挥作用。该项目是深圳前海自贸区的门户之一，是集甲级写字楼、商业于一体的商业地产项目，建成集办公、金融、购物、餐饮、休闲、娱乐于一体的智慧园区。然而起初园区 17 个子系统之间相互独立，重复对接，费时费力，运维管理不便。敢为软件基于华为 OceanConnect 物联网平台，整合华为端、边、管、云资源，运用华为 EI 能力，将园区分散的子系统有机集成并联通；同时保证了可扩展性，便于园区分期施工。平台一期可容纳 20 万测点，后期可根据需要方便扩容。

基于物联网（IoT）平台的联动引擎，敢为软件设计出符合园区运维需求的应用场景，从而为园区管理者、租户（住户）带来可见的价值。如：

消防提前预警：采用华为 EI 火焰监测，并联动高灵敏度的消防探测设备，在消防系统启动前提前告警，减少不必要的财物损失。

停车场新风联动：停车场 CO（一氧化碳）、CO_2（二氧化碳）超标时自动开启新风，及时高效运维。

视频巡更：部分替代传统的电子巡更，减少安保人员需求，降低人力成本。

11.3.5 人工智能在智慧园区中应用实例小结

上述例子从不同维度展示了人工智能在不同范畴中的应用，具体小结如下：

塔普翊海（REALMAX）提供的方案，着眼于数字孪生园区和物理园区的有机结合，试图建立一个无缝联结、实时反馈的高端智慧园区模板。在技术上，基于 RealWeb 云平台，实现了把各类实时数据融合，并且辅以增强现实（AR）、虚拟现实（VR）技术，人工智能技术，向使用者自由展示栩栩如生的数字孪生园区，实现各种管理和各种功能。这个例子可以作为现在或将来新型智慧园区数字化智能建设的功能参考。

格兰斯贝智能照明解决方案则代表了目前各类智慧园区中的各类具有人工智能的子系统改造项目。该方案不用改变线路，无须基础网络，全无线自组网，节能且舒适，提供了在已建智慧园区中快速低成本的改造范例，通过小工程改造实现大节能和智慧化子系统。

分形科技的海淀智慧公园项目，是网络上很有代表性的智慧公园项目，获得了红星奖。为我们了解智慧公园内的典型的人工智能子系统提供了非常好的实例。

而深圳敢为科技的智能综合体项目是基于华为 OceanConnect 云平台提供的智慧网关、边缘计算、智慧园区应用及 IOC 运营中心打造的智慧综合体项目,也在业内有一定代表性,在智慧综合体中成功实践了 OceanConnect 云平台,其经验值得学习。

11.4 人工智能与北斗、5G、区块链、大数据的融合

11.4.1 天地一张网

2020 年 4 月国家发展和改革委员会明确的新基建,包括信息基础设施、融合基础设施和创新基础设施。其中在信息基础设施中,明确把卫星互联网纳入了通信网络基础设施;把智能计算中心、人工智能分析、深度机器学习纳入了算力基础设施;把云计算技术、区块链技术、物联网技术、大数据技术、人工智能技术纳入新技术基础设施。实际上,数字技术发展到今天,客观上已经要求信息基础设施能够无缝融合人工智能、卫星互联网、5G、区块链、大数据相关的技术基础设施。

未来的通信网络必然是"天地一张网",在网络拓扑结构上,全局网络主体拓扑架构将是分布式的分层网络架构(详见后述)。在网络类型上,未来的通信网络会融合上面讲的各种网络。

卫星互联网、北斗和 5G、互联网、物联网的融合,构成了国家新型智慧城市所依靠的"天地一张网"的主体。它们为信息数据的传输提供了坚实的载体。可以预见,未来的关键设备将具备在这几种网络中无缝切换的能力。这样的天地一张网真正能助力实现在地球上网络无处不在,可随时随地接入网络的愿景。

全球超过 80%的陆地及 95%以上的海洋,移动蜂窝网络都无法覆盖。在这些区域,信息设备更适合依赖卫星工作。

在卫星互联网领域,我国已经先后有"北斗系统"和"行云系统"参与其中。其中,北斗系统在包括授时定位、交通管理、市政管理、应急救援、安保安防、防灾救灾等诸多民生领域,已经广泛使用。它可以在全球范围内全天候、全天时为各类用户提供高精度、高可靠定位、导航、和问授时服务。详细情况如下:

(1)北斗三号精确定位授时

北斗三号系统是在过去几年,基于北斗二号系统的基础之上发展起来。其定位精度、系统稳定性、系统可靠性、系统可用性都有了很大提高。

随着我国北斗三代卫星在过去几年的成功发射,全球北斗三号组网成功完成。2020 年 7 月 31 号上午,北斗三号全球卫星导航系统建成暨开通仪式在北京举行。中共中央总书记、国家主席、中央军委主席习近平出席仪式,宣布北斗三号全球卫星导航系统正式开通。

在全球范围内,北斗的基础服务在 2019 年前已经向全世界 120 个国家提供。截至 2020 年 5 月 1 号,全球已经有超过 130 个国家将北斗导航作为默认导航服务。如泰国、马来西亚、越南、印尼、菲律宾、柬埔寨、巴基斯坦等在各自的智慧城市、智慧园区中已经广泛使用北斗系统的定位和授时服务。

(2)行云二号卫星物联网

"行云工程"作为中国航天科工集团商业航天工程的重要组成部分,旨在通过建设低轨窄带通信卫星星座,实现全球范围内各种信息节点和传感器等智能终端数据的实时传输并将它们有效联结。行云二号卫星互联网的天基网络中介设备拟由 80 颗低轨窄带通信卫星组成。

在国际上,埃隆·马斯克(Elon Musk)旗下的 SpaceX 的"星链"(Starlink)卫星网络将计划总共发射 4.2 万颗"星链"卫星为全球数十亿人提供上网服务,其最终效果示意图如图 11-14

所示。由于无遮挡,"星链"卫星互联网服务的延迟将能达到 20 ms。按照 SpaceX 设想,"星链"卫星网络可实现 1 Gb/s 的带宽,类似于光纤网速。它可以连接地球上任何地方的设备节点。从 2020 年底开始,英国的部分地区已经开始尝试使用其服务,网速超过当地现有的地面通信网络。不难预见,人类将很快拥有高速天基物联通讯网。

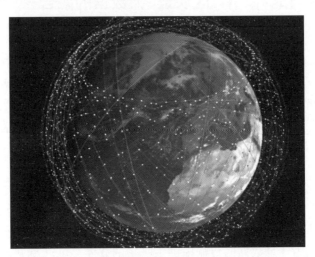

图 11-14 "星链"低空通信卫星示意图

11.4.2 人工智能与 5G、北斗相互融合

5G 是目前广泛部署的最先进的通用无线通信系统,具有"极高速率、极大容量、极低时延"的特征,可以提供目前最快的边缘数据传输。而我国自主研发、生产、部署、运营的北斗系统,则能将精确的位置、精确的时间同步到所有北斗终端设备上。北斗终端再通过 5G 或者其他通信网络将内嵌导航、定位、授时信息的数据传给大数据系统。在数据产生、传输、存储、挖掘、分析的过程中,通过区块链技术产生无法篡改的记录。人工智能和北斗、5G、区块链相互赋能、彼此增强,可以产生感知、学习、认知、决策、调控五大能力,让广域或全球性分布的物理设备,能在感知的基础上具有计算、通信、远程协同、精准控制和自治的能力。

在现阶段,区块链、人工智能、5G、北斗、大数据构成了智慧园区、智慧城市的关键信息基础技术。其中,北斗和 5G 是在广域范围内最底层、最基础、最通用、最可靠的硬件基础设施,也是硬科技中国最有话语权的部分,对于我国智慧园区、智慧城市建设至关重要。大数据技术是相对成熟、持续发展的技术。区块链、人工智能则是最新兴、最有发展空间的技术,正日益成为智慧园区、新型智慧城市的核心关键技术。

目前 5G 与北斗深度融合,已经有了各种应用。在此列举一个网络上公开的例子:

南宁外环高速边坡精密监测系统依托 5G 物联网技术,将大量用于探测地质松动、细小位移的监测传感器接入监测网,实现边坡滑坡地质灾害的智能分析、预警;同时将 5G 与北斗技术融合,实现优于 1 mm 的高精度定位,一旦发生异常位移,可精确定位隐患位置,便于迅速排查和第一时间处置。

2020 年 1 月,在广西交通投资集团有限公司、广西交通科学研究院有限公司、中国移动广西公司、中国移动(上海)产业研究院等多方联合协作下,设立在南宁外环高速 G72 下行线 K90+961 至 K91+111 之间的"智慧边坡监测项目"顺利实施,成为全国首个边坡监测领域的"5G+北斗高精度定位"融合项目。

该项目采用了中国移动(上海)产业研究院自主研发的北斗高精度定位平台,实现优于

1 mm 的高精度定位,一旦发生位异常位移,便可精确定位隐患位置,便于迅速排查和第一时间处置。后台边坡监测系统也能快速反馈,控制现场声光报警器,对现场过往车辆进行警示,避免人民生命财产损失。

当然,要大规模实现"5G＋北斗",还需要一个标准化过程。从目前看,还需要两年多的时间。现阶段我们发布的 5G 标准主要还是在做宽带,提高传输速率。从下一个版本开始,同物联网、定位以及一些增强技术相关的标准都会跟上。当标准化工作完成后,使用者统一标准、统一系统、统一网络、统一终端,整个业务便能快速大规模铺开。

11.4.3 人工智能与大数据、区块链的融合

（1）必要性与必然性

首先,从社会管理需求角度看,从物理城市孪生出来的数字城市基于人工智能化控制,可以大大降低社会管理的成本。这就需要区块链技术、大数据技术和人工智能技术深度融合的信息基础设施。

其次,从技术发展角度看,区块链、大数据和人工智能信息领域的融合也是必要和必然的发展结果。

区块链技术本质上是在多个分布式节点间传递账本(价值、数据归属权)信息并通过一定共识机制(公共、联盟)达成一致性,建立信任关系的技术。它具备的主要优点有:具备独特的遗传式链状数据结构,基于分布式共识机制(P2P 网络)、机器化建立个体间信任。但是同时,区块链也有不少局限性,而人工智能可以弥补相关局限性。人工智能可以为区块链的优化提供诸多支持,例如共识算法优化、节点智能负载均衡。比如在币圈,挖矿需要消耗大量的硬件和算力,能源消耗大;人工智能可以大大优化硬件和能源消耗。再比如基于区块链的上层应用的安全性难以保证,但是人工智能机器学习可以大大加强区块链的系统固定结构。

反过来看,人工智能的发展之路上同样需要区块链的辅助和弥补。比如区块链技术可助力数据清洗,大大提高数据的有效性、安全性、共享性、可审计性,降低人工智能因为无效数据甚至错误数据导致的误判误导。再比如目前人工智能的决策过程仍然相当大程度上是黑盒子,人们的担心和不信任也制约了人工智能在除了语音识别、图像识别、情绪识别之外的更复杂场合的深入应用。但是依靠区块链技术,容易通过简单清晰的数据检索,提高数据和人工智能模型的可信度,还可以展示清晰的机器学习和机器预测、决策的过程,有助于解决复杂情景下对于人工智能的信任问题。

大数据是以容量大、类型多、存取速度快、应用价值高为主要特征的数据集合。广义的大数据系指"无法用现有的软件工具提取、存储、搜索、共享、分析和处理的海量的、复杂的数据集合"。狭义的大数据系指"对于海量和复杂数据经过采集、抽取、挖掘、分析后,而获取的具有经验、知识、智能、价值的数据和信息"。在智慧城市中的大数据开发与部署涉及统一的数据资源管理、数据交换与共享、数据存储、数据分析展现、可视化应用、数据安全管理等。目前,业界的大数据技术相对成熟,而新兴的区块链技术、人工智能技术正从各自角度,提升着大数据的有效性、安全性和应用价值。

再次,从信息流、决策流的角度看,也很容易看到区块链、大数据和人工智能在智慧城市中的融合。大数据是人工智能的前提,从大数据中提取出的信息被人工智能处理后,将得到相应的状态更新、态势预测、处置建议。当控制中心决策(基于人工智能建议、可视化大数据报表等)被确认(基于区块链技术)下发(基于"天地一张网"传输)后,新的数据将产生并被记录(基于区块链技术)存储。基于开放式的整个信息基础设施和区块链技术、大数据技术、人工智能技术,

通过数据、信息、决策的不断循环，形成了生生不息、不断优化、融合创新的数据智慧生态。

正如"新基建"政策所明确的，区块链技术、大数据技术和人工智能技术作为新技术基础设施，和云计算技术、物联网技术一起成为新技术基础设施的主要支柱，已经成为各行各业研究和发展的热点领域。

（2）人工智能与大数据、区块链融合的技术方式

在各类新技术中，区块链技术和人工智能技术目前已经成为促进各行业创新和转型的主要技术，方兴未艾，值得重点探究。

在人工智能技术、大数据技术和区块链技术融合发展的技术道路上，主要有两个重要阶段：一个是在封闭的数据平台上建造极其强大的集中式人工智能处理中心；另一个是在去中心化的自动化组织（Decentralized Autonomous Organization，DAO）、开放共享的数据环境下建立分布式人工智能系统。

第一阶段中，区块链技术在大数据的数据记录、分布式加密存储、数据溯源、数据防伪、数据共识、数据审计等领域应用发挥了众多周知的作用。而通过深度学习，部分人工智能算法可以在加密的数据系统（黑盒子）中工作，从而保证了数据的安全性。这样的结合提供了一些之前很难解决的问题的技术路径。

相对于集中式智能，分布式人工智能系统实现难度更大，但是对于整个智能系统而言，却可以大大提高可用性、可靠性、健壮性。在新型智慧城市、新型智慧园区领域，分布式人工智能已经获得了越来越多的重视，代表了未来信息基础设施的发展方向。

分布式人工智能一般可以分为几个关键层级：信息共享层、信息安全层、信任机制层、协作机制层以及综合智能应用层。每个层级都离不开区块链相应的技术或思想，参见表11-2区块链技术赋能分布式人工智能系统各层级表。

表 11-2 区块链技术赋能分布式人工智能系统各层级

分布式人工智能技术层级	综合智能层⇐区块链协作机制，监管机制，激励机制
	协作机制层⇐区块链共识机制，投票机制
	信任机制层⇐区块链智能合约技术
	信息安全层⇐区块链匿名信息传递
	信息共享层⇐依靠区块链去中心化的分布式数据和信息共享

区块链和人工智能融合后变得更加具有革命性，很多时候两者互补，同时也在技术上提供了更好的监督和问责的机会。特别是区块链和分布式人工智能的结合，让我们看到了未来无限美好的未来智慧城市、未来智慧园区的愿景。

11.4.4 人工智能与北斗、5G、大数据或区块链融合成功实例

（1）江西成新农场"智慧农场"项目

成新智慧农场（如图11-15所示）位于江西省鄱阳湖东部，成新农场是一个历史悠久的国有大型农场，创建于1955年，位于江西省会南昌市北郊45 km处的鄱阳湖畔，地处国家级候鸟保护区内，环境优美，气候宜人，空气清新。农场土地面积36.45 km²，其中可耕地31 000亩（20.67 km²），养殖水面3 000亩（2 km²），下设25个生产经营单位（其中农业单位13个，工副业单位12个），职工1 600余人，其他劳动力5 000余人。

成新农场

全国超级稻示范点

成新农场超级稻示范项目是袁隆平科研团队及国家杂交水稻工程技术研究中心超级稻亩产 1 000 kg 的研究项目。

杂交稻"百千万"高产攻关工程示范基地。

图 11 - 15 江西成新农场"智慧农场"项目

该智慧农场的顶层功能示意图如图 11 - 16 所示。

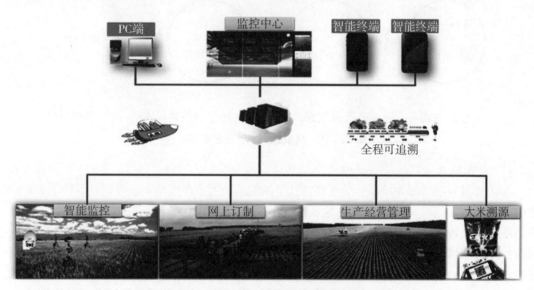

图 11 - 16 智慧农场的顶层功能示意图

通过"天地一张网"(5G、北斗、其他通信网)、物联网、智能监控、区块链溯源技术、人工智能大数据分析预测技术,该农场实现了智慧农场的多个特色功能:

① 实现环境数据的实时监测,提供预警服务;通过数据分析实现种植方案优化和种植计划安排;

② 通过视频监控,远程查看作物生长状态,实现可视化生产过程管理,降低种植风险;

③ 为私人定制众筹平台提供数据支撑,消费者可以通过实时查看环境数据和监控画面,结合农业生产管理记录,全程了解农产品生产作业过程;确保信息公开透明,提升消费者对平台的信任度。

其可视化管理中心相关界面如图 11 - 17 所示。

图 11-17　可视化管理中心界面

在这个系统中,人工智能技术主要用于病虫害智能预警子系统。该子系统基于相关大数据,结合智能视频监控,通过机器学习,做出相关模型和预测,并就防治措施给出建议。系统构成如图 11-18 所示。相关流程图如图 11-19 所示。

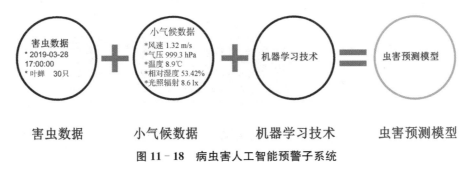

害虫数据　　　　小气候数据　　　　机器学习技术　　　虫害预测模型

图 11-18　病虫害人工智能预警子系统

(2)特斯联智慧社区应用平台

2020 年鼠年春节爆发的新冠肺炎疫情让全国的人民的生产生活一度停摆。不同于 2003 年发生的非典疫情。这次我国绝大部分地区都已经建立了现代化的园区或社区网格化管理制度。很多基于人工智能、大数据或区块链的智慧应用也发挥了巨大的作用。据统计,在这次新冠疫情防控期间,全国多个城市、2 200 多个县城、20 000 多个乡镇、200 000 个园区、1 000 000 个社区中,少部分的重点城市、重点园区采用了各类人工智能设备,各类人工智能 App,各类采用人工智能的应用平台,进行了人员、物资大数据的追踪。极大地协助了新冠肺炎流行病学调查,病人和密切接触者轨迹跟踪,发病态势预测,治愈趋势预判。

特斯联,作为一家致力于提供人工智能城市物联网解决方案的提供商,围绕人工智能 IoT 打造智能社区、智能消防和智能建筑能源等核心业务。把"人工智能+物联网"融合,使原来只有物体层面管理能力的物联网技术具备智能化的运算能力,再将其运用到传统行业中去,精准落地、精准判断。

比如,在春节返程高峰前后,疫情防控已经进入新的阶段。社区防控成为疫情防控的重中之重。作为上海的人工智能 IoT 智慧社区解决方案的试点,特斯联的智慧社区解决方案通过 App 收集各类数据、社区智能闸机大数据整理、人工智能大数据分析和态势预测的手段有效提升疫情防控工作效率,支持一线防控筛查、隔离管理工作。

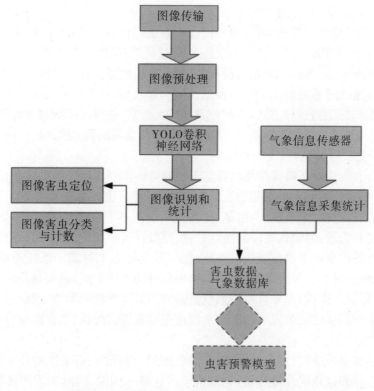

图 11‑19 病虫害人工智能预警子系统流程图

11.5 人工智能在智慧园区应用的现状、困难、建议及趋势

11.5.1 人工智能在智慧园区中的现状

目前,人工智能在智慧园区中已经有了相当广泛的应用,各类具有人工智能功能的子系统层出不穷,先后部署在了各类智慧园区中。但是,由于多种原因,智慧园区在人工智能方面,还有不少共性问题。比如:

信息孤岛和数据烟囱林立的老问题仍然没有真正得到有效解决,导致人工智能的数据信息不全面。园区各子系统目前大多数还是各自独立、各自跳过园区数据中心直接上云,各子系统数据不共享,彼此之间无法联动等等现象普遍。

智慧园区的智慧数据中心没有真正发挥园区级别的基于多子系统的智能分析、协调和园区优化、管理的功能。

智慧园区和智慧城市的信息系统发展不均衡,统一的统筹规划不足。目前很多智慧城市已经有了城市大脑,但是还没有和各智慧园区形成良好的对接,部分城市大脑还处在集中式智能的阶段,接受了太多底层子系统的数据信息,还没有发挥园区智能数据中心的辅助决策能力,与形成市域、省域的分布式智能网络的目标相去甚远。

11.5.2 人工智能在智慧园区中的困难

(1) 数据共享不够

智慧园区数据共享仍然是问题。目前,受对智慧城市的认知程度、智慧城市发展水平,以及经济发展模式、社会发展阶段的制约,目前的智慧园区发展参差不齐,地区差异大。人工智能系统建设碎片化、孤岛化的问题仍然普遍存在。各子系统的数据没有充分地在园区级别共享,从而使园区数据中心缺乏一些关键数据,园区数据中心人工智能平台、园区管理中心难以做出及

时地联动,应优化对企业、个人、主管部门的响应。

为此,建议部分有条件的智慧园区,可以配合子系统提供商,尽早和企业、员工、访客(企业的供应商、客户、合作伙伴)沟通,同时推出智慧企业、智慧员工、智慧访客服务平台,在平台上和相关企业、员工、访客提早沟通、签订相关数据授权使用协议,从而通过各子系统获得园区感兴趣的子系统数据或者人工智能子系统给出的针对性的预测和建议,将其汇集到园区各子系统、平台数据库或者园区大数据库。通过这种方法,不断积累园区大数据,使得各类数据在智慧园区数据中心中存储、清洗、流动、更新。通过不断充实,最终实现可持续发展的智慧园区统一的大数据库。

(2) 各人工智能子系统协同发展不足

目前,几乎所有的信息化园区都在向智慧园区的方向发展。园区各类信息化子系统都或多或少地集成了简单或复杂的人工智能功能。比如,园区智慧监控系统都可以实现告警、预警和在人工控制下的数据透视、细节放大;但是,这些子系统基本上自成体系,特别是在人工智能方面,采用的还是各自为政、封闭式闭环的硬件平台、数据存储和相关的人工智能算法。这类人工智能子系统,没有提供足够多的智能接口,很难把园区其他人工智能子系统的学习、判断、预测信息实时地考虑到自身人工智能子系统中,以指引自身的工作重点,微调自身的人工智能方向,从而得到一个在园区范围内,而非自身子系统范畴内的最优判断和预测、建议。

简言之,目前智慧园区的各人工智能子系统还很难实现实时优化、深度融合,很难实现自我实时提升综合智能水平。

为此,需要从多条产业链、多条商业链、多条数据链、合规性、安全性的各个维度,系统考虑智慧园区产业链,从园区顶层设计开始,完整构建园区技术构架,同时考虑园区特色,提出园区的特定需求、找准突破口,和人工智能子系统供应商深度合作,共同规划、设计、实现、部署,推动特定功能集合内的人工智能子系统率先深度融合,使各人工智能子系统能够在智慧园区中做出有特色化的最优判断,提供准确度更高的预警预测。

为避免浪费和重复建设,在后续智慧园区移交运营后,园区设计方、园区运营方和子系统提供方还必须继续紧密合作相当长的时间,继续训练相应的人工智能子系统,推动这些深度融合的人工智能子系统真正在智慧园区中深度融合,发挥出人工智能深度融合的智慧园区的优势和特色。

在实践成功后,可联合行业内多方,考虑把经验标准化,以利于未来智慧园区、智慧城市行业的发展。

以图 11-20 为例,相应的人工智能集合内的子系统可以考虑率先深度融合。

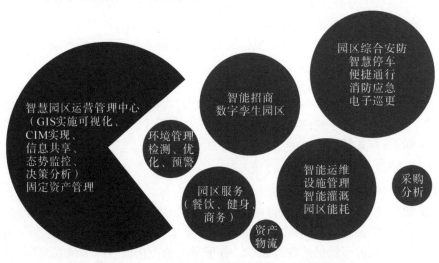

图 11-20 智慧园区人工智能子系统分类示意图

（3）园区智慧大脑缺失

目前具备真正园区级别的智慧园区大脑的其实不多。所以下面提出一种可能的架构实现，将可以实现园区级别的智慧大脑。

随着智慧园区数据问题和智慧园区人工智能子系统深度融合问题的解决，在智慧园区统一的人工智能平台上实现智慧园区大脑变得容易。将各个功能类的人工智能子系统汇聚到园区大脑，把园区大脑的决策下传给各人工智能子系统。伴随着人工智能子系统的训练成长，园区大脑也会越来越有经验，越来越能提高智慧园区中的智能化程度，从而大大提升园区中的企业效率，提升园区中工作人员、外来访客享受到的人性化服务水平。同时，这种基于园区实际数据流动更新的智慧园区，也能够为它所在的智慧城市提供更加翔实的智慧状态以及智慧城市的实时决策依据。

图 11‑21 所示为智慧园区子系统、智慧园区大脑和智慧城市的架构示意图。从中可以看到，园区中的人工智能子系统在智慧园区中先被关联到强相关人工智能子系统集，之后各个强相关人工智能子系统集的关键数据被汇聚到园区的数据中心、网络中心。之后数据被清洗、挖掘，再被园区人工智能平台分析，相应的结果被送给园区大脑，以便其做出决策建议，最后在园区管理中心得到可视化，并由相关管理人员作出决策。之后，如果有必要，园区的相关状态、决策将可以被实时上传给智慧城市相关的行业二级平台。这样，通过园区各人工智能子系统和园区大脑、智慧城市行业二级平台的协同，就可以实现园区和智慧城市的有机连接，实现相关管理的实时上传下达。当然，相关的数据是否可以分享出去，还是要遵循园区或各人工智能子系统和用户的约定，以确保不发生未经授权的数据流动。

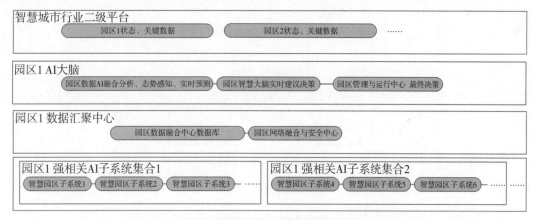

图 11‑21 智慧园区大脑和智慧城市大脑关系图

（4）智慧园区信息系统安全性认识不足

2015 年 7 月 1 日，《中华人民共和国国家安全法》通过，明确了信息安全是国家安全的基本内容之一。相应的《中华人民共和国网络安全法》已经自 2017 年 6 月 1 日起施行。网络信息安全和国家安全的关系如图 11‑22 所示。

智慧园区内各种网络设施（底层物联网、传输网、通信网、边缘计算网络节点、园区数据中心）在网络的硬件安全性、软件安全性、运行管理方面都须要达到相关的等级保护要求。

2019 年 12 月，等级保护 2.0 正式实施。相应的基本要求已经列在《信息安全技术 网络安全等级保护基本要求》（GB/T 22239－2019）中，图 11‑23 展示了主要方面的要求。

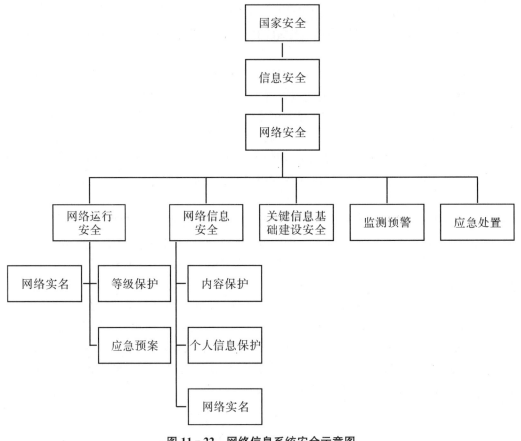

图 11 - 22　网络信息系统安全示意图

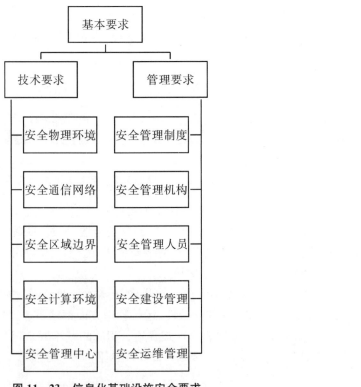

图 11 - 23　信息化基础设施安全要求

相应地,中国对于信息系统的安全保护级别标准如表 11-3 所示:

表 11-3 信息系统安全保护级别

侵害客体	对客体的侵害程度		
	一般损害	严重损害	特别严重损害
公民、法人和其他组织的合法权益	第一级	第二级	第三级
社会秩序、公共利益	第二级	第三级	第四级
国家安全	第三级	第四级	第五级

按照此新要求,在建设智慧园区的相关信息化基础设施和智能化应用时,要从规划、建设、交付、运维的全周期考虑基本要求。目前,这方面的系统安全性,特别是人工智能相关的应用安全性还有待规范定义和管理,但这也是在新型智慧城市的顶层设计中就需要通盘考虑的问题。

目前业内相关公司也针对性地推出了相应的解决方案。比如澜起科技津逮®服务器平台上的 CPU 芯片、内存接口等产品（http://www.montage-tech.com/cn/Jintide_Platform/index.html）从芯片级别支撑了相关可信计算链的相关安全性的技术,可以帮助相关信息系统更容易达到四级标准。

园区需要根据未来入驻企业的类型、用户信息的敏感程度、重要程度将它们规划不同安全级别的子系统。园区数据中心建设,各类智能应用的部署也需要考虑相应的信息安全,以及它们对于社会甚至国家信息安全的影响。

目前智慧园区信息系统普遍存在各类数字化、智能化信息系统分散的问题,没有很好地整合到园区信息中心或数据中心,也没有进行普遍的信息系统等级保护的评测,随着智慧城市、智慧园区建设的不断深入,人工智能渗透各行业、各领域的快速加深,智慧园区和智慧城市势必结合得越来越紧密,智慧园区对于城市、国家的影响也就越来越大。智慧园区的建设需要越来越重视信息系统安全问题。

11.5.3 促进人工智能在智慧园区中发展的几点建议

为促进人工智能在智慧园区中的更好发展,本节提出几点建议,供各位专家和读者指正:

智慧园区必须建立园区智能数据中心,各人工智能子系统必须连接到园区智能数据中心,并且基于园区、园区人员和人工智能子系统的数据共享协议,共享相关数据。真正解决园区智能数据中心无法汇聚各人工智能子系统的数据问题。

迎合产城融合、无边界园区的发展理念,加快园区和周边园区、城区、社区的有机结合,加快资源共享、数据共享,打破独立边界,使园区既独立又融合,共同融入新型智慧城市。比如对于园区、社会道路、社区停车位智能分时共享,统一结算,智能预测,智能优化。

借新基建的契机,探索建立基于区块链技术和下一代人工智能技术（分布式人工智能、群体人工智能）融合的分布式网络、智慧园区人工智能数据中心、新型智慧城市人工智能数据中心的新型分布式人工智能网络和体系,为我国智慧园区赶超全球奠定基础。

智慧园区信息基础设施建设要以新型智慧城市"城市智慧大脑"作为建设引领。智慧园区数据中心是园区和智慧城市联结的主要节点,园区内各子系统都要统一到园区数据中心或园区管理平台的管理之下,这种三层结构将有效解决信息孤岛和数据烟囱问题。

智慧园区规划和管理部门作为智慧园区设计和运营的主体,需要在智慧园区的管理思路上,在决定接纳子系统进入园区前就要深入和各人工智能子系统供应商以及园区各类人员沟通,建立打通园区指挥数据中心和各子系统之间的数据接口、数据传输协议、数据共享同意书,真正建立智慧园区的大脑,并使得它和各子系统联结,保证未来运营中能够获得各类共享数据。通过以上工作促进智慧园区不断自我发展、自我优化,不断降低园区成本、提高园区效率,最终促进智慧园区自身创新和园区内企业和人员的创新,实现永续良性发展。

按照智慧园区的特点,规划园区内信息系统的网络架构,比如采用分布式还是集中式,是否建立基于区块链技术的P2P网络,如何把各子系统和园区网络互联,规划园区对内对外哪些数据接口,如何规划数据存储,等等。

按照国家最新信息安全政策,在智慧园区规划时就考虑到智慧园区信息系统的安全等级要求,提出相应的系统方案要求,并且把要求下传到各子系统,在各级别信息系统采用相应信息安全方案。满足最新的国家信息系统等级保护的相应要求。

大力发展线上数字化孪生园区,推动园区招商、园区管理线上线下融合。以可视招商为例:以CIM技术为基础,结合大数据、人工智能技术,AR技术、VR技术为用户提供三维可视化的招商体验服务,构建园区的产业图谱,扫描上下游的优质企业,智能辅助精准招商,并对招商项目进行全过程管理,提升园区的品牌形象,提高园区的产业招商能力与成功率。

11.5.4　人工智能在智慧园区中的发展趋势

虽然不同发展阶段的园区,如传统园区(如传统种植园、传统产业园、早期的数字化园区)和智慧园区在人工智能的融入上有巨大的差异,但是园区的服务对象一直包含政府或监管机构、园区经营管理方、园区内企事业单位、园区人员这四类主体。在各阶段,这四类主体的关注点大体上还保持相对一致,只是随着现在数字化城市、数字化经济的发展,智慧园区作为人们最重要的工作生活落脚点,被人们赋予了更多的期待。相应的,智慧园区中的人工智能应用也会着眼于这些关注点,如表11-4所示。

表11-4　智慧园区各方对人工智能的关注点

园区利益方	主要关注点	对智慧园区的期待	人工智能的贡献领域
政府或监管机构	产业经济、民生治理	占更少社会资源,贡献更多产业产出 解决更多就业、稳定、环保	园区企业经营数据分析预测、园区投入产出分析预测
园区经营管理方	经营效益、园区企业和人员满意度	不断发扬园区特色;吸引更多企业,并提高企业满意度 利用园区人工智能平台了解、预测企业和人员需求 利用人工智能、AR新技术,改进提升园区服务	园区企业智慧招商、智慧服务追踪和需求预测、改进建议
园区内企事业单位	产业生态链发展、园区服务	产业链信息共享推送、协同发展促进 提供方便的线上线下服务	智慧辅助办公、非核心业务外包、智慧产品推广建议
园区人员	工作高效、便捷,服务人性化	园区配套工作环境好、生活配套便利,服务人性化、个性化	智慧工作生活辅助建议、智慧餐饮、智慧停车、智慧社交等

关注点就是最重要的需求,按照各方的需求,智慧园区在规划、建设、运营时就要充分考虑人工智能在各领域的功能、接口,从而确定人工智能系统的架构、方案。按照目前各方对智慧园区的期望,人工智能在智慧园区必然要全方位渗透,从各个层次上实现分层的、分立的、综合的、可预见的、可靠可信的人工智能。

这就要求智慧园区相应的信息基础设施在系统架构时与之相对应并且采用相辅相成、你中有我、我中有你的基于区块链技术的分布式架构。设计建造管理全过程都要融入系统工程方法论。

在这里再次强调区块链的六大核心技术,即:分布式、P2P 通信、去中心化、分布式数据、共识机制、密钥算法。

区块链、大数据、5G、人工智能为基础的信息通信技术(ICT)在数字孪生园区的数字平台之上应用,容易实现单业态多系统、单园区多业态、城园一体化的人、事、物机深度融合,也使得智慧园区成为一个有机生命体,可自我新陈代谢,可持续发展。

综上,目前业界专家普遍认同,未来智慧园区,将运用数字化、智能化技术,以全面感知和泛在联接为基础的人、事、物、机深度融合,成为具备提供主动服务、智能进化等能力特征的有机生命体和可持续发展的空间(参见《2020 未来智慧园区白皮书》)。

正如《2020 未来智慧园区白皮书》勾画的未来智慧园区 1-3-4-1 框架(如图 11-24 所示)展示的,未来智慧园区将基于数字孪生园区,全面感知、泛在互联、人性化主动服务、智能协同和人共同进化,真正做到以人为本、绿色高效、业务增值,从而实现智慧园区的愿景:让智慧触手可及,让园区和人、园区和城市和社会有机协同发展进化。

图 11-24 愿景框架

比如,在未来智慧园区中,在部分场景(如制造型园区)下,可以利用 AR 技术实现远程专家"现场"操作,让远程专家实时看到现场状况,让现场操作人员实时获得专家指导。这可以大大提升设备设施的维护效率,甚至有可能实现几乎实时的远程故障解决。

　　《2020 未来智慧园区白皮书》所展示的远程维护场景（如图 11 - 25 所示），非常令人向往，但并非遥不可及，甚至可能就在不久的将来可实现！

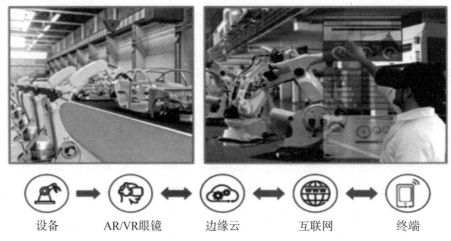

设备　　AR/VR眼镜　　边缘云　　互联网　　终端

图 11 - 25　远程维护

第十二章 建筑信息模型(BIM) 及其在智慧园区中的应用

12.1 BIM 基础

12.1.1 BIM 的定义

BIM 即"建筑信息模型"(Building Information Modeling),是以三维数字技术为基础,集成了建筑工程项目各种相关信息的工程数据模型,BIM 是对工程项目设施实体与功能特性的数字化表达。一个完善的信息模型,能够连接建筑项目生命期不同阶段的数据、过程和资源,是对工程对象的完整描述,可被建设项目各参与方普遍使用。BIM 具有单一工程数据源,可解决分布式、异构工程数据之间的一致性和全局共享问题,支持建设项目生命期中动态的工程信息创建、管理和共享。建筑信息模型同时又是一种应用于设计、建造、管理的数字化方法,这种方法支持建筑工程的集成管理环境,可以在建筑工程整个进程中显著提高效率,大量减少风险。BIM 一般具有以下特征:

一是模型信息的完备性。模型除了对工程对象进行三维(3D)几何信息和拓扑关系的描述,模型信息中还包括完整的工程信息描述,如:对象名称、结构类型、建筑材料、工程性能等设计信息;施工工序、进度、成本、质量以及人力、机械、材料资源等施工信息;工程安全性能、材料耐久性能等维护信息;对象之间的工程逻辑关系等。

二是模型信息的关联性。信息模型中的对象是可识别且相互关联的,系统能够对模型的信息进行统计和分析,并生成相应的图形和文档。如果模型中的某个对象发生变化,与之关联的所有对象都会随之更新,以保持模型的完整性和健壮性。

三是模型信息的一致性。在建筑生命期的不同阶段模型信息是一致的,同一信息无须重复输入,而且信息模型能够自动演化,模型对象在不同阶段可以简单地进行修改和扩展而无须重新创建,避免了信息不一致的错误。

建筑师运用 BIM 技术作设计的过程,就是建造一个虚拟建筑的过程。

这个虚拟的建筑模型,包含了大量建筑材料和建筑构件特征等信息,是一个包含了建筑全部信息的综合电子数据库。在这样一个真实的智慧的建筑模型中,可以任意地输出建筑平面、剖面、立面,以及各种细部详图,输出建筑材料、门窗表,还可以输出预算报表、施工进度等等。随着数字化、信息化技术的发展,以 BIM 技术为核心的多种建筑 3D 软件日趋完善和成熟,在提高设计质量、缩短时间、节约成本等方面,有着二维(2D) CAD 软件无法比拟的优越性。

从 2D CAD 过渡到基于 BIM 技术的 3D CAD,是未来计算机辅助建筑设计的发展趋势。越来越多的世界知名建筑师事务所开始使用 BIM 软件进行建筑设计。我国的一些设计院、事务所也开始关注这世界上最先进的建筑前沿技术。这些前沿技术为绿色建筑设计中能量分析的自动化、智能化提供了基础平台。

12.1.2 BIM 与智慧园区项目全生命周期

BIM 的价值在于对整个智慧园区项目全生命周期的运行管理,包括项目前期决策阶段管理、设计阶段管理、实施阶段管理、运营维护阶段管理。

项目前期决策阶段管理包括整个智慧园区建设意图的酝酿、前期调研、编制项目建议书、编制项目可行性研究报告等。在此阶段，在项目可行性研究报告中需要提供有依据的评价项目可行性和工程费用估算合理性的内容，以此做出科学的决策。

通过 BIM 技术进行设计阶段管理的项目可以将项目所有相关的信息保存在该项目信息共享平台上，在需要时可以随时调取不同深度和类型的信息。如果新项目与已有项目类似，就可以借鉴类似项目的设计方案、施工、运营管理、投资额等信息，并可以将这些资料作为新项目可行性和费用估算及节能环保评价的依据，有利于对新项目作出科学的论断。

项目实施阶段是整个建设项目的关键阶段，是项目成功的决定性阶段。BIM 模型在各个阶段发挥的作用有相同之处也有不同之处。

通常，除采用工程项目总承包的方式外，我国大多建设项目设计阶段的设计工作由建设单位委托的各类设计院完成，设计人员利用 PKPM、MIDAS、SAP 2000 等结构计算软件进行结构设计，再利用专业绘图软件绘制施工图，计算和绘图是互相分离的，最后将资料整理成设计文件。目前设计单位的施工图都是二维的平面图，包括各层平面、立面、剖面、细部构造等，这些图单独绘制，导致结构各细部在平面图上看复杂、不直观，更容易产生设计错误。如果建设单位有变更要求，需要重新进行结构计算，再绘制或修改相应施工图，整个过程烦琐、重复率高、浪费资源。

BIM 技术作为一个信息共享平台，将建筑设计与结构设计联合使用，利用建筑软件通过输入各部位材料、尺寸等信息进行三维建模，只需要建这一个模型，以后不需要再建。结构设计可以在三维模型上添加计算所需的各类参数，进行结构计算，省去了重复建模的过程；同时，如果需要对原有模型进行修改，与之相应的结构也会随着进行相应调整。BIM 的碰撞检查功能可以对设计中的重叠的构件进行自动检查，以使模型准确无误。可以根据需要获得设计成果二维设计图纸或三维电子模型，同时可以获得 Word 版设计说明书。

通常完成结构设计和建筑设计后需要对建筑物进行给排水、热力、电力管线的设计，这些管线的设计也需要进行重复工作，并且管线与管线之间容易出现交叉、不通现象，施工人员在施工过程中才发现此类问题，这将影响施工进度。通过 BIM 可以将管线设计融入已建好的模型当中，不仅免去大量重复建模工作，更重要的是可以进行管线间及管线内部的碰撞检查，使得与管线的接头、重复、位置、标高等相关的不必要的错误在设计阶段被发现，方便施工单位按图施工。

常见的建设项目设计和施工是由设计单位和施工单位分别完成。为保证两个单位的有效衔接，施工前设计单位对施工单位和监理单位进行设计交底环节，设计人员将工程设计的意图、施工重点难点、关键工程、材料选用及四新技术等问题进行详细说明。除此之外，施工单位需要根据设计图纸进行分析和具体施工。我国明确规定施工单位必须按照设计图纸进行施工，但有时因为施工人员看错图纸、对细节部分理解不深等原因，常会导致施工与设计不符的情况发生。利用 BIM 技术，施工单位可以与设计单位进行资源共享，施工前可以直接看见需要施工部位的三维模型，再与设计图纸相结合，使错误率明显降低。

在人、材、机的管理方面，施工单位在施工前需要提前制定材料采购计划，利用 BIM 技术，可以在共享的模型上调取材料的使用量，根据进度计划，准确地把握进货量和进货时间，避免材料堆积和不足，达到零库存。施工机械设备和作业人员，也同样可以根据模型数据得到合理安排。

在进度和成本的控制方面，施工单位将施工的具体进度数据定义到已有的信息模型基础上，形象进度可以直观显示，同时根据形象进度计算的施工成本也可得到。施工单位通过将这些数据与计划进行比较，实现动态控制。

在资料管理方面,可将工程中涉及的材料进场检验报告、材料检验试验报告、变更通知单、变更文件、索赔资料、隐蔽工程验收资料等与 BIM 共享数据库进行关联,保证资料完整性,并且过程资料与构件、施工进度——对应,查找使用简单方便。

施工中,施工单位可以调取管线模型,对给排水、热力管线进行碰撞检查,便于结构复杂、线路多的结构施工。

除以上方面,施工企业应用 BIM 技术,还可以实现项目计划、安全、合同等方面协同管理和控制,实现项目的集成化、动态化和可视化。

BIM 不仅仅在跨越全生命周期这个纵向上得到充分应用,而且在应用范围的横向上也得到广泛应用。

现在 BIM 的应用已经超越了建设对象是单纯建筑物的局限,BIM 越来越多地应用在桥梁工程、水利工程、城市规划、市政工程、风景园林建设等多个方面,这也使 BIM 的应用范围越来越宽阔。

12.1.3　建筑信息模型定位

BIM 的信息载体是多维参数模型。

用简单的等式来体现 BIM 参数模型的维度:

$2D = Length + Width$

$3D = 2D + Height$

$4D = 3D + Time$

$5D = 4D + Cost$

$6D = 5D + \cdots$

$\vdots$

$nD = BIM$

传统的 2D 模型是用点、线、多边形、圆等平面元素模拟几何构件,只有长和宽的二维尺度,故等于"Length＋Width",目前国内各类设计图和施工图的主流形式仍旧是 2D 模型;传统的 3D 模型是在 2D 模型的基础上加了一个维度(Height),这有利于建设项目的可视化功用,但并不具备信息整合与协调的功能。

随着软件的发展,尽管各种几何实体可以被整合在一起代表所需的设计构件,但是最终的整体几何模型依旧难以被编辑和修改,且各系统单独的施工图很难与整体模型真正地联系起来,同步化设计就更难实现。

BIM 参数模型的优势在于其突破了传统 2D 及 3D 模型难以修改和同步的瓶颈,以实时、动态的多维模型大大方便了工程人员。

BIM 的 3D 模型为交流和修改提供了便利。以建筑师为例,其可以运用 3D 平台直接设计,无需将 3D 模型翻译成 2D 平面图以与业主进行沟通交流,业主也无须费时费力去理解烦琐的 2D 图纸。

BIM 参数模型的参数信息内容不仅局限于建筑构件的物理属性,而且包含了从建筑概念设计开始到运营维护的整个项目生命周期内的所有该建筑构件的实时、动态信息。

BIM 参数模型将各个系统紧密地联系到了一起,整体模型真正起到了协调综合的作用,且其同步化的功能更是锦上添花。BIM 整体参数模型综合了包括建筑、结构、机械、暖通、电气等各 BIM 系统模型,其中各系统间的矛盾冲突可以在实际施工开始前的设计阶段得以解决,模型同时与上述 4D、5D 模型所涉及的进度及造价控制信息相关联,整体协调管理项目实施。

对于 BIM 模型的设计变更,BIM 的参数规则(parametric rules)会在全局自动更新信息。故对于设计变更的反应,相比基于图纸费时且易出错的烦琐处理,BIM 系统表现得更加智能化与灵敏化。

BIM 参数模型的多维特性将项目的经济性、舒适性及可持续性发展提高到一个新的层次。例如,运用 4D 技术可以研究项目的可施工性、项目进度安排、项目进度优化、精益化施工等方面,给项目带来经济性与时效性;5D 造价控制手段使预算在整个项目生命周期内实现实时行与可操控性;6D 及多维应用将更大化地满足业主和社会对于项目的需求,如舒适度模拟及分析、耗能模拟、绿色建筑模拟及可持续化分析等方面。

在众多对 BIM 的认识中,有两个极端尤为引人注目:其一是把 BIM 等同于某一个软件产品,例如 BIM 就是 Revit 或者 ArchiCAD;其二认为 BIM 应该囊括跟建设项目有关的所有信息,包括合同、人事、财务信息等。

要弄清楚什么是 BIM,首先必须弄清楚 BIM 的定位,那么 BIM 在建筑业究竟处于一个什么样的位置呢?

建设部信息化专家李云贵先生将我国建筑业信息化的历史归纳为每十年解决一个问题:

"六五"—"七五"(1981—1990):解决以结构计算为主要内容的工程计算(CAE)问题;

"八五"—"九五"(1991—2000):解决计算机辅助绘图(CAD)问题;

"十五"—"十一五"(2001—2010):解决计算机辅助管理问题,包括电子政务(e-government)、电子商务(e-business)、企业信息化(ERP)等。

"十一五"结束以后的建筑业信息化情况可以简单地用图 12-1 来表示:

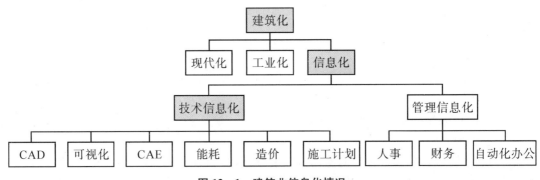

图 12-1 建筑业信息化情况

用一句话来概括就是:纵向打通了,横向没打通。从宏观层面来看,技术信息化和管理信息化之间没关联;从微观层面来看,CAD 和 CAE 之间也没有关联。

换一个角度也就是,接下来建筑业信息化的重点应该是打通横向。而打通横向的基础来自建筑业所有工作的聚焦点就是建设项目本身,不用说所有技术信息化的工作都是围绕项目信息展开的,即使管理信息化的所有工作同样也是围绕项目信息展开的,建筑业信息化是为项目的建设和营运服务的。

就目前的行业发展趋势分析,BIM 作为建设项目信息的承载体,作为我国建筑业信息化下一个十年横向打通的核心技术和方法已经没有太大争议。

基于对我国建筑业信息化发展和 BIM 技术的理解,可以用图 12-2 来描述 BIM 在建筑业的位置。

智慧园区运营管理平台,以物联网、云技术、大数据、移动互联网等新技术为技术手段,以智能感知、互联化、平台化、一体化为设计原则,帮助园区打造基础设施高端、管理服务高效、创新环境高质,具可成长、可扩充,面向未来持续发展的园区一体化运营平台。

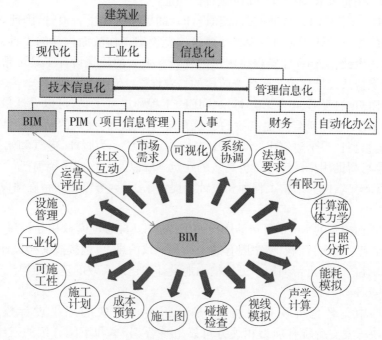

图 12-2 建筑业信息化发展和 BIM 技术

实现产业智慧化、智慧产业化、跨界融合化、品牌高端化是我国产业发展的新"四化"。建筑业信息化可以划分为技术信息化和管理信息化两大部分,技术信息化的核心内容是建设项目生命周期管理,企业管理信息化的核心内容是企业资源计划。

如前所述,不管是技术信息化还是管理信息化,建筑业的工作客体是建设项目本身,因此,没有项目信息的有效集成,管理信息化的效益也很难实现。

技术信息化可以划分为 BIM(Building Information Modeling,建筑信息模型)和 PIM(Project Information Management,项目信息管理)两个部分,其中 BIM 的主要角色是创建信息,PIM 的主要角色是使用信息(管理、分享是为使用服务的)。因此可以形象地把 BIM 的目的归纳为做对图,把 PIM 的目的归纳为用对图。

BIM 通过其承载的工程项目信息把创建信息的其他技术信息化方法如 CAD、CAE 等集成了起来,从而成为技术信息化的核心或者说技术信息化横向打通的桥梁。

12.2 BIM 软件体系

12.2.1 核心建模软件

目前国内核心建模软件包括 Revit 和 Navisworks。

(1) Revit

Revit 是 Autodesk 公司一套多领域系列软件的名称,2012 年推出,基本上每年升级一个新版本,在民用建筑市场借助 AutoCAD 的天然优势,有相当不错的市场表现。Revit 系列软件是专为建筑信息模型(BIM)构建的,可实现建模的一致性、协调性和完整性,面向建筑设计、土木基础设施和施工行业的集成式 BIM 工具,可帮助设计、施工、运维人员设计、建造和维护质量更好、能效更高的建筑。

Autodesk Revit 作为一种应用程序提供,结合了 Autodesk Revit Architecture、Autodesk Revit MEP 和 Autodesk Revit Structure 软件的功能。

Autodesk Revit 软件可以按照建筑师和设计师的思考方式进行设计,因此,可以提供更高质量、更加精确的建筑设计。使用专为支持建筑信息模型工作流而构建的工具,可以获取并分析概念,并可通过设计、文档和建筑保持用户的视野。强大的建筑设计工具可帮助用户捕捉和分析概念,以及保持从设计到建筑的各个阶段的一致性。

Autodesk Revit 向暖通、电气和给排水(MEP)工程师提供工具,可以设计最复杂的建筑系统。Revit 支持 BIM,可帮助导出更高效的建筑系统:从概念到建筑的精确设计、分析和文档。使用信息丰富的模型在整个建筑生命周期中支持建筑系统。为暖通、电气和给排水(MEP)工程师构建的工具可帮助用户设计和分析高效的建筑系统以及为这些系统编档。

Autodesk Revit 软件为结构工程师和设计师提供了工具,可以更加精确地设计和建造高效的建筑结构。

为支持 BIM 而构建的 Revit 可帮助用户使用智能模型,通过模拟和分析深入了解项目,并在施工前预测性能。使用智能模型中固有的坐标和一致信息,可以提高文档设计的精确度。专为结构工程师构建的工具可帮助用户更加精确地设计和建筑高效的建筑结构。

(2) Navisworks

Navisworks 中文名是可视化和仿真,是分析多种格式的三维设计模型。Autodesk Navisworks 解决方案支持所有项目相关方可靠地整合、分享和审阅详细的三维设计模型,在 BIM 工作流中处于核心地位。Autodesk Navisworks 软件解决方案支持项目设计与建筑专业人士将各自的成果集成至同一个同步的建筑信息模型中,在施工开始前先模拟、优化、发现与协调冲突,使得项目团队协同合作,并且了解潜在问题。软件在使用过程中会以可视化的方式呈现,冲突会于接口中将组件以红色标记,经过设计团队沟通后以合适的方式修改,也可将此冲突状态改变为允许状态。BIM 的意义在于,在设计与建造阶段及之后,创建并使用与建筑项目有关的相互一致且可计算的信息。

Autodesk Navisworks 软件能够将 AutoCAD 和 Revit 系列等应用创建的设计数据,与来自其他设计工具的几何图形和信息相结合,将其作为整体的三维项目,通过多种文件格式对其进行实时审阅,而无须考虑文件的大小。Navisworks 软件产品可以帮助所有相关方将项目作为一个整体来看待,从而优化从设计决策、建筑实施、性能预测和规划直至设施管理和运营等各个环节。

Autodesk Navisworks Manage 软件是设计和施工管理专业人员使用的一款全面审阅解决方案,用于保证项目顺利进行。Navisworks Manage 将精确的错误查找、冲突管理功能与动态的四维项目进度仿真、照片级可视化功能完美结合。

Autodesk Navisworks Simulate 软件能够精确地再现设计意图,制定准确的四维施工进度表,超前实现施工项目的可视化。在实际动工前,用户就可以在真实的环境中体验所设计的项目,更加全面地评估和验证所用材质和纹理是否符合设计意图。

Autodesk Navisworks Freedom 软件是免费的 Autodesk Navisworks NWD 文件与三维 DWF 格式文件浏览器。

通过将 Autodesk Navisworks Review 与 Autodesk Navisworks Simulate 软件中的功能与强大的冲突检测功能相结合,Autodesk Navisworks Manage 为用户的施工项目提供了最全面的 Navisworks 审阅解决方案。Navisworks Manage 可以提高施工文档的一致性、协调性、准确性,简化贯穿企业与团队的整个工作流程,帮助减少浪费、提升效率,同时显著减少设计变更。

Navisworks Manage可以实现实时的可视化,支持用户漫游并探索复杂的三维模型以及其中包含的所有项目信息,而无须预编程的动画或先进的硬件。

通过对三维项目模型中潜在冲突进行有效的辨别、检查并报告,Navisworks Manage能够帮助用户减少错误频出的手动检查。Navisworks Manage支持用户检查时间与空间是否协调,改进场地与工作流程规划。通过对三维设计的高效分析与协调,用户能够进行更好的控制,做到高枕无忧。及早预测和发现错误,则可以避免因误算造成的昂贵代价。该软件可以将多种格式的三维数据,合并为一个完整、真实的建筑信息模型,以便查看与分析所有数据信息。

Autodesk Navisworks Manage将精确的错误查找功能与基于硬冲突、软冲突、净空冲突、时间冲突的管理相结合。快速审阅和反复检查由多种三维设计软件创建的几何图元。对项目中发现的所有冲突进行完整记录。检查时间与空间是否协调,在规划阶段消除工作流程中的问题。基于点与线的冲突分析功能则便于工程师将激光扫描的竣工环境与实际模型相协调。

Autodesk Navisworks Simulate软件显著增强了Autodesk Navisworks Review的实时可视化功能,可以帮助用户更加轻松地创建图像与动画,将三维模型与项目进度表动态链接。该软件能够帮助设计与建筑专业人士共享、整合设计成果,创建清晰、确切的内容,以便说明设计意图,验证决策并检查进度。

在工作流程中,随时都可以利用设计及建筑方案的照片级效果图与四维施工进度来表现整个项目。Navisworks Simulate支持用户快速从现有三维模型中读取或向其中输入材质、材料与灯光数据。用户也可以将编程式控制(PRC)内容应用于现有模型。

Navisworks Simulate支持项目相关人员通过交互式、逼真的渲染图和漫游动画来查看其未来的工作成果。四维仿真与对象动画可以模拟设计意图,表现设计理念,帮助项目相关人员对所有设计方案进行深入研究。此外,该软件支持用户在创建流程中的任何阶段共享设计,顺畅地进行审阅,从而减少错误,提高质量,节约时间与费用。

四维仿真有助于改进规划,尽早发现风险,减少潜在的浪费。通过将三维模型数据与项目进度表相关联,实现四维可视化效果,Navisworks Simulate可以清晰地表现设计意图、施工计划与项目当前的进展状况。

Navisworks Simulate支持用户对项目外观与构造进行更加全面的仿真,以便在流程中随时超前体验整个项目,制定更加准确的规划,有效减少臆断。

Autodesk Navisworks Simulate支持利用现有的设计数据,在真正完工前对三维项目进行实时的可视化、漫游和体验。可访问的建筑信息模型支持项目相关人员提高工作和协作效率,并在项目设计与建造完毕后提供有价值的信息。软件中的动态导航漫游功能和直观的项目审阅工具包能够帮助用户加深对项目的理解。

Navisworks Simulate可以兼容大多数主流的三维设计和激光扫描格式,因此能够快速将三维文件整合到一个共享的虚拟模型中,以便项目相关方审阅几何图元、对象信息及关联ODBC、数据库。冲突检测、重力和第三方视角进一步提高了Navisworks Simulate体验的真实性。该软件能够快速创建动画和视点,并以影片或静态图片格式输出。此外,软件中还包含横截面、标记、测量与文本覆盖功能。

用户使用Autodesk Navisworks Freedom这款名副其实的浏览器,可以自由查看Navisworks Review、Navisworks Simulate或Navisworks Manage以NWD格式保存的所有仿真内容和工程图。Navisworks Freedom为设计专业人士提供了高效的沟通方式,支持他们便捷、安全、顺畅地审阅NWD格式的项目文件。这款实用的解决方案可以简化大型的CAD模型、NWD文件,而无须进行模型准备、第三方服务器托管、培训,也不会有额外成本。该软件还支持查看 3D DWF 格式的文件。通过更加轻松地交流设计意图,协同审阅项目相关方的设计方案,共享所有分析结果,便可以在整个项目中实现有效协作。

12.2.2　渲染漫游软件

渲染漫游软件包括:支持室内外、景观效果图及视频渲染的 Lumion 10.0;用于模型漫游查看,可实现与 Revit 模型的同步更新,支持连接 VR 设备的 Fuzor 2017;支持查看模型,渲染动画及全景效果图,支持连接 VR 设备的 Twinmotion 2018 等。

(1) Lumion 10.0

Act - 3D 的技术总监伦科·雅各布斯(Remko Jacobs)说:"我相信我们创造了非常特别的东西,这个软件的最大优点就在于人们能够直接预览并且节省时间和精力。"

Lumion 是一个实时的 3D 可视化工具,用来制作电影和静帧作品,涉及的领域包括建筑、规划和设计,Lumion 也可以传递现场演示。Lumion 的强大就在于它能够提供优秀的图像,并将快速和高效工作流程结合在了一起,为用户节省时间、精力和金钱。

用户能够直接在自己的电脑上创建虚拟现实。通过比以前更快地渲染高清电影,Lumion 大幅降低了制作时间。用户可以在短短几秒内就创造惊人的建筑可视化效果。

从 Google SketchUp、Autodesk 产品和许多其他的 3D 软件包导入 3D 内容,增加了 3D 模型和材质,通过使用快如闪电的 GPU 渲染技术,能够实时编辑 3D 场景,渲染和场景创建降低到只需几分钟,支持现场演示,支持室内外、景观效果图及视频渲染。

(2) Fuzor 2020

Fuzor 2020 是 BIM 虚拟现实平台,也可以理解为 3D 虚拟现实设计软件。Fuzor 2020 是将 BIM VR 技术与 4D 施工模拟技术深度结合的综合性平台级别,其强大的问题追踪系统能够在移动端和 PC 端之间自动跟踪问题与反馈,任何问题都可以存储在用户的私有云或公有云上,并支持有权限的移动端或 PC 随时查阅或修改。Fuzor 2020 在 iPad Pro 上应用了笔触压力系统,将该项目的管理范围扩大,通过屏幕截图、做标记、写评论、现场拍照等等方式来减少问题的出现,并向客户展现专业的技能,能够让 BIM 模型瞬间转化成带数据的生动 BIM VR 场景,让所有项目参与方都能在这个场景中进行深度的信息互动。强大的操作系统,让用户更好地发挥设计才能,Fuzor 2020 广泛应用于建筑、家装设计等领域。此外,Fuzor 2020 可实现与 Revit 模型的同步更新,支持连接 VR 设备。

(3) Twinmmotion 2018

Twinmotion 2018 是一款专为建筑需求而设计的工具集,非常方便灵活,能够完全集成到工作流程中,可适用到设计、可视化和建筑交流等领域。

用户使用 Twinmotion 2018,可以在几分钟内就为自己的项目创建高清图像、高清视频,项目导出的为 exe 文件,该文件可以作为交互 3D 模型被客户端访问。

用户可以查看模型,渲染动画及全景效果图,连接 VR 设备。

12.2.3　方案设计软件

BIM 方案设计软件用在设计初期,其主要功能是把业主设计任务书里面基于数字的项目要求转化成基于几何形体的建筑方案,将此方案用于业主和设计师之间的沟通和方案研究论证。BIM 方案设计软件可以帮助设计师验证设计方案,使其和业主设计任务书中的项目要求相匹配。

方案设计软件包括:方案体块推敲及绿建性能分析应用 Autodesk Project Vasari 2014、Google SketchUp 2020。

（1）Autodesk Project Vasari 2014

Autodesk Project Vasari 2014 是一款简单易用的、专注于概念设计的应用程序,用于方案体块推敲及绿建性能分析,采用了基于 Spoon 的虚拟化技术,集成了基于云计算的分析工具,使用和 Autodesk Revit 2011 相同的的 BIM 引擎。用户可以查看丰富的、可视化的能耗分析,并进行对比;无须打断工作流即可在云端进行绿色设计分析;自由创建和编辑形体,并快速获得分析数据,从而得到最优、最有效的方案设计。

（2）Google SketchUp 2020

SketchUp 是一套直接面向设计方案创作过程的设计工具,其创作过程不仅能够充分表达设计师的思想,而且完全满足与客户即时交流的需要。它使得设计师可以直接在电脑上进行十分直观的构思,是三维建筑设计方案创作的优秀工具。

SketchUp 是一个极受欢迎并且易于使用的 3D 设计软件,官方网站将它比喻为电子设计中的"铅笔"。它的主要优点就是使用简便,人人都可以快速上手,并且用户可以将使用 SketchUp 创建的 3D 模型直接输出至 Google Earth 里。

方便的推拉功能使得设计师通过一个图形就可以方便地生成 3D 几何体,无须进行复杂的 3D 建模。快速生成任何位置的剖面,使设计者清楚地了解建筑的内部结构,可以随意生成二维剖面图并将其快速导入 AutoCAD 进行处理。SketchUp 支持与 AutoCAD、Revit、3DMAX、Piranesi 等软件结合使用,支持快速导入和导出 DWG、DXF、JPG、3DS 格式文件,实现方案构思、效果图与施工图绘制的完美结合,同时提供 AutoCAD 和 ArchiCAD 等设计工具的插件。SketchUp 自带大量门、窗、柱、家具等组件库和建筑肌理边线需要的材质库,支持轻松制作方案演示视频动画,全方位表达设计师的创作思路,具有草稿、线稿、透视、渲染等不同显示模式。准确定位阴影和日照功能,使得设计师可以根据建筑物所在地区和时间实时进行阴影和日照分析。SketchUp 支持简便的空间尺寸和文字标注,并且标注部分始终面向设计者。

12.2.4 BIM 装配式软件

BIM 装配式软件包括:德国内梅切克公司装配式软件 Planbar 的早期产品,主要做混凝土装配结构的 Allplan 2015;用于幕墙及工业产品深化设计的 Inventor 2017;钢结构预制装配软件 Tekla 18.1。

（1）Allplan 2015

Allplan 2015 是德国内梅切克公司装配式软件 Planbar 的早期产品,主要做混凝土装配结构,是一款 3D 综合 BIM 软件,在预制构件的模型建立和预制构件的生产方面具有独特优势,为使用者提供了建筑物设计和绘图过程的整合方案,适用于设计过程的各个阶段。

（2）Inventor 2017

Inventor 2017 是 AutoDesk 公司推出的三维可视化实体模拟软件,用于幕墙及工业产品深化设计,包含三维建模、信息管理、协同工作和技术支持等各种特征,可用于幕墙及工业产品深化设计,Inventor 产品线提供了一组全面的设计工具,支持三维设计和各种文档、管路设计及验证设计。Inventor 提供的专家系统能生成制造用工程图,加快从草图到成品的过程。

（3）Tekla 18.1

Tekla 18.1 钢结构预制装配软件能让建筑师对于钢结构设计进行完美高效的建模,主要可以在建筑钢架、吊塔、码头运输、工业钢架设备配置等方面提供最好的设计方案。

12.2.5 绿建性能分析软件

绿建性能分析软件包括:气流组织模拟软件 Autodesk Simulation CFD 2018,建筑能耗模拟软件 EnergyPlus 8.4.0,建筑采光分析软件 IES Suite、人流疏散路径及时间模拟软件 Pathfinder,疏散模拟、消防模拟软件 PyroSim、风环境模拟软件 StarCCM+12.02.01,建筑能耗模拟软件 Ecotect 2011,光伏发电模拟软件 PVsyst 6.4.3。特灵 TRACE 700 能源分析软件是特灵自主研发的空调经济性分析软件,它可以帮助暖通空调专业人士基于能源利用和设备生命周期成本,优化他们对建筑暖通空调系统的设计。

12.2.6 场地管综设计软件

场地管综设计软件包括:InfraWorks 360(场地方案阶段设计及表现软件,申请 Autodesk 账号可通过卫星地图创建场地地形模型)、Civil 3D(场地施工图阶段软件,地块、道路排水及竖向设计可通过模型快速统计土方量,根据土方平衡计算结果优化竖向设计)。

12.2.7 Revit 插件

目前市场上有的 Revit 插件:

(1) TR 天正系列软件

TR 天正软件由北京天正软件股份有限公司基于 Autodesk Revit 平台研发,是以建筑、机电、暖通、电气、给排水为核心的分析调整类软件,其命令类似于天正 CAD 插件,可提供天正项目样板,帮助提升建筑、制图效率。目前已更新到 V8.0 版本。

(2) 橄榄山快模 RevitKM 插件

橄榄山快模 RevitKM 插件可以快速建模,部分命令及族库免费;可实现 CAD 图纸的快速翻模。翻模命令收费,翻出的模型还需设计人员进行调整。

(3) 红瓦族库 V2.2.0 插件

红瓦族库 V2.2.0 是专业族库插件。公共族库含七大专业,近万个公共族库全部永久免费;Dynamo 2.0.1 是参数化设计插件;Revit 导入 Twinmotion 的插件,可生成中间文件,实现 Revit 与 Twinmotion 的数据互导;Revit To LumionBridge 可生成中间文件(dae 格式),实现 Revit 与 Lumion 6.0 的数据互导;品茗 HIBIM 集快速建模、CAD 高效转化、族库、深化设计、出图算量于一体。

12.2.8 常用的 BIM 及相关软件文件格式

本节内容以文件格式扩展名的字母顺序为序,资料来源于加拿大 BIM 学会(Institute for BIM in Canada,IBC)。

CGR:Gehry Technology 公司 Digital Project 产品使用的文件格式。

DWG:即 DraWinG 格式,是 AutoCAD 原始文件格式,Autodesk 从 1982 年开始使用,截至 2018 年一共使用了 21 种不同的 DWG 版本。虽然 DWG 可以存放一些元数据,但本质上仍然是一个以几何和图形数据为主的文件格式,不足以支持 BIM 应用。

DXF:全称是"Drawing eXchange Format",是 Autodesk 开发的图形交换格式,用于在 AutoCAD 和其他软件之间进行信息交换,以 2D 图形信息为主,三维几何信息受限制,不足以进行 BIM 数据交换。

DWF:全称是"Design Web Format",是 Autodesk 开发的一种用于网络环境下进行设计校审的压缩轻型格式,这种数据格式是一种单向格式。

DGN:即 DesiGN 格式,是 Bentley 公司开发的支持其 MicroStation 系列产品的数据格式,2000 年以后 DNG 格式经更新升级后支持 BIM 数据。

PLN:Draw PLaN 格式是 Graphisoft 公司为其产品 ArchiCAD 开发的数据格式,1987 年随 ArchiCAD 进入市场,是世界上第一种具有一定市场占有率的 BIM 数据格式。

RVT：即 ReViT，是 Autodesk Revit 软件系列使用的 BIM 数据格式。

12.2.9 BIM 发布审核软件

Autodesk Design Review 以全数字化方式测量、标记和注释二维和三维设计，而无须使用原始设计创建软件。软件可以帮助团队成员、现场人员、工程承包商、客户以及规划师在办公室内或施工现场轻松、安全地对设计信息进行浏览、打印、测量和注释。

Adobe 3D PDF 在 2D 的基础上再增加 3D 功能，新增的功能包括支持 COLLADA Rigging DAE 文件，该文件是 3D 模型文件的一种，用户可以从 COLLADA 文件中导入动画和 Rigging 数据，并继续创作，完成或完善 3D 对象。用户还可以利用现有的动画数据结合 Photoshop 软件时间轴创建宣传片，支持 3D PDF 文件。

12.3 智慧园区 4.0 发展趋势

智慧园区的演进，不仅是园区景观、园区名称等表现上的变化，并且是园区功能、园区定位、园区高新技术应用等各方面的全方位变化。智慧园区的发展体现在运营智慧化、管理智慧化、服务智慧化、基础设施智慧化及数据挖掘技术应用等方面。

智慧园区在 1983 年—1988 年，经历了智慧园区 1.0 阶段，在技术上强调了园区的通信与信息系统，实现了计算机与通信设施连接，可提供计算机服务与通信服务。

智慧园区从 1989 年—1999 年，经历了智慧园区 2.0 阶段，在技术上强调了智能楼宇系统。园区建筑基本具有楼宇、消防、保安等自控功能，监视和控制多为简单模式，软件水平较低，以园区智能化管理为主。

智慧园区在 2000 年—2015 年，经历了智慧园区 3.0 阶段。住房和城乡建设部于 2012 年12 月正式发布了《关于开展国家智慧城市试点工作的通知》，并印发了《国家智慧城市试点暂行管理办法》和《国家智慧城市（区、镇）试点指标体系（试行）》两个文件。在技术上强调了智能化集成系统（IBMS）在部分园区管理系统的应用，围绕产业建设部分的软件系统，智能化系统应用基本实现整体集成，有一定的产业资源集聚能力，但创新能力弱。

智慧园区从 2016 年至今，正在经历智慧园区 4.0 阶段。2016 年 11 月，国家发展和改革委员会、中共中央网络安全和信息化委员会办公室、国家标准化管理委员会联合发布《关于组织开展新型智慧城市评价工作务实推动新型智慧城市健康快速发展的通知》。通过大数据、人工智能、机器人、物联网、AR/VR 等技术，关注产业链，围绕企业、人才、产业等多方场景与需求，提供极致的服务体验和创新支撑。

2015 年 6 月，住房和城乡建设部《关于推进建筑信息模型应用的指导意见》指出，自 2020年末，以下新立项项目勘察设计单位、施工、运营维护中，集成应用 BIM 的项目比率达到 90％。新立项项目包括以国有资金投资为主的大中型建筑、申报绿色建筑的公共建筑和绿色生态示范小区。

2019 年 12 月由全国智能建筑及居住区数字化标准化技术委员会（SAC/TC426）和华为技术有限公司联合发布《中国智慧园区标准化白皮书》，指出随着云计算、物联网、大数据、人工智能、5G 等为代表的技术迅速发展和深入应用，"智慧园区"建设已成为全球园区发展的新趋势。近年来，党中央和国务院更加注重智慧园区的建设与发展，相继出台了多项政策推动智慧园区建设，智慧产业园区、智慧社区等新业态和新模式不断涌现。

智慧园区体系架构是针对智慧园区的标准的信息系统部分的总体架构，采用开放平台面向服务的架构，如图 12－3 所示。

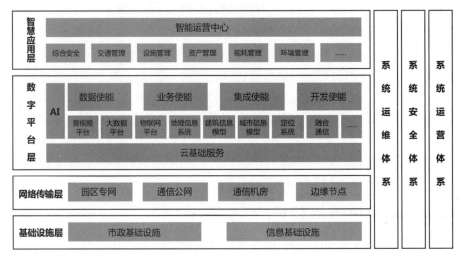

图 12－3　智慧园区体系架构

智慧园区的体系架构从园区信息化整体建设考虑，以通信和信息技术为视角，需要具备四个建设层次和三个支撑体系。横向建设层次的上层对其下层具有依赖关系；纵向支撑体系对于四个横向建设层次具有约束关系。横向建设层次和纵向支撑体系分别描述如下：

基础设施层：提供对园区人、事、物的智能感知能力，通过感知设备及传感器网络实现对园区范围内基础设施、环境、建筑、安全等方面的识别、信息采集、监测和控制。

网络传输层：包括园区专网、通信公网、边缘节点及通信机房等所组成的网络传输基础设施。

数字平台层：通过对信息与通信技术的运用，夯实平台核心服务能力，对下联接物联设备、屏蔽设备感知层的设备差异，对上支撑上层智慧应用、支撑水平业务扩展能力，并提供高可靠的 IaaS、PaaS 层服务能力，用于统一开发、承载和运行应用系统。数字平台层主要包括云端部署、联接层、使能层三个子层，具有重要的承上启下作用。

智慧应用层：基于数字平台提供的核心数据、服务、开发能力，运用人工智能技术，建立多种物联设备联动的行业或领域的智慧应用及应用组合，为园区管理者和园区用户等提供整体的信息化应用和服务。

系统安全体系：为智慧园区建设构建统一的端到端的安全体系，实现系统的统一入口、统一认证、统一授权、运行跟踪、系统安全应急响应等安全机制，涉及各横向建设层次。

系统运维体系：为智慧园区建设提供整体的运维管理机制，涉及各横向建设层次，确保智慧园区整体系统的建设管理和高效运维。

系统运营体系：园区运营是围绕业务、用户场景，进行计划、组织、实施和控制等活动，是各项作业和管理工作的总称，其中对系统的建设要求包含在园区整体体系架构建设中。

从上述智慧园区体系架构可以看到 BIM 的位置。城市信息模型实现了"BIM 数据＋物联网"的有机结合，将各个系统数据与 BIM 模型相关联，实现了精确的构件级数据管控和积累。

2019 年 10 月国家发展改革委印发的《绿色生活创建行动总体方案》指出要通过开展节约型机关、绿色家庭、绿色学校、绿色社区、绿色出行、绿色商场、绿色建筑等创建行动，广泛宣传推广简约适度、绿色低碳、文明健康的生活理念和生活方式，建立完善绿色生活的相关政策和管理制度，推动绿色消费，促进绿色发展。广大城市社区要提高社区信息化智能化水平，充分利用现有信息平台，整合社区安保、公共设施管理、环境卫生监测等数据信息。培育社区绿色文化，开展绿色生活主题宣传,贯彻共建共治共享理念,发动居民广泛参与。

2020 年 3 月 4 日中共中央政治局常务委员会召开会议,会议指出要加快 5G 网络、数据中心等新型基础设施建设进度。新型基础设施建设包括特高压、新能源汽车充电桩、5G 基站建设、大数据中心、人工智能、工业互联网和城际高速铁路和城市轨道交通等七大领域。

12.4 智慧园区项目全生命周期 BIM 实施指南

12.4.1 概述

针对智慧园区现状,将参数化建模技术应用到智慧园区建设之中,该技术可覆盖决策、规划、设计、施工、模拟、造价评估、测试及运维管理等各个阶段。通过 BIM 在计算机上建立一座虚拟建筑,对智慧园区的建筑结构、基础设施系统内所有材料和设备进行编码,可以对园区的地下管网进行设计,对建筑暖通系统进行模拟,通过模拟可以知道如何建设能够达到最低的能耗。BIM 可以通过三维图像直观逼真地呈现智慧园区。智慧园区的所有系统都可以采用 BIM 设计,而不仅仅是建筑,比如智慧园区大楼的空调系统、通风系统,通过 BIM 设计,可以有效分析当前系统运行的效率,找寻提升空间。根据 BIM 建模的结果,再进行实际的智慧园区建设,往往可以达到设计预期,减少重复施工、智慧园区系统不是最优的情况出现。所以建设绿色建筑、建设绿色智慧园区,BIM 是不可缺少的;通过 BIM 设计,可以促使资源整合利益最大化,能耗达到最低。

当然,将 BIM 引入智慧园区建设,目的是建设绿色节能的智慧园区。实际上,不仅仅在建设智慧园区时需要 BIM,在智慧园区的日常维护中更需要 BIM,BIM 虽然主要是为建筑设计建模,但也可以用来帮助工程师进行智慧园区维护。比如:可以通过 BIM 模拟重现智慧园区的建筑结构及设备,尤其是重现设备的位置与编码,这样当需要查找相关设备信息时,直接在 BIM 中搜索很快就可以找到信息;BIM 还能与智慧园区网管系统相结合,实时获取智慧园区设备运行状态和业务处理情况,一旦发生问题,BIM 会自动告警并报告故障位置,通过 BIM 里指定的设备位置可迅速找到故障源,在拥有数千台的智慧园区里找一台设备并非易事,而通过 BIM 系统就可以很快找到。

BIM 本身就有模拟建模的作用,可以充分为智慧园区所利用,当智慧园区要进行扩容,引入一些新的服务器设备时,那么智慧园区的方方面面都需要被考虑到,根据智慧园区某个部分的变化,来对整个智慧园区进行模拟,根据模拟的结果再进行各个环节的配合与调整,所以可以说 BIM 在智慧园区的生命周期的各个环节中都可以发挥重要作用。

在很多方面都可以用 BIM 建模,比如光照模拟、气流组织模拟、能耗分析等等,智慧园区在做各种业务调整、改造、升级等操作时,BIM 可以根据这些信息提前给出模拟建议,这样可以有效保证项目的顺利实施,避免走弯路,以此缩短工期。智慧园区使用 BIM 技术,该技术对于智慧园区的影响是深远的,未来的智慧园区是一个参数化过程,BIM 的运用将使整个智慧园区建设、运行等各项数据一目了然,BIM 是建设绿色智慧园区最重要的技术工具之一。

(1) 涵盖全生命周期信息

BIM 不仅包含了设计信息,还包含设计对象的空间信息,能够集成建筑及建筑内设备和管线的全生命周期资料信息和设备运行的实时参数。

(2) 提高设计质量、减少错误碰缺、控制成本

在传统设计方式下,各专业间通过互提资料和做协调解决设计中的问题,缺乏协同设计的技术手段,往往各专业只关注本专业的设计,很难发现设计中的错漏碰缺问题。使用建筑信息

建模技术,各专业在同一个三维空间中协同设计,能够直接看到各专业的设计内容,全面深入地理解对方的设计,及时发现设计中存在的问题,进行有效的沟通,解决设计中的问题。

（3）更加方便修改、减少修改错误

只要对项目规模做出更改,与此更改相关联的所有结果都会在整个项目中自动更新,实现出现"一处修改",就自动协调、创建关键项目交付件（例如可视化文档和管理机构审批文档）,更加省时省力,因此可以更快、更好地做好交付工作,信息模型提供的自动协调更改功能可以消除协调错误,提高工作整体质量。

（4）为施工阶段提供更多信息、提高效率、节约成本、更易沟通

BIM 可以同步提供有关建筑质量、进度以及成本的信息。施工人员可以促进建筑的量化,以进行评估和工程造价,并生成最新评估与施工规划。BIM 使计划产出结果或实际产出结果更易于分析和理解,并且施工人员可以迅速为业主制定展示场地使用情况或将对人员的影响降到最低。BIM 还能提高文档质量,改善施工规划,从而节省施工中在过程与管理问题上投入的时间与资金。最终结果就是,保障施工的顺利完成,提高工程质量,能将业主更多的施工资金投入到建筑,而非行政和管理中。

（5）帮助实现工程运维管理

BIM 可同步提供有关设备使用情况或性能已用时间以及财务方面的信息。工程建设模型可提供数字更新记录,以及重要的财务数据。这些全面的信息可以提高建筑运营过程中的收益与成本管理水平。

伴随智慧园区建设工程的进展过程,智慧园区建设可分为以下几个阶段:

一是设计阶段。通过基于三维参数化模型的综合管线设计验证服务,有效控制设计质量,降低工程建设过程中因设计变更和错漏碰缺造成的返工浪费,提高建设成本控制能力。

二是施工建造阶段。利用三维可视化工具,提高项目各参与方之间沟通效率,提高建造模拟服务辅助工程项目管理和施工建造效率,缩短施工周期,提高施工质量,节省建设投资,更新三维模型与设计资料版本,为运维管理汇集建设阶段设施设备分散的随机资料和竣工验收资料。

三是运维管理阶段。构建项目三维竣工模型,基于三维竣工模型提供包括项目技术服务范围在内的基础信息集成共享利用平台,实现投产后的三维可视化运维管理,降低机房运营成本,实现智慧园区基础信息在三维平台的展示,提升智慧园区建设总体管理水平。

12.4.2　基于 BIM 技术的智慧园区建设原则

一是先进性。项目要配合智慧园区进行资源整合和流程优化,有效提高经营管理水平和工作效率,提高共享服务能力以及市场竞争能力,满足目前的经营管理要求,以及今后一个时期的发展要求。

二是成熟性。尽可能采用成熟技术,在成熟技术中选择、采用先进的技术。

三是扩展性。具备良好的扩展性,能够适应未来组织和流程改进的需要。

12.4.3　基于 BIM 技术的智慧园区建设内容

智慧园区建设的基本内容包含技术咨询服务、软件平台、施工配合、展示素材、系统集成、培训服务等六大部分,如表 12-1 所示:

表 12-1 智慧园区建设的基本内容

序号	服务内容	说明
一、技术咨询服务部分		
1	土壤公用建模设计	按施工图建立建筑、结构、公用设备专业三维模型
2	设备建模设计	按施工图及相关资料建立各专业系统管线、设备的三维模型
3	三维设计验证服务	按合同要求提供空间碰撞检查,涵盖硬碰撞检查(直接接触或交叉)与软碰撞检查(净空间保障),并提交检查模型和详细检查报告
4	三维综合管线设计	综合管线设计按照安装方便、维修容易的总指导原则,在保持设计意图不变的基础上,依据相关专业的设计施工规范进行深化设计
二、软件部分		
1	三维监控集成(中间件服务)平台	业务全生命周期维护、业务注册管理、业务调用管理、文件访问管理、消息访问管理者
2	远程交付子系统	远程同步、用户授权等功能
3	智慧园区模型管理子系统	含三维模型管理、图纸文档管理、二三维联动管理等
4	模型信息资源管理子系统	空间管理、数据采集模版管理、建设资料采集管理
5	设施设备管理子系统	设备分类维护、故障影响分析、运维资料管理等
6	智慧园区展示子系统	展示素材管理、交互式漫游及排放控制
三、系统实施服务		
1	现场实施配合服务	配合业主方、施工方、项目管理方操作和查询数据、模型
2	变更影响分析服务	根据现场需要进行配合及修改
3	施工进度模版	计划关联、发布、动画导出
4	机电安装数据采集配合	生成数据采集文档,数据导入、发布、归档
5	模型版本及数据库维护	模型变更、模型拆分、合并模型版本发布、现场资料目录维护、数据备份与恢复
四、培训服务		
1	操作培训	基本操作培训、管理员培训

12.4.4 BIM 技术在项目决策阶段应用

项目决策阶段包括建设意图的酝酿、前期调查研究、项目建议书编写、项目可行性研究报告的编写等诸多内容。在此阶段,在项目可行性研究报告中需要有依据地评价项目的可行性和工程费用估算的合理性,才能做出科学的决策。通过 BIM 技术进行设计管理的项目可以将项目所有相关的信息保存在该项目信息共享平台上,待需要时可以随时调取不同深度和类型的信息。如果新项目与已有项目类似,就可以借鉴类似项目的设计方案、施工、运营管理、投资额等信息,并可以将这些资料作为新项目可行性和费用估算及节能环保评价的依据,这有利于对新项目作出科学的论断。

12.4.5 BIM 技术在招投标阶段应用

利用 BIM 模型,可直接统计出建筑的实物工程量,根据清单计价规则套上清单信息,形成招标文件的工程量清单,快速完成招标控制价。投标单位按照招标文件要求自主报价,招投标变得简单快捷。

12.4.6 BIM技术在项目实施阶段应用

项目实施阶段是整个建设项目的关键阶段,是项目成功的决定性阶段。项目实施阶段主要包括设计阶段、施工阶段及保修阶段。BIM模型在各个阶段发挥的作用有相同之处,也有不同之处,但最终目的均是为项目的决策、建设和使用增值。

12.4.7 设计阶段

通常,除采用工程项目总承包方式外,我国大多建设项目设计阶段的设计工作由建设单位委托的各类设计院完成,设计人员利用PKPM、MIDAS、SAP 2000等结构计算软件进行结构设计,再利用专业绘图软件绘制施工图,计算和绘图是互相分离的,最后将资料整理成设计文件。目前设计单位的施工图都是二维的平面图,包括各层平面、立面、剖面、细部构造等,这些图单独绘制,导致结构各细部在平面图上看复杂、不直观,更容易产生设计错误。如果建设单位有变更要求(通常不止一次),需要重新进行结构计算,再绘制或修改相应施工图,整个过程烦琐、重复率高、浪费资源。

BIM技术作为一个信息共享平台(包括多个模块和软件,这些模块和软件之间相互对接),将建筑设计与结构设计联合使用,利用建筑软件通过输入各部位材料、尺寸等信息进行三维建模,只需要建这一个模型,以后不需要再建。结构设计可以在三维模型上添加计算所需的各类参数,进行结构计算,省去了重复建模的过程;同时,如果需要对原有模型进行修改(可能是错误引起,也可能是变更或其他原因引起),与之相应的结构也会随着进行相应调整。BIM的碰撞检查功能可以对设计中的重叠的构件进行自动检查,以使模型准确无误。可以根据需要获得设计成果二维设计图纸或三维电子模型,同时可以获得Word版设计说明书(设计说明的内容和格式的模板是软件开发时设定完的)。

通常结构设计和建筑设计完成后需要对建筑物进行给排水、热力、电力管线设计,这些管线的设计也需要进行重复工作,并且管线与管线之间容易出现交叉、不通现象,施工人员在施工过程中才会发现此类问题,这会影响施工进度。通过BIM,可以将管线设计融入已建好的模型当中,不仅免去大量重复建模工作,更重要的是可以进行管线间及管线内部的碰撞检查,使得与管线的接头、重复、位置、标高等相关的不必要的错误在设计阶段被发现,方便施工单位按图施工。

12.5 智慧园区BIM应用案例

12.5.1 北京亦庄云计算中心园区

亦庄云计算中心园区建成后将是亚太地区单体建筑规模最大的智慧园区。建设地点位于北京亦庄经济技术开发区,效果图如图12-4所示。

图 12-4 亦庄云计算中心效果图

本项目总建筑面积为 90 202 m²,其中地上建筑面积为 47 776 m²,地下建筑面积为 42 411 m²。地上有五层、地下有三层,建筑高度为 29.95 m。项目总耗电量为 10 万 kVA,自来水最高日用量 644.6 m³/d,空调总制冷量为 59 192 kW。

(1)设计亮点

造型:造型震撼,建筑全长约 220 m,是亚太地区最大的单体智慧园区。

节能措施:先进、适宜数据机房的建筑外围护(250 mm 厚加气混凝土＋0 保温层),寒冷地区机房节能最大化;设置 1 200 m³ 雨水收集池,将节水技术用于场地清洁、绿化灌溉等,采用冰蓄冷技术、节能新风技术、干冷技术,将机房余热回收用于办公采暖等,灯具和光源选用节能、照明控制设计节能产品。

BIM 技术应用:技术应用先进,适用优化管线排布,优化机房层高、走道净高。

绿色星级:节能、适用,绿色建筑设计为一星。

防灾设计:先进、安全。

(2)BIM 设计的必要性

中国电信北京亦庄云计算中心作为亚太地区单体规模最大的智慧园区,机电专业涉及范围广、管线错综复杂,通过 BIM 对设备模型的搭建,直观反映设备安装所需空间,从而对建筑层高进行控制,准确提出制冷机房、走道等关键节点的净高要求,结合智慧园区建筑的特殊性,利用设计,达到以工艺需求决定建筑方案的目的。BIM 模型效果一如图 12-5 所示。

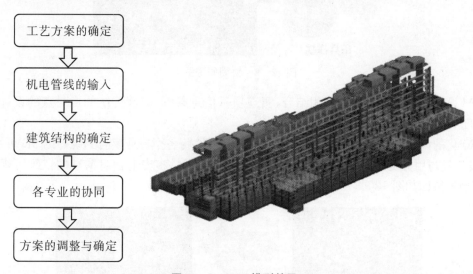

图 12-5 BIM 模型效果一

亦庄项目机房发热量较大,对空调需求量很高,空调主管道直径较大,制冷机房管线复杂,通过 BIM 设计,对制冷机房进行三维模型的搭建和管线的优化,将原本方案机房净高 9 500 mm,调整至净高 8 700 mm,释放了 800 mm 的层高,优化了建筑方案。BIM 模型效果二如图 12-6 所示。

地下走道部分集合了暖通、给排水、消防、强电、弱电工艺等设备专业的管线。利用 BIM 设计进行走道的管线排列,做到了既满足各设备专业的运行要求,又达到走道内的净空需求,并且能通过模拟走道管线排布,在建筑总高不变的前提下,重新优化各层层高。BIM 模型效果三如图 12-7 所示。

图 12-6 BIM 模型效果二

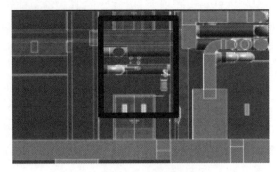
图 12-7 BIM 模型效果三

（3）三维可视化协同过程

运用 BIM 协同设计平台体系加强了设计信息、专业交互,保证信息传递与交换的正确性、完整性、及时性,减少错漏碰缺和设计重复,提高了设计质量和效率,实现在项目的全生命周期阶段贯彻协同设计、绿色设计和可持续设计理念。协同原理图如图 12-8 所示。

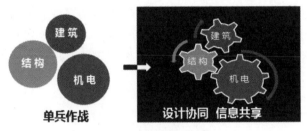
图 12-8 协同原理图

BIM 设计与信息化协同平台相结合,实现项目信息共享,突破传统的点对点的设计方式,更大程度上提升工作效率,提高设计质量。

BIM 化的设计摆脱了 2D CAD 图纸表达的局限性,将各个专业整合到统一的 3D 可视模型中,为设计者与甲方提供更加直观的体验,为设计人员提供多专业信息共享的三维可视平台。BIM 模型效果四如图 12-9 所示。

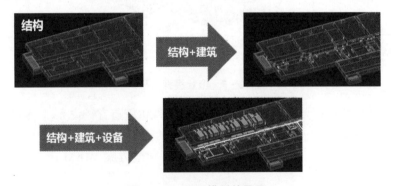
图 12-9 BIM 模型效果四

在可视化模型中,自定义机电设备族文件,形成信息共享的专业族库,完善相关设备信息,要求设备族与设备运维管理规格对应,通过审批流程控制族库使用。

本项目地下共三层,底板分布及标高复杂,地下室侧壁计算工况达二十余例。借助 Revit 的 3D 作业条件及剖测功能,提高了设计合理性和效率。

对于智慧园区建筑,机电专业管线较多,2D图纸难以清晰描述其安装标高及其与其他各专业的空间相对位置,BIM设计在3D可视条件下完成,各专业在空间准确定位,彼此透明,减少了沟通调整的工作量,确保正确性。设备定位示意图如图12-10所示。

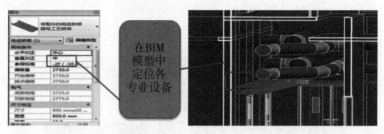

图12-10 设备定位示意图

经计算分析、修改确认后的结构构件在Revit中同步到建筑及设备专业,在三维平台实现信息共享,便于后续的净空分析、管线碰撞检测等工作。

(4)相关软件间协同设计

使用共享的轴网标高,参照建筑条件建立BIM结构模型,利用Revit与结构计算分析软件YJK(盈建科)的模型互导接口生成结构计算模型。

本项目属超长结构,东西向长度超过200 m,且机房区域温度变化显著。通过Revit将结构模型导入Midas软件、PMSAP软件,对温度影响下的楼板受力进行有限元分析及比较,优化设计。

将模型导入CFD软件进行机房气流组织模拟,预测模拟机房内部风环境和温度场。使用CFD软件对机房进行模拟:机房冷热交换模拟;地板送风效果与气流组织;空调冷却效果展示;对机房内部布置进一步优化。气流组织优化效果图如图12-11所示。

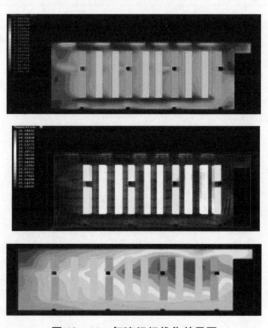

图12-11 气流组织优化效果图

(5)各专业协同设计展示

针对智慧园区建筑的特殊性,机电专业主要分为暖通、给排水、强电、弱电、通信工艺及智能化部分,利用 Revit、Navisworks 等专业软件,对机电各专业进行模型的搭建,并进行相应的管线综合、碰撞检测以及净空分析等。

Revit 可以很清晰地表示各专业的模型以及局部相对关系,可以较直观地同步调整设备管线位置、高度,较隐蔽的碰撞可进行管线综合分析以及碰撞报告分析。

全专业及局部模型如图 12 - 12 所示。

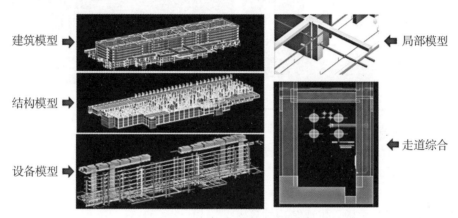

建筑模型　　　　　　　　　　　　　　局部模型

结构模型

设备模型　　　　　　　　　　　　　　走道综合

图 12 - 12　全专业和局部模型图

(6) 碰撞分析及管线综合

① 标准化流程控制

制定标准化 BIM 作业流程,基于该标准,进行模型搭建、碰撞检测、管线综合等工作。如表 12 - 2 所示。

表 12 - 2　BIM 作业流程

步骤	模型建造阶段			系统检测阶段	
	建模员	模型组长	模型主任	检测经理	技术负责人
1	根据图纸资料按"要求及标准"建造各专业模型	控制本组模型的质量和进度	控制所有模型的质量和进度	补充及完善"专业检测分工表"和"碰撞检测分工表"	补充及完善建模的"要求及标准"
			配合"碰撞检测分工表"统筹各专业各楼层的绘制顺序和进度		整理检测依据
2	落实各"标准"资料	复核和汇总本组"标准"资料	制定和复核所有模型的"标准"资料		
3	根据"专业检测分工表"进行专业检测	复核和汇总本组问题	复核和汇总所有问题	审阅所有专业检测记录、碰撞检测记录和问题,需要检测的信息需求表/问题澄清报告,则由检测经理执行	

续表

步骤	模型建造阶段			系统检测阶段	
	建模员	模型组长	模型主任	检测经理	技术负责人
3	做好"专业检测"记录	复核和汇总"专业检测"记录	整理"BIM 检测用模型完成状态表"	按"专业检测分工表"和"碰撞检测分工表"对有关检测项进行复核	
4	根据"碰撞检测分工表"进行碰撞检测	复核和汇总本组问题	制订所有模型的碰撞检测计划		
4	做好"碰撞检测"记录	复核和汇总本组"碰撞检测"记录	汇总所有问题		
4	需提供碰撞检测后的 NWD 文件	复核和汇总本组 NWD 文件			
5	将以上过程中发现的问题,做好"问题记录",提交上来经公司内部讨论可解决的做好记录即可,将不能解决的信息需求表/问题澄清报告提交给客户,等待客户回复				
5	问题的提交是逐级向上提交				
6	统计整理"BIM 模型参照资料统计表"	复核和汇总本组"BIM 模型参照资料统计表"	复核和汇总所有"BIM 模型参照资料统计表"	做好"专业检测"和"碰撞检测"记录	制作 BIM 检测报告
7	整理本专业"模型修改记录表"	复核和汇总本组"模型修改记录表"	复核和汇总所有"模型修改记录表"		
8	向组长提交完成模型	向主任提交完成模型	向检测经理提交完成模型	向技术负责人提交检测成果	向项目经理提交 BIM 检测报告

② 专业间碰撞展示

专业间碰撞展示图如图 12-13、图 12-14 所示。

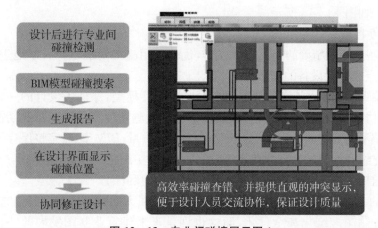

图 12-13 专业间碰撞展示图 1

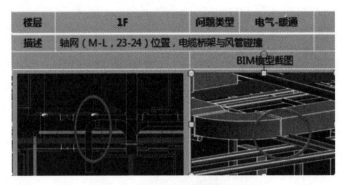

图 12-14　专业间碰撞展示图 2

解决方案具体是:按轴线 M-L 处新管线平衡图,强电桥架距地 2 480 mm,消防桥架距地 2 680 mm。

③ 专业间管线综合

本项目地下共三层,负三层为设备层,管线布局极其复杂,利用 Revit 可视化设计,进行地下三层的管线综合,提高设计质量,并为后期施工提供指导。

对标准层及复杂的局部设备房间进行 MEP 深化设计,保证设备运行操作、检修空间、支管安装空间等,为后期施工提供指导。管线综合效果图如图 12-15 所示。

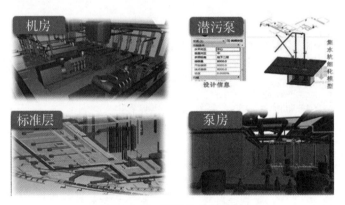

图 12-15　管线综合效果图

④ 构件明细表统计

构件明细表如图 12-16 所示。

⑤ 施工进度控制

利用 BIM 制定相对精确的施工进度安排,优化使用施工资源以及科学地进行场地布置优化,指导重要节点和重大设备的安装。

本项目利用 Revit 搭建各专业共享的 3D 可视 BIM 模型,保证了设计的一致性,实现了专业间的透明,为协同设计提供基础;Revit 提供了分析检测及便利的剖切轴测功能,便于设计及校审人员查检缺漏与专业间的冲突,保证工作效率与质量;BIM 模型完整保存了各专业土建、设备构件及彼此组合构建的数字化信息,借助其可扩展实现建筑分析、施工指导等多种应用,极大提高了项目前期方案选型与后期服务的可实施性和便利性。

BIM 软件的其他特点是三维的绘图体验和其背后强大的数据库的支持。这些优点将有助于推进建筑设计制图三维化和全程化,而这也许是未来建筑业制图发展的一个趋势。此外,

BIM 是一种高度集成化的工作模式,它能够将建筑师从机械化的绘图工作中解放出来,使其将注意力更集中在设计创意上,从而更大地发挥设计师的价值!

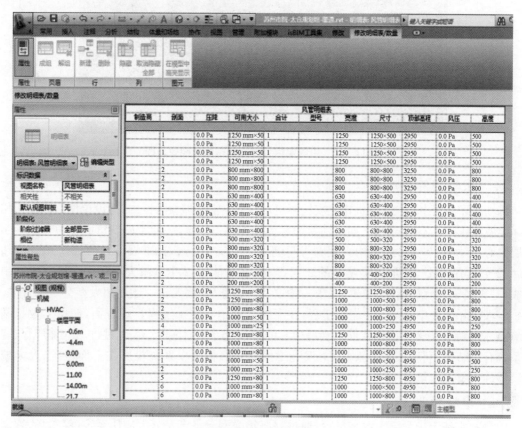

图 12-16 构件明细

12.5.2 中国电信云计算贵州信息园

中国电信云计算贵州信息园位于贵安新区电子信息产业园内,距贵阳 25 km,东邻松柏山水库和贵州大学城,西为湿地公园。园区地块基本呈矩形现状,南北向 900 m,东西向 400 m,总用地面积为 536 亩(约 0.36 km²),一期用地 200 亩(约 0.13 km²)。园区北邻城市综合体,东接贵州移动大智慧园区,隔黔中路南望富士康园区。园区周围自然环境条件和社会环境优越,非常适合绿色低碳技术的应用。

贵州园区作为中国电信"4+2"云计算智慧园区之一,按照"统一规划、分步实施、全员覆盖"的原则,全力打造高科技、低成本、绿色节能的信息园,建成国内领先水平的大规模云计算智慧园区、云计算研发应用示范基地,面向政府、企业、公众客户提供业界领先的主机托管、资源出租、系统维护等方面的云计算运行与支撑服务。贵州园区形成以核心企业为龙头、中小企业为配套支撑的"绿色、高效、创新"的国家级智慧园区和国家级战略性新兴产业发展示范,带动中国电信云计算贵州信息园与相关新兴信息技术产业长期健康可持续发展,带动产业规模稳定增长,促进贵州省产业结构优化升级和经济发展方式转变,进一步提升贵州省综合竞争力和可持续发展能力。基于贵州信息园的功能定位和需求分析,中国电信集团公司拟定本期建设 4 栋智慧园区(A3—A6)、1 栋后勤保障中心(A1)、1 栋动力中心(A11)。施工图设计过程中采用 BIM 进行设备管线排布、碰撞检测、净高分析。建筑功能繁多,各专业管线复杂,设计过程利用 Revit 细化方案,完善 BIM 模型。效果图如图 12-17 所示。

图 12‐17　中国电信云计算贵州信息园效果图

12.5.3　深圳国际会展中心

深圳国际会展中心位于深圳市宝安国际机场以北空港新城核心区内,建设单位为深圳市招华国际会展发展有限公司,项目一期总建筑面积为 $1.46×10^6$ m^2,一期室内展览面积为 $4×10^5$ m^2。会展中心由一条 1.7 km 长的中央通廊将两侧 16 个 $2×10^4$ m^2 标准展厅,1 个 $5×10^4$ m^2 超大展厅,2 个具有会议、活动、宴会功能的 $2×10^4$ m^2 多功能厅,2 个登录大厅和 1 个接待大厅串联而成,是集展览、会议、活动(赛事、娱乐)、餐饮、购物、办公、服务于一体的超大型会展综合体。

深圳国际会展中心是一个超级工程,在深圳会展中心施工过程管理方面,使用了大量基于BIM 技术的特大型多方协作软件。会展中心的智能化系统体量巨大,通过将 BIM 模型与智能化系统有机结合,利用大型圆弧 LED(发光二极管)屏,将各个系统投屏在上面,可以大大减轻会展运维人员工作量。

12.5.4　中海物业

中海物业基于华为沃土数字平台,通过兴海物联网云平台及五大应用系统(停车场、智能门禁、楼宇对讲、视频监控、机房远程监控系统)的云化建设,助力"两保一体验"(保安＋保养＋业务体验)智慧升级,实现园区智能运营,提升服务体验。中海莞府项目的智慧物业方面,中海物业"优你家"App 实现自助报修、付费、自助人员通行管理等功能。通过打通智慧园区、智慧建筑与智慧家居三级智慧系统,为客户提供安全、健康、方便的生活方式,获得业内同行、业主客户的一致好评。

2017 年中海智慧园区样板项目运行至今,整体运营和管理效率提升约 20%,并维持了较高的客户满意度。未来全面推广"城市中心＋项目"管理模式,管理范围覆盖 5 个城市共 37 个项目,总面积约 $7×10^6$ m^2,预估整体运营和管理效率将提升约 30%,每年将节约近亿元。

12.5.5　万科建设统一的智慧园区

万科基于华为园区沃土数字平台,打造统一的空间运营数字底座,将不同城市的各子园区统一接入与管理,实现跨地域、跨系统、跨设备的资源与服务共享。华为助力万科建设统一的智慧园区。

华为园区沃土数字平台使能新业务快速向一线发放,避免各区域重复投资,降低一线对复杂技术应用的难度和资源投入,助力一线快速、低成本建设智慧园区;该数字平台统一的服务和运营标准,确保为万科所有一线园区提供统一的高标准服务,使其具有高标准运营能力;该数字平台一站式新信息与通信技术能力使能业务快速创新、敏捷适应市场需求。

第十三章 5G 技术与网络在智慧园区中的应用

13.1 5G 技术

13.1.1 5G 技术概述

（1）5G 技术概念

第五代移动通信技术（5th generation mobile networks 或 5th generation wireless systems、5th-Generation，简称"5G"或"5G 技术"）是最新一代蜂窝移动通信技术，也是继 4G（LTE-A、WiMax）、3G（UMTS、LTE、CDMA）和 2G（GSM 和 CDMA）系统之后的升级。5G 的终极目标是提高数据速率、减少延迟、节省能源、降低成本、提高系统容量和大规模设备连接。5G 规范中的 Release-15 第一阶段是为了适应早期的商业部署。Release-16 的第二阶段于 2020 年 4 月完成，作为 IMT-2020 技术的候选提交给国际电信联盟（ITU）。ITU IMT-2020 规范要求速度高达 20 Gb/s，这可以实现宽信道带宽和大容量多入多出技术（massi MIMO）。

（2）移动通信发展背景

近些年，中国移动通信技术取得了飞速的发展。从二十世纪九十年代至 2008 年，第二代移动通信网络经过了十几年的发展，移动通信网络的客户量已经发展到三亿，给移动通信网络奠定了庞大的用户基础。2008 年起，第三代移动通信网络开始商用，3G 业务在数据传输业务上引入了更宽的带宽和更快的传输速率，经过六年的发展，为第四代移动通信系统百兆带宽业务应用打下了良好的基础。2013 年底，第四代移动通信系统开始商用，第四代移动通信系统在第三代移动通信系统的基础上引入了时分双工（TDD）和频分双工（FDD）两种工作制式并且把无线局域网结合到一起，传输速率最高可以达到 100 MHz/s。

4G 网络经过了多年的发展，发展至今天已经达到一个顶峰，用户群基础庞大，用户业务需求量日益增长。为了更好地提升用户的体验感，也为了顺应移动通信网络发展的潮流，第五代移动通信网络的商用迫在眉睫。当下正处于第四代移动通信网络向第五代移动通信网络过渡的关键时期，国内运营商已经在多个城市进行 5G 业务的试点运行，美国高通和中国华为海思等通信公司都已经做出了适用于 5G 的移动终端芯片，国内手机制造商也都发布了基于 5G 的手机。

时至今日，5G 网络的全面部署已经不再遥远。世界迈入超高速和万物互联时代，5G 技术发展示意图如图 13-1 所示。

（3）5G 技术主要特征

随着科技的进步，以及网络技术的提高，人们对于移动网络服务提出了新的需求，4G 网络技术已经不能满足当今人们的通信需要，为此需要继续开发研究新的网络技术，因此 5G 网络新技术的研究工作正在如火如荼地进行中。从 5G 网络新技术的研发状况来看，我们能够发现 5G 网络新技术具有与众不同的特点，5G 网络新技术对于用户的实际体验感受给予了高度的重视，致力于为用户提供更好的服务，同时具有丰富的功能，和 4G 网络技术相比，5G 网络新技术的连接功能要有所提高。同时 5G 网络新技术的能耗也比 4G 网络技术要低，而 5G 网络新技术的研究也推动了新设备的开发研究工作。5G 网络新技术的另一个特征就是具有较高的热点容

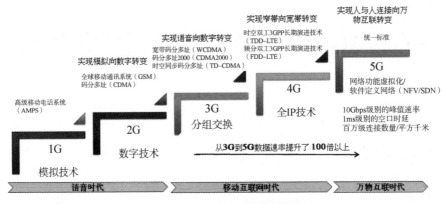

图 13-1 5G 技术发展示意图

量,能够改善 4G 网络技术在使用中的一些问题,例如在 4G 网络技术中一旦出现较大的传输流量,那么传输速率就会下降,在应用 5G 网络新技术后,能够将具体的传输速率平均分配到各个环节当中,从而为网络的顺利传输提供基础的保障。除此之外,5G 网络新技术还具有低延时的特征,在使用过程中具有较大的优势,因此在未来发展中 5G 网络新技术必将成为新时代的发展潮流。

13.1.2 5G 技术原理

（1）5G 的频谱效率

从无线通信伊始,要解决的问题就是:怎么在有限的频谱资源内容纳更多的用户,同时让每个用户传递更多的信息。这就涉及无线通信中三大主流复用技术:频分多址（FDMA）、时分多址（TDMA）和码分多址（CDMA）。

FDMA:利用不同的频率将总带宽分割成不同信道的复用技术。

TMDA:允许多个用户在不同时间段（时隙）来使用相同的频率的复用技术,允许多用户共享同样的频率。

CDMA:简言之就是对共享一条信道的信息进行了不同方式的编码。

FDMA、TDMA、CDMA 三大技术大大提升了频谱利用效率。2G、3G、4G 技术在频谱效率提升上都应用了这三项核心技术。

而 5G 技术其实是 2G、3G、4G 技术的大融合,它将各种技术的优势结合在一起,属于 2G、3G、4G 的融合升级加强版。

美国数学家克劳德·艾尔伍德·香农（Claude Elwood Shannon）在 1948 年提出来一个著名公式——香农定理,如式（13-1）所示。

$$C = B\log_2\left(1 + \frac{S}{N}\right) \tag{13-1}$$

其中,C 为最大信息传送速率,B 为信道的宽度,S 为信道内所传信号的平均功率,N 为信道内部的高斯噪声功率。

式（13-1）的意义之一就在于推导出即便应用无限大的频谱带宽,传递信息的速率也是有极限的,因为噪声 N 会随着频谱宽度 B 的扩大而扩大,使得传输速率最终达到一个极限。同时公式可以推导出在给定带宽上信息传输速率所能达到的上限,并指明了达到这个上限的研究方向。这就是著名的香农极限。融合越多,频谱利用率就越接近香农极限。

无线通信科学家们就是希望传输速率可以接近这个上限。而 5G 的频谱效率已经很大程度上接近甚至达到了香农极限。

（2）5G 的信号覆盖

信号覆盖涉及基站的概念，基站就是将手机连接到运营商网络的设备，连接到运营商的网络之后，手机才能实现打电话、发短信和上网。

基站与人们通过无线电信号进行连接，通常一个基站的覆盖范围是一个以基站为圆心的一个圆，在这个圆之内的手机都可以被这个基站的信号所覆盖。通常来讲，离基站近的地方信号就会好，上网速度就会很快，离基站远的地方，信号就会不好。

通常在一个基站覆盖的圆里，持有手机的人也不是均匀分布的，如果信号是均匀覆盖的，覆盖的效率就会很低，使得应该有信号覆盖需求的地方信号不够强，而没有需求的地方却有信号。

而在 5G 时代，要保证每一个基站所覆盖的用户无论距离远近，无论人们是否均匀地分布在基站覆盖的范围内，都要有大带宽和低时延的上网体验，这就对信号覆盖提出了很大的技术难题。通信技术人员为了解决这些问题，进行了一些重要的技术创新：

① 大容量多入多出技术

目前手机信号连接的是运营商基站，准确地说是基站上天线，室外天线示意图如图 13-2 所示。

天线主要布置在楼顶以及信号塔上。以往一个天线可以理解成一个探照灯，通常覆盖 120°的扇面（每个基站的三个天线覆盖一个圆），被"照射"的区域就有信号，但这有一个问题：使用手机的人不会总是均匀分布在这 120°的扇面区域中，可能扎堆在一扇面中的小部分区域，这就造成了"探照灯"照射的浪费，因为它没有聚焦。"探照灯"式信号覆盖示意图如图 13-3 所示。

图 13-2　室外天线示意图

图 13-3　"探照灯"式信号覆盖示意图

原"单入单出"的探照灯式信号覆盖到了 4G 时代，进而有了"多入多出"和"波束赋形"技术，就好比将一个大的信号覆盖的天线"探照灯"变成了多个"聚光灯"，"聚光灯"可以找到这个扇形区域中手机都聚集在哪里，然后就能更为聚焦地进行信号覆盖。当前主流应用的是"4T（Transit）4R（Receive）"技术，顾名思义，就是一个天线可以有 4 个"聚光灯"负责向多个手机传递信号，同时有 4 个"聚光灯"负责接收手机上行回传到基站的信号。

而在 5G 阶段，由于对信号覆盖有更高的要求，当前 5G 全球通信设备制造商已经将 5G 天线的主流技术推进到了"8T8R"，华为公司已经可以做到"64T64R"（64 个"聚光灯"），远远领先业界。

② 上下行解耦技术

5G 应用的主流频谱是 3 GHz～6 GHz，这个波段被业界称为 C-Band（C 波段）或称黄金波段，这个波段频率很高。频率越高，传递的信息量就越大，然而频率越高的无线电波长也越短，波长越短，传递的距离就越短，还越容易被阻挡；若衰减得非常厉害，用户体验就会不好。

于是,华为提出了"上下行解耦"方案,可以理解为"下行 5G 频率,上行 4G 频率"。当基站向手机通信时用 5G 高频传输,因为基站可以加大发出的信号功率以解决信号穿透的问题。但手机的电量和功率是有限制的,所以手机向基站的上行不能通过加大信号强度解决,这时候,就可以让手机与基站的通信用较低的 4G 频段传输,4G 的频段频率低,波长长,可以更好地衍射,穿透障碍物。

此外,在 5G 上还有很多解决信号覆盖和降低建网成本的技术,比如华为提出的单一无线接入网(Single RAN)技术。

5G 对普通人来说,意味着更快的下载和上传速度、更流畅的在线内容流、更高质量的语言和视频通话、更多的联网设备、更丰富的舒适生活体验(包括自动驾驶、智慧城市等在内)。

13.1.3 5G 技术特点

(1) 天线多

5G 使用电磁波来运送信息,但是 5G 信号的波长比其他信号的波长更短,属于厘米波/毫米波。

波长短,所以天线短,一个设备就能同时放进很多根天线。这就能保证 5G 设备同时发出和接收很多组信号。这叫作大规模多进多出技术。

MIMO 就是"多进多出"(Multiple Input Multiple Output),多根天线发送,多根天线接收。5G 与其他 G 天线波长示意图如图 13-4 所示。

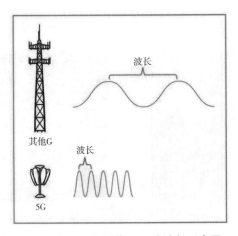

图 13-4 5G 与其他 G 天线波长示意图

3G 的频段是:1 880 MHz～1 900 MHz 和 2 010 MHz～2 025 MHz。

4G 的频段是:1 880 MHz～1 900 MHz、2 320 MHz～2 370 MHz、2 575 MHz～2 635 MHz。

5G 的频段是:450 MHz～6 000 MHz 频率范围是 FR1 也就是常说的 Sub-6 GHz,24 250 MHz～52 600 MHz 频率范围是 FR2,也就是常说的毫米波。

(2) 业务多

2G、3G、4G 网络,只是实现了简单的业务需求——通话和上网。为了满足数据业务爆炸式增长所带来的新业务需求,需要对各种网络需求进行分类管理,以提高效率。

5G 网络要面向多连接和多样化业务,要求其需要像积木一样可以被灵活部署,方便进行新业务的快速上线、下线,以满足不同的需求。因为"分类管理,灵活部署"的需求,网络切片的概念应运而生。

网络切片管理是指根据不同业务应用对用户数、服务质量(QoS)、宽带的要求,将物理网络切成多张相互独立的逻辑网络。每个切片完全独立定义和部署,这样运营商可以快速灵活部署网络。

由于 5G 信号的频率范围是 28 GHz～39 GHz,它可以给每个频道的信息分配 400 MHz 宽的道路,比 4G 的道路宽 20 倍。这就保证每条道路上能同时容纳更多的"车流"。5G 与 4G"道路"示意图如图 13-5 所示。

(3) 抗干扰

在每一个频道中,5G 信号可以发出很多组信号,每一组信号的频率非常接近,而且不会导致接收信号的时候分不清谁是谁。这叫作正交频分复用(OFDM):

① 将信道分成若干正交子信道,将高速数据信号转换成并行的低速子数据流,调制到在每个子信道上进行传输;

4G

5G

图 13-5 5G 与 4G"道路"示意图

② 正交信号可以通过在接收端采用相关技术来分开,这样可以减少子信道之间的相互干扰,每个子信道上的信号带宽小于信道的相关带宽,因此每个子信道上的信号可以看成平坦性衰落,从而可以消除符号间干扰;

③ 每个子信道的带宽仅仅是原信道带宽的一小部分,信道均衡变得相对容易。

频分复用示意图如图 13-6 所示。

(4) 站点密

由于 5G 信号的波长变短,它必须把基站建得很密。这样一来,每个手机附近总会有一个基站。手机和基站离得近了,它们交换信息时的功率就会变小,可以更加省电。

微基站的造型有很多种,其可以灵活地与周围的环境相融合(伪装)。微基站小巧、数量多、覆盖好、速度快。5G 和 4G 基站覆盖示意图如图 13-7 所示。

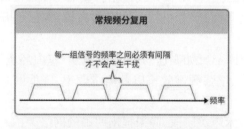

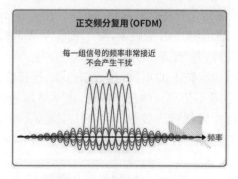

图 13-6 频分复用示意图

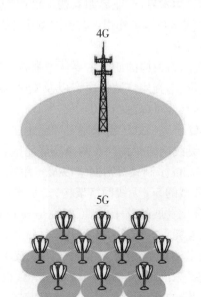

图 13-7 5G 和 4G 基站覆盖示意图

（5）瞄得准

5G 允许人们坐在速度为 500 km/h 的车上而不掉线。这就要求，手机和基站之间互相联系的时候，必须知道对方在哪个方向，并且得正对着那个方向说话。所以，5G 会用到一种特殊的技术——波束赋形。

如果不用波束赋形，电磁波的波束就会很宽。这时，基站必须朝着一个范围使劲发信号。手机多了，基站发出的信号会相互干扰，传输质量肯定保证不了。波束赋形示意图如图 13-8 所示。

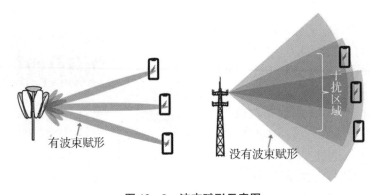

有波束赋形　　　　没有波束赋形

图 13-8　波束赋形示意图

13.2　5G 网络

13.2.1　5G 无线网络架构

当前，国际上多个标准化组织如国际电信联盟（ITU）、下一代移动通信网（NGMN）联盟等都已经开始进行 5G 网络及其架构的研究工作。第三代合作伙伴计划（3GPP）是移动网络标准最主要的制定方，5G 网络架构的设计将是其国际组织的重点工作，业界预期将在 R14 开始启动相关工作。学术界、产业界如欧盟 2020 信息社会的移动和无线通信推动者（METIS）、中国 IMT-2020 网络技术工作组（包含中国国内的运营商、研究机构、设备商、高校）等已经开始着手这方面的讨论。

5G 无线网络架构的研究主要从增强特定应用场合（如高速列车、热点场所、室内环境等）覆盖以及吞吐量、增强用户数据速率以及 QoS 需求、增强频谱效率以及能量效率、降低网络延时等方面入手，具体可以总结如下：

目前，5G 研究仍处于需求制定和空中接口技术攻关阶段，尚未提出明确的网络架构。但总的看来，5G 无线网络架构存在两条发展路线：一是综合化发展，即"演进＋创新"的路子，在演进型的 2G/3G/4G 多制式蜂窝网络以及短距离无线通信网络的基础上，融入创新型无线接入技术，形成综合型的 5G 无线网络架构；二是颠覆性发展，即"变革"的路子。

5G 综合化发展的路子，也可以说是 5G 弥补了 4G 技术的不足，在数据速率、连接数量、时延、移动性、能耗等方面进一步提升了系统性能。它既不是单一的技术演进，也不是几个全新的无线接入技术，而是整合了新型无线接入技术和现有无线接入技术（WLAN、4G、3G 等），通过集成多种技术来满足不同的需求，是一个真正意义上的融合网络。并且，由于融合，5G 可以延续使用 4G、3G 的基础设施资源，并实现与之共存。

移动网全球漫游、无缝部署、后向兼容的特点，决定了 5G 无线网络架构的设计不可能是"从零开始"的全新架构。然而，5G 无线网络架构是一种演进还是一种变革，将取决于运营商和用户需求、产业进程、时间要求和各方博弈等多种因素。

在5G架构设计的需求以及可能的技术方面,各方已经形成了一些共识:在需求方面,灵活、高效、支持多样业务、实现网络即服务等普遍成为设计目标;在技术方面,软件定义网络(SDN)、网络功能虚拟化(NFV)等成为可能的基础技术,核心网与接入网融合、移动性管理、策略管理、网络功能重组等成为值得进一步研究的关键问题。

13.2.2　网络关键技术

目前,5G的关键技术还处于研究与发展的阶段。为了实现5G的愿景和需求,5G在网络技术和无线传输技术方面都将有新的突破。5G关键技术总体框架示意图如图13－9所示,在无线网络方面,5G将采用更灵活、更智能的网络架构和组网技术,如采用控制与转发分离的软件定义无线网络的架构、统一的自组织网络、异构超密集部署等;在无线传输技术方面,5G将引入能进一步挖掘频谱效率提升潜力的技术,如先进的多址接入技术、多天线技术、编码调制技术、新的波形设计技术等。

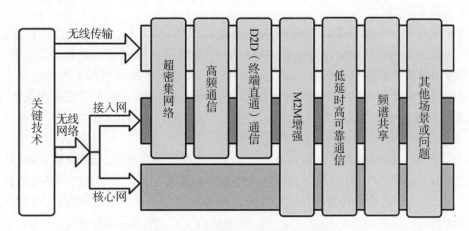

图 13－9　5G 关键技术总体框架示意图

13.2.3　5G 网络应具备的特点

第四代移动通信发展至今,遇到了一些带宽受限和速率受限的瓶颈,因此不能满足各领域的日益增长的业务需求。第五代移动通信网络作为第四代移动通信的升级版,要更好地解决这些问题。

5G时代必然要实现的一个目标是万物互联。不同于现网的多元设备接入移动通信网络,5G时代的万物互联不会像现网一样依赖物联网,而是要以更快的数据传输速率实时地控制更多元的设备。

要满足万物互联,5G网络必须要具有超高速的数据传输特点。以车联网为例,自动驾驶这项业务若想普及商用,就必须满足安全性和可靠性,在车辆高速行驶的过程中,把行驶路况通过5G网络传输给车联网服务器,车联网服务器对路况进行分析并把车辆下一步应该进行的操作以信号的形式传达给车辆终端,进而使车辆进行下一步的安全操作。在车辆高速行驶的过程中,上述整个流程应该在极短的时间内完成,否则安全系数就不达标。为了满足这些超大内存数据实时传输的需求,就必须保证5G网络具有超高的传输速率,同时需要占用很大的带宽来支撑起这么快的传输速率。

5G网络还应该具有很强的覆盖能力。覆盖能力是网络性能评价的关键指标之一,只有覆盖范围广,用户才能获得良好的网络体验。要做到5G网络的全覆盖就需要结合4G移动通信网络的基站部署情况和 5G 基站设计中用到的天线技术,对 5G 基站部署做出完美的规划。

此外为了满足 5G 超高速的传输速率需求,还需要采用更高级的调制技术等,以提高频谱资源的利用率,在有限的频谱资源下,进一步提升优化频谱资源利用方式,进而降低 5G 网络部署的成本,提高 5G 网络的性价比。

为了满足第五代移动通信网络传输速率和大大增加的信道容量,信号传输时所需的带宽也需要大大增加。5G 时代必将是一个大带宽和超宽带的时代。

13.2.4 5G 网络规划策略

(1) 4G 与 5G 融合的 5G 网络部署初期规划

为了降低 5G 网络部署的成本,同时也为了更平滑地实现 4G 向 5G 网络的过渡,在 5G 业务商用的初期,必然会存在着一个 4G 网络和 5G 网络并存的时期。这个两网并存时期,4G 的 LTE 网络为了避免某些业务随着 5G 的部署出现空白期会占据着主导地位,比如语音业务和多种已经成熟的 4G 关键技术。

语音业务方面,4G 网络采用的是长期演进语音承载(VoLTE)方式,这种制式通过接入 IMS 提供了高清的语音传输质量。结合 3G 网络向 4G 网络在语音业务承载方式上的过渡,采用了电路域回落技术和双待手机方式(SVLTE)技术,经过多年的演进和不断的技术革新才到了提供高清语音业务的 VoLTE 语音承载方式。5G 网络部署的时候,可以在部署初期采用 4G 网络和 5G 网络融合的方式,避免第五代移动网络部署初期的语音业务的缺少。现阶段提出的 5G 语音业务参考的是 4G 网络中的电路域回落技术。

5G 建设初期,5G 网络不提供语音业务,当移动终端设备需要接入语音业务时,就回落到 4G 网络上,由 4G 网络的 VoLTE 制式进行语音信号的接入业务。移动终端设备在语音业务完成之后再次升回 5G 网络进行数据传输等业务。这种演进分组系统回落的方式,合理地利用了第四代移动网络广泛的基站部署,充分利用 4G 网络的资源进行 5G 语音业务,作为一个过渡的语音业务承载方式,为 5G 网络的进一步发展和部署提供了一个较好的思路。5G 网络在接入语音业务时回落到 4G 的 VoLTE 语音业务承载方式上。5G 网络部署的中后期,将逐步引进新的语音业务方式,从而实现业务的不断优化升级。

在移动通信网络使用的关键技术方面,在 5G 网络规划过程中应该把 4G 网络中使用的关键技术用到 5G 网络中,并且根据 5G 网络部署的实际情况,慢慢地推进新的关键技术的革新。以多发多收的 MIMO 技术为例,在 5G 网络规划中,应该把多发多收的 MIMO 技术考虑进 5G 基站建设中,结合 4G 的 MIMO 技术完成 5G 初期的小区覆盖,避免出现覆盖缺失的情况。在 5G 逐渐演进的过程中,根据需求和技术研究的进展环境,不断对关键技术推陈出新,如从多发多收的 MIMO 技术向 3D MIMO 技术方向演进,进而实现基站的天线从二维信号分析转变为三维信号分析,提升传输速率和传输可靠性。

(2) 5G 网络试点规划

在 5G 网络部署初期,即使已经对第四代移动通信进行了 5G 网络的部署规划和优化,新一代移动通信网络的推行也必然会遇到很多的问题。为了解决这个问题,5G 网络的试点运行必不可少。现网下,各大运营商已经在各主要城市和人口和业务密集区域展开了试点。2019 年的两会对 5G 网络全面支持,很明显这次 5G 网络试运行取得了圆满的成功,为 5G 网络的推广奠定了丰富的经验。

通过提前的试点规划,可以提前分析出 5G 网络与现网之间存在的冲突;通过对这些冲突进行分析,听取用户的意见,可以极大地降低真正5G网络推广时的成本和复杂度,并且能提高用户的体验感。

(3) 5G网络覆盖规划

在5G网络部署中,网络覆盖面积和覆盖能力直接影响5G网络的性能,因此在规划5G网络时要重点分析5G网络的覆盖问题。在进行5G网络覆盖规划时,要以4G网络基站对小区的覆盖能力为参考,依据4G网络小区边缘参数和小区具体业务吞吐量来决定5G网络基站的部署。此外,还应考虑基站的高度,以及天线采用的技术和天线的角度,争取达到每个基站完美覆盖。最后,还要依据5G网络部署的当地环境,针对不同的环境进行链路运算,计算出不同环境下的链路损耗。针对不同环境对网络部署进行一些改进和优化,针对郊区、农村这种用户较少的地区可以适当减少基站部署数目,针对平原等平坦开阔的地区可以采用基站的规则分布,针对高原、城市等地区可以根据需求有目的性地部署。

13.3 5G在智慧园区中的应用

13.3.1 概述

与2G萌生数据、3G催生数据、4G发展数据不同,5G是跨时代的技术——5G除了有更极致的体验和更大的容量之外,它还将开启物联网时代并渗透进各个行业。它将和大数据、云计算、人工智能等一道迎来信息通信时代的"黄金十年"。

数字化技术催生各行业的不断创新:ICT、媒体、金融、保险在数字化发展曲线中已经独占鳌头,零售、汽车、油气化工、健康、矿业、农业等的发展进程也在加速。

促进数字化进程的关键技术包括软件定义设备、大数据、云计算、区块链、网络安全、时延敏感网络、虚拟现实和增强现实等,而连接一切技术的是通信网络。

人们对5G赋予前所未有的期盼,因为5G是新时代的跨越,它能带来超越光纤的传输速度(Mobile Beyond Giga)、超越工业总线的实时能力(Real-Time World)以及全空间的连接(All-Online Everywhere)。可以看到,移动网络正在使能全行业数字化,成为基础的生产力。

网络能力长足发展才能支撑更多样的业务存在。从人们的日常应用看,它们正在悄然地发生变化。首先是视频体验的提升:华为无线应用场景实验室(Wireless X Labs)通过研究发现,从人眼可视角度、手臂长度、舒适性来看,手持移动设备最大视频显示极限是5 K的分辨率,那么只能带来20 Mb/s多的流量。但是5G的无线宽带到户(WTTx)业务可以轻松把8 K的片源带入客厅的电视大屏,提升6倍带宽需求。

云业务发展迅速,其存储、计算、渲染能力逐步提升,很多业务可以在云端完成处理,以降低终端成本和实现复杂的跨平台协作。因此行业上普遍认为,VR云的结合能够大大推进业务的普及。不论是VR游戏还是工程建模,都在云端进行渲染,通过可靠的高速网络实时返回给终端,使得业务获取性提升、体验提升。

5G视频业务还有另一个很大变化,即观看者不仅是人,还有机器。如:人工智能机器视觉在云端的应用,使得无人机可以实时识别车牌、油气泄漏;无线工业相机可以实时识别位置、产品检错;机器看视频,可以7×24 h不停歇。

移动网络的目标是全连接世界,产生的数据通过连接在云端构建,不断创造价值。车联网、智能制造、全球物流跟踪系统、智能农业、市政抄表等,是物联网在垂直行业的首要切入领域,这些领域都将在5G时代蓬勃发展。

13.3.2　5G 在园区的十大应用场景

（1）云 VR/AR——实时计算机图像渲染和建模。

虚拟现实（VR）与增强现实（AR）是能够彻底颠覆传统人机交互内容的变革性技术。变革不仅体现在消费领域，更体现在许多商业和企业市场中。

VR/AR 需要大量的数据传输、存储和计算功能，这些数据和计算密集型任务如果转移到云端，就能利用云端服务器的数据存储和高速计算能力。

云 VR/AR 将大大降低设备成本，提供人人都能负担得起的价格。

云市场以 18% 的速度快速增长。在未来的十年中，家庭和办公室对桌面主机和笔记本电脑的需求将越来越小，转而使用连接到云端的各种人机界面，并引入语音和触摸等多种交互方式。5G 将显著改善这些云服务的访问速度。

VR/AR 连接需求及演进阶段示意图如图 13-10 所示。

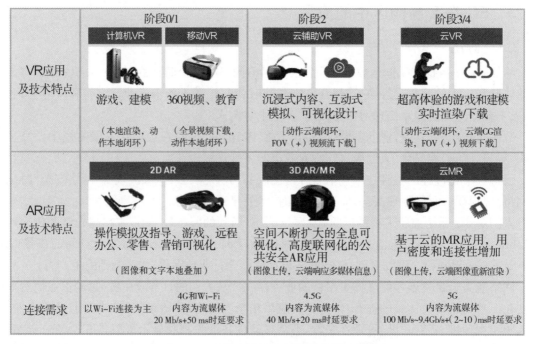

图 13-10　VR/AR 连接需求及演进阶段示意图

运营商越是广泛地参与云 VR/AR 生态系统，可获得的收益就越多。在 B2B 市场中，优先目标细分市场是广播公司、社交网络公司和中小内容开发商，其中一些公司已经对 VR 平台表现出浓厚的兴趣。

VR 生态系统中的三种主要收费模式将是广告模式、订阅模式和按使用付费模式，VR 商业模式示意图如图 13-11 所示。

除了高阶的云渲染计算机图形（CG）VR 外，目前 VR 在游戏和视频、广告领域也举足轻重。体育赛事和现场活动的 VR 已经突破了一般体验。优质内容、事件的 VR 已经主导了视频市场。

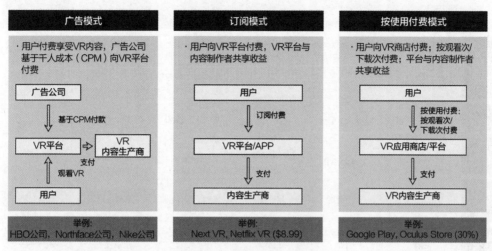

图 13 - 11　VR 商业模式示意图

（2）车联网——远控驾驶、编队行驶、自动驾驶

传统汽车市场将彻底变革，因为联网的作用超越了传统的娱乐和辅助功能，成为道路安全和汽车革新的关键推动力。

驱动汽车变革的关键技术——自动驾驶、编队行驶、车辆生命周期维护、传感器数据众包等，都需要安全、可靠、低延迟和高带宽的连接，这些连接特性在高速公路和密集城市中至关重要，只有5G可以同时满足这样严苛的要求。汽车变革关键技术示意图如图 13 - 12 所示。

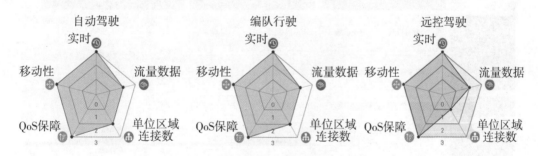

图 13 - 12　汽车变革关键技术示意图

注：QoS 指服务质量。

在远控驾驶（ToD）中，当 E2E 时延控制在 10 ms 以内时，在 90 km/h 速度下远程紧急制动所产生的刹车距离不超过 25 cm。

在车联时代，全面的无线连接可以将诸如导航系统等附加服务集成到车辆中，以支持车辆控制系统与云端系统之间频繁的信息交换，减少人为干预。以自动驾驶为例，端到端价值链的延伸示意图如图 13 - 13 所示。

图 13‑13　价值链的延伸示意图

此外,运营商在车联网领域的商业模式可以分为 B2C 和 B2B 两种,示意图如图 13‑14 所示。

图 13‑14　车联网领域的商业模式示意图

5G 有可能成为统一的连接技术,满足未来共享汽车、远程操作、自动和协作驾驶等连接要求,替代或者补充现有连接技术[例如目前正在美国被授权使用的车辆之间信息交流(V2V)技术的 5.9 GHz 专用短程通信技术(DSRC)]。在车辆实现完全自动驾驶之前,5G 将支持应用案例示意图如表 13‑1 所示。

表 13‑1 5G 将支持应用案例示意图

应用案例	描述	网络需求
编队行驶	卡车或货车的自动编队行驶比人类驾驶员更加安全。车辆之间靠得更近,从而节省燃油,提高货物运输的效率。编队灵活,车辆在驶入高速公路时自动编队,离开高速公路时自动解散	2～3 辆车即可组成编队,相邻车辆之间进行直接或车路通讯。对于较长的编队,消息的传播需要更长的时间。制动和同步要求低时延的网络通信,3 辆以上的编队需要 5G 网络
远程、遥控驾驶	车辆由远程控制中心的司机,而不是车辆中的人驾驶。远控驾驶可以用来提供高级礼宾服务,使乘客可以在途中工作或参加会议;可提供出租车服务,也适用于无驾照人员,或者生病、醉酒等不适合开车的情况	往返时延(RTT)需要小于 10 ms,使系统接收和执行指令的速度达到人无法感知的速度,需要 5G 网络

（3）智能制造

创新是制造业的核心,其主要发展方向有精益生产、数字化、工作流程以及生产柔性化。传统模式下,制造商依靠有线技术来连接应用。近些年 Wi‑Fi、蓝牙和 WirelessHART 等无线解决方案也已经在制造车间立足,但这些无线解决方案在带宽、可靠性和安全性等方面都存在局限性。对于最新最尖端的智慧制造,灵活、可移动、高带宽、低时延和高可靠性的通信是基础的要求,而 5G 能更好地满足这些要求。智能制造 5G 应用示意图如图 13‑15 所示。

图 13‑15 智能制造 5G 应用示意图

运营商可以帮助制造商和物流中心进行智能制造转型。5G 网络切片和边缘云(MEC)使移动运营商能够提供各种增值服务。运营商已经能够提供远程控制中心和数据流管理工具来管理大量的设备,并通过无线网络对这些设备进行软件更新。

（4）智能能源

能源公司正在向智能分布式馈线自动化(FA)方向迈进。在发达市场,供电可靠性预计为 99.999％,这意味着每年的停电时间不到 5 min。而新兴能源微网中的太阳能、风力发电机和水力发电会为电网带来不同的负荷,这就意味着目前的集中供电系统可能难以满足需求,因为故障定位和隔离可能需要大约 2 min 的时间。馈线自动化系统示意图如图 13‑16 所示。

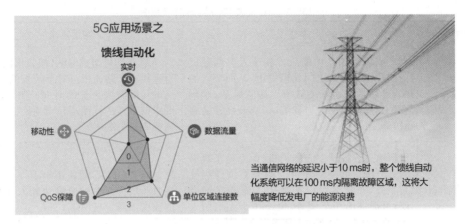

图 13‐16　馈线自动化系统示意图

分布式馈线自动化系统从集中式故障通知系统中解脱出来,可以快速响应中断,运行拓扑计算,快速实现故障定位和隔离。目前,智能分布式馈线自动化系统需要光纤布线来提供连接。由于 5G 可提供 10 ms 的网络延迟和千兆吞吐量,因此基于 5G 的无线分布式馈线系统可以作为替代方案。

由于 5G 技术采用授权频段,因此运营商除了将提供高水准服务等级协定外,还可以提供身份验证和核心网信令安全。南瑞技术在中国已经采用基于光纤的解决方案实施了多个智能分布式 FA 终端,试点区域在上海浦东,供电可靠性从 99.99％提高到 99.999％。通用电气和伊顿等公司也正在推广智能分布式 FA 终端,并表示出对无线解决方案的偏好,以降低通信成本。

5G 不仅在这种情况下提供了非常低的时延(10 ms),还降低了许多新兴市场的能源公司建立智能电网的门槛。由于这些市场缺乏传统电网和发电基础设施,能源公司将可再生能源作为其主要电力来源。但是,可再生能源发电缺乏稳定性,导致输电网络能量出现波动。为了避免这种故障,产生的能量必须根据所消耗的能量进行调整。智慧能源示意图如图 13‐17 所示。

图 13‐17　智慧能源示意图

(5) 智慧医疗

人口老龄化加速在欧洲和亚洲已经呈现出明显的趋势。从 2000 到 2030 年的 30 年中,全球超过 55 岁的人口占比从 12％增长到 20％。穆迪公司分析指出,一些国家如英国、日本、德国、意大利、美国和法国等将会成为"超级老龄化"国家,这些国家超过 65 岁的人口占比将会超过 20％,更先进的医疗水平成为老龄化社会的重要保障。

在过去 5 年,移动互联网在医疗设备中的使用正在增加。医疗行业开始采用可穿戴或便携设备集成远程诊断、远程手术和远程医疗监控等解决方案。

5G 连接到 AI 医疗辅助系统的示意图如图 13-18 所示。医疗行业有机会开展个性化的医疗咨询服务。人工智能医疗系统可以嵌入到医院呼叫中心、家庭医疗咨询助理设备、本地医生诊所，甚至是缺乏现场医务人员的移动诊所。它们可以完成很多任务：

① 实时健康管理，跟踪病人、病历，推荐治疗方案和药物，并建立后续预约；

② 智能医疗综合诊断，并将情境信息考虑在内，如遗传信息、患者生活方式和患者的身体状况；

③ 通过 AI 模型对患者进行主动监测，在必要时改变治疗计划。

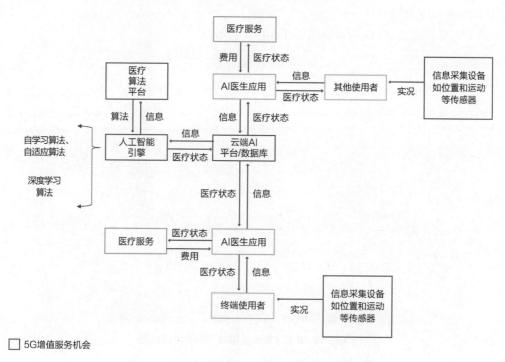

图 13-18 5G 连接到 AI 医疗辅助系统示意图

其他应用场景包括医疗机器人和医疗认知计算，这些应用对连接提出了不间断保障的要求（如生物遥测，基于 VR 的医疗培训，救护车无人机、生物信息的实时数据传输等）。移动运营商可以积极与医疗行业伙伴合作，创建一个有利的生态系统，提供医疗物联网（Internet of Medical Things，IoMT）连接和相关服务，如数据分析和云服务等，从而支持各种功能和服务的部署。

远程诊断是一类特别的应用，尤其依赖 5G 网络的低延迟和高 QoS 保障特性。

例如，位于布列塔尼海岸附近一个岛屿的法国医院（Belle Île en Mer）的远程 B 超机器人能够为这个偏远的地区提供远程 B 超诊断服务，连接大陆上医生和临床医师并进行咨询，从而降低了就医成本。

这种远程 B 超机器人已经到了可商用的程度，这是力反馈功能和"触觉互联网"的典型应用。力反馈使得远程操作以更精确的方式作用于病人，减少了检查过程中病人的疼痛。力反馈信号要求 10 ms 的端到端时延。

（6）超高清8K视频和云游戏

5G的首要商业用例之一是固定无线接入（或称作"WTTx"），使用移动网络技术而不是固定线路提供家庭互联网接入。由于使用了现有的站点和频谱，WTTx部署起来更加方便。

4K/8K电视目前已经很普及，8K视频的带宽需求超过100 Mb/s，需要5G WTTx的支持。

其他基于视频的应用（如家庭监控、流媒体和云游戏）也将受益于5G WTTx。例如，目前的云游戏平台通常不会提供高于720P的图像质量，因为大部分家庭网络还不够先进，而广大用户是云游戏平台商业生存之本，只有以最低成本吸引大量用户才是初期的主要商业模式。但是5G有望以90 fps的速度提供响应式和沉浸式的4K游戏体验，这将使大部分家庭的数据速率高于75 Mb/s，延迟低于10 ms。

8K TV及云游戏5G应用示意图如图13-19所示。

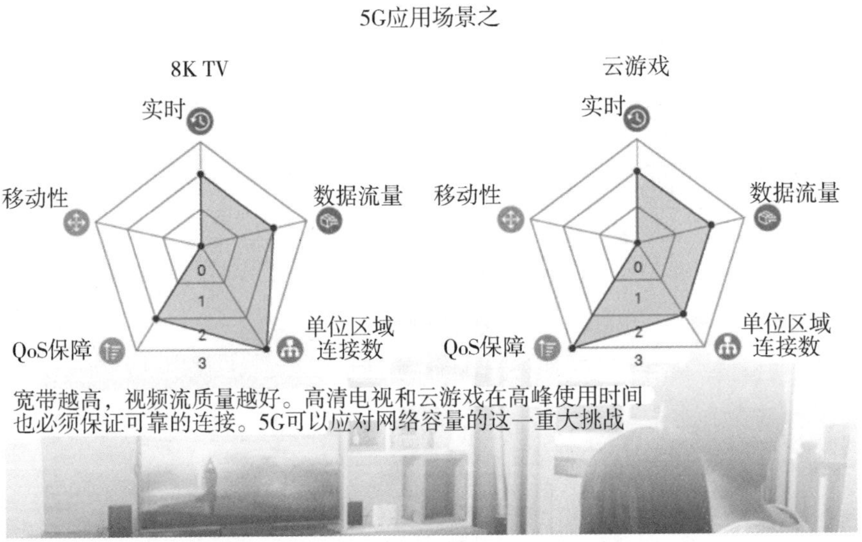

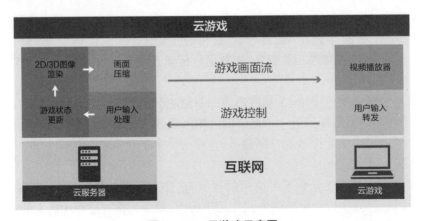

图13-19 8K TV及云游戏5G应用示意图

云端游戏对终端用户设备的要求较低，所有的处理都将在云端进行。用户的互动将被实时传送到云中进行处理，以确保高品质的游戏体验。云游戏示意图如图13-20所示。

图13-20 云游戏示意图

与其他技术相比，实施WTTx所需的资本支出要低得多。据澳大利亚公司NBN称，WTTx部署比光纤到户降低了30%到50%成本。WTTx为运营商省去了为每户家庭铺设光纤的必要性,大大减少了在电线杆、线缆和沟槽上的资本支出。

电视、游戏和其他家庭应用将运营商置于智慧家庭的中心。通过WTTx,运营商可以提供智慧家庭增值服务平台,并通过集成AI数字助理、分析汇总后的数据,开发新应用进一步提升平台中的服务品质。

在WTTx使能的智慧家庭生态中,运营商可以:

① 以具有竞争力的价格提供统一的家庭套餐,集成宽带和视频服务;

② 以具有竞争力的价格提供低时延沉浸式高清视频和游戏内容;

③ 集成第三方智慧家庭应用从而拓展移动运营商网关业务;

④ 提供运营商级隐私和信息安全保护。

(7) 联网无人机

无人驾驶飞行器(unmanned aerial vehicle)简称为无人机,其全球市场在过去十年中大幅增长,现在已经成为商业、政府和消费应用的重要工具。无人机专业巡检和安防示意图如图13-21所示。

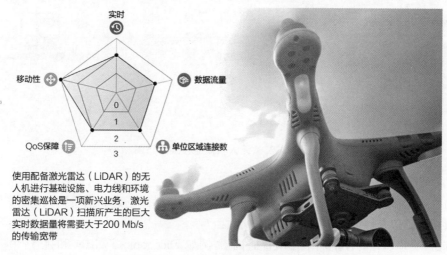

使用配备激光雷达(LiDAR)的无人机进行基础设施、电力线和环境的密集巡检是一项新兴业务,激光雷达(LiDAR)扫描所产生的巨大实时数据量将需要大于200 Mb/s的传输宽带

图13-21 无人机专业巡检和安防示意图

部署无人机平台可以快速实现效率提升和安全改善。5G网络将提升无人机自动化水平,使其能分析解决方案,这将对诸多行业转型产生影响。比如,对风力涡轮机上的转子叶片的检查将不再由训练有素的工程师通过遥控无人机来完成,而是由部署在风力发电场的自动飞行无人机完成,不需要人力干预。再比如,无人机行业解决方案有助于保护石油和天然气管道等基础资产和资源,还可以用来提高农业生产率。无人机在安全和运输领域的使用和应用也处于加速状态。

无人机运营企业正在进入按需、"即服务"的经济,以类似于云服务的模式向最终用户提供服务。例如,在农业领域,农民可以向无人机运营企业租用或者按月订购农作物监测和农药喷洒服务。同时,无人机运营企业正在建立越来越多的合作伙伴关系,创建无人机服务市场和应用程序商店,进一步提高无人机对企业和消费者的吸引力。

此外,无人机运营企业及其市场合作伙伴可以建立大数据,改善服务,并利用数据分析进行变现。脱敏后的行业大数据可以帮助金融服务机构预测商品价格和成本的未来趋势,并有助于物流和航运公司以及政府机构进行前瞻性规划。无人机商业模式示意图如图13-22所示。

目前,无人机使用的一个主要动力来自基础设施行业。无人机被用来监控建筑物或者为运营商巡检信号塔。配备激光雷达(LiDAR)技术和热成像技术的无人机可以进行空中监视。使用配备 LiDAR 的无人机进行基础设施、电力线和环境的密集巡检是一项新兴业务,LiDAR 扫描所产生巨大的实时数据量将需要大于 200 Mb/s 的传输带宽。

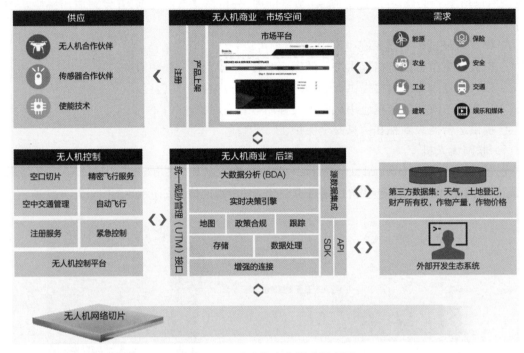

图 13 - 22　无人机商业模式示意图

(8) 超高清/全景直播

移动视频业务不断发展,从观看点播视频内容到以新模式创建和消费视频内容。目前最显著的两大发展趋势是社交视频和移动实时视频:

一方面,一些领先的社交网络推出直播视频,例如 Facebook、Twitter 和抖音;另一方面,直播视频的社交性,包括视频主播和观众之间以及观众之间的互动,正在推动移动直播视频业务在中国的广泛应用和直接货币化。

智能手机一直是社交网络的关键。大约 60% 的月活跃用户是通过他们的智能手机访问 Facebook 等。然而,消费者正在通过个人可穿戴设备来更新自己的家庭和朋友社交网络,这些可穿戴设备可以进行实时视频直播,甚至是 360°视频直播,分享运动、步数,甚至他们的心情。

社交网络的流行表明用户对共享内容(包括直播视频)的接受度日趋增加。直播视频不需要网络主播事先将视频内容存储在设备上,然后将其上传到直播平台,而是将视频直接传输到直播平台上,观众几乎可以立即观看。

智能手机内置工具依靠移动直播视频平台,可以保证主播和观众互动的实时性,使这种新型的"一对多"直播通信比传统的"一对多"广播更具互动性和社交性。另外,观众之间的互动也为直播视频业务增加了"多对多"的社交维度。

未来沉浸式视频将会被社交网络工作者、极限运动玩家、时尚博主和潮人们所广泛使用。Facebook 于 2017 年一季度推出了 360°直播视频平台,使得创作者和观众更容易参与其中。主播们可以在 Facebook 上分享分辨率高达 4 K 的 360°直播视频。

与 Facebook 兼容的商业直播视频摄像机包括 Garmin VIRB 360,Giroptic iO,three Insta 360 和诺基亚的 Ozo Orah 4i。随着流媒体摄像机的不断便携化,人们将看到越来越多"运动员视角"的体育视频直播,想象下看到朋友越过马拉松的终点,或者是与朋友共同领略大峡谷的壮丽吧。5G视频直播示意图如图13-23所示。

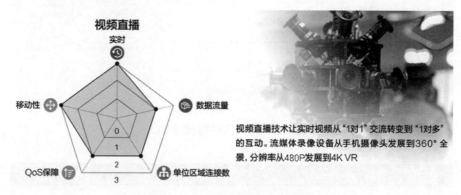

图13-23 5G视频直播示意图

视频直播的商业模式仍在不断演变,基础业务模式存在区域差异。在中国,个人主播扮演着非常重要的角色,而在美国,大众媒体则通过直播吸引年轻一代和其他对实时内容感兴趣的终端用户。广告商热衷于将他们的广告插入一个有付费能力的用户社区。

4G网络已支持视频直播,但5G将能应对以下挑战:

① 端到端的网络延迟将从60～80 ms下降到10 ms以内;

② 高清视频输入通常需要50 Mb/s的带宽,但由于4 K、多视角、实时数据分析的需要,带宽需求可能会高达100 Mb/s;

③ 10 Gb/s的上行吞吐量将允许更多用户同时分享高清视频。360°全景直播业务率先应用在体育直播中,案例包括:多视角直播。

(9)个人AI辅助

伴随着智能手机市场的成熟,可穿戴和智能助理有望引领下一波智能设备的普及。由于电池使用时间、网络延迟和带宽限制,个人可穿戴设备通常采用Wi-Fi或蓝牙进行连接,需要经常与计算机和智能手机配对,无法作为独立设备存在。

5G将同时为消费者领域和企业业务领域的可穿戴和智能辅助设备提供机会。可穿戴设备将为制造和仓库工作人员提供"免提"式信息服务。云端AI使可穿戴设备具有AI能力,如搜索特定物体或人员。个人AI辅助示意图如图13-24至图13-27所示。

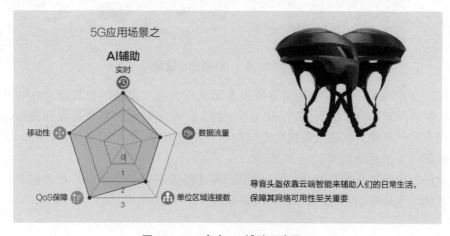

图13-24 个人AI辅助示意图一

1. 语音命令
视频采集、上传
3.语音指引反馈
云端 AI
2.物体和声音识别
4.5G、5G

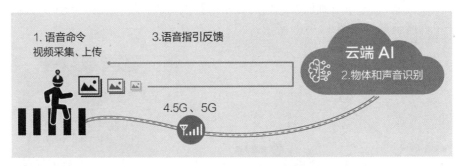

图 13-25　个人 AI 辅助示意图二

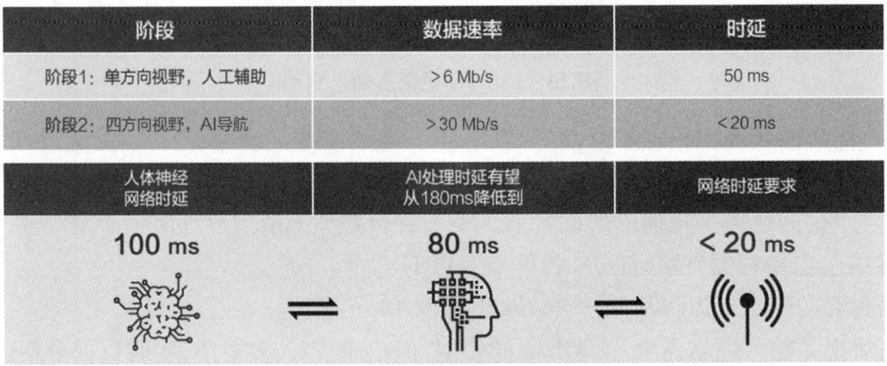

阶段
数据速率
时延
阶段1：单方向视野，人工辅助
>6 Mb/s
50 ms
阶段2：四方向视野，AI导航
>30 Mb/s
<20 ms
人体神经
网络时延
AI处理时延有望
从180ms降低到
网络时延要求
100 ms
80 ms
< 20 ms

图 13-26　个人 AI 辅助示意图三

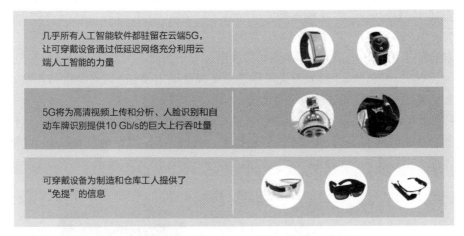

几乎所有人工智能软件都驻留在云端5G，
让可穿戴设备通过低延迟网络充分利用云
端人工智能的力量
5G将为高清视频上传和分析、人脸识别和自
动车牌识别提供10 Gb/s的巨大上行吞吐量
可穿戴设备为制造和仓库工人提供了
"免提"的信息

图 13-27　个人 AI 辅助示意图四

5G 将以三种关键的方式来解决可穿戴设备无法作为独立设备的挑战：端到端网络延迟将从 60～80 ms 下降到 10 ms 以下；高达 10 Gb/s 的上行带宽将允许高清图像和视频的上传；网络边缘的缓存和计算能力将极大地提高响应时间和电池效率，从而提高用户体验。5G 网络支持个人可穿戴设备示意图如图 13-28 所示。

高质量内容驱动更高的数据消耗，移动运营商可以提供具有竞争力的企业包，包括基本连接服务与其他增值服务，如大数据、MEC 和缓存等。

图 13－28　5G 网络支持个人可穿戴设备示意图

（10）智慧城市

智慧城市拥有竞争优势，因为它可以主动而不是被动地应对城市居民和企业的需求。为了成为一个智慧城市，城市管理者不仅需要感知城市脉搏的数据传感器，还需要用于监控交通流量和社区安全的视频摄像头。

城市视频监控是一个非常有价值的工具，它不仅提高了安全性，而且也大大提高了企业和机构的工作效率。视频系统对如下监控场景非常有用：

① 繁忙的公共场所（广场、活动中心、学校、医院）；

② 商业领域（银行、购物中心、广场）；

③ 交通中心（车站、码头）；

④ 主要十字路口；

⑤ 高犯罪率地区；

⑥ 机构和居住区；

⑦ 防洪（运河、河流）；

⑧ 关键基础设施（能源网、电信数据中心、泵站）。

在成本可接受的前提下，摄像头数据收集和分析的技术进一步推动了视频监控需求的增长。

摄像技术的新趋势包括：

① 目前主导市场的是 4 M 像素、6 M 像素和 8 M 像素的 IP 摄像头，4 K 分辨率监控摄像从 2020 年起获得支持；

② 新的应用正在出现，如突发事件处理人员的可穿戴摄像头和车载摄像头。

最新的视频监控摄像头有很多增强的特性，如高帧率、超高清和宽动态范围摄像（Wide Dynamic Range，简称为"WDR"，能够在很差的照明条件下成像），这些特性将导致大量的数据流量。

对于下一代的视频监控服务，智慧城市需要摆脱传统的系统交付的商业模式，转而采用视频监控即服务（VSaaS）的模式。在 VSaaS 模式中，视频录制、存储、管理和服务监控是通过云提供给用户的，服务提供商也是通过云对系统进行维护的。

云提供了灵活的数据存储、数据分析、人工智能服务。对于视频监控系统所有者，独立的存储系统需要较大的前期资本支出和持续的运营成本，虽然这些成本可以通过规模效应得到改善，而云存储则可以根据需要动态调整成本。在重要时段，摄像机可以配置更高的分辨率，而在其他时间，可以降低分辨率以减少云存储成本。视频监控服务示意图如图 13－29 所示。

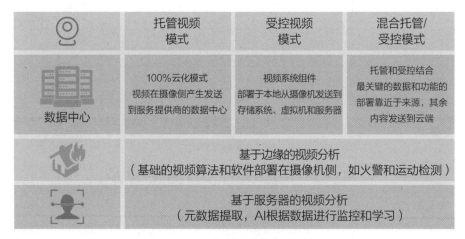

图 13-29　视频监控服务示意图

运营商可以在人工智能增强的云服务方面建立优势。AI 可以使计算机从图像、声音和文本中提取大量的数据,如人脸识别,车辆、车牌识别或其他视频分析数据。例如,视频监控系统对入侵者的检测可以触发有关门禁的自动锁定,在执法人员到达之前将入侵者控制住。或者,视频监控系统可由其他系统触发。例如,每次进行交易时销售点情报管理(POS)系统都可以通知视频监控系统,并提醒摄像机在交易之前和之后记录场景。

单个无线摄像机目前不消耗太多的带宽。但随着云和移动边缘计算的推出,电信云计算基础设施可以支持更多的人工智能辅助监控应用。摄像机则需要 7×24 h 不间断地进行视频采集以支持这些应用。AI 辅助的无线监控示意图如图 13-30 所示。

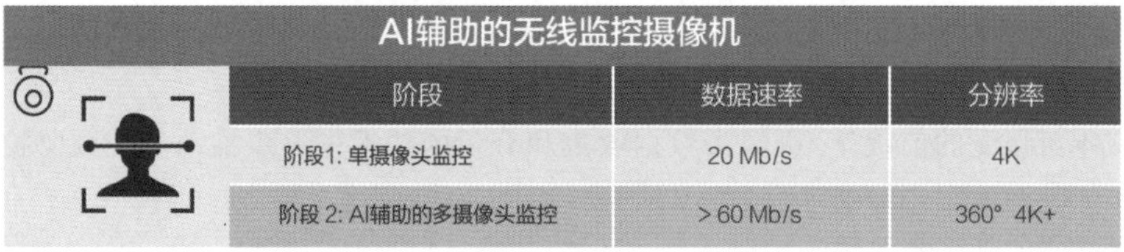

AI辅助的无线监控摄像机			
	阶段	数据速率	分辨率
	阶段1:单摄像头监控	20 Mb/s	4K
	阶段 2:AI辅助的多摄像头监控	> 60 Mb/s	360° 4K+

图 13-30　AI 辅助的无线监控示意图

13.3.3　在智慧园区的应用

智慧园区的规划设计和建设需要通过 BIM、物联网、GIS、云计算等技术实现。无人驾驶、AR 应用、远程管理、远程医疗等移动和远程管控等应用场景的需求不断增长,需要 5G 网络支持 $1 \sim 10$ Gb/s 的空口传输速率,网络时延能够从 100 ms(4G)降低到 1 ms(5G)。物联网传感技术的发展,电子设备的迅猛增多,智能办公设备、工厂智能装备等的发展都要求网络能够支撑更大规模的连接。

总的来说,打造管理数据化、应急主动化、设备智能化、服务精准化的新型智慧园区,就是利用 5G、人工智能、物联网、大数据、云计算等先进技术,赋能园区安全、管理、经营和服务环节,解决传统园区长期面临的“服务体验差、综合安防弱、运营效率低、管理成本高、业务创新难”等痛点。

5G 技术在智慧园区的主要应用场景包括:

（1）园区 5G 虚拟专网

在园区基站部署 5G 网络，接入本地服务，在全园区实现免流量费、低延迟、高速度、大流量的数据以及应用服务。相比传统的 Wi-Fi 网络，5G 网络具有更佳的网络覆盖体验，不仅速度快、延迟低，建设成本也低。

（2）园区无线视频监控及基于 AI 人脸识别技术的园区"一脸通"

无须铺设网线，更安全、更方便地部署 AI 智能安防功能，可以实时地监控园区的每个角落，预防重大隐患。

园区"一脸通"可以应用在园区的多个场合，如园区门禁、员工考勤、访客轨迹、园区消费、会议与活动签到等，从多方面体现园区的智慧系统。

（3）园区 4K 及 8K 超高清视频直播

高清视频直播可以用于园区的视频会议，5G 网络速度可以实现会议沟通的低延迟。此外，高清的视频直播也便于园区的宣传。

（4）园区 VR 全景直播与监控

VR 全景直播与监控可以实现无死角拍摄，并能实现移动直播、定点监控、远程管理等。

（5）园区 AR 安防、导览和展示

基于 AR 的智能沙盘系统，用户可以在场景中放置并观察到虚拟的沙盘模型，对园区场景进行模拟控制与管理。

通过 AR 眼镜对园区人员进行人脸识别或对园区车辆进行识别，与园区系统的数据库对比，在安防方面更方便、更快捷。

（6）园区巡航无人机

利用巡航无人机拍摄和观察整个园区，可以打造高流量、低延迟的园区场景，便于观察园区的实时情况。

（7）园区智能机器人

机器人可以实现园区部分管理功能，如智能导航系统、巡逻系统、自动巡检系统等。此外，智能机器人还可以参与到工厂的生产中。

（8）园区自动驾驶公交接驳

全 5G 覆盖的园区可以实现无人驾驶。5G＋AI 智能网络会分析园区每条道路的路况，能迅速接受园区人员对于交通工具的实时需求，实现路线智能的规划与管理、自动化接驳。

以上八种应用场景，从智慧安防、智慧管理、智慧交通、智慧展示等多方面丰富了园区的智慧系统，是智慧园区的重要组成部分。除此之外，5G 技术还可以推动智慧工厂的升级。

智慧工厂是现代工厂信息化发展的新阶段，它在数字化工厂的基础上，利用物联网和设备监控等技术加强信息管理和服务能力，集合智能化系统和技术等，全面系统掌握供应链全流程，以实现生产的高可控性、高效性，减少人工干预，及时准确地进行数据采集，合理规划与优化生产进度等，构建一个高效节能、绿色环保、环境舒适的工厂。

在工业园区中，将 5G 应用于智能制造中，结合人工智能、物联网等技术将在以下方面助力工厂的智慧升级：5G 赋予工厂系统更大的数据存储能力、更快的数据处理能力；5G 与大数据、云计算等技术结合能够构建更加智能化的工业互联网架构，作更智能的订单分析报告，普及智能机器人，提高生产效率，构建连接工厂内外的信息生态系统，实现工厂内外的信息共享，提高客户的参与度，推动个性化生产。

随着产业发展和技术变革的不断深入,智慧园区建设对通信技术提出了更高和更多的要求,5G技术的普遍化运用正是本轮智慧园区建设的契机。如今许多企业开始参与建设5G示范园,如:中国联通和首钢集团携手建设首钢5G产业园区,华为基于自身园区数字化转型实践成果打造数字智慧园区,电子城携手中国铁塔共建5G生态示范园等。

目前5G网络的建设还处于起步阶段,5G的应用场景还有许多探索的空间。不可否认是,在信息革命与智能革命的时代背景下,5G技术将会在更多的舞台以不同的方式来呈现,未来的5G不是通信行业的独角戏,而是各行各业乃至全社会共同参与的一场盛宴。

第四篇　智慧园区工程典型案例与"新基建"发展的现实意义

第十四章　智慧园区工程建设典型案例

14.1　雄安新区市民服务中心园区

2018年4月21日,《河北雄安新区规划纲要》全文发布。第八章建设绿色智慧新城指出,要同步建设数字城市,坚持数字城市与现实城市同步规划、同步建设,适度超前布局智能基础设施,推动全域智能化应用服务实时可控,建立健全大数据资产管理体系,打造具有深度学习能力的、全球领先的数字城市。

雄安新区市民服务中心园区(科技园区)示意图如14-1所示。

图14-1　雄安新区市民服务中心园区示意图

14.1.1　雄安市民服务中心园区概况

雄安新区市民服务中心园区总建筑面积为 9.96×10^4 m²,承担着雄安新区的规划展示、政务服务、会议举办、企业办公等多项功能。智能化遍布整个园区,充分体现了"数字城市与现实城市同步建设,智能基础设施适度超前"的建设理念。雄安市民服务中心采用由设计、施工、运行和投资基金共同组成联合投资体(UIP)的绿色园区一体化建设模式。

雄安集团与联合投资人组建"基金+建设项目平台(SPV)公司",共同负责项目全生命周期的投资、建设、运营。UIP模式包含运营商、建筑商、基金管理单位、设计单位,各家单位各司其职,充分使自己在项目建设运营过程中所充当的角色发挥大的专业能力。

UIP模式可应用于整个城市建设过程中的项目操作,包括基础设施、公共服务以及相应的城市综合开发等。

UIP模式的后续运营及产业导入,可通过基金自身运营赚取合理收益,同时基金接受由雄安集团委托第三方进行阶段性审计和绩效评价。

14.1.2　雄安市民服务中心园区建设历程

雄安新区市民服务中心园区智能化项目分三期实施:

一期开展规划展示中心、会议培训中心、政务服务中心建设。

二期开展企业办公用房、周转用房建设。

三期开展管委会办公、雄安集团办公用房建设。

雄安新区市民服务中心园区智能化项目共用时 133 天,投入人力 352 人,打造雄安质量工程。

14.1.3　雄安市民服务中心园区创新亮点

打造现实空间与虚拟数字空间交互映射、融合共生的数字孪生园区,形成雄安新区数字孪生城市的"雏形"。物理空间与虚拟空间的示意图如图 14-2 所示。

图 14-2　物理空间(左)与虚拟空间(右)的示意图

其创新亮点如下:

(1)园区建设数字化

雄安新区市民服务中心园区创新引入"最强大脑",实现园区建设及设备管理全生命周期的数字化。

市民服务中心创新地运用了"基于实时数据库的智能建筑管控平台"(IBMS),对建筑进行了全生命周期的数字化管理,打造了园区的"最强大脑"。

在场景体验方面,"最强大脑"在园区物业总控室使来自 34 个不同厂家的 25 个子系统,共计 19 054 多个物联网数据点实现互通互联,使物业总控室成为市民服务中心的物联网数据枢纽,实现物理园区与虚拟园区的同生共长,形成雄安新区"数字孪生城市"的微缩雏形。雄安市民服务中心物业总控室 IBMS 系统大屏示意图如图 14-3 所示。

图 14-3　雄安市民服务中心物业总控室 IBMS 系统大屏示意图

(2)系统架构云端化

雄安新区市民服务中心园区创新引入云端物联网技术,实现了大数据在云端的集中处理及整合。

"最强大脑"IBMS实现了园区内数据的互通互联,实现了园区内数据的汇集、分析、管理和资源共享,再加上云端物联网(IoT)技术的应用,将各子系统的实时数据采集上传给 IoT 云平台。市民服务中心通过云端服务的数据分析,不仅可实现园区内大数据在云端的可视化管理,还可实现"最强大脑"之间的对话与沟通,实现城市级的智慧应用。基于云端的系统架构图如图 14-4 所示。

图 14-4 基于云端的系统架构图

在场景体验方面,园区内云端数据日均处理 30 万次以上,保障园区运维管理、应用及服务、资产管理的数据准确、稳定、高效、全面。

(3) 智慧应用平台化

雄安新区市民服务中心园区,创新建立了"1+2+N"服务体系,引入了共享办公、无感停车、无人零售等第三方智慧应用。

"最强大脑"和云架构,为各种新技术新应用的快速融入搭建了一个开放共享的平台。"1+2+N"个人数据账户智能服务体系,使用单一雄安身份(ID),应用面部识别、声纹识别两项生物识别技术,打造 N 项智慧应用,为入住者体验各种应用场景创造了便利条件。共享办公、无感停车、无人零售等第三方智慧应用的引入印证了智能化系统开放性与包容性。

(4) 设施运维可视化

雄安新区市民服务中心园区,创新融合 BIM、IBMS、FM(设备设施管理系统),实现了设备设施的可视化运维管理。

BIM 系统帮助市民服务中心建立了三维模型;FM 负责建立市民服务中心所有机电设备的数字档案;在"最强大脑"IBMS 的协调和调度下,三大系统形成了完美的可视化运维管理。

在场景体验方面,当设备出现故障报警时,IBMS 系统会自动检测到故障点,在最短的时间通知运维人员故障设备、位置以及故障信息。同时,系统会通过 BIM 自动切换到报警设备的最佳查看视角,然后通过 FM 打开报警设备的参数窗口,维护人员可通过 FM 系统快速查看设备的历史记录,使运维人员可以在最短的时间内对设备进行维护,为市民服务中心的可靠运营提供了智能保障。BIM 模型运维示意图如图 14-5 所示。

(5) 能源管理精细化

雄安新区市民服务中心园区创新地采用物联网感知技术,实现能源管理精细化。

基于物联网感知技术,雄安市民服务中心可以做到对园区冷、热、电等综合能源的全景监

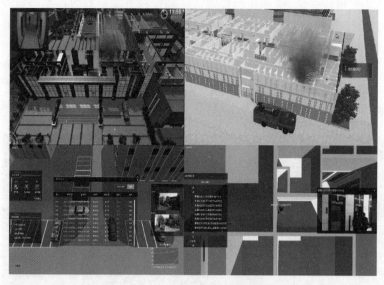

图 14-5 BIM 模型运维示意图

测,为精细化的能源管理建立了数据基础。同时,市民服务中心建立了能耗公示制度,通过对数据的分析处理,可得到园区整体及局部能源数据同比、环比变化情况。

在场景体验方面,IBMS 平台设有全类型数据统计及能耗提醒功能,每天向管理员发送能耗数据信息,让管理员更直观、及时地了解园区的能源消耗情况。IBMS 系统能源示意图如图 14-6 所示。

图 14-6 IBMS 系统能源示意图

（6）安全防范一体化

雄安新区市民服务中心园区通过智能化系统,创新地实现了安全防范、灾害预防以及信息安全的一体化保障。

市民服务中心创新地引入了建筑应力监测、位移监测等建筑安全监测系统,大大增强了园区的防灾减灾能力。

在信息安全方面,市民服务中心对关键性数据采用加密算法来加密传输和存储;并用数字签名技术防止信息拦截和篡改,从而避免由此带来的信息窃取、信息不一致等安全问题;业务系统以及数据服务均采用统一化、精细化的权限认证和授权方案来有效提高信息安全。

在常规的智能化安防上,1 200路高清摄像机实现了全园区的无死角监控,并对视频、门禁、防盗报警、消防等,全部实现自动联动报警,最大限度地消除了园区的安防隐患。

在场景体验方面,IBMS平台设有全类型数据统计及能耗提醒功能,每天向管理员发送安防数据信息,让管理员更直观、及时地了解园区的安防情况。IBMS系统视频监控界面示意图如图14-7所示。

图14-7　IBMS系统视频监控界面示意图

14.1.4　雄安市民服务中心园区创新合作模式

达实智能凭借在智慧城市建设领域丰富的实践经验和扎实的技术实力,与高新技术企业合作创新,为雄安市民中心园区的智能化及节能建设方面提供了创新服务。

(1) 达实智能与阿里巴巴创新合作,助力雄安市民中心智慧园区建设

合作内容:雄安市民服务中心园区智能化及IoT(物联网)云平台建设。

合作企业:阿里云(国内的物联网云平台应用服务商)。

合作成果:以雄安云为基础架构、物联网为神经网络,构建雄安市民中心在线智慧园区。

(2) 达实智能与中国节能环保集团公司和国家电网有限公司创新合作,共同打造绿色园区

合作内容:雄安市民服务中心综合能源服务。

合作企业:中国节能环保集团公司(中国节能环保领域大的科技型、服务型产业集团)、国家电网有限公司(以建设和运营电网为核心业务的国家控股公司的试点单位)。

合作成果:提供雄安市民服务中心园区的能源供应+环境治理的综合解决方案。

14.2　深圳坂田天安云谷园区

深圳坂田天安云谷园区(科技园区)示意图如图14-8所示。

深圳坂田天安云谷园区是深圳市"十三五"重大建设项目以及深圳市产业升级、城市更新的示范项目,项目占地面积为0.76 km²,总建筑面积为4 km²。

项目通过顶层设计规划,全息化城市功能导入,创建了"云"上之谷。建设内容包括智慧生态圈顶层设计、端到端一体化的招商解决方案、为用户提供八大服务体系、可视化大屏管控平台、数据仓库规划和建设。

智慧平台部署了总裁驾驶舱、CC+、点点控,解决园区大数据运营、集中宣传和服务难题。

智慧运营服务提供了以下内容:

① 拎包入驻,提供如物业交付、移动验房、卡位出租、云桌面、家私采购、设计装修、行政外包等服务。

② 30 min 采供。利用华为供应商系统、顺丰物流和园区配送，30 min 内即可送达。

③ 物业办事通，如物业服务产品化、流程标准化、运营数据化。

④ 非核心业务外包和资源对接。引入本地和外部资源，对接企业关键创新资源，协同产业资源，提供创业、政务、财务、法律等服务资源。

⑤ 政务直通车。通过政务服务进园区，实现一窗办理、一网通办。

⑥ 企业人才服务，项目是华南地区首家国家级人力资源服务产业园区；本地生活服务，如线上外卖、园区班车等。

⑦ 绿色节能运营。通过能效分项计量和系统联动，总裁驾驶舱能进行可视化能耗管理，智能远程监控和移动控制能耗设备。

⑧ 创新孵化服务，如天安云谷堆栈孵化中心通过智慧平台承载服务资源为创业者提供全面的创业服务。

在创新点方面，项目树立国内产城综合体最佳实践标杆，提升产业园区的综合实力，为企业营造最佳创新创业环境。

图 14-8 深圳坂田
天安云谷园区示意图

14.3 杭州下沙和达园区

杭州下沙和达园区（文化创意园区）示意图如 14-9 所示。

图 14-9 杭州下沙和达园区示意图

和达资产集团位于杭州市钱塘新区，杭州下沙区域在管园区三十余个，在管建筑面积两百多万平方米，服务的企业超过一万家。和达科技园智慧园区平台服务于和达资产集团，基于物联网、大数据基底构建数字孪生园区，通过搭建园区管理支撑平台和应用服务平台，重点面向园区常见的几类角色：运营管理方、服务人员、商家、企业、企业员工、访客，提供在园期间的工作、生活场景相关服务。如资产系统和招商模块帮助把资产清理好、管理好，把招商工作做好；政策的模块能有效提升园区对企业的政策触达，并实现企业服务的精准定位；线上一站式物业服务、商业服务,为入驻企业、企业员工提供便捷等等。同时,平台正在进行园区道闸、门禁、环境等硬件系统的泛化接入,完成后将提供基于万物互联的信息共享、远程操控、智能联动。

和达科技园智慧园区平台包括园区管理平台、企业服务平台两个 PC 端入口和一个园区通 App。

园区管理平台主要面向园区运营管理人员、服务人员,提供从园区资产管理、招商管理、运营管理到企业服务、物业服务、商业服务等的全线上化功能,同时融合了政策发布、企业展厅、服务联盟等特色服务。其中,资产、招商、合同、财务模块紧密衔接,从园区建设期对项目、楼栋和房间管理,到招商时对潜在客户管理(涉及企业迁入、迁出的审批工作流),再到运营期对合同、物业、账单等全流程管理,打通了系统权限,实现了对资产全生命周期的管控与综合分析;此外,政策发布模块可以根据 16 个维度的指标进行相应的规则配置,由平台基于园区企业综合数据进行智能化判断,根据相关指标的适配性,实行政策的精准推送,并由创服人员进行点对点的指导。

企业服务平台主要面向园区入驻企业提供各类服务的交互。平台主要基于物联网等技术,以将传统的园区线下服务迁移至线上为出发点,整合了诸如物业报事报修、账单及缴费、企业信息登录、需求发布等基本服务,并进一步融入了政策在线解读、园区公共资源预定、商业服务对接等功能。入驻企业可随时在线预约各项园区服务、企业服务,更可以第一时间获取到最新的政策资讯,快速了解政策的扶持力度、申报条件、申报程序、提交材料、受理服务等关键信息。

园区通 App 是一款为所有在园区工作生活的员工打造的一款园区资源整合 App,整合了园区信息发布、物业服务、企业非核心业务外包、生活消费、社交活动等服务功能,提供诸如园区公告、会议室预定、物业报修、访客通行、停车缴费、预约看房等服务,并同步植入了园区党建、政策解读、企业风采、企业服务超市(服务联盟)模块,为企业用户、个人用户、访客提供全方位的园区"工作、生活、消费"一体化互联网应用。

所有园区运营数据统一呈现在园区数据云图上。基于园区各业务条线数据的沉淀,通过数据清洗和重组,提炼关键性园区运营指标数据并进行组合,通过直观的图表形式展现,辅助园区运营管理的全局诊断、精准分析,帮助园区服务升级与提升优化。同时,同步企业工商数据、行业数据等信息,结合园区招商、租售、服务、孵化、企业数据上报等业务数据,以及政府条线政策扶持、项目申报、产值税收等数据,构建企业画像,为精准服务和精准施策提供支撑,真正实现用数据说话、用数据决策、用数据管理、用数据创新。

在创新点方面,园区秉承"运营"核心理念,集中展现出"研发、培训、孵化、制作、展示、交易"的整合运营角色,充分满足了当今创意企业提升实力、拓展业务、融资三大功能需求。

14.4　贵州茅台园区

贵州茅台园区(产业园区)示意图如 14 - 10 所示。

茅台智慧企业园区通过建设综合安防、交通管理、设施管理、环境管理、能耗管理、应急管理系统,实现区域内建筑、设备、通信、生产、办公等各个应用子系统的综合管理及统筹联动的最佳组合,为园区各方如管理者、运营者、使用者提供统一监测和管理能力、系统协同联动能力、数据共享能力、应急指挥决策能力、绿色节能能力等,打造安全、高效、舒适、便利的园区综合智慧环境。

在创新点方面,随着全球物联网、移动互联网、云计算、人工智能等新一轮信息技术的迅速发展和深入应用,在"智慧茅台"工程中,茅台集团集中力量利用信息化、物联网等手段,融合智慧管理、智慧服务、智慧运维、智慧安保、智慧交通于一体,将茅台厂区打造成了一个安全、绿色、科技的现代化智慧园区。

图 14-10　贵州茅台园区示意图

14.5　浙大海宁国际校区

浙大海宁国际校区(科技园区)示意图如 14-11 所示。

图 14-11　浙大海宁国际校区示意图

为进一步服务国家教育对外开放战略和创新驱动发展战略,提高浙江高等教育水平和国际影响力,加快浙江大学建设中国特色世界一流大学进程,浙江大学于 2013 年 2 月启动筹建浙江大学国际联合学院(海宁国际校区),并于 2016 年 9 月正式招生开学。2017 年 10 月,占地 1 200 亩 ($0.8\ km^2$),总建筑面积约 $0.4\ km^2$ 的校园全面启用。

新校区通过校园的数字化、信息化、智能化建设,重构校园内核,支撑国际校区的教育新方向,重点打造了如下内容:① 数字智慧终端,如电子书包;② 敏捷智慧校园,如校园泛网络、整网安全、校园精细化管理;③ 高清智慧教室,如多媒体教室、智能无线教室、微格/录播教室、互动教室;④ 云播智慧教育,如校园分布式云数据中心、远程高清互动教学云、高性能计算和大数据分析。

创新点有:部署浙大"停课不停学"线上教育,搭建国际化视频互动平台,浙大海宁国际校区国际远程课程的顺利开课,无缝对接教学系统,海宁校区防疫期间采用线上国际化教学,全球师生实现畅通互联,创新国际化教学模式。

14.6　浙江省未来社区

浙江省未来社区(科技园区)示意图如 14-12 所示。

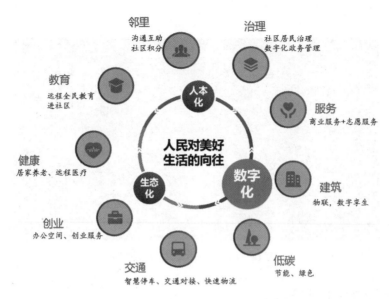

图 14 - 12　浙江省未来社区示意图

围绕高质量发展、高品质生活,浙江对未来社区内涵作出了明确定义,提出"139"顶层设计,为浙江人居服务高质量发展提供原创性、系统性和可操作的未来社区样板。

具体来说,就是以人民美好生活向往为中心,聚焦人本化、生态化、数字化三维价值坐标,以和睦共治、绿色集约、智慧共享为内涵特征,突出高品质生活主轴,构建以未来邻里、教育、健康、创业、建筑、交通、低碳、服务和治理等九大场景创新为重点的集成系统,打造有归属感、舒适感和未来感的新型城市功能单元,促进人的全面发展和社会进步,打响浙江省"两个高水平"建设新名片。

浙江省将未来社区作为数字经济"一号工程"创新落地单元,加快建设应用社区智慧服务平台,探索社区居民依托平台集体选择有关配套服务,探索"时间银行"养老模式,推广"平台+管家"物业服务模式,鼓励共享停车模式,推进社区智慧安防建设。在保证数据安全、做好风险管控前提下,大力推进未来社区数字标准化工作,所有场景应用的数据基于省公共数据平台通过社区数字化操作系统共享。

依托浙江省统一未来社区智慧服务平台,充分发挥未来社区产业联盟的能力,实现建筑低碳、社区安防、家庭智能终端等智能化设备统一管理,打通未来社区相关的人口数据、积分数据、物业资产数据、经营数据等,提供并可不断扩展高价值应用服务,让居民更智能便捷地获得生活服务。

临平老城有机更新项目是样板案例。临平老城有机更新项目已率先应用未来邻里、教育、健康、创业、建筑、交通、能源、物业和治理等未来社区的九大场景。

（1）规划引领数字驱动

充分考虑临平老城的资源禀赋、经济水平、发展特色、产业基础、信息化水平、市民素质等各项因素,进行科学合理的顶层规划;打造形、音、书、画四大艺术区,为老城融入运动、休憩、戏曲交流、文化展览等一系列功能;打造人流监控、人员识别、无人零售、环境监测、智慧幼教、行车引导等 28 个未来社区场景,让老城居民享受智慧化带来的便捷服务,更为未来社区的公共空间应用搭建一个示范平台。临平老城有机更新项目示意图如图 14 - 13 所示。

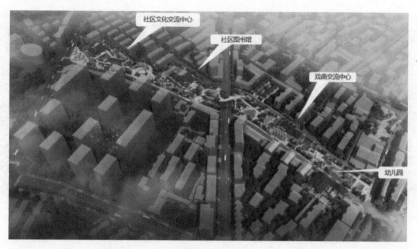

图 14-13　临平老城有机更新项目示意图

文化艺术长廊室外场景布局示意图如图 14-14 所示。

图 14-14　临平老城文化艺术长廊室外场景布局示意图

（2）多专业融合全过程覆盖智慧化服务

临平老城有机更新涉及专业领域众多、影响范围广、施工难度大。除了有传统的房建工程、景观工程、道路工程，还有大跨度钢结构天桥、立面整治、市政管线更新、夜景灯光、智慧城市等专业工程，几乎囊括了城市建设的所有内容。项目所在区域周围民房林立，管线错综复杂，这也为改造过程中的施工安全带来了极大挑战。

项目充分发挥"工程＋IT"优势，通过 IoT、AI 人工智能以及云计算等技术，实现上层应用场景智能化联动，为长廊提供一个可承载多个应用及运营方案的智慧云平台，打造安全、舒适、绿色、高效的智慧社区。智慧社区应用场景示意图如图 14-15 所示。

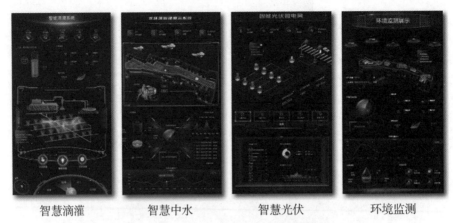

| 智慧滴灌 | 智慧中水 | 智慧光伏 | 环境监测 |

图 14‑15　智慧社区应用场景示意图

　　临平老城更新的未来社区实践,不仅解决了社区"老大难"的民生问题,而且成为当地产业创新的引擎。在改善大民生的同时,吸引更多年轻人前来创业、投资,直接带动当地经济社会发展,推动城市治理理念和运营方式的转型。

第十五章　"新基建"发展的现实意义

15.1　"新基建"的概念

15.1.1　"新基建"定义

过去数十年里,基础设施作为我国经济社会发展的重要支撑,对提升生产效率、改善人民生活质量起到了巨大的促进作用。但随着社会生产生活模式的不断进化升级,原有基础设施开始难以满足社会高效运作的需求,新一代基础设施建设(以下简称"新基建")的呼声越来越高。

2018年12月,中央经济工作会议确定2019年重点工作任务时提出"加强人工智能、工业互联网、物联网等新型基础设施建设",这是新基建首次出现在中央层面的会议中。

2020年4月20日,国家发展和改革委员会在新闻发布会上首次明确了新型基础设施的范围。新型基础设施是以新发展理念为引领,以技术创新为驱动,以信息网络为基础,面向高质量发展需要,提供数字转型、智能升级、融合创新等服务的基础设施体系,主要包括5G基建、特高压、城际高速铁路和城市轨道交通、新能源汽车充电桩、大数据中心、人工智能、工业互联网七大领域,涉及诸多产业链。

与传统基建相比,新型基础设施建设内涵更加丰富,涵盖范围更广,更能体现数字经济特征,能够更好地推动中国经济转型升级,符合"科技兴国"的概念。

15.1.2　"新基建"的内容及范围

（1）信息基础设施

信息基础设施主要是指基于新一代信息技术演化生成的基础设施,比如,以5G、物联网、工业互联网、卫星互联网为代表的通信网络基础设施,以人工智能、云计算、区块链等为代表的新技术基础设施,以数据中心、智能计算中心为代表的算力基础设施等。

（2）融合基础设施

融合基础设施主要是指深度应用互联网、大数据、人工智能等技术,支撑传统基础设施转型升级,进而形成的融合基础设施,比如智能交通基础设施、智慧能源基础设施等。

（3）创新基础设施

创新基础设施主要是指支撑科学研究、技术开发、产品研制的具有公益属性的基础设施,比如重大科技基础设施、科教基础设施、产业技术创新基础设施等。

伴随技术革命和产业变革,新型基础设施的内涵、外延也不是一成不变的,需要对其持续跟踪研究。

15.2　"新基建"应用七大领域

15.2.1　5G基建

第五代移动通信技术,简称"5G",是在2G、3G、4G技术基础上演进,以用户体验为中心,通过集成并补充多种无线技术,形成的面向2020年以后人类信息社会需求的第五代移动通信多技术集成网络。

5G 的性能目标是提高数据速率、减少延迟、节省能源、降低成本、提高系统容量和大规模设备连接。

(1) 5G 具有的网络特点

① 峰值速率不低于 10 Gb/s

相对于 4G 网络的峰值速率，其峰值速率需要提升 10 倍，即达到 10 Gb/s。特殊场景下，用户的单链路速率要求达到 10 Gb/s，可满足高清视频、虚拟现实等大数据量传输需求。

② 可获得速率不低于 10 Mb/s

连续广域覆盖和高移动性下，用户体验速率达到 10 Mb/s，诸如急救车内高清医疗图像传输服务等特殊用户传输速率可达到 100 Mb/s。

③ 高可靠、低时延

5G 网络，要满足用户随时随地的在线体验服务，并满足诸如应急通信、工业信息系统等更多高价值场景需求。因此，要求进一步降低用户时延和控制时延，相对于 4G 网络要缩短 90%。对于关系人类生命、重大财产安全的业务，端到端服务可靠性需提升到 99.999% 以上，如自动驾驶、远程医疗等实时应用，空中接口时延水平须为毫秒级。

④ 大容量、高流量

5G 以业务体验为中心，这就需要在网络广泛覆盖和纵深覆盖两个层面达到"泛在"要求，从而导致网络单位覆盖面积内支持的设备数目将大大增加。相对于传统的 4G 网络，5G 连接容量将增长 100 倍。对于一些特殊应用，单位面积内通过 5G 联网的设备数目将达到 100 万以上时，5G 的单位面积的吞吐量能力是 4G 的千倍以上，至少达到 $100\ \text{Gb}/(\text{s}\cdot\text{km}^2)$。

⑤ 高频谱效率

相较传统 LTE，由于流量密度和连接数密度大幅度提高，5G 需要不断开展频谱效率创新，平均频谱效率需要 5～10 倍（及以上）的提升，以解决高流量带来的频谱资源短缺问题。

⑥ 低功耗

5G 要支持大规模物联网应用，就必须要有功耗的要求。这些年，可穿戴产品有一定发展，但是遇到很多瓶颈，最大的瓶颈是体验较差。现今，所有物联网产品都需要通信与能源，虽然通信可以通过多种手段实现，但是能源的供应只能靠电池。通信过程若消耗大量的能量，就很难让物联网产品被用户广泛接受。如果能把功耗降下来，将能大大改善用户体验，促进物联网产品的快速普及。

(2) 5G 技术的主要应用场景

根据欧洲的 METIS(构建 2020 年信息社会的无线移动通信领域关键技术)发布的研究成果，5G 技术面向未来的五个主要应用场景为：

① 超高速场景，为未来移动宽带用户提供高速数据网络接入；

② 支持大规模人群，为高人群密度地区或场合提供高质量移动宽带体验；

③ 随时随地最佳体验，确保用户在移动状态仍享有高质量服务；

④ 超可靠的实时连接，确保新应用和用户实例在时延和可靠性方面符合严格的标准；

⑤ 无处不在的物物通信，确保高效处理多样化的大量设备通信，包括机器类设备和传感器等。

国际标准化组织 3GPP 定义了 5G 的三大场景：eMBB 指 3D、超高清视频等大流量移动宽带业务，mMTC 指大规模物联网业务，URLLC 指如无人驾驶、工业自动化等需要低时延、高可靠连接的业务。

通过以上场景定义可以看出,5G 不仅应具备高速度,还应满足低时延这样更高的要求,尽管高速度依然是它的一个组成部分。从 1G 到 4G,移动通信的核心是人与人之间的通信,个人的通信是移动通信的核心业务。但是 5G 的通信不仅仅是人的通信,而是随着物联网、工业自动化、无人驾驶等业务被引入,通信从人与人之间通信,开始转向人与物的通信,直至机器与机器之间的通信,最终达到"万物互联"。

(3) 5G 技术应用所带来的改变

首先,5G 技术应用有利于升级基础设施,赋能产业转型升级。5G 新型基础设施建设不仅从根本上改变移动网络的现状,促进数据要素的生产、流动和利用,还将让各行各业能够更便于联通协同、提供服务,带动形成万亿级 5G 相关产品和服务市场。

再者,5G 技术应用有利于拓展新型消费。5G 时代的到来,将让人们不仅享受到更高速、更低流量资费的网络,在智能终端、可穿戴设备、智能家居等方面创新出多样的消费产品,还将极大丰富消费场景,在电子商务、政务服务、网络教育、网络娱乐等方面创造出大量新消费。

最后,5G 技术应用有利于带动就业创业,形成社会发展稳定器。一是带动科研实验、生产建设、运营服务等产业就业;二是在工业、能源等诸多行业领域创造新的融合型就业需求;三是让随时随地工作、在家办公等更为便捷,拓展共享经济下的灵活就业。

可见,5G 是众多新兴产业的基石技术,5G 的建设是新型经济发展的支柱。5G 基建越完善,技术越成熟,其能带动的产业就越多,对经济发展的贡献就越大。

5G 作为新基建重要因素,将成为我国打造制造强国与网络强国的助推器。发展以 5G 为代表的新基建,有利于中国在国际博弈中获得竞争优势。

5G 是新基建的代表,除了 5G 之外,新基建也包括其他很多新的信息通信技术,包括人工智能、工业互联网、数据中心等,这些要素跟 5G 都有非常紧密的关系。

对于同为信息基础设施的工业互联网而言,5G 赋能必不可少。5G 的重要应用领域就在垂直行业,5G 跟工业互联网的结合是 5G 最有发展前景的领域,5G 工业互联网将为我国智能制造的发展奠定一个坚实的基础。

5G 将有效拉动云计算、数据中心的发展。5G 网络本身就是云化的网络,5G 会促进数据中心的发展;5G 的高带宽特性将为数据中心的发展提供一个更好的网络环境,同时也为整个云计算的发展带来更多的应用机会。

5G 与人工智能能相互促进彼此的发展。5G 网络,是一个智能运营的网络,5G 的智能运营离不开人工智能;与此同时,5G 发展也将为人工智能的发展提供一个更加良好的网络环境。

当前,为了更好地发挥在新基建中的引领作用,中国 5G 的发展已经按下了"快进键",而共建共享则是重要的"加速器"。

发展 5G,既是中国整个通信业转型升级的新机会,也是中国整个科技业赶超世界先进水平一个重要的历史机遇。发展 5G 是整个通信业网络转型的一个重要机会。5G 网络基于 SDN 和 NFV 构建,本身就是完全云化的网络,也是智能化的网络;5G 在业务应用上相比以往各代通信技术超越了传统管道的范畴,进入垂直行业实现万物智联,打造真正的智能社会,助推整个社会和行业的数字化转型。

15.2.2　特高压

长期以来,我国电力供应一直是制约经济发展的关键要素。

从历史状况来说,多年来,国家大力推动石油、风力、煤炭、水利等发电,全国电力产销量一直逐年攀升,但是电力供应并不健康。煤、电两大垄断行业多年扯皮,电力设施发展缓慢,相关投资仅占总投资 7%,各地发电资源不平衡问题凸显。76%的煤炭分布在北部和西北部,80%的水能分布在西南部,绝大部分风能、太阳能分布在西北部,而 70%以上的用电需求却集中在中东部。经济发达的地方闹电荒,电力资源丰富的地方又在浪费电力,总体电力发展均衡性较差。以 2003 年全国范围的电荒为最,各省市爆发缺电危机,上海、广东、江苏、浙江等用电大省,甚至包括煤炭资源丰富的山西省,均不断出现拉闸限电的尴尬,湖南一些省市更是直接停电一个月。受电荒带动,水泥、钢铁等原材料价格也大涨,经济发展受到直接影响。

从发展来说,经济快速发展,耗煤、耗电的重工业发展迅猛。2017—2020 年,综合各大产业及居民用电需求,我国年电力需求增长率在 8%左右。此外,随着新基建的发展,电力需求将逐渐呈现井喷态势。电力是各类新型基础设施建设的共同上游,5G、大数据中心、工业互联网、新能源汽车充电桩等的建设和运行都离不开电力网络。以 5G 为例,5G 基站数量将是 4G 的4～5 倍,每台基站的耗电量是 4G 基站的 3 倍以上,也就是说 5G 基站耗电量将会是 4G 时代的12～15 倍以上——5G 时代供电能力将成为制约新基建发展的关键性因素。

电力资源作为国家发展的基石,由此被提升到前所未有的高度。在我国,电压等级一共分为安全电压、低压、高压、超高压、特高压五种。其中,特高压是指 ±800 kV 及以上的直流电和1 000 kV 及以上的交流电,特高压输电技术是具有大容量、高效率、远距离等优点的国际前沿输电技术。根据国家电网数据,一回路特高压直流电网可以输送 6 GW,相当于现有 500 kV 直流电网的 5 倍左右,同时输送距离也是后者的 2～3 倍,还要节省 60%的土地资源。

"建设特高压国家电网,实现能源资源优化配置"作为电网建设的重要目标和任务对于保证电源和电网安全稳定运行有着重要意义。中国要想在新科技领域占据一席之地,发展特高压是大势所趋,它是基建中的基建,是未来科技产业的底层保障。同时,特高压作为一个重大领域,具有产业链长、带动力强、经济社会效益显著等优势,能为国家经济托底,为未来几年的经济建设注入强劲活力。

我国从 2006 年开始大规模投入到特高压的研发和建设中,如今特高压建设总量已位居世界第一。从专利角度来看,2006 年、2010 年和 2016 年都是我国关于特高压公开专利的显著增长期。截至 2020 年 6 月,相关公开专利的共有 4 366 件,侧面反映了我国近年的宏观调节节点、国家层面的战略高度与投入、行业发展基本面状况。截至目前,我国共有 25 条在运特高压线路、7 条在建特高压线路以及 7 条待核准特高压线路,华北、华东、华中("三华")特高压电网、"三纵三横一环网"局势已初步成型。

"十三五"期间,我国包括特高压工程在内的电网工程规划总投资为 2.38 万亿元,带动电源投资 3 万亿元,年均拉动国内生产总值(GDP)增长超过 0.8%。2020 是"十三五"的收官之年,根据国网基建部最新口径,国家电网公司全年特高压建设项目投资规模为 1 811 亿元,带动社会投资 3 600 亿元,整体规模为 5 411 亿元,同比提供两位数字的增长,为经济社会发展注入强劲动力。

随着世界范围内新一轮的科技驱动力的增长,电力消耗逐年增长将是一个大趋势。

在中国,能源结构已经发生了一些变化,新能源的发展与特高压逐渐紧密结合,2020 年3 月 22 日,国家电网宣布退出房地产业务,表示要持续深耕电力领域,实际上算是对下一个时代的一种接力。

长远来看,在整个中国的产业升级中,特高压是重要的一环,"全网供应、稳定安全、价格低廉"也将成为新基建中的六大领域在国际分工中的核心竞争力。

基建一直是中国的强项,而如东南亚、非洲、拉美等地区,电力设施等基建则一直都是痛点。在世界贸易结构和"一带一路"的大主题下,特高压也将和"铁公基"一样,成为中国对外出口和贸易的一张名片。

15.2.3　城际高速铁路和城际轨道交通

轨道交通是交通运输的骨干网络,主要包括铁路和城市轨道交通。轨道交通指交通工具行驶在特定轨道上的一类运输系统,主要包括铁路(以普速铁路、高速铁路等为代表)和城市轨道交通(以地铁、轻轨、有轨电车等为代表)。

（1）定义

城际高速铁路指在人口稠密的都市圈或者城市带(城市群)中,规划和修建的高速铁路客运专线运输系统,采用高速铁路标准设计建设,属于高速铁路的一种类型。城际高速铁路主要运营于城市群或城市带中各个城市之间,线路总长一般不超过 200 km,允许列车行驶的最大速度在 250 km/h 以上,拥有高速性和城际性,能大幅缩短城际旅途时间。

城际轨道交通指以城际运输为主的轨道交通客运系统,相当于低速版的城际高铁,主要包括各种类型的城际铁路(轨道)线路及运营的城际列车。城际轨道交通凭借人均能耗低、承载量大、互通互联等诸多优点,成为助力绿色出行、创建智慧城市、缓解拥堵等重要手段。

城际高速铁路和城际轨道交通作为传统基础建设的一部分,是中国城市化发展阶段的迫切需求。目前,全国已经形成包括京津冀、珠三角、长三角在内的 20 多个城市群,城市群内部要实现各种要素流动,城际铁路和城际轨道交通作为城市发展的"血脉"是不可或缺的。

城际高速铁路和城际轨道交通融合了当前我国一系列先进的信息技术、自动控制技术和动力设备技术,在动力、储能、实时供电及充电、自动调度、控制系统、自动运行等方面具有多种技术创新,更能适应中国经济高质量发展的要求。

城际高速铁路和城际轨道交通作为传统基建的升级,将信息化与轨道交通深度融合,提升城市交通基础设施智能化水平;推进干线铁路、城际铁路、城市轨道交通融合发展,进一步促进经济发展,促进产业结构宏观优化,促进城乡区域协调发展,建立城市一体化交通网,提高人们的出行效率。

（2）建设的意义

① 经济发展的"主动脉",促进国家经济增长

"十三五"规划纲要明确的 19 个城市群,承载了我国 78% 的人口,贡献了超过 80% 的国内生产总值。总体来看,城际高速铁路和城际轨道交通对城市群的集聚和带动效应持续增强,支撑和服务区域发展的功能更加优化。

② 信息化深度融合,推动城市轨道交通智能化发展

广泛应用智能高铁、智能道路等新型装备设施,加强新一代信息技术、人工智能、智能制造、新材料等世界前沿技术的研究;推动大数据、互联网、人工智能、区块链、超级计算等新技术与交通行业的深度融合,推进数据资源赋能交通发展,加速交通基础设施网、运输服务网、能源网与信息网络的融合发展,构建先进的交通信息基础设施。

③ 引领城市群发展,提高人们的出行效率

城际高速铁路和城际轨道交通的建设可以深入推进城市群发展,着力提升城市群功能,推

动大中小城市协调发展,发挥城市群对激发新动能、塑造新竞争力、促进区域协调发展的重要作用。

15.2.4 新能源汽车充电桩

作为新型基础设施七大领域之一,充电桩不仅是单一功能的新能源汽车补充能量基础设施,还应是我国基础设施数字化、信息化发展风向标。

近年来,我国充电桩数量保持高速增长。自 2006 年至 2020 年,国家电网公司累计投资 228.7 亿元,建成充换电站 5 526 座、充电桩 4.4 万个。在此期间,国家电网公司经营区域公共充电桩中由社会资本建设的占 68.8%,公司建设的占 31.2%。而在放开充换电设施市场后,建设重点则转向投资需求大、回收慢、发展任务又紧迫的高速公路快充网,建成充电站 1 240 座、充电桩 4 960 个,高速公路快充网络覆盖高速公路 16 000 km、121 个城市。

为了提高资源利用率,避免出现仅是简单地扩张功能单一的传统充电设施这一现象,需要将新一代的充电技术、信息技术以及新能源智慧电网等技术在充电基础设施领域进行深入融合应用,提升充电桩建设在智能交通、智慧城市和智慧能源等领域的资源整合。应重视新一代充电技术的应用,提升充电服务体验、充电服务质量和充电安全为特征的充电技术是新一代充电技术未来发展的主流趋势。

首先,要将充电桩的安全性作为第一要务,只有将安全风险控制到最低,才能更好地促进行业长久发展。

其次,充电运营商应更多关注公共充电桩的整体性能,提高充电服务整体水平。运营商应加强彼此间的互联互通,解决找桩难、充电体验差和充电桩利用率不高的问题。

再者,要推进产业标准化,尤其是充电桩产品的标准化,收集行业各方意见,尤其是要高度关注车企的意见。

最后,要加强车企与桩企间的技术交流,增加车桩充电匹配性测试,不断优化车主充电体验,加深充电过程中车桩的数据交互,同时促进双方在汽车销售后的市场合作。

15.2.5 大数据中心

大数据中心是全球协作的特定设备网络,用来在网络基础设施上传递、加速、展示、计算、储存数据信息。

移动互联网时代,数据流量不断增加。2019 年,我国移动互联网用户平均每户月流量为 7.82 GB,是 2018 年的 1.69 倍,企业数据也呈现爆发式增长。不过,目前只有不到 2% 的企业数据被储存下来,其中只有 10% 被用于数据分析。这说明,我国数据储存利用能力存在很大缺口。

随着数字化浪潮的奔涌而至,人们的生产生活及万事万物正在被数字所定义。每个人、每件物、每笔交易、每次活动都能用特定的数字来标签,20 年前数据的增长速度大约只有每天 100 GB,而现在,数据的增长率已达到每秒 5 TB。无数据不储存,无数据不计算,无数据不真相,数字应用所催生的数据核爆和数据价值,必然带来对信息基础设施的需求。信息基础设施建设的规模、质量将直接决定当前数字经济时代经济发展的速度与高度。可以说,发展信息基础设施是大势所趋,也是必然路径。

数字经济成为全球经济发展主线。数字经济发展关键是要促进数字化技术在各个行业渗透,催生新产业、新模式、新业态,释放产业经济活力。行业数字化不仅对数据与信息的感知、传输、存储、处理等能力有更高要求,还对数字化平台、大数据平台、云化基础设施平台等有增长性需求,这更需要构建全价值链的数字化生态。所有一切的实现手段离不开信息基础设施做支撑,不计算,无转型,行业数字化、智能化转型内在要求需要发展信息基础设施来推动。

计算能力是国家未来竞争力的集中体现。从新材料、新能源开发,到高端装备仿真设计、生物基因、智能交通、应急安防等诸多领域,科技创新需要"算力"做基础;同样,新经济发展需要大数据、云计算、人工智能等新技术与实体经济融合,重构产业生态,催生新模式和内容,背后的力量也是信息基础设施的发展、新技术应用场景的落地。新冠肺炎疫情发生,催生出一系列包括线上培训、线上防控、远程教育、远程医疗等的新业态、新模式,也体现出"云与数"的结合是支撑商业模式创新的重要力量。算力即权力,拥有超级算力的企业或国家,将有机会整合产业资源,构建产业生态,培育竞争优势,因此,也就具有主导产业价值分配的至高权力。

新基建作为发力于科学端的基础设施,主要表现为数字化、智能化。大数据中心作为信息化发展的基础设施和数字经济的底座,有利于促进数据要素参与价值创造与分配。

大数据中心不仅仅是传统的数据中心及其承载的分布式海量数据储存和处理的能力,更重要的是运用大数据的思想和技术,在这套大数据中心之上,使产业上下游能更好地利用这些大数据中心基础设施上提供的储存、处理和数据服务能力,来赋能各行各业的数字化、智能化转型,实现产业升级。

数据显示,目前全球40%的数据中心机柜在美国,我国只有8%,而我国互联网用户多于美国,这意味着大数据中心发展空间很大。大数据中心的建设是个很长的产业链,包括服务器、路由器、交换机、光模块,还有电源、软件、网络、机房。另外,对于数据中心产业链来说,更重要的是数据中心集成运维,以及云服务商和解决方案。

大数据中心未来增长潜力及推动因素主要有以下内容:

(1) 数据资源已成为关键生产要素,是数字经济发展的"新能源"

互联网的高速发展使得万物数据化,数据量和计算量呈指数爆发。根据赛迪顾问数据,到2030年数据原生产业规模量占整体经济总量的15%,中国数据总量将超过4 YB,占全球数据量的30%。数据资源已成为关键生产要素,更多的产业通过利用物联网、工业互联网、电商等结构或非结构化数据资源来提取有价值信息;而海量数据的处理与分析要求构建大数据中心。

(2) AI、5G、区块链等场景化应用,为数据中心发展打开新的成长空间

在国家政策和资本的共同推动下,AI生态不断完善,AI场景化应用加速落地,AI基础设施服务将迎来快速发展新时期。5G商用在即,大量基于5G的应用在金融、制造、医疗、零售等传统行业中开始示范与推广,VR、AR、自动驾驶、高清视频、智能交通、智能医疗等应用需求也将为大数据中心市场发展与服务模式创新打开成长空间。2019年底,政府首次将区块链技术发展列为国家战略重点方向。未来,区块链技术在应用场景上将从当前的跨境交易、商品溯源、金融创新、供应链整合等经济领域,延伸到民生需求、城市治理和政务服务等社会政策和公共服务领域,这必然带来大量分布式计算、分布式存储、分布式数据库管理需求,这些均离不开大数据中心做支撑。

(3) 工业计算需求旺盛,成为未来数据中心发展新动力

作为新一代信息技术与制造业深度融合的产物,工业互联网日益成为新工业革命的关键支撑。我国拥有巨大的信息化、数字化、智能化应用市场,传统行业的信息化改造、数字化及智能

化升级,未来企业上云、设备上云步伐将加快,工业计算需求将爆炸式增长。此外,国家高度重视工业互联网的发展,2019 年 3 月"工业互联网"首度被写入政府工作报告,报告提出要围绕推动制造业高质量发展,打造工业互联网平台,拓展"智能＋",为制造业转型升级赋能。工业互联网的应用部署与发展、工业计算服务需求将成为未来大数据中心发展新动力。

15.2.6　人工智能

近年来,人工智能技术的发展速度是有目共睹的,无论是行业用户还是一般消费者,均能感受到身边发生的一系列变化。时下人们感触颇深的两点无疑是音箱从单向音频输出变为了可交互的智能设备,密码解锁方式在很多场景中被指纹、人脸识别代替。然而,人工智能发展所带来的变化不光是大家在生活中感受到的便利,还有大量现实物理场景数据的获取对决策的影响。机器强于人的地方在于它能够存储、处理大量数据。过去,机器得到的数据是人类获取和选择性录入的,它能产出的结论充满局限性;而现在,在人工智能的帮助下,机器能够自己听,自己看。海量结构化信息的记录与分析为各行各业的日常决策与长远发展带来前所未有的改变。

从另一个角度来看,科技的发展一直改变着人类的生产方式,并不断提升着人类社会的运作效率和抗风险能力。如果说,人工智能对于社会高效运转的必要性在前些年还不够明显,那么此次新冠肺炎疫情作为一个推手,正式将人工智能全面推向社会的方方面面。"左手支撑疫情防控,右手支撑复工复产"的人工智能,在抗疫人力不足时挺身而出,将防疫和工作效率提升数倍。

然而,社会对于人工智能的需求远远不止于抗击疫情,尤其在 5G 落地后,大量城市级应用的铺开,如智慧城市、智慧金融、智慧教育、智慧医疗、智慧交通等领域方面的应用,其背后均需要大量 AI 算法的支撑。需求已然成熟,人工智能作为新基建的一部分,其含义绝不仅仅指向其自身的发展,而是要推动各行业完成智能化转型升级,实现新旧动能的转换。AI 将会融入每个人的生活,变得无处不在。

15.2.7　工业互联网

工业互联网是指工业企业在生产、经营、管理、销售等全流程领域,以构建互联互通的网络化结构、提升自动化和智能化水平为目的,所采用的生产设备、通信技术、组织平台、软件应用以及安全方案。

近年来,随着互联网、物联网、云计算、大数据和人工智能为代表的新一代信息技术与传统产业的加速融合,全球新一轮科技革命和产业革命正蓬勃兴起,一系列新的生产方式、组织方式和商业模式不断涌现,工业互联网应运而生,国内外的探索也全面展开,正推动全球工业体系的智能化变革。我国工业互联网真正的发展时间较短,从长远来看,我国的工业互联网仍处于起步阶段与成长阶段的交界处。

整体看,工业互联网具有很长的产业链,且工业互联网的产业链协同性很强。通过上游智能设备实现工业大数据的收集,再通过中游工业互联网平台进行数据处理,才能在下游企业中进行应用。任何一个环节缺失都会导致产业链的效用丧失。

工业互联网产业链上游主要是硬件设备,提供平台所需要的智能硬件设备和软件,主要有传感器、控制器、工业级芯片、智能机床、工业机器人等。

中游为互联网平台,从架构上可以分为边缘层、平台层和应用层,如图 15-1 所示。边缘层是工业互联网应用的基础,主要负责工业大数据的采集;平台层主要解决的是数据存储和云计算,涉及的设备如服务器、存储器等。应用层主要提供各种场景应用型方案,如工业 App 等。

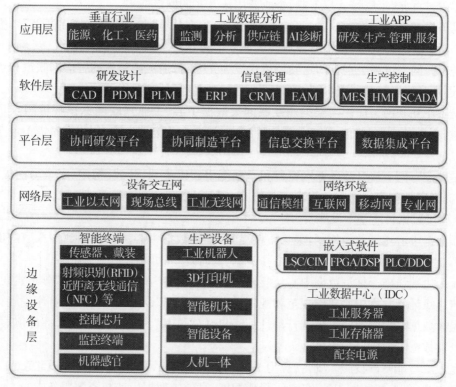

图 15-1 工业互联网分层架构

而下游应用场景是工业互联网典型应用场景的工业企业,如高耗能设备、通用动力设备、新能源设备、高价值设备和仪器仪表专用设备等。

随着国家对新基建政策支持力度不断加大,地方版新基建相关政策路线图日趋清晰。2020 年以来,江苏、上海、天津以及广州、昆明等多地连出新政,围绕工业互联网等重点领域,投资规划一批千亿、万亿级新基建项目,并谋划千亿级产业集群。业内预计,到 2025 年,工业互联网等新基建领域的投资将达 10 万亿元,带动相关投资累计或超 17 万亿元。

15.3 国内"新基建"应用范例

15.3.1 北京市"新基建"城市发展建设

北京市紧扣时代脉搏,以传统产业背景为基础,以聚焦"新网络、新要素、新生态、新平台、新应用、新安全"六大方向,以"政府引导、市场运作""场景驱动、建用协同""夯实基础、培育生态""安全可控、创新发展"为建设发展原则,以建设具备网络基础稳固、数据智能融合、产业生态完善、平台创新活跃、应用智慧丰富、安全可信可控等产业环境为基本目标,旨在形成具备国际领先水平的新型基础设施,对提高城市科技创新活力、经济发展质量、公共服务水平、社会治理能力形成强有力支撑的当前国内"新基建"城市建设的典型范例。北京市"新基建"城市发展建设当前重点任务包括:

(1)建设新型网络基础设施

一是 5G 网络。扩大 5G 建站规模,加大 5G 基站选址、用电等支持力度,加速推进 5G 独立组网核心网建设和商用。

二是千兆固网。积极推进千兆固网接入网络建设,以光联万物的愿景实现"百千万"目标,即用户体验过百兆、家庭接入超千兆、企业商用达万兆的网络能力。

三是卫星互联网。推动卫星互联网技术创新、生态构建、运营服务、应用开发等,推进央企和北京创新型企业协同发展,构建商业航天产业生态。

四是车联网。以高级别自动驾驶环境建设为先导,打造国内领先的智能网联汽车创新链和产业链,逐步形成以智慧物流和智慧出行为主要应用场景的产业集群。

五是工业互联网。加快国家工业互联网大数据中心、工业互联网标识解析国家顶级节点(北京)建设,开展工业大数据分级分类应用试点,营造产业集聚生态,创建国家级工业互联网示范基地。

六是政务专网。提升政务专网覆盖和承载能力。以集约、开放、稳定、安全为前提,完善专网覆盖,提高宽带数字集群服务能力。

(2) 建设数据智能基础设施

新型数据中心遵循总量控制,聚焦质量提升,推进数据中心从存储型到计算型的供给侧结构性改革,着力加强网络建设,推进网络高带宽、低时延、高可靠化提升。

一是云边端设施。推进数据中心从"云+端"集中式架构向"云+边+端"分布式架构演变,研究制定边缘计算数据中心建设规范和规划,推动"云边端"设施协同、健康、有序发展。

二是大数据平台。落实大数据行动计划,强化以"筑基"为核心的大数据平台顶层设计,建设北京公共数据开放创新应用基地。

三是人工智能基础设施。支持"算力、算法、算量"基础设施建设,支持建设北京人工智能超高速计算中心,打造智慧城市数据底座,形成智能、高效的数据生产与资源服务中心。

四是区块链服务平台。培育区块链技术龙头企业、骨干企业,形成研发创新及产业应用高地。结合自由贸易试验区建设,支持开展电子商务、电子交易以及跨境数字贸易的区块链应用,提高各类交易和数据流通的安全可信度。

五是数据交易设施。研究盘活数据资产的机制,推动多模态数据汇聚融合,构建符合国家法律法规要求的数据分级体系,探索数据确权、价值评估、安全交易的方式路径。

(3) 建设生态系统基础设施

一是共性支撑软件。打造高可用、高性能操作系统,从技术、应用、用户三方面着手,形成完备的产业链和生态系统。

二是科学仪器。聚焦短板领域,攻克一批材料、工艺、可靠性等基础前沿、共性关键技术。聚焦监测、测试、分析等细分领域,支持发展"专精特"新企业,优化科学仪器产业生态。

三是中试服务生态。发挥产业集群的空间集聚优势和产业生态优势,建设共享产线等新型中试服务平台,提升创新载体中试服务能力,构建中试服务生态。

四是共享开源平台。支持搭建多端多平台部署的大规模开源平台,促进形成协同研发和快速迭代创新生态。推动国家北斗创新应用综合示范区建设,打造"北斗+"融合应用生态圈。

五是产业园区生态。以市场为导向,夯实园区发展基础。鼓励园区建设优化协同、创新服务设施,为园区企业提供全方位、多领域、高质量的服务。

(4) 建设科创平台基础设施

一是重大科技基础设施。以国家实验室、怀柔综合性国家科学中心建设为牵引,打造多领域、多类型、协同联动的重大科技基础设施集群。

二是前沿科学研究平台。突出前沿引领、交叉融合,打造与重大科技基础设施协同创新的研究平台体系,推动材料基因组研究平台、清洁能源材料测试诊断与研发平台、先进光源技术研发与测试平台等首批交叉研究平台建成运行,加快第二批交叉研究平台和中科院"十三五"科教基础设施建设。

三是产业创新共性平台。打造梯次布局、高效协作的产业创新平台体系,继续推动完善市级产业创新中心、工程研究中心、企业技术中心、高精尖产业协同创新平台等布局。

四是成果转化促进平台。支持一批创业孵化、技术研发、中试试验、转移转化、检验检测等公共支撑服务平台建设。

（5）建设智慧应用基础设施

一是智慧城市应用。聚焦交通、环境、安全等场景,提高城市智能感知能力和运行保障水平。

二是智慧民生应用。聚焦医疗卫生、文化教育、社区服务等民生领域,扩大便民服务智能终端覆盖范围。

三是智慧产业应用。推进现代流通供应链建设,建设金融公共数据专区,打造国内领先的氢燃料电池汽车产业试点示范城市,推进企业智造升级,建设高精尖产业服务平台。

四是传统基础设施赋能。加快公路、铁路、轨道交通、航空、电网、水务等传统基建数字化改造和智慧化升级,助推京津冀基础设施互联互通。

五是中小企业赋能。落实国家"上云用数赋智"行动,支持中小企业服务平台和双创基地的智能化改造,打造中小企业数字赋能生态。

（6）建设可信安全基础设施

一是行业应用安全设施。支持开展5G、物联网、工业互联网、云化大数据等场景应用的安全设施改造提升。

二是新型安全服务平台。推进新型基础设施安全态势感知和风险评估体系建设,整合形成统一的新型安全服务平台。

15.3.2　国家电网"数字新基建"十大重点建设任务

国家电网公司在能源领域广泛开展行业整合,积极推进"数字新基建"落地政策,建立行业共赢机制,积极推动数字技术与传统电网产业深度融合发展,加速产业数字化和数字产业化,以电网数字化转型助推经济社会高质量发展,是"新基建"行业应用的标杆范例。

国家电网公司发布的十项"数字新基建"重点建设任务,涵盖大数据中心、工业互联网、5G、人工智能等领域,能够有效释放数字新基建的乘数效应、溢出效应,发挥央企"顶梁柱"作用。重点建设任务包括:

一是电网数字化平台。建设以云平台、企业中台、物联平台、分布式数据中心等为核心的基础平台,提升数字化连接感知和计算处理能力。构筑电网生产运行、经营管理、客户服务数字化应用,打造能源互联网数字化创新服务支撑体系。

二是能源大数据中心。建设以电力数据为核心的能源大数据中心,加强政企联动和产业链合作,接入能源行业相关数据,服务政府政策制订、社会治理、民生保障,服务能源生产、传输、消费上下游的企业和客户,以智慧能源支撑智慧城市建设。

三是电力大数据应用。建设电力大数据应用体系,培育高价值大数据产品。对外重点开展电力看经济、复工复产分析、污染防治监测、企业信用评价等,服务国家治理现代化;对内重点开展电网智能规划、设备精益运维、客户体验及营商环境分析等,助力公司智慧运营。

四是电力物联网。建设覆盖电力系统各环节的电力物联网,推动电网感知测控边界向电源侧、客户侧和供应链延伸,提升电网、设备、客户泛在互联和全息感知能力,打造精准感知、边缘智能、共建共享、开放合作的智慧物联体系和应用生态。

五是能源工业云网。建设技术领先、安全可靠、开放共享的能源工业云网平台,推动智能制造、智慧交易、智能运维、智能监造、智慧物流五大核心功能全场景应用,助力电工装备产业链数字化转型,服务实体经济高质量发展。

六是智慧能源综合服务。建设"绿色国网"和省级智慧能源服务平台,广泛聚合资源,为各类市场主体引流赋能,为客户提供能效管理、智能运维、需求响应等能效服务,支撑商业楼宇、工业企业、园区等典型场景应用,降低能耗,提升全社会综合能效。

七是能源互联网5G应用。利用5G大速率、高可靠、低时延、广连接等技术优势,聚焦输变电智能运维、电网精准负控和能源互联网创新业务应用,推进与电信运营商、服务商深入合作,加强5G关键技术应用、行业定制化产品研制、电力5G标准体系制定,拓展智慧城市等领域的5G应用。

八是电力人工智能应用。建设人工智能开放平台,面向电网安全生产、经营管理和客户服务等场景,研发电力专用模型和算法,打造设备运维、电网调度、智能客服等领域精品应用,提高电网安全生产效率、客户优质服务和企业精益管理水平。

九是能源区块链应用。建设能源区块链公共服务平台,提升能源电力上下游各市场主体互信能力,支撑跨行业多层级数据协同,推动线上产业链金融等典型应用,面向政府、金融机构和产业链上下游,形成能源区块链产业新格局。

十是电力北斗应用。建设电力北斗地基增强系统和精准时空服务网,构建"通信、导航、遥感"一体化运营体系,在电力设备运检、营销服务、基建施工、调度控制等领域推广北斗应用,向交通、物流等行业延伸,提供精准授时、定位导航、地理信息等服务,助力国家北斗产业发展。

15.3.3 雄安新区"新基建"建设内容和成功经验

雄安新区紧紧把握"新基建"大战略和创新发展大时代的机遇,坚持以标准研究为引领,塑造开放集成创新生态,将智能城市基础设施与传统城市基础设施同规划、同部署、同实施,打造一批基础设施建设精品工程、典范工程、示范工程,助力城市治理、民生服务和人居生活的融合重构,为城市智能化建设和数字经济发展贡献"雄安方案"。

2020年,为实现传统基建与"新基建""双基建"同步规划、同步建设,雄安新区新基建项目审批、建设、验收、管理制度已经初步形成。同时,雄安新区采取新标准、新技术、新模式来推动新基建的集约部署,避免重复建设,让共享成为常态,让不共享成为例外,从源头杜绝数据孤岛的产生。

在时下的雄安,城市计算中心、块数据平台、城市级物联网平台、视频一张网平台和CIM平台等项目的新基建公共平台正为城市的高效运转保驾护航。

在时下的雄安,多家银行开发的基于区块链技术的征拆迁和工程建设资金管理系统已上线运行,非税收入电子票据系统全面运行。覆盖新区、县、乡、村四级的一体化政务服务体系也实现了政务服务的"不见面审批"。

时下的雄安在智能城市专项工程中,已启动38个政府投资项目和多个社会投资的通信网络、5G基站、智能化应用等项目,总投资超过百亿元。

为给智能城市建设提供有效的指导和示范,雄安新区制定了包含基础设施与感知体系建设、智能化应用、信息安全三大类,共九方面的智能城市标准体系,先行启动了 18 个标准的研究制定工作,目前已有八项标准具备发布实施条件。

15.4 "新基建"现状

2020 年 5 月 7 日,从上海市政府新闻发布会上介绍的《上海市推进新型基础设施建设行动方案(2020—2022 年)》获悉,上海初步梳理排摸了这一领域三年实施的第一批 48 个重大项目和工程包,总投资约 2 700 亿元。

2020 年 5 月 22 日,十三届全国人大三次会议开幕会在人民大会堂举行,会上 2020 年《政府工作报告》中提出:加强新型基础设施建设,发展新一代信息网络,拓展 5G 应用,建设充电桩,推广新能源汽车,激发新消费需求、助力产业升级。

2020 年 8 月 6 日,交通运输部印发《关于推动交通运输领域新型基础设施建设的指导意见》,明确到 2035 年,交通运输领域新型基础设施建设取得显著成效,智能列车、自动驾驶汽车、智能船舶等逐步应用。

2020 年 9 月 1 日,中国电子技术标准化研究院召开新基建专题研讨会,云天励飞、百度、阿里云、腾讯等 20 家单位参加,提出筹建"新型信息基础设施建设服务联盟"。新基建联盟将以国家战略为导向,以市场为驱动,以企业为主体,围绕新型信息基础设施建设,搭建产学研用合作平台,推进研发、设计、生产、集成、服务等水平,重点围绕大数据中心、智能计算中心等建设,提高新型基础设施供给能力,推动传统行业数字化转型,支持新技术、新产业、新业态、新模式加快发展。

工信部表示将加快推进 5G 网络、数据中心等新型基础设施建设。2020 年 8 月,《上海市产业绿贷支持绿色新基建(数据中心)发展指导意见》制定实施,明确为优质的数据中心项目提供精准的金融服务,对采用不同先进节能技术的数据中心项目给予一定的贷款利率下浮。

多地也积极规划数字经济建设蓝图。福建印发的《新型基础设施建设三年行动计划(2020—2022 年)》提出,依托数字福建(长乐、安溪)产业园优先布局大型和超大型数据中心,打造闽东北、闽西南协同发展区数据汇聚节点。到 2022 年,全省在用数据中心的机架总规模达 10 万架。浙江提出优化布局云数据中心,到 2022 年,全省建成大型、超大型云数据中心 25 个左右,服务器总数达到 300 万台左右。在数据量大、时延要求高的应用场景集中区域部署边缘计算设施。云南提出到 2022 年建成 10 个行业级数据中心。

15.5 "新基建"未来的发展趋势

15.5.1 新型智慧城市升级

新型基础设施建设将服务于未来的国计民生,所以必须具有"超前性"。新基建的头一驾马车就是"城镇化"——从沿海到内陆的超级城市群正在崛起。

2019 年中国城镇化率是 60%,预计 2030 年将达到 75%。在此过程中,城市群扩张将带来区域产业集群分工、消费升级、地方财富与税收增加,进一步促进基础设施升级、产业升级、区域人口与就业增加,形成良性循环。但其中也蕴含着新数字鸿沟、老龄化、产业工人技能再造、可持续发展等诸多挑战,如图 15-2 所示。

图 15‑2 超级城市群与新基建

上一代智慧城市以 IT 技术为支撑,新型智慧城市群则必须以人工智能、5G、机器人和物联网为代表的新基建为依托。

15.5.2 "新工业化"升级

新基建的第二驾马车是"新工业化"。

按照经济学的康德拉季耶夫周期和熊彼特创新周期理论,纵观过去 200 年,每当经济低谷时,都会孕育新一代重大科技变革。工业承载了蒸汽机革命、电气化革命、信息革命,使蒸汽机、火车、汽车、计算机、手机等得以大规模量产。

由此,新工业化将是新基建"皇冠上的明珠",将肩负起 5G 基站设备、工业互联网等项目的技术支撑。新型基础设施建设将赋能智慧工厂、智慧供应链,通过全民科技培训逐步实现产业从业人员的技能迁移,满足人民大众日益增长的个性化消费需求。

15.5.3 "智能化"将分三步走

新基建的第三驾马车是"智能化",将按照"传感+""物联+""智能+"三步走。

"铁公基"等传统基础设施,正在被安装上"眼睛""耳朵"与"大脑"。比如,能够感知路面行人与车辆的智能路灯、特高压电网与 5G 基站上的智能巡检机器人及无人机、高级辅助驾驶的智能汽车、刷脸使用的新能源充电桩,无不说明新基建与传统基建是一体两面,传统基建可通过感知、联网、智能反馈实现整体智能化转型升级。

15.5.4 "数据红利"取代"人口红利"

据统计,2021—2020 年 8 年的全球数据生成量中,中国数据规模年复合增速全球第一,高达 41.9%,欧洲是 35.1%,美国是 31.9%。由此可见,以新基建为代表的数字经济所依赖的数据红利将是中国得天独厚的商机。

与单纯依靠 CPU 的传统数据中心不同,海量行业数据唯有通过智能计算中心来实时处理、标注训练,才能转换为商业价值,数据中心升级为数智中心势在必行。

在新基建拉动下,汽车、制造、零售、农业、电网、交通、医疗、教育等领域必将飞速发展,自适应的智能应用将取代人工驱动的在线应用,中国的"数据红利"将取代"人口红利"。

15.5.5　视觉物联网全面推广

思科公司研究报告指出,2022 年 80 多亿部智能设备产生的视频流量将占据互联网流量的 79%。

英特尔预计,2028 年 90% 的互联网流量是视频,不仅包括手机、家居机器人、AR 眼镜等消费电子产生的 C 端(个人用户端)用户视频数据,而且包括自动驾驶、智能生产线、物流无人机蜂群、新型智慧城市产生的 B 端(企业用户端)产业视频数据。

由此可推断,密集分布在边缘的智能端将普遍嵌入具有小型神经网络功能的 AI 推理芯片,视觉物联网将成为智能产业的边缘基础设施,以端智能与云智能互补。

15.5.6　"三浪叠加"孵化新商业形态

计算变革赋能网络变革,网络变革激活媒介变革,媒介变革引发新商业文明。其中,芯片能力按照摩尔定律发展,计算能力大幅提升网络性能,更高带宽、更低时延的网络带来媒介终端的颠覆式升级,进而带来基于电报、电话、广播、电视、PC、手机、XR(扩展现实)等的网络新商业市场。

在"计算、网络、媒介"三浪叠加效应下,3G 孕育了电商、搜索、社交商业模式(互联网+),4G 催生了长短视频商业模式(短视频+),5G 则将孵化出崭新的商业形态(XR+),并由数字经济向智能经济跃迁(图 15-3)。

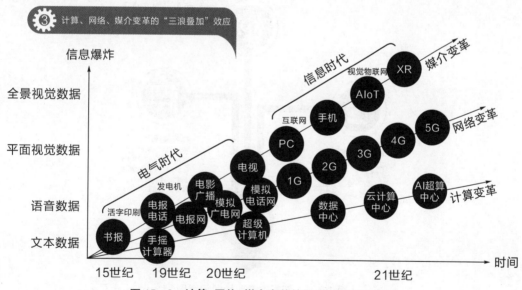

图 15-3　计算、网络、媒介变革的"三浪叠加"效应图

15.5.7　服务"老龄化社会"

进入老龄化社会,意味着传统意义上劳动年龄人口的短缺。在日本,老年人开旅游大巴已司空见惯;在我国,新基建则可望弥补老龄化社会在公共服务、商业运营方面的巨大人力缺口。

譬如,刷脸支付可节省检票与出纳人力,自动驾驶汽车送货载客可节约司机人手,护理型机器人可提供养老慢病治疗……当新基建服务于老龄化社会,就是与百姓息息相关的民生项目。

15.5.8 社会应急体系不断完善

本轮新冠肺炎疫情激发出健康码摸底、线上智能诊疗、非接触式公共服务等数字技术应用的创新模式。经此一役,社会应急体系将成为我国新基建的重要发力领域。

以上海交通大学医学院附属第九人民医院的智能诊疗平台为例,该平台可在一分钟内实现骨肿瘤治疗规划方案,方案再由医生确认决策,这能节省大量时间,提高救治效率。

展望未来,社会应急体系方面的新型基础设施建设将成为应对"黑天鹅"复杂挑战的必备保障。

15.5.9 催生新型产业人才

新型基础设施建设需要具有 AI 思维与动手能力的新型产业人才。

10 年后,自动驾驶、机器人、AR、VR、卫星互联网等新技术产品将随处可见,人工智能等技术将逐步成为新基建从业者的"标配"。以人工智能人才为例,我国目前的供需比为 1∶10,尚缺少 500 万 AI 产业工程师。

为缩小新数字鸿沟,避免劳动力升级遇到阻碍,现在是我国推广普及 AI 技能培训的重要时机。新基建产业地图示意图如图 15-4 所示。

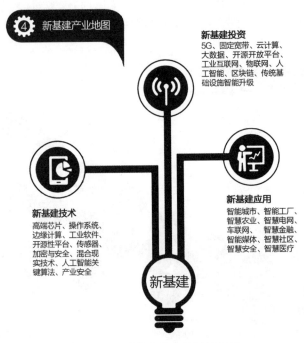

图 15-4 新基建产业地图示意图

15.5.10 政产学研共享共创

新基建具有超前性、普惠性和众创性,应将核心技术、产业应用和投融资一体化规划、建设、运营。

在 2020 年 4 月 20 日的新闻发布会上,国家发展和改革委员会相关负责人表示将加强顶层设计、优化政策环境、抓好项目建设、做好统筹协调,联合相关部门,研究出台推动新型基础设施发展的有关指导意见,并修订完善有利于新兴行业持续健康发展的准入规则。

第五篇　国内外智慧园区现状、发展及未来趋势

第十六章　国外智慧园区现状、发展及未来趋势

　　欧洲国家及美国、新加坡、韩国等国家的智慧城市建设起步早,这些国家注重政府与市场合力的引导作用,通过加强城市基础设施建设、强化技术创新的支撑功能、加速产业结构调整和高科技人才的聚集,为智慧城市建设提供动力。要积极借鉴发达国家智慧城市建设经验,充分认识政府与社会两方面对智慧城市建设的推动作用,积极为城市基础设施建设广泛融资,提高产业技术创新能力,加速人才的培养与引进,大力发展低碳产业,提高城市智慧应用的普及率,倡导生活方式的转变等,加速中国智慧城市建设。

　　智慧城市进入创新创业阶段,独角兽、瞪羚企业是爆发式成长的着力点。智慧城市要实现爆发式成长,需要从智慧城市专业化园区做起,培育独角兽、瞪羚企业。

16.1　国外智慧园区现状

　　美国硅谷、印度班加罗尔软件园、爱尔兰国家科技城、以色列软件园、韩国大德科技园、日本筑波科学城等六个园区被公认为世界一流园区的代表。它们共同的特点就是发展迅速,拥有在全球处于领先地位的产业领域,关注技术创新和产业升级,同时建立了一套适合园区自身发展的模式。

16.1.1　美国硅谷

　　美国是当代高科技园区的鼻祖,早在20世纪30年代,当时还是斯坦福大学工学院院长的弗雷得里克·特曼(Frederick Terman)教授就提出了"将大学和工业结合起来"的设想,并出资538美元资助两名研究生比尔·休利特(Bill Hewlett)和戴维·帕卡德(David Packard),两名研究生创立了"硅谷祖父"——惠普公司,这成为目前世界上最成功的科技园区——硅谷的雏形。硅谷之所以能成为公认的世界上最成功的高科技园区,与其所处的地理位置和文化环境密切相关。一个成功的高科技园区需要一所好大学(自然就有新思想、新发明以及充足的人才)和高效的资本市场,但仅有这两个条件还远远不够。硅谷的成功是人才、创业环境、市场、资金的来源和运用、政府的适度介入等因素综合作用的结果,尤其是因为它具有促进人才价值实现和增值的人才汇集机制。

　　美国硅谷示意图如图16-1所示。

图16-1　美国硅谷示意图

（1）研究型大学的广泛参与

高科技园区的成功，不仅要有人才，人才还得密集，要形成"智力库"。大学不仅是人才聚集的地方和培养人才的摇篮，而且也是新知识、新技术的诞生地。园区设在高等院校密集的地区，有利于智力与资金的结合及科研与生产的结合。现代的高科技绝不是一个人、一支笔冥思苦想的产物，要把点子通过研究、开发、设计和制造变成高科技产品，需要各种各样的人才，包括科学家、工程师、用户和供应商。如果高科技园区与研究型大学为邻，这些人才就能很快见面、交流信息并协商解决问题，从而可以使科研与生产紧密结合，有助于科研成果迅速转化为生产力。

硅谷有多所研究型大学，如斯坦福大学和加州大学伯克利分校，其中斯坦福大学对硅谷的形成与崛起有举足轻重的作用。硅谷内 $60\%\sim70\%$ 的企业是斯坦福大学的教师与学生创办的。多年来，硅谷毫不动摇地坚持大学、科研机构与企业之间相互依赖、高度结合的信条，已被实践证明是开发高技术与发展高科技产业的一条康庄大道。

同硅谷一样，美国其他成功的高科技园区都有高水平的大学和科研院所的支撑。128 公路园区有麻省理工学院和哈佛大学的支撑，研究三角园区（RTP）依托北卡罗来纳大学、杜克大学和北卡罗来纳州立大学，科技园区的后起之秀盐湖城园区依托犹他大学、犹他州立大学、杨百翰大学等，西雅图科技园区（微软总部所在地）则依靠华盛顿大学。

（2）良好的创业环境

① 宜人的气候和良好的生活质量

硅谷的大多数公司都位于美国的阳光地带，这里宜人的气候、空旷的地域和完善的生活设施不断吸引工程师和其他技术人员以及新公司到来，并且他们一到这里，这些因素就会使他们舍不得离开。当然阳光并不是人们愿意来此居住的唯一原因，更重要的原因是生活质量，这体现在海滩、滑雪、剧院以及其他文化社交活动条件的优越上。在硅谷，人们可以聆听交响乐，观赏新英格兰秋天的落叶，享受科德角海滩的舒适。

② 完善的技术基础设施

由于科技园区内的超强竞争以及高技术产品大大缩短的生命周期，抢时间成为一个非常主要的因素，园区内的技术基础设施好坏对此影响很大。例如，一个创新企业家在设计和制作一个新产品时缺一个零部件，零部件可以在 10 min 之内送到；他想创办一个公司或获得风险投资，手续很简单，园区内有熟悉各种业务的律师提供咨询服务和事务办理服务。硅谷有许多人有本事在一个下午把公司组织起来。

③ 创造一个孵化点子的环境

在硅谷，人们到处都在交流自己的新点子，在咖啡馆、运动场、互联网等各种场合，不管资历高低、年龄长幼或肤色黑白，只要一个人有标新立异的新思想，就会受到尊重。

④ 扁平的网络式管理结构

硅谷的办事机构效率之所以高，在于它的管理部门是一个扁平的网络式结构，而不是一个自上而下、层层审批的阶梯结构。另外，硅谷的企业与同业公会、大学的边界模糊，鼓励企业与竞争者结成联盟或合作伙伴。与传统的企业相比，硅谷企业是用工作来确定组织结构，而不是以组织结构确定工作。

⑤ 完善的保护知识产权和公平竞争的法律环境

20 世纪 30 年代以来，美国颁布了 20 多部有关就业、劳动保护和知识产权保护方面的法规，以减少和避免就业领域存在的种族、身份、宗教歧视等问题，为来自不同国家和地区的人才提供了充分的权利保障，这也是硅谷人才汇集机制得以形成的重要的法治基础。

（3）独特的硅谷文化

① 勇于创业、鼓励冒险、宽容失败

硅谷文化中对失败的宽容气氛，使得人人都想一试身手，开创新企业，这同时也激发了员工大胆尝试、勇于探索的创新热情，使其能抓住机遇并甘冒失败的风险，做出突出的业绩，这是在硅谷得到承认的最佳发展途径。

② 崇尚竞争、平等开放

硅谷是一个文化多元化的社会，但它有海纳百川的胸襟——不管你是白人、黄种人还是黑人，硅谷崇尚的是创新人才；不管是英语、汉语还是阿拉伯语，连接他们的是计算机语言。硅谷的高开放度也促成了人才的高流动性，这种高开放性和高流动性，对吸引和凝聚高素质的人才，充分发挥他们的创造潜力是至关重要的。

③ 知识共享、讲究合作

硅谷人不仅具有强烈的个体创新精神和竞争精神，而且十分注重团队精神。人们普遍体会到，随着技术复杂性的增加和知识更新的加快，任何人都无法单独完成复杂的技术创新，必须依靠协同、合作和群体的力量来完成。硅谷的工程师和企业家来自五湖四海，在当地缺乏家族联系，这种处境使他们在开发新的项目时相互认知、精诚团结，没有繁文缛节，没有出身尊卑的等级观念。大家平等相待，同事朋友之间互通消息、互助发展，避免重复工作，形成了高度联系的社会网络。咖啡馆、俱乐部、餐厅、健身房、展示会、互联网等都是交流的好去处，信息交流成为完善新设计、激发灵感、相互学习和解决难题的好办法。

④ 容忍跳槽、鼓励裂变（spin off）

由于技术创新层出不穷，创立新公司的成功机会也会增多。为了实现自己的雄心壮志，工程师和管理人员经常跳槽，或创办自己的公司，或另谋高职。这在硅谷是很正常的现象，不仅不会受到谴责，而且还会得到支持和鼓励，因为这种有所作为的表现，有益于技术扩散和培养经验丰富的企业家。

16.1.2 印度班加罗尔软件科技园

班加罗尔（Bangalore）软件科技园腾飞的历史并不长。1990 年印度电子工业部批准成立3 个软件科技园区（Soft Technology Park，STP）：班加罗尔、布巴内斯凡尔（Bubaneshuar）和浦那（Pona）。它们被称为"IT 金三角"。1991 年，印度政府在这里正式设立了该国历史上第一个软件科技园。1991—1992 年，班加罗尔的计算机软件出口额仅为 150 万美元；2000—2001 年度，班加罗尔的计算机软件出口额猛增至 16.3 亿美元，10 年内飙升了 108 倍，占印度全国软件出口总额 62 亿美元的 26.3%。

经过 10 余年的摸索和发展，如今的班加罗尔软件科技园已经远远领先于其他两个边角的STP 园区。在班加罗尔周围，有印度理工大学、班加罗尔大学、农业科学大学、航空学院等 10 所综合大学和 70 家技术学院的输血滋养，每年产出 1.8 万名电脑工程师，这使班加罗尔的软件业发展有了技术和人才的依托和支撑。另外，政府的全力支持，更使该市如虎添翼，企业接踵而来。在班加罗尔放眼望去，高科技公司的店牌鳞次栉比。目前在班加罗尔经营高科技行业的企业共 4 500 多家，其中有外资参与经营的企业就有 1 000 多家。如今的班加罗尔被称为全球第五大信息科技中心，甚至被认为已经具备了向美国硅谷挑战的实力，因此班加罗尔科技园拥有"亚洲的硅谷"的美誉。

印度班加罗尔园区如图 16 - 2 所示。

图 16 - 2　印度班加罗尔园区图

（1）合理的园区选址

首先，班加罗尔是印度高等学校和科研机构的集中地。有 7 所以理工科特别是计算机专业为主的大学，包括班加罗尔大学、印度管理学院、农业科技大学、拉吉夫·甘地医科大学等，有 292 所高等专科学校和高等职业学校，有 28 所印度国家和邦一级的科研机构，还有 100 多家企业内部和其他政府认可的科研机构。较高的教育水平和大量的人才聚集使班加罗尔具备发展以信息产业为核心、以出口为导向的高科技城市的条件。其次，就大的地理位置来看，班加罗尔软件科技园可以与周边的其他科技园，尤其是布巴内斯凡尔和浦那构成全印的"IT 金三角"，很好地形成了立体的社会关系网络，如资金流、信息流、技术流、人力流等，即所谓的"产业价值链"。

（2）完善的内部规范体系

在班加罗尔软件科技园内部，除了各项硬性的和强制性的规范制度外，诚信守约是各个软件企业间互相合作、共同开发软件项目所共同遵守的最起码的游戏规则，"追求卓越"的职业精神也成为一个基本的工作原则。这些非强制性的规范被班加罗尔的软件工程师奉若神明，在无形之中激励或者约束着人们的行为方式和人际关系，使之趋向合作和信任，提高区域竞争力。

（3）政府的大力扶持政策

印度政府开始重视对软件科技园的投入和扶持，始于 20 世纪 80 年代中后期。1986 年印度政府颁布《计算机软件出口、发展和培训政策》，广泛鼓励各种形式的合作与软件职业培训，直接促进了印度软件产业的合资、合作与各种联盟，尤其在知识密集的班加罗尔，更是不惜大力投入高新技术人才和资金；1999 年印度政府《IT 行动计划》出台，该计划提出成为世界 IT 超级大国的目标，更是带动和保证了班加罗尔软件科技园的巨大发展。此外，政府为了鼓励社会与科研机构合作，还以优惠价格提供厂房、办公楼、水、电、气和通信等基础设施。

（4）完善的园区基础设施建设

园区内基础设施完善。电力方面，配备 12 500 kW 电力供应；声音和数据交流方面，卫星直接定点地面站，截至 2019 年底，拥有 5 个服务提供商；通信方面，即刻连通，3 000 条线可以升级到 10 000 条线；供水方面，一周七天供水，定期按照世界卫生组织制定标准进行监控；污水处理厂方面，秉承与绿色文化相适应的污水处理概念；安保措施方面，实行 24 h 监控。

（5）产学研合作紧密

印度的高校都设有董事会，董事会里有很多大公司的成员会反映企业要求；教师队伍中也有不少来自第一线的专家，其教学内容与企业的需求和实践联系十分密切。与此同时，班加罗尔地区的大学也积极鼓励和支持高校师生到该软件科技园中从事创新、创业活动。这种双向互动的模式,不仅实现了人才合理流动,也逐步形成了班加罗尔软件科技园良好的自我发展能力和良性循环机制,从而使产学研的合作也更加密切。

(6)注重交流与合作

首先,注重交流与合作体现在与"IT金三角"中其他两个软件科技园的合作上,这对印度软件业的发展起到了滚雪球的效应,不仅带动了周边经济园区和其他软件科技园区的发展,也对整个印度经济的发展起到拉动作用。其次,注重交流与合作体现在与全球知名企业或软件强国的合作上。班加罗尔分别与美、中、日、以色列等国签署大量合作开发计划,如班加罗尔科技园中最著名的软件企业印孚瑟斯(Infosys)与微软、IBM、英特尔等企业建立多个合作项目,共图发展,由此造就了今日班加罗尔"亚洲的硅谷"的世界地位。

16.1.3 爱尔兰国家科技园

爱尔兰国土面积约 70 000 km^2,2019 年人口约 498 万。20 世纪 70 年代初期,爱尔兰还是一个农牧业占相当比重的国家,国民经济发展水平属于"欧洲的第三世界"水平。近 20 多年来,爱尔兰高度重视发展教育和技术,尤其在软件设计与开发领域形成了突出的优势。自 1996 年以来,软件产业中的"黑马"——爱尔兰,接连创造世界 IT 业的"神话"。据 2000 年 3 月经济合作与发展组织(OECD)公布的数据,1998 年,爱尔兰的软件出口额超过了美国和印度,位居世界第一。

爱尔兰软件产业的发展得益于科研成果的迅速转化,而科研成果能够迅速转化和产业化又得益于大学、研究开发机构与企业的相互衔接和紧密结合。这方面最具有代表性的就是爱尔兰国家科技园。

爱尔兰国家科技园始建于 1984 年,它是企业与教育和科研机构、企业与企业之间建立起密切联系的纽带,为高新技术企业的建立和发展提供必要的中介、孵化服务。爱尔兰国家科技园一直把软件产业作为重要的经济支柱看待。目前,该园已有 90 多家从事研究开发和生产的高技术企业,通过对专业应用人才的培训,为想要设立企业的软件公司提供支持,协助软件公司进行技术研究开发工作,爱尔兰驻海外机构积极为软件公司开拓国外市场提供支持。

爱尔兰国家科技园示意图如图 16-3 所示。

图 16-3 爱尔兰国家科技园示意图

爱尔兰以软件产业为特色,成为世界第一大软件出口国和欧洲经济发展最快的国家。以往爱尔兰被称作"欧洲乡村"、发达国家中的"第三世界"。发展软件产业带动了爱尔兰经济的快速增长。2008年,爱尔兰已成为欧洲第一大软件集聚地,其经济竞争力也由1996年的世界排名第22位升到2000年的第7位。爱尔兰软件产业的最大特点就是软件本地化。国家科技园的基础设施非常发达,电讯四通八达,加上爱尔兰以英语为母语及爱尔兰有大量的来自世界各地的、受到过良好教育的软件专门人才,因而吸引了大量公司来爱尔兰寻求发展,同时促成了爱尔兰软件本地化的发展。概括地讲,国家科技园吸引跨国公司入驻爱尔兰,利用本地人才进行本地化,促成爱尔兰本土公司的建立和发展。

其次,爱尔兰国家科技园的国际合作与国际化成效十分显著。爱尔兰软件产业出口比重高,20世纪90年代,爱尔兰软件产品中80%用于出口。软件出口额从1991年的20亿欧元上升到2004年的160亿欧元。早在2000年,爱尔兰就已超越了美国和印度成为软件出口第一大国。由此,爱尔兰赢得了"凯尔特(Celtic)虎""欧洲软件之都""新的硅谷""软件王国""有活力的高技术国家""欧洲高科技中心"等美誉。外国企业是爱尔兰软件产业的主力军,近年来进入爱尔兰市场的著名软件公司有CA公司(美国)、IBM公司(美国)、诺威尔公司(美国)、微软公司(美国)、莲花发展集团(美国)、甲骨文公司(美国)、阿尔卡特公司(法国)、太阳微系统(美国)、摩托罗拉(美国)。同时,爱尔兰也出现了领先全球的著名软件公司,如:Aepona公司、EWARE公司、Network365公司、Telecom公司、Trintech公司、Xiam公司。

爱尔兰注重本土资源开发,重视教育和人才培养,本土公司研发投入增长迅速。1997年爱尔兰本国的软件业研发投入从460万爱尔兰镑激增到3 455万爱尔兰镑,是外国公司研发投入增加速度的2倍多。爱尔兰是欧洲教育质量最高的国家,教育支出占公共支出的14%左右,在欧洲位居前列。在瑞士洛桑国际管理学院的全球竞争力报告中,爱尔兰被评为欧洲教育质量最高的国家。

优越的地理位置、优越的文化和政府支持成为爱尔兰软件产业的良好环境。爱尔兰软件产业的发展首先得益于它优越的地理位置,它是美国等软件强国进入欧洲的桥头堡,其次爱尔兰还有母语是英语的人文优势,使得交流很方便,而更主要的是爱尔兰政府全力的规划与支持。

国家科技园园区管理公司负责园区的总体规划和发展,并提供保安、景观美化和园区的日常维护。"The Innovation Centre"为设立在园区的公司提供业务发展建议、担保、早期投资基金、顾问服务和执照办理服务。园区管理公司提供市场推广活动,帮助提升园区在行业中的领先地位,尽管园区是大学研究园协会(A. U. R. P.),国家科学院协会(I. A. S. P.)和科学园联盟(U. K. S. P. A.)的成员,但园区管理公司经常性地对国外同类园区进行行业对标,以保证国家科技园保持其世界级的领先地位。通过香农发展(Shannon Development)和East Business的合资公司,园区铺设光纤,为企业提供一流的传输系统,国家科技园是爱尔兰第一个数字化的科技园区。其基础设施包括:商业语音、带宽管理、宽带互连、取款机和帧中继,以及电子邮件、互联网接入和网络托管服务、ISDN和拨号连接。

16.1.4　以色列软件园

以色列是世界上唯一同北美和欧盟都签署了自由贸易协定的国家,这种特殊地位使以色列在世界经济贸易中具有独特的优势。以色列企业与欧盟和北美企业之间的贸易享有无关税待遇,因而可以大大降低产品成本,提升市场竞争力。这一优越条件吸引了大批外国企业和投资机构到以色列软件园投资。迄今为止,以色列的企业已在国际市场上成功融资30多亿美元,已有150多个高技术企业在美国股市纳斯达克(NASDAQ)上市。

以色列声称"在科学家和工程师在劳动人口所占的比例方面,以色列位居世界第一"。以色列软件产业每年以 20%~25% 的速度增长,在其国内市场上,本地开发的软件约占市场份额的50%。目前,许多国际电脑大公司都在以色列建立了软件开发机构,促进了以色列软件园的快速发展,使其软件公司在高级数据库管理软件、通信软件、教育软件及防范病毒软件等方面具有明显的优势。

以色列软件园示意图如图 16-4 所示。

图 16-4　以色列软件园示意图

以色列软件园具有以下鲜明的特点:

(1) 以色列软件产业与其他高技术产业密切结合、相互渗透

以色列软件园利用软件的高渗透性,开发了具有国际竞争力和高附加值的高技术产品。因此,以色列的嵌入式软件产品对所有的高新技术产业都有很大的支持和促进作用。而嵌入式软件产品的广泛应用和市场的扩大,又促进了软件技术的创新和软件产业的发展。

以色列注重发展军事技术和国防工业,计算机在军事技术领域的高水平应用对其软件技术的提高起到明显的促进作用。同时以色列政府很重视军事技术向民用技术的转化,其软件产业的高速发展正是把军事技术充分应用于经济领域的结果。

(2) 政府为软件园区进行组织协调和提供资金支持

以色列政府高度重视高新技术产业的发展,鼓励企业创新,为高新技术企业提供有力的资金支持和组织协调。以色列工贸部设有专门机构,即首席科学家办公室,负责评估和管理国家产业开发基金;这笔基金总额为每年 4 亿美元,滚动发展,总额不变,分别对通用技术和企业产品的研究开发提供资助,另外其高技术孵化器项目为单个技术人员进行技术和产品的预研提供风险资助。

16.1.5　韩国大德科技园

韩国大德科技园规划始建于 1970 年代初期,位于韩国中部的忠清南道大田附近,东连大田市,西靠鸡龙山,南有播城温泉,北临锦江。大德科技园区发展经历了四个阶段:1970 年代基础设施的构建阶段;1980 年代研发能力扩张阶段;1990 年代创新产生阶段;2005 年集群形成阶段,形成国家创新系统。2005 年韩国政府对园区进行了扩区,新增了 42.4 km² 的土地,扩区后园区占地 70.2 km²。大德科技园的重点研发领域为生命工学、信息通信、新材料、精细化学、能源、机械航空等国家战略产业技术、大型复合技术和基础科技。

韩国大德科技园示意图如图 16－5 所示。

图 16－5　韩国大德科技园示意图

大德科技园现有韩国科学技术院、忠南大学、信息通信学院和大德大学共 4 所大学，韩国科学技术院、韩国电子通信研究院、韩国原子力技术研究院、韩国生命工学研究院、韩国航空宇宙研究院等多家科研院所和行政、培训等各类机构。据统计，2009 年大德谷共有各类机构251 家，包括国立研究机构、企业研究机构、教育机构等。2005 年，韩国政府又将大德科技园指定为"研究开发特区"，大德研发特区的建立是韩国政府加快技术创新体系建设的重要措施之一。大德科技园是韩国最大也是亚洲最大的产学研综合园区，已成为韩国科技摇篮以及推动韩国经济成长的加速器。

在高科技园区发展过程中，相互竞争、相互合作、相互启发、促进创新的良好的文化能减少交易成本，补充正式控制，建立科研成果转化交流的平台，促进高科技园区内企业的合作效率。科技人员在园区内的适当流动有利于技术交流和创新的溢出，从而有利于提升高科技园区的竞争力。韩国大德科技园是一个典型的政府驱动的创新集群，没有任何民间发起的环境的特征，也不存在任何供应商产业和创新公司，没有迫切的地方需求，因而规划和发展中政府制定的因素比较多，而市场机制较少。此外，通过博览会（EXPO）、国家科学博物馆等相关活动，大德努力创造科学技术友好的氛围，加深公众和政府对科学技术重要性的理解，从而能某种程度上为大德高科技园区发展提供良好的文化环境。

韩国大德科技园依托优秀的科研机构和优越的人才吸引制度，产生了很多的科研成果，可以说大德科技园是韩国的"技术原动力"。现在情报通信、生命工学、原子能、机械、化学、宇宙航空等尖端技术各个方面活跃的优秀人才已经直接投入到了制造业的世界，实现把研究室内开发完成的技术成果直接产业化、商品化。截至 2017 年，进驻园区的韩国电子通信研究院共获得国内外专利 13 000 项，其中 1 053 项技术已实现了向 2 200 家企业的转移，并通过成功开发CDMA 等 7 项技术，创造市场价值约 106 万亿韩元，为韩国移动通信确立世界地位作出了重大贡献。然而大德科技园内工业企业较少，研究机构的研究成果在园区内直接应用受到一定的限制，政府方面应该出台更多的科学计划促使各研究机构之间进行交流协作。在将来的发展过程中，大德建设的目标之一是促进有形研究成果转化并商业化，支持企业创新产品，提高国家经济竞争力。

韩国大德高科技园区在政策方面始终把为研究人员创造优越的工作环境放到首位,优厚待遇和配套服务健全的科技成果转换体系,营造了良好的生活、科研环境。园区内科研设施和教育设施面积占 47%,生活区占 10%,其余的 43%则是绿化带。园区环境幽静优美,错落有致的楼房,郁郁葱葱的树木,干净宽阔的道路,使整个园区显得润朗和安谧。良好的人才、科研成果转化政策,吸引了大量的优秀科技人才,并取得了良好的科研成果。2004 年发表的论文占国内科技论文的 29.9%,国内注册专利的 24.2%。截至 2004 年韩国科学技术院(KAIST)大学和其他四所教育机构已经培养了 30 000 名学者,国家博士级研究者有 20%是从 KAIST 大学毕业的;吸引了 5 800 名博士研究者,吸引人数占全国研究者总数量的 10%。

16.1.6　日本筑波科学城

日本从 20 世纪 60 年代开始就计划环绕日本列岛兴建一大批高新技术研究和生产制造密集的"技术城",最著名和最有代表性的是位于东京东北方向 60 km 处的筑波科学城和位于本州中部的关西多核心科学城。该计划的目的是通过建立新的高技术产业来提高地方实业的技术水平,进而促进工业的发展;鼓励研究与开发活动来保证地区经济的持续发展;创造能吸引技术人才的良好的生活、工作环境;加强对现有资源的开发利用;培育大学与产业之间的联系。

日本科学城的区位选择主要有 4 条标准:① 将至少拥有 15 万人口以上的都市区作为它的"母城";② 有原料与产品出入方便的机场;③ 有快捷输送技术人员的高速铁路或高速公路;④ 至少有一个大学或学院。

日本筑波科学城示意图如图 16 - 6 所示。

图 16 - 6　日本筑波科学城示意图

筑波科学城的建设初衷是创造适宜研究和教育的环境,缓解东京人口压力。规划理念是:① 确保各功能区有机关联,维护生态平衡,保护历史遗迹,确保居民健康和谐生活;② 划分研究教育和周边开发两个区域,在保留各区特色的基础上,实现综合、统一的风格;③ 对研究教育区进行合理功能分区,并实现有机关联和功能互补,积极引进私人研究机构、私立大学;④ 周边开发区与研究教育区发展相协调,提前建设公共设施。

筑波科学城大量特色配套的投入丰富了园区员工生活,同时极大地提升了园区的吸引力和知名度。园区配套的购物中心、商业网点满足园区员工日常生活所需,图书馆、公园、医疗中心的设置提升了园区员工生活品质,筑波会展中心、文化艺术中心为增强对外交流、扩大园区影响力提供了场所。

筑波科学城从一开始就与硅谷有着本质的区别,除了是在政府严密的规划下形成之外,建设筑波科学城的重点显然是放在基础研究而不是工业应用方面。尽管政府有意通过吸引私人公司入驻科学城以此来加强产学研的结合,但由于日本的科研体制存在过分垂直一体化的问题,难以形成有效的协同环境,致使科研人员技术创新的能力比硅谷差了许多。不过也有学者认为,以筑波科学城为代表的日本式高技术园侧重基础研究的发展思路,与日本基础研究相对薄弱而工业制造能力却异常发达的情况是相吻合的。因此,在较短的时间内,很难对两者作出简单的优劣评判。

16.2　国外智慧园区发展

16.2.1　美国的智慧化信息系统基础设施建设

美国将智慧城市建设上升到国家战略的高度,并在基础设施、智能电网等方面进行重点投资与建设。

(1) 现代化智慧电网

2009 年,时任美国总统奥巴马在《经济复兴计划进度表报告》中宣布:"美国计划在未来的 3 年之内,为百姓家庭安装 4 000 万个智能电表,同时投资 40 多亿美元推动电网现代化建设。"同时,美国的博尔德市启动了"智能电网城市工程",该工程把现有的设施改造成为动态、强大的通信网络和电力系统,并提供双向、高效的通信服务,博尔德成为全集成的智能电网城市。

(2) 智能道路照明工程

2009 年 4 月,圣何塞市正式启动了智能道路照明工程,这种新型技术不受灯具的约束,可以高效地为各种室内以及户外照明市场实现节能、降低成本,实施远程监控和提供高质量服务。智能道路照明工程使用了智能控制联网技术,以新灯具的效率为基础,通过对已经破损、失效路灯的早期检查、停电检测,以及智能调光功能来改善服务和降低成本,同时还可以使城市街道更加安全和美观。这一举措,取得了良好的效果,不仅节约了能源,还给城市带来了安全和美景。

(3) 智能交通系统

智能交通系统包括两大智能子系统:智能基础设施子系统与智能交通工具子系统。智能基础设施子系统采取十三项管理措施,主要包括:动脉管理,意外预防系统,高速公路管理,道路天气管理,道路维修和作业、运输管理等。动脉管理主要包括交通控制、停车管理、道路管理、自动执法系统和信息传播;高速公路管理包括交通与基础设施监控、道路管理、信息传播、自动执法系统等;道路天气管理包括道路和天气条件的监控、检测、预测等。

16.2.2　英国的智慧健康环保建设

(1) 格洛斯特开展智能屋试点

2007 年英国在格洛斯特建立了"智能屋"试点,将传感器安装在房子周围,传感器传回的信息使中央电脑能够控制各种家庭设备。智能屋装有以电脑终端为核心的监测、通信网络,红外线和感应式坐垫可以自动监测老年人在屋内的走动。屋中配有医疗设备,可以为老年人测心率和血压等,并将测量结果自动传输给相关医生。

(2) 伦敦"贝丁顿零化石能源发展"生态社区

贝丁顿社区是英国最大的低碳可持续发展社区,其建筑构造是从提高能源利用角度考虑,是表里如一的"绿色"建筑。该社区的楼顶风帽是一种自然通风装置,设有进气和出气两套管道,室外冷空气进入和室内热空气排出时会在其中发生热交换,这样可以节约供暖所需的能源。由于采取了建筑隔热、智能供热、天然采光等设计,综合使用太阳能、风能、生物质能等可再生能源,该小区与周围普通住宅区相比可节约 81% 的供热能耗以及 45% 的电力消耗。

16.2.3 欧盟的智慧化可持续发展

荷兰首都阿姆斯特丹可谓是欧洲智慧城市建设的典范,也是世界上最早开始智能城市建设的城市之一。其智能城市建设主要体现在以下四个方面:

(1) 可持续性生活

阿姆斯特丹是荷兰最大的城市,共有 40 多万户家庭,二氧化碳排放量占据了全国二氧化碳排放量的三分之一。为了改善环境问题,该市启动了两个项目[西奥兰治(West Orange)项目和赫尤贞维尔德(Geuzenveld)项目],通过节能智慧化技术,降低二氧化碳排放量和能量消耗。Geuzenveld 项目的主要内容是为超过 700 多户家庭安装智慧电表和能源反馈显示设备,促使居民更关心自家的能源使用情况,学会确立家庭节能方案。而在 West Orange 项目中,500 户家庭将试验性地安装使用一种新型能源管理系统,目的是节省 14% 的能源,同时减少等量的二氧化碳排放。

(2) 可持续性工作

为了让众多的大厦资源得到高效合理的利用,阿姆斯特丹启动了智能大厦项目。智能大厦是在未给大厦的办公和住宿功能带来负面影响的前提下,将能源消耗减小到最低程度,同时在大楼能源使用的具体数据分析的基础上,使电力系统更有效地运行。其中,国际贸易组织大楼(ITO Tower),是智能大厦项目的试验性、示范性工程,总面积达 38 000 m^2。

(3) 可持续性交通

阿姆斯特丹的移动交通工具包括轿车、公共汽车、卡车、游船等,它们的二氧化碳排放量对该市的环境造成了严重的影响。为了有效解决这个问题,该市实施了能源码头(Energy Dock)项目,该项目在阿姆斯特丹港口的 73 个靠岸电站中配备 154 个电源接入口,便于游船与货船充电,利用清洁能源发电取代原先污染较大的产油发动机。

(4) 可持续性公共空间

乌特勒支大街(Utrechtsestraat)是位于阿姆斯特丹市中心的一条具有代表性的街道,狭窄、拥挤的街道两边满是咖啡馆和旅店,平时小型公共汽车和卡车来回穿梭运送货物或者搬运垃圾时,经常造成交通拥堵。2009 年 6 月,该市启动了气候街道(The Climate Street)项目,用于改善之前的状况。

16.2.4 新加坡的智慧政府服务

在世界经济论坛发布的 2014 至 2015 年全球竞争力报告中,新加坡政府位列"全球最有效率政府排行榜"第二名。世界经济论坛评估全球 144 个国家政府的效率和竞争力的标准,在于政府开支的浪费情况、政府管制的负担及政策制定的透明度。在最新的世界银行"最容易经商的国家"排行榜中,新加坡位居第二,2010 年—2020 年,新加坡一直高居第一。2006—2015 的十年间,新加坡人均国内生产总值从全球第七名(6 万美元)提升至第四名(8.5 万美元)。反映贫富差距的基尼系数,也在过去十年间逐渐下降。政府的效率、做生意的难易度、居民的生活质量,很大程度取决于政府为居民、企业提供服务的质量和效率。在这个信息量巨大、环境多变的时代,新加坡政府之所以能高效运转并取得一系列瞩目的成绩,科学技术无疑是关键要素之一。

新加坡政府的信息和数字化始于 1980 年国家信息化委员会的成立(Committee for National Computerisation)。成立该组织的目标是使用信息及通信技术,提高政府公共管理效率。该组织主要专注于工作自动化以及办公无纸化。到了20世纪90年代,重心逐渐转向在公共服务内网集成和共享数据。进入21世纪,政府对数字化的重视程度上升了一个新台阶。2000—2003年间,新的电子政务计划(e-Government Action Plan I)出台。其愿景是在全球经济日益数字化的进程中,将新加坡发展为拥有领先电子政务的国家。时任公务员首长的林祥源(Lim Siong Guan)先生还特别指出,电子政务(e-government)不仅仅是增加计算机设备、在网站上公示信息、象征性地为政府服务加个"e",其核心是利用信息技术带来的优势,重新对政府工作模式进行全方位思考,重新设计工作流程,大幅提高政府对个人及企业服务的质量和效率。自20世纪90年代末开始,全球互联网经济的发展呈现指数级增长。旨在创造领先电子政务的新加坡政府,在第一个计划启动三年后又推出了新的计划(e-Government Action Plan II),该计划的愿景是在2003—2006年间,打造一个网络化的政府,通过为用户提供易访问、集成化、有价值的电子政务服务,将国民紧密地团结在一起。2006年,整合政府2010(iGov2010)愿景诞生,计划从一个集成化电子政务的政府,发展为高度集成管理的政府,通过信息技术连接民众,提升服务满意度。该计划要求所有职能部门改进政务系统的后端流程,增强以用户为中心的服务能力。

一份覆盖2011—2015年的电子政务总规划中,数字化道路由自上而下"政府对用户"的方式转向"政府与用户"方式。该计划最主要的改变在于,政府、民众、私企将展开合作与互动,共同为国家和民众创造最佳的信息技术解决方案。2014年,政府宣布由政府科技部(GovTech)启动"智慧国家"工程,通过全国范围的传感器进行数据采集和分析,更好地掌握各项目事务(例如交通状况、空气质量)的实时信息。

三十五年间,新加坡政府紧跟全球信息技术发展的节奏,不断调整电子化政务发展的规划设计,从实现自动化,到追求卓越,到集成化管理,再到政、民、企合作创新。2003年政府引入了"SingPass ID",个人可以一站式登录访问政府所有在线服务。到今天,用户已经可以用密码生成器(SingPass)获取六十多个政府部门的在线服务(例如申报个税、申请政府组屋、查询社保),无须创建多个账户。同时,企业登记注册流程也全面自动化,一般情况下完成整个在线操作仅需15 min,注册审批通过后平台会自动通知用户,企业主无须进行进度查询。政府在数字化的进程中,也在逐步提升适应外部变化的能力,更加关注用户体验。例如人力资源部在2014年开始新建的外来家政佣工签证管理系统中,引入了用户体验评估机制。新系统是所有政府机构中第一次使用敏捷开发和项目管理方法的系统,做到了快速上线、持续交付、收集反馈以及持续改进。上线后,呼叫中心的客服电话减少了30%,用户不通过中介的自服务比率提升了15%,72%参与反馈的用户为使用体验打了满分。该系统也在2015和2016年获得多个政府奖项。笔者的一位同事在ThoughtWorks新加坡分公司工作的一年半里,接触到不少负责数字化项目的新加坡政府官员,其中不乏打破常规、承担风险、积极创新的领导人。人们经常在一些创新与科技会议上看到他们的身影,在谈话中听到他们对用户体验的关注,看到他们在组织中尝试新的方法和技术,并探讨组织变革和转型的路径以适应未来发展。政府科技部(GovTech)在从前身的信息发展局(IDA)分离转型后,更是将"Agile, Bold, Collaborative"(敏捷、无畏、协作)定为新组织的三大核心价值。在科技迅速发展、用户期望值不断提高的今天,庞大的政府系统要完全跟上时代的脚步,也并非易事。李显龙(Lee Hsien Loong)总理在2017年2月24日的一个创投峰会上提到,"虽然我们在2014年末启动了'智慧国家'计划,但其进展低于我们的期望"。为了促进"智慧国家"计划的快速实施,2017年5月1日起,"智慧国家及数字化政府团队"被纳入总理办公室直属管理。

16.3 国外智慧园区未来趋势

全球产业园区发展正借助新一代信息技术呈现新动向,其智慧化轨迹日渐清晰。信息基础设施、园区管理、园区服务都在进行着革命性创新,传统基础设施与信息基础设施交织在一起,共同构成新型园区基础设施体系。国外产业园区主要呈现以下三大发展趋势:

16.3.1 重视信息基础设施建设

国外产业园区不仅强调水、电、气等传统基础设施建设,对于信息基础设施建设同样重视,大多数园区都建立了高质量的信息基础设施,为入驻企业提供高速、高质、廉价的宽带网络和无线网络接入。

16.3.2 服务成为产业园区转型的落脚点

国外产业园区管理部门以服务企业为中心,从传统政府管理部门向园区服务机构转变。很多园区内设有整套服务机构,可为园区企业提供行政审批服务,还可提供班车、物业、商务等多样化服务。如美国硅谷的在线智能许可证系统,可以在 15 min 内完成建设审批,而且园区管理部门提供 7×24 h 服务,即使在周六或周日,企业也能办理建设审批手续。

16.3.3 形成园区协同机制

结合园区产业集聚优势,充分整合研究机构、大学、企业等优势资源,建立园区产业链协同合作,促进产业链上下游企业间信息共享和业务协作。很多产业园区管理部门都与入驻企业建立起良好的协调沟通机制,及时解决企业实际问题。如:以通信产业为主的日本横须贺科学园区,基于园区内研究机构以及重点大学卫星实验室集聚特点,大力促进行业、科研机构和政府之间的研究合作,共同解决诸多研究难题。

第十七章　国内智慧园区现状、发展及未来趋势

"智慧园区"是产业园区全面数字化基础之上建立的智能化园区管理和运营,标志着园区整体信息化由中级阶段向高级阶段迈进。

中国产业园经历了四大阶段:1979 年中国第一家产业园区——深圳蛇口工业区的建立拉开了我国产业园区建设的序幕,我国产业园区至此发展起来;1984 年大连经开区的挂牌代表着我国产业园区进入开发区与高新区模式的初创探索期及经验推广期;2003 年国家为了整顿由园区的爆发导致的地方政府间恶性竞争和企业随意迁移,出台了《国务院办公厅关于暂停审批各类开发区的紧急通知》,宣告产业园区迈入规范经营阶段。到 2006 年,工业用地市场化竞争越发激烈,产业园区进入转型升级阶段。

同时期我国城市化加速发展。为了让信息化服务好人民生活,智慧城市建设不断加速,而产业园区是城市发展的重要组成部分,建设智慧园区的意义体现出来。全国及各个地方相继出台多项政策推进智慧园区的建设,更多的园区投身于智慧化建设中,"智慧园区"建设已成为发展趋势。目前国内将物联网、云平台、人工智能技术投入到智慧园区的内部建设,智慧园区是产业园区在信息基础上的升级,是智慧城市的重要表现形态,其结构体系与发展模式是智能城市的一个区域内的缩影。未来应围绕企业的发展需求和人才的精神需要建设智慧园区,协调政府、企业各方资源,实现管理、工作、生活智慧化,三位一体打造智慧园区。

17.1　国内智慧园区现状

随着全球物联网、5G 移动互联网、云计算等新一轮信息技术的迅速发展和深入应用,"智慧园区"建设已成为发展趋势。近年来,我国的产业园区也向着智慧化、创新化、科技化转变。

从空间维度来看,目前我国已经形成"东部沿海集聚、中部沿江联动、西部特色发展"的智慧园区空间格局。环渤海、长三角和珠三角地区以其大量的园区平台作为基础,成为全国智慧园区建设的三大聚集区;中部沿江地区借助沿江城市群的联动发展势头,大力开展智慧园区建设;广大西部地区凭借产业转移机遇,结合各自地域特色和园区产业发展基础,正加紧布局智慧园区建设工程。2018—2023 年,中国中西部地区智慧园区建设或将来迎来全新的建设浪潮。

17.1.1　环渤海地区

环渤海地区拥有大量大型企业总部和重点科研院校,是国内科技创新资源最为密集的地区。环渤海地区拥有 23 个国家高新区、28 个国家经开区,园区经济发展迅速,智慧园区建设需求旺盛。截至 2012 年底,环渤海地区共有 17 个园区提出或正在进行智慧园区建设,其中国家高新区 10 个,国家经济开发区 7 个。

环渤海地区智慧园区分布图如图 17-1 所示。

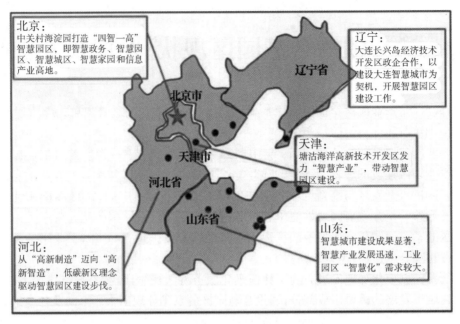

图 17－1　环渤海地区智慧园区分布图

（1）北京市

"十二五"以来,北京市工业发展进入结构调整、提质增效及产业升级的新阶段,产业布局形态、效率及其与城市发展、资源环境等方面的协调性发生了积极的变化,同时也面临着地区分布失衡、园区遍地开花等突出问题。

北京市工业起步于新中国成立初期,经过六十余年的发展,初步形成以汽车、电子信息及生物制药等产业为主导的工业结构,2015 年全市工业实现增加值为 3 710.9 亿元,占地区生产总值的比重为 16.12%,保持相对平稳的状态。2017 年,北京市拥有国家级高新区、经开区 3 个,分别是中关村科技园、北京经济技术开发区和天竺进出口加工区;拥有天竺空港工业区、林河经济开发区、小汤山经济开发区、延庆经济开发区、八达岭经济开发区、兴谷开发区、通州经济开发区、西集开发区、永乐经济开发区、大兴经济开发区、大兴采育经济开发区、房山经济开发区、石龙经济开发区等市区级园区。其中中关村科技园区由海淀园、德胜园、雍和园、电子城、昌平园、通州园、亦庄园、大兴园、丰台园和石景山园构成,形成"一区十园"的格局。

总体来看,北京市工业布局呈现如下特点:

① 工业集聚发展明显

目前,北京市已经形成以国家级高新区和开发区为核心,以市级园区为基础,包括区(县)开发区、乡镇工业区及中心城区楼宇在内的多层次产业园区布局体系,这些产业载体为产业微观集聚提供了平台支撑。一方面,以创建中关村国家自主创新示范区为契机,整合各区(县)优质产业园区(基地),并将部分城市建成区、老工业基地改造区域、重点建设项目集聚区及新城规划产业用地等区域纳入进来,形成"一区十六园"的发展新格局,从而扩大中关村示范区的政策辐射版图;另一方面,以燕山石化基地、顺义汽车产业基地、通州北汽动力总成基地、大兴生物医药产业基地、房山高端制造业产业基地、昌平工程机械产业基地及延庆新能源产业基地等特色载体为支撑,形成生产性服务业、石油化工、汽车、生物制药及新能源汽车等支柱产业的集聚区。此外,许多区(县)或村镇工业园区为都市型工业和支柱产业的配套关联产业提供了发展空间。

② 产业分工呈现"中心-外围"特征

随着劳动力、土地等要素成本上涨和城市空间功能的调整,北京市传统工业已从中心城区向郊区、远郊区或环北京地区转移扩散,有些产业大部分或全部产能直接退出北京,如纺织、炼钢等。在中心城区"腾笼换鸟"的同时,首都功能拓展区重点发展电子信息、生物制药及装备制造等产业的研发设计环节。由此,北京市工业分工体系逐步从原来地理高度集中、产业垂直协作的体系向布局相对分散、中心-外围协作的价值链分工体系转变,这既释放了生产制造产能,也形成了高效的产业链分工体系。同时,信息服务、金融服务及商务服务等生产性服务业持续向中心城区集聚,极大地推动了生产性服务业和工业的融合发展。

③ 大型项目带动作用明显

进入 21 世纪以来,北京市引进了韩国现代、德国戴姆勒-奔驰及中国长安等大型汽车生产制造企业,促成了顺义汽车产业基地、北京奔驰汽车产业项目、房山高端制造业产业基地等特色产业园区在较短时间内建成投产,使得北京成为我国要一个重要的汽车生产基地。同样,神华集团、中国国电、中国商飞、武钢和中国铝业等一批央企研发机构集中入驻未来科技城,使得原本处于产业洼地的昌平南部地区能够吸引数万名科技人员来此从事研发工作,该地区也迅速成为制造业的研发高地,从而让未来科技城在较短时间内呈现出较好的发展成果。

④ 产城互动日趋增强

跟过去单纯强调产业园区只承载产业发展功能不同,北京市经济技术开发区,未来科技城等产业发展功能区更注重产城均衡和产城融合,倡导职住平衡、完善产业园区的城市服务配套功能,避免大量从业人员每天往返于中心城区与工作地。例如,未来科技城着眼于一个"城"的整体功能和运行,规划建设了高端写字楼、高档主题酒店、优质中小学校、三甲医院、图书馆、剧院及生态建筑等功能完善、具有国际品质和舒适宜居的城市新型社区,以适应央企研发机构大规模入驻之后科研人员的工作和生活需要。

尽管北京市已进入后工业化阶段,但工业布局依然面临地区分布不平衡、园区"散、小、乱"、产城分离、土地开发效率不高等突出问题。这些问题将影响工业可持续发展,具体表现为:

a. 产业园区"散、小、乱"

跟其他城市一样,北京市各层次产业园区众多、规模偏小,即使中关村科技园形成"一区十六园"的发展格局,但这园区却"散落"成 30 多个区块,非常零散,规模效应不明显,不利于服务管理,又增大管理成本。同时,除了东城、西城及石景山之外,其他区县所辖的乡镇开发区或产业基地普遍存在主导产业特色不突出的问题,有同质化发展倾向,招商引资竞争激烈。

b. 产业园区与新城建设衔接配套不足

由于过去在规划建设产业园区时缺少长远谋划和配套政策支持,只注重"产(业)"的产值创造功能,而忽视了"城(市)"的服务配套功能,所以在北京市经济技术开发区、空港经济区等已开发的产业园区中,许多从业者依然面临看病难、子女上学难等问题。此外,远郊区(县)多数产业园区所在区域的教、科、文、卫等城市功能配套不足,从而影响园区对企业的吸引力。

(2) 天津市

《天津国家自主创新示范区发展规划纲要(2015—2020 年)》已获得科技部等 14 个部委批复,天津国家自主创新示范区"一区二十一园"正式确立,围绕把天津示范区建设成为创新主体集聚区、产业发展先导区、转型升级引领区和开放创新示范区的定位,立足先进制造产业基础优势。"一区"即以天津滨海高新区为核心区,"二十一园"是在 15 个区县及滨海新区 6 个功能区建设 21 个分园。

天津高新区经济总量保持不断增长的态势。2017 年的第一季度,高新区的各项经济指标表现良好,地区生产总值达到 441.53 亿元;规模以上工业产值达到 436.29 亿元,增长 19.2%;固定资产投资量达到 66.2 亿元,增长 11%。核心区华苑产业区主要经济指标已连续 10 年保持 30% 以上的年增长速度。天津高新区内企业规模和实力不断增强。天津高新区因为具备较好的投资环境,吸引了多家世界级企业进入高新区投资,也吸引了一大批除美国微软公司、德国西门子集团、日本三洋电机株式会社、日本电气株式会社等知名企业外的业内的领先企业。

作为国家级的自主创新示范区,天津高新区承担着"创新主体集聚区、产业发展先导区、转型升级引领区和开放创新的示范区"的角色,在高端装备制造、新能源与新能源汽车、新一代信息技术、生物医药等行业承担着区域性的引领作用。国家也要求天津高新区能进一步加快先进制造业向智能化、服务化转型的进程,并着力将天津高新区打造成为先进制造研发基地和产业创新中心。作为核心区的滨海高新区已经形成了一定的创新研发基础,但高新技术占滨海新区的工业总产值的比重仍然偏低。

与中国的发达地区相比,天津地区民众的思想观念不够开放,市场经济意识相对不足。同时,商业意识的缺乏也影响天津地区的快速发展。

滨海高新区目前将重点放在发展新兴产业上,包括智能装备制造业核心企业群、新能源汽车全产业链、远程医疗和大健康产业等。总体上,地区发展瞄准世界产业前沿趋势,以培育产业生态为主线,加强平台建设,项目集聚效应不断显现。与此同时,滨海新区的化工产业的工业总产值仍占有较高的比重。在滨海新区的工业总产值排前五位的行业中有一半以上属于化工相关产业。"化工围城"已经成为困扰滨海新区及整个天津发展的主要瓶颈之一。

(3)河北省

2015 年 5 月《京津冀协同发展规划纲要》正式公布,将产业、生态和交通作为京津冀三地协调的切入点,其中产业的协同使产业转移成为必然,根据产业的梯度转移理论,河北省是京津产业转移的最理想转入地,而河北省产业园区是承接京津产业转移的主阵地。

河北省具有非常好的资源禀赋,地理位置也有优势,而且京津冀之间有着密切的经济联系。现阶段为更好地落实产业升级和产业转移,据不完全统计,河北围绕着北京、天津以及三大发展轴已建立了 58 个重点园区。这些园区既包括各级经济开发区,比如石家庄经济技术开发区、燕郊经济开发区,也包括不少特色产业或工业园区,比如大城气雾剂产业园区、廊坊现代服务产业园等。

河北的产业园区目前处于初步发展阶段,技术水平相对落后、产业及园区发展相对低端,还没有形成产业集群,个别企业一枝独秀,大部分园区投入很大,产出不高,效益偏低,难以直接与京津科技资源形成对接。园区前期的基础设施建设有政府投资,但是后期的规划管理,园区定位,功能布局等方面仍存在不足,有待克服。

(4)山东省

化工行业作为山东省重要的支柱产业,已形成以石油化工、煤化工、盐化工"三大系列"为主体,石油加工、化肥、无机化工、有机化工、橡胶加工、精细化工"六大板块"相互配套完善的产业体系,是山东省工业发展的重要载体和壮大区域经济的重要力量。

山东省化工园区主要是各市县自己认定的园区,化工园区数量较多。经初步摸底,2019 年山东省有化工园区(集中区)239 个,其中淄博市化工园区(集中区)数量最多,达到 22 个,青岛市最少,仅有 3 个。各市 2019 年拟规划保留化工园区 128 个。

通过摸底排查,2019 年全山东省共有化工生产企业 9 505 家。2020 年在拟规划保留的 128 个化工园区中化工生产企业有 1 645 家,占全省所有化工生产企业的 17%。

虽然山东省化工园区数量快速增长,各种门类较齐全,园区主要经济指标占全省化工行业的比重较大,但是也面临着布局分散、入园率较低、园区配套不完善、信息化水平低等突出问题。

初步统计2019年全省共有化工园区239个,平均每个市化工园区超过14个。由于缺乏化工园区总体布局规划,化工园区和集中区设立随意,一体化、规模化、集约化水平偏低。有些化工园区中交叉"插花"的社区、村居、学校安全风险十分突出。

目前省内化工园区仍以集中区为主,像齐鲁化工园、东营港化工产业园和金乡化工产业园有高起点规划、公共管廊等配套基础设施完善的园区较少,特色化工园区(如东岳氟硅产业园,烟台万华工业园等)较少。很多园区发展缺乏专业性的发展规划,缺乏园区环境影响评价等,园区内管廊建设、污水处理设施、废弃物处置、应急平台建设、园区智能化等整体配套设施不完备,管理方式比较粗放,信息化水平较低。

17.1.2 长三角地区

长三角地区经济基础雄厚,产业配套齐全。区域内工业园区林立,智慧园区建设数量位列全国之首。截至2019年底,长三角地区共有37个国家级高新区、45个国家级经开区;共有40个园区提出或正在进行智慧园区建设,其中国家级高新区25个,国家级经开区15个。

长三角地区智慧园区分布图如图17-2所示。

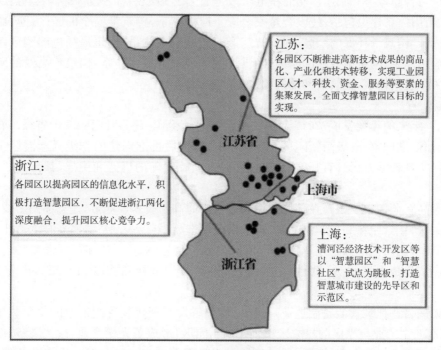

图17-2 长三角地区智慧园区分布图

(1) 上海市

自2011年以来,上海临港产业区、上海漕河泾新兴技术开发区、上海浦东软件园、越界创意园、上海多媒体谷、上海国际旅游度假区、上海世博园、虹桥商务区、上海虹桥临空经济园区、莘庄工业区、金山第二工业区、上海市工业综合开发区、上海宝山工业园区、中国北斗产业技术创新西虹桥基地、上海财大虹口科技园、复旦大学国家大学科技园、中广国际广告创意产业园、宏慧盟智园、八号桥、前滩国际商务区、上海金山工业园、上海天地软件创业园区、华鑫科技园区、上海明珠创意产业园、上海e通世界商务园、复景国际科技中心等共30多个园区被审核为上海市智慧园区试点单位。

其中上海化工区以其在智慧园区建设中的引领地位,被上海市经济和信息化委员会授予"上海市工业互联网创新实践基地"称号。2017年12月7日,在上海举办的"2017互联网＋智慧化工园区(上海)高峰论坛"上,市经济和信息化委员会、市环保局及相关负责人共同为创新实践基地揭牌。

2020年,在市经济和信息化委员会的指导下,上海已经形成了智慧园区建设2030规划、"十四五"规划以及实施意见,初步完成了智慧园区建设的顶层设计。

根据顶层设计,上海将以提升开发能级、保障运行安全为宗旨。以创新园区管理、服务企业发展为主线,努力建设最具国际竞争力的世界级石化产业基地和循环经济示范基地。2020年,上海化工区已建设成为区域级智慧园区和智能制造创新示范区。到2030年,建设成为深度感知、全面互联、智能高效、持续卓越的世界级智慧化工园区。

建设智慧园区,上海将围绕"一个基础、一个中心、三个重点和六个应用"来推进。一个基础主要就是要显著提升园区的信息基础设施水平,包括建设高速泛在、适度超前的园区网络技术设施和专业化云计算服务平台。一个中心就是着力构建园区的数据感知网络及决策中心,包括建设多维空间信息服务平台和大数据决策中心。三个重点领域就是智慧生产(即智能制造和智能工厂建设)、智慧政务(即网上审批和电子政务管理),以及智慧服务(即园区配套和高效服务)。六大应用体系建设包括:建设智慧安全应急应用体系,构筑最安全的园区;建设智慧绿色环保应用体系,构筑最环保的园区;建设智慧产业运营应用体系,构筑最绿色的园区;建设智慧公用工程应用体系,构筑最智能的园区;建设智慧管理服务应用体系,构筑最高效的园区;建设智慧责任关怀应用体系,构筑最和谐的园区。

(2) 浙江省

经过20年来的建设发展,2016年浙江省已拥有4个国家高新区和25个省级高新园区,其中2012年前批准国家、省级高新园区19个,2012年以后批准创建的省级高新园区10个。可见高新园区实现转型升级具有坚实的基础,同时也面临着新的机遇和挑战,其自身还存在一些薄弱环节。

浙江省高新园区主要集聚在环杭州湾和温台沿海高新技术产业带,是支撑高新技术产业发展的中坚力量,化学原料和化学制品制造业、医药制造、仪器仪表制造等高新技术产业产值居全国前列。其中,高新园区高新技术产业产值已占到了全省的33.33%以上,远超其他区域。此外,电子商务、集成电路设计、软件信息、动漫游戏、数字电视和物联网等新兴产业发展也很迅猛。

高新园区带头抓现代装备制造业,已经成为全省发展现代装备制造业的主要载体和平台。2018年已有6个产业集聚区的核心区块创建高新园区,形成了光伏产业、现代装备、新材料、生物医药等新兴产业错位布局的新格局。环杭州湾高新技术产业带和温台沿海高新技术产业带布局高新园区29家,高新产业错位集聚发展态势初步形成,全省高新园区第一高新主导产业占工业总产值比重已超过40%,有力引领产业结构化升级。

高新园区科技资源密集程度远远高于其他区域。大量创新载体和创新资源向高新园区集聚。2018年下半年,高新园区集聚高新技术企业1300余家,占总数的25%;省级以上研发机构508家;建有各类孵化器56家。此外,园区内的高新技术企业和龙头骨干企业基本建立了企业研发中心、博士后工作站等研发机构,科技型中小企业通过产学研合作,与高校院所等科研机构建立了紧密合作关系。

随着政府围绕新兴产业的发展抓企业技术创新综合试点工作的开展,超过66.66%的省级重点企业研究院位于高新园区,建设有省级重点企业研究院的试点企业大部分也是高新园区的企业或与高新园区主攻产业相关的企业。园区已成为浙江省重点企业研究院集聚的核心区，是开展新兴产业技术创新的主阵地和大平台。

浙江省高新园区存在的薄弱环节主要包括：一是高层次园区数量少。截至 2018 年，浙江省有国家高新区 4 个，数量上与江苏省 15 个、山东省 9 个、广东省 9 个有较大差距。二是发展时间短。在国家高新区中，仅杭州高新区为 1991 年批准，其余均在 2007 年后才批准或升格，建设时间不长。截至 2019 年，在省级高新园区中，有 28 家是 2010 年后批准的，其中 10 家创建时间不满 2 年。三是总体规模小。江苏省国家高新区面积为 1 238.6 km²，东湖高新区、西安高新区等面积都在 300 km² 以上，同期浙江省国家高新区合计面积仅 120.76 km²。截至 2019 年下半年，江苏省国家高新区技工贸总收入、高新技术产值、工业增加值、出口创汇额分别是同期浙江省国家高新区的 3.7 倍、5.2 倍、4.7 倍和 6 倍。四是产业特色不明显。浙江省连杭州高新区的主攻产业都不够突出。江苏省近年来高新技术产业发展速度远超浙江省，高新区发挥了重要作用。

（3）江苏省

作为东部沿海发达省份，多年来江苏开发区建设取得了显著成绩，为全省经济社会发展大局作出了重要贡献。江苏省有南京高新区、徐州高新区、苏州高新区、常州高新区、泰州医药高新区、昆山高新区、无锡高新区、武进高新区、江阴高新区、南通高新区等 15 个国家级高新区，江苏省锡山高新区、南京白马高新区、如皋高新区、太仓高新区、汾湖高新区、吴江高新区等 27 个省级高新区。

20 世纪 90 年代，江苏抓住浦东开发开放重大机遇，迅速行动，主动以浦东为龙头、以沿江地区为重点，大力推进开发区建设，并不断向苏北腹地延伸，由此江苏开放型经济多年保持两位数增长，在全国的位次也大幅提升。截至 2020 年，全省有 131 家国家级和省级开发区，数量与发展水平都处于全国领先的位置。作为开放型经济最主要载体的开发区，创造了全省 50% 的地区生产总值和一般公共预算收入，吸纳了 75% 的实际使用外资，完成了全省 80% 的进出口总额，在全省经济总量中举足轻重。

各类高端创新要素不断汇聚，为开发区创新发展提供了不竭动力。前沿科技和高端人才不断流入。截至 2020 年，苏州工业园区引进中科院苏州纳米所等"国家队"科研院所 8 家，国家级创新基地 20 多个，累计建成各类科技载体超 3.8×10⁶ m²，入选国家"千人计划"135 人，人才总量位列全国开发区首位。扬中高新区以产学研为依托，推进院士工作站、博士后工作站、国家级技术研发中心等创新载体建设，吸引施正荣、马伟明等杰出科技人才及其团队陆续加盟，科技和人才要素聚集明显。金融资本不断注入，在先人一步的体制机制引导下，开发区形成了一个个金融资本源源不断流入经济主体的洼地。江阴高新区创新科技金融合作机制，积极实践"企业家＋科学家＋金融家＝大赢家"模式，加速推进科技产业的裂变发展，2018 年底已通过财政引导建立各类创投基金，累计注册资本超 30 亿元。

各园区坚持实施全产业链发展，着力推动产业升级，做大做强主导产业，走出各自"高、新、特"之路。苏州工业园区大力发展创新型、服务型经济，形成以信达生物、苏大维格等为代表，规模近千亿元的生物医药、纳米技术应用、人工智能三大新兴产业集群，高新技术产业、新兴产业产值占比分别达到 67%、59%。江阴高新区推动产业融入全球产业链、价值链的中高端环节，形成特钢新材料及金属制品、高端智能装备、现代中药等先进制造业和总部经济等现代服务业共同发展的产业格局。宜兴环科园集聚了全国最密集的环保创新资源，构建了国内最完备的环保产业体系，成为国际环保技术交流合作的主阵地。2020 年初，高邮高新区已成为全国著名"路灯制造之乡"，拥有灯具企业近 500 家，产品涵盖各类室外绿色照明灯具，全国市场占有率达 40%。

以产兴城、以城带产、产城融合是江苏省开发区发展的一大亮点。苏州工业园区坚守新加坡先规划再建设理念,强调在规划中预埋城市化的种子,开始的定位就不仅仅是工业区,而是一座城。园区工业用地、居住用地、配套服务用地严格按 1:1:1 配比,经过 20 年的持续建设,现在邻里中心、便利中心与住宅小区相配套,产业体系、居住环境与生活条件共同发展,形成了现代化的崭新都市。高邮高新区试行"区镇合一"管理模式,被列入省新型城镇化试点和发达镇行政管理体制改革试点,正通过不断优化"一室五局"运行方式,推动产业、人口、城镇空间布局整合优化和融合发展,宜居宜业的现代产业新城区已现雏形。更多的开发区则是通过加强配套设施建设,完善原有园区服务功能,通过提档升级来推进产城融合发展。江阴开发区正在加快打造创新引领、产城一体的滨江科技城;宜兴环科园按照"一流园区一流承载"要求,规划建设超 2×10^6 m² 的各类功能性载体,初步满足了高端人才团队生产生活、创新创业的功能配套需求。

开发区作为改革开放试验田,一直是引领各地创新发展的排头兵。苏州工业园区构建大部门制工作格局,形成了"一个部门管审批、一支队伍管理执法、一个部门管理市场"的管理新机制,创新实践的"互联网+政务服务"模式,有效提升了亲商、亲民服务水平。扬中高新区通过构建"一站式"综合服务实体平台,将行政审批、政策咨询与申报、科技金融服务、公共技术服务、市场拓展服务、商务中介服务等纳入其中,集中受理、联合办理。开发区内精简高效的管理体制和灵活的运行机制,大大增强了开发区的发展活力。

17.1.3 沿江城市群

自《促进中部地区崛起规划》颁布实施以来,沿江城市群在政策支持方面获得了前所未有的发展机遇。与此同时,随着东部沿海地区产业转移趋势越加明显,中西部地区承接东部沿海地区产业转移契机凸显,使得中国沿江地区智慧园区建设落后。沿江城市群智慧园区分布图如图 17-3 所示。

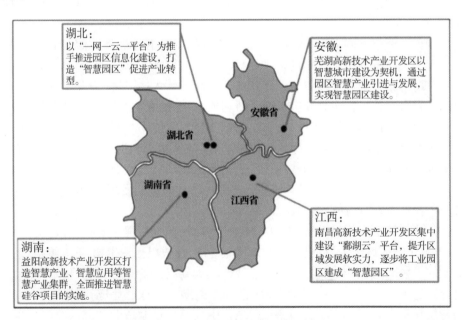

图 17-3 沿江城市群智慧园区分布图

(1) 安徽省

2014 年安徽省共有省级以上各类开发区 175 家,有 19 个国家级开发区,纳入统计的国家级经开区有 12 家,国家级经开区数量位居中西部第一、全国第四。《2014 中国产业园区持续发展蓝皮书》揭晓的"2013 年中国国家级产业园区持续发展竞争力综合排名百强"榜单,排名前五的省份为江苏(15 家)、山东(13 家)、广东(8 家)、浙江(7 家)、安徽(5 家)。其中安徽省合肥高新技术产业开发区、合肥经济技术开发区、马鞍山经济技术开发区、芜湖经济技术开发区、芜湖高新技术产业开发区等 5 个开发区入选。

产业园区建设是加强地区城市化、发展新兴产业、孕育新产业、进行战略性投资、调节经济的成长模式、加强地方经济综合抗衡力的实用方式。产业园区对提高城镇化和工业化水平具有明显的促进作用:首先,产业园区可以带动区域经济增长,其可以构建一个高效且吸引力极强的载体来招商引资;其次,产业园区拥有各种高科技知识和先进工业和技术,还聚集了大量的发展人才,这些都是经济发展腾飞的重要因素;再次,产业园区中所具备的创新及创业因素,是企业发展的奠基石;最后,产业园区可以为企业的诞生提供源源不断的推动力,其不仅是各种企业建立和发展的要素,也营造了一个具有创新性的大环境。

由于外资、产业、土地税收、能源环境等压力,产业园区普遍存在承载力不强,产业单一,服务业发展薄弱,制造业、服务业、新产业集聚不足,园区与主城发展脱离等突出问题,产业园区迫切需要由单一依靠优惠政策招商引资、摊大饼式的外延扩区发展的 1.0 时代,向综合性建设、多元化发展、集约化管理的 2.0 时代转型升级。

现阶段,单靠优惠政策招商引资推动园区发展已难以奏效,园区的发展方式迫切需要转型。产业园区要在发展理念、兴办模式、管理方式等方面加快完成"四个转变":一是由追求速度向追求质量转变,二是由政府主导向市场主导转变,三是由同质化竞争向差异化发展转变,四是由硬环境见长向软环境取胜转变。

（2）江西省

中国经济新常态为江西工业园区和产业集群转型升级带来了大有作为的战略机遇,"中国制造 2025"、长江经济带、"一带一路"、长江中游城市群等多种国家战略交叠以及极为便利的交通条件,已经成为江西发展的强劲推动力。然而,江西省也面临工业发展基础薄弱、研发水平不高、产业层次低下、经济发展水平显著落后于周边省份等问题。由此,江西省工业经济发展面临龙头企业优势和带动能力不足、产业集群集约化水平偏低、产业链条延伸有待加深、科技创新能力有待加强、体制机制改革攻坚克难等诸多问题和挑战。

改革开放以来,江西工业园区建设如雨后春笋。据江西省中小企业局统计,截至 2014 年 5 月,江西省已有国家级、省级、市级及县级工业园区共 106 个。工业园区已成为各地经济发展的主要平台和重要增长极、财政增收的重要渠道、推进城镇化建设的有效途径,也是集聚科技项目、促进劳动就业的主要载体。

工业园区对江西省经济增长的贡献呈上升趋势。依据江西省政府信息公开网资料显示,2015 年,全省规模以上工业增加值为 7 268.9 亿元,同比增长 9.2%,占地区生产总值的 43.5%;江西全省工业园区全年完成工业增加值为 5 454.0 亿元,占全省规模以上工业总产值的 75.0%,同比增长 9.3%;2015 年工业园区实现主营业务收入 2.56 万亿元,同比增长 4.6%;实现利税总额 2 973.2 亿元。这表明,江西省工业园区以高于全省工业平均水平的增速增长,为全省规模工业保持 9.2% 的中高速增长作出了重要贡献。数据还显示,2016 年 1—7 月,全省工业园区经济总量进一步扩大,完成工业增加值 3 128.60 亿元,同比增长 9.5%,7 月末的园区投产企业数达到 9 957 户。总的来看,江西省工业园区主营业务收入总量在 2009 年之后就呈现快速增长态势,2010 年接近 1 万亿元,2013 年底接近 2 万亿元,3 年内实现了翻番,2015 年就超过 2.5 万亿元。

江西省工业园区发展规模迅速壮大。近年来,江西省园区经济快速发展,发展升级步伐不断加快。以超千亿园区为龙头、国家级开发区为引领,过百亿园区为主体、筹建园区和其他园区为补充,覆盖 11 地级市的全省工业园区格局基本形成。2015 年,江西省主营业务收入超过 1 000 亿元的园区有 4 个,超 500 亿元的园区有 16 个,超 300 亿元的园区有 30 个,超 200 亿元的园区有 47 个,超 100 亿元的园区达到 75 个。

江西省工业园区区域发展差异显著。截至 2015 年,江西省共设立由国家发改委等有关部门审核审批的工业园区 94 个,基本上达到了每个县都有一个工业园区。其中,包括 15 个国家级工业园区,20 个省级重点工业园区,分别占工业园区总数的 16% 和 21%。赣州工业园区数量最多,共 16 个,占全省工业园区总数的 17.02%;其次是九江和吉安,分别拥有 14 个和 13 个工业园区,比例为 14.89% 和 13.83%;上饶、宜春、抚州和南昌拥有工业园区数量比较均衡,每个市约有 10 个工业园区;在 11 个地级市中拥有工业园区数量最少的是新余、鹰潭、景德镇和萍乡。

(3) 湖南省

到 2010 年底,湖南拥有高新技术开发区 5 个(长沙、株洲、湘潭、衡阳、益阳),其中长沙、株洲、湘潭和益阳高新区为国家级高新区,另有与经开区交叉的高新区 3 个(岳阳、郴州、常德)。2010 年,长沙、株洲和益阳高新技术产业开发区固定资产投资额均超过 100 亿元。同年,长沙高新区技工贸总收入达 1 800 亿元,与长沙经济技术开发区一起成为湖南首批千亿园区。长沙高新区的总产值、增加值、销售收入、出口额、利税额和利润额均遥遥领先于全省。长株潭地区的高新园区总产值和增加值分别为 6 291 亿元和 1 974 亿元,占到全省高新区总产值的 86.8% 和增加值的 88.5%。2010 年湖南全省开发区拥有高新技术产品企业 1 303 个,实现高新技术产品产值 4 475 亿元,高新技术产品增加值为 1 387.96 亿元,占园区规模工业增加值的 62.5%;其中 5 家高新技术产业园区完成高新技术产品增加值 653.86 亿元,占全省园区高新技术产品增加值比重的 47.1%。2010 年湖南省实际到位外资金额 15.74 亿美元,只有长沙经济技术开发区、长沙高新技术产业开发区、株洲高新技术产业开发区外商投资金额超过 1 亿美元。

经过二十余年努力,湖南高新产业园区逐步形成了以工程机械为代表的专用设备制造业,以轨道交通和汽车为代表的交通运输设备制造业,以新能源、新材料及特种变压器、电缆电机以及电气机械及器材制造业以及有色金属冶炼及压延加工业、化学原料与化学制品制造业、生物医药制造业和农副食品加工业等产业为主导的产业集群体系。这些产业主要分布在"一点一线"(以长株潭城市群为一点,以 107 国道、京广铁路、京珠高速为一线)。尽管湖南的高新产业园区的发展模式在逐步转型,向"两型社会"建设的要求靠拢,但创建湖南的"两型"高新产业园区还有诸多的障碍。

(4) 湖北省

改革开放以来,湖北省产业园区特别是工业园区得到了较快的发展,为湖北省经济持续增长提供了巨大的动力,为湖北省经济跨越式发展奠定了坚实的产业基础。但是,湖北省在未来要促进经济发展方式由外生型增长向内生型增长转变,实现经济跨越式发展和科学发展,需要进一步促进产业转型发展和产业园区的大发展,并且应该重点提升产业园区发展的质量。

全省产业园区重点分布在武汉、宜昌、襄阳、孝感、荆州、黄冈等 6 个地区。截至 2011 年底,湖北省各级各类开发区(产业园区)认定保留名单共 141 家,其中国家级开发区 8 家、省级开发区 90 家、县(市区)级开发区 43 家。从全省的地区分布状况来看,武汉、宜昌、襄阳、孝感、荆州、黄冈均超过了 12 家,所占比例均超过 9%,合计分别占全省的 86 家和 61%,成为全省产业园区的重点分布地区。

全省产业园区重点分布在主体功能区规划中的重点开发区。在"十二五"规划期间,国家和湖北省实施主体功能发展规划。湖北省主体功能区发展规划将全省国土划分为优化开发区、国家级重点开发区、省级重点开发区、国家级限制开发区、省级生态型限制开发区、省级农业型限制开发区、禁止开发区,共计141家。其中国家级重点开发区、省级重点开发区均超过了35家,所占比例均超过25％。二者合计占全省的比例为61％,成为全省产业园区在主体功能区规划中的重点分布地区。全省产业园区主要分布在重点开发区,这说明全省产业园区的分布基本上符合主体功能区规划的基本要求。

全省产业园区均衡分布在武汉城市圈、鄂西生态文化旅游圈。从湖北省"两圈一带"(武汉城市圈、鄂西生态文化旅游圈、长江经济带)发展战略来看,湖北省141家开发区(产业园区)在全省的地区分布状况为武汉城市圈71家、鄂西生态文化旅游圈70家。这说明全省产业园区在发展战略区域中的分布也是基本平衡的。

湖北省产业园区在全省经济增长中具有十分重要的战略地位,是全省经济社会发展的战略支撑点和经济增长极,对于拉动或者推动全省经济发展具有决定性的作用。2010年全省产业园区实际开发面积为 1 110.7 km^2,单位土地开发强度和综合经济效益高于全省平均水平,产业园区成为全省规模以上工业总产值、GDP、税收、就业、科技创新的最大来源。

2020年初,湖北省武汉市遭受到新冠肺炎疫情影响,经济发展受到重创。在党中央和全国人民支持下很快得到恢复。英国丘吉尔在二战后有句名言:"不要浪费一场危机,每一次危机都隐藏着机会。"湖北省武汉市会在疫情后有更大的发展。

17.1.4　珠三角区域

我国改革开放以来,珠三角地区经济发展迅速,产业集中度较高。工业园建设走在全国前列,智慧园区建设也取得了较大的成果。截至2020年,珠三角区域内共有国家级高新区9个,提出建设智慧园区的有4个;国家级经济开发区6个,提出建设智慧园区的有2个。

珠三角区域智慧园区分布图如图17-4所示。

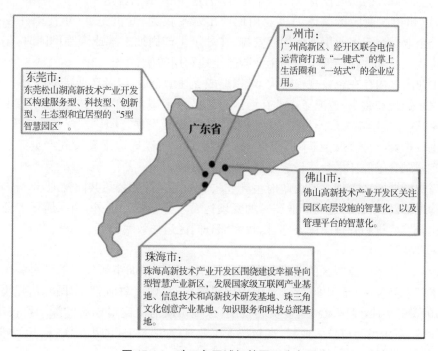

图 17-4　珠三角区域智慧园区分布图

（1）广州市

21世纪以来，广州中心城区严格控制工业扩张，临近市区的区域通过规划逐步整合零散工业用地，外围则以南沙经济技术开发区和广州东部重点发展区为重点，吸纳广州中心城区原来工业企业的搬迁。

从广州市工业园区的工业发展历程来看，工业园区在布局上具有由点到面、由分散到集中、由中心向周边的特点，在用地发展方向上呈现向东、向北、向南扩散的趋势。在撤市改区后，经过新一轮的规划调整，工业布局呈分散-集中-分散的布局形态，产业表现出都市型工业-高新技术产业-传统制造业的分特征。

随着广州市"三规合一"编制工作的推进，市区范围内的产业用地的规模和边界都有了明确的规定。截至2015年，规划建设用地总面积为324.71 km²，其中规划工业用地总面积为191.62 km²，占规划建设用地总面积的59.01%。

从总体层面来看，广州市大部分工业园区均存在不同程度的"小、乱、散"问题，且大多数园区也以劳动密集型产业为主，科技创新含量不足，难以契合广州工业发展的方向，所带来的经济效益能力也不足。

截至2014年，根据相关规划，广州市工业园区内尚可供应工业用地仅剩83.6 km²，约占规划工业用地总量的40%，园区内工业用地存量情况不容乐观。在未来工业用地持续消耗的需求下，这种情况对工业集聚化、高端化发展有一定的影响。同时，由于低端产业的普遍存在，部分园区的土地利用效率不佳，严重制约了工业用地资源的合理分配。

广州工业园区相关数据反映出广州市工业园区的工业用地开发强度一般。部分企业通过夸大产业发展可行性报告的方式进行"圈地运动"，存在工业用地多年圈而不建、占而不用的问题，严重拉低了园区土地利用效率。

根据相关统计资料，截至2017年，在广州市已投产的76个工业园区中，地均工业产出达到或超过50亿元/km²的园区仅有34个，不足50亿元/km²的园区达42个。与国外工业地均产出相比较，广州市工业园区整体的工业用地产出水平仅为20世纪80年代国外发达城市的50%。部分企业受制于工业用地使用权安排，在处于生产周期末端或濒临倒闭时，仍然占用大量土地。这些无疑都大幅降低了广州工业园区土地利用效率。

广州工业园区内存在企业规模不大，难以形成支柱型企业，以及产业带动能力不强等问题。企业之间缺乏交流和共享，造成了企业在园区只是区位聚集，在产业功能上和信息上基本脱离联系的现象，这严重影响了广州市工业园区及产业的集聚发展。园区缺乏统筹的专业化分工，协同合作也较少，同时园区存在不同程度同质化竞争。园区周边配套设施严重滞后，金融、研发、人才、产城融合等服务平台建设缓慢，影响园区发展。

目前广州产业园区管理主要由政府主导或政府和园区开发公司共同管理，部分园区甚至没有完善的管理部门和机制，造成产业园区的管理运营水平较低。此外，引入园区专业化管理商进行专业化开发建设和管理力度不够，以致大部分园区运作效率较低。

（2）深圳市

深圳市高新技术产业园区的前身是深圳科技工业园。深圳市科技工业园是我国最早创办的高新技术产业开发区，于1985年7月由中国科学院、深圳市政府、广东国际信托投资公司共同创建。1996年9月，经国家科学委员会批准，深圳市政府决定对原有的深圳科技工业园、中国科技开发院、京山民间科技工业村、高新技术工业村等几个相邻的小区实行一区多园管理，成立"深圳市高新技术产业园区"。

高效、简捷的管理体制既加强了对园区的统一领导、管理和协调，又减权放权，简化程序，提高了办事效率。在高新区，一个外资企业从立项开始在 12 个工作日以内就可得到审批结果。高新区主要区域的路网、供电、供水、通信、排污、消防等主要设施已基本建成。高新区工业用水资源丰富，工业用电与华南电网相通。正在建设的高新区综合立体信息网络，将提供一个高速多媒体、智能化、宽带化的现代化信息中心。

深圳早在 2010 年便提出了"打造智慧深圳"的概念，随后深圳智慧产业园落地深圳，并且华为等领先企业先后与深圳开展智慧城市建设合作，最终到 2018 年深圳成为我国智慧城市程度最高的城市并保持至今。在产业发展方面，深圳市已经建设了一批智慧城市建设相关的产业园区，涉及人工智能、工业互联网、互联网金融、云计算等不同产业。例如，2019 年 12 月，由深圳市政府与华为共同设立的鲲鹏创新中心在深圳湾科技生态园正式启动，面积近 5 000 m²。

（3）珠海市

1992 年 12 月，珠海国家高新技术产业开发区经国务院批准成立，它是全国 54 个国家级高新区之一，总面积 9.8 km²。1993 年 3 月，珠海国家高新区正式挂牌运作，与三灶管理区合署办公。1999 年 12 月，国家科技部对高新区区域范围作出由南屏、三灶、白蕉、新青科技工业园及广东珠海高科技成果产业化示范基地组成的调整。2000 年 8 月，为提高高新区的科技创新能力和水平，市政府与国家科技部火炬中心签署共建珠海科技创新海岸框架协议，将地域设置在珠海唐家、金鼎一带，地域面积 1.4 km²，形成了"四园一海岸"的发展格局。

截至 2019 年，高新区内已有高新技术企业 120 多家，占珠海全市总量的近三分之一。创新型龙头企业的引领作用也日益凸显。如今，魅族科技已成为区内首家"百亿企业"。在其带动下，高新区互联网产业在 2015 年实现高速增长，成为区内首个产值"百亿级"主导产业。与此同时，艾默生、德豪锐拓等企业产值增速均超过 100%，英搏尔、汇金科技、美利信等企业产值增速超过 50%。企业创新充满活力，主体地位不断巩固，驱动着高新区经济增长稳中有进、产业结构转型升级。

作为珠海市发展高新技术产业、实施创新驱动发展战略的"龙头"和"主战场"，珠海高新区瞄准建设区域创新中心的目标，围绕产业发展、高企培育、人才引进、科技金融等方面强势打出"组合拳"，破除束缚创新驱动发展的体制机制障碍，加快形成创新氛围，不断完善创新环境。

首先，人才是第一资源。鉴于此，高新区出台了"凤凰人才计划"，引进青年人才、高层次人才、创新创业团队、院士工作站等"1＋N"系列人才政策。积极引进培养"千人计划"专家，引进海外留学人员创办企业。高新区正努力打造为人才聚集的"洼地"。数据显示，仅 2015 年，高新区就新增"千人计划"人才 4 人，"千人计划"人才总数达到 11 人，占全市比重 47.8%；新增省级领军人才 3 人、市级高层次人才 20 人；引进诺贝尔奖得主 2 人、海外高端人才 6 人，引进任驰光电、艾文科技等一批创新创业团队。

其次，推动科技金融深度融合是重点。高新区坚持以金融创新驱动科技创新，以金融服务推动产业发展，创新科技与金融资源有效对接的机制和模式，通过发挥政府资金的引导、增信、放大、扶持作用，进一步完善了全覆盖、多层次的科技金融服务体系。值得一提的是，高新区在珠海市率先推出的政府天使投资政策备受创业团队和企业青睐，2015 年至 2019 年共收到逾百个企业的申请，并且完成对恺瑞生物等 8 个项目的投资决策，协议投资金额达 1.25 亿元。此外，高新区按照确保企业"零成本"上市原则对企业给予奖励，不断推动企业利用资本市场做大做强，2015 年全年新增 10 家上市企业，上市企业总量约占珠海市的三分之一。

（4）佛山市

佛山高新区于 1992 年经国务院批准成立，是珠三角国家自主创新示范区的重要组成部分。多年来，佛山高新区始终坚持创新驱动发展核心战略，推进产业转型升级，已成为佛山科技创新和产业升级的重要引擎。当前,佛山高新区持续强化区域协同创新,着力打造科技创新小镇群,引领区域发展不断迈上新台阶。

一是强化区域协同创新,促进传统产业迈向中高端,强化与中关村的合作。以佛山市政府与科技部火炬中心、中关村管委会签订《共同开展"互联网＋智能制造"战略合作协议书》为契机,启动中国"互联网＋智能制造"试点城市推进工作;与中关村开展多次军民融合主题活动,推动军用技术成果转化;举办"互联网＋智能制造"中关村创新资源对接会,为佛山智能制造产业发展提供人才支撑。

二是强化粤桂黔高铁经济带建设。举办促进民间投资大会,成立粤桂黔高铁经济带农业产业合作联盟等7个联盟;与中山大学、广西大学、贵州大学共同成立"粤桂黔高铁经济研究院",打造高层次专业智库;举办建设国家创新型特色园区工作交流会等,探索国家高新区跨区域合作的新模式、新机制。

三是强化与其他珠三角国家自主创新示范区合作。与深圳、广州、东莞等高新区合作,打造广州五山—佛山创新走廊和深圳南山—佛山科技成果产业化走廊;与江门高新区、肇庆高新区签订战略合作协议,加强产业及科技资源对接。

通过强化区域协同创新,佛山高新区高端装备制造业逐渐实现集聚集群发展,形成了汽车及零部件、高端装备制造、光电、新材料、智能家电、生物医药等高新技术产业集群,成为全国先进制造业的高地。

17.2　我国智慧园区存在的问题

在 AI 和 IoT 技术大行其道时,智慧园区似乎又一次成为科技界关注的焦点。

事实上,关于园区的智能化与数字化升级,一直都不是一门小生意。截至 2017 年,国内对"智慧园区"项目年投入已经超过 1 000 亿元,每年新启动项目接近 300 个。各式各样的产业园区、服务园区、物流园区,打着智慧与智能的名目层出不穷。但在一片繁荣之下,却孕育着难以掩盖的问题。

泛滥的"智慧园区"在烦冗的名目和噱头之外,似乎并没有带给产业需求实际的帮助。由于国内的智慧园区项目很多与地方政府的新城规划项目紧密结合,参与企业和技术提供方十分复杂,往往鱼龙混杂。很多园区只是增加了温度湿度传感器,并增添了一定程度上的数据可视化以及园区 IT 项目,也被冠以智慧园区之名。

这些所谓的"智慧",只是解决了"园区发生过"什么这样的问题,却难以主动观察和干涉园区正在发生的状况,也就无法使智能技术真正保证园区安全,提升体系效率。

当然,园的智慧化也处在不断提升的过程中。德国、日本、美国等智能园区较发达的经验和技术模式正在通过不同模式进入中国。而新兴科技企业中,百度、阿里巴巴、腾讯等巨头在依托云计算提供产业园区的智能化系统;京东、苏宁这样的电商企业都在提出新的智慧园区解决方案;菜鸟网络也公布了未来园区方案。

但总体而言,中国大部分与智慧城市、特色小镇相配套的智能园区,都有着急于上马、噱头当先的问题,而令人担忧的是,这样的智慧园区所占比例并不低。综合起来,可以看到我国智慧园区存在如下问题:

(1)"智能"经常被用来装门面

产业园区的核心需求是安全。对于制造业、物流业等产业园区,无论是温度、湿度的变化,还是电力系统、水利系统的偶然问题,或者是火种丢弃等意外情况,都将给整个系统带来难以估计的损失。所以安全是每一个产业园区的核心要求。

这种情况下,很多园区都开始用传感器、智能摄像头来提供安全防护,但这种所谓的智慧加持有一个核心问题,那就是传感与监控设备监控和覆盖的空间比率比较低,难以覆盖整个园区。甚至只是出现在几个重点区域,装装样子展示一下而已。而且往往传感器与智能摄像头的后端报警机制比较空白,一旦出现危险信号,对于如何处置和救援经常缺乏体系化方案。

当然,这种情况并不仅仅存在于我国、美国、德国、日本等很早开始搭建大型产业园区的国家,如今也已经开始面临智能迭代中的困境。由于改造成本的限制,智能化往往只能覆盖极少数区域。

（2）没有大脑的信息孤岛

智慧园区普遍面临的另一个问题,是收集上来的数据如何处理。

国内很多智慧园区项目,实施方案就是多安装摄像头,然后把监控数据传上云端,确保远程可看,以及能够再次调用。这也就是完成了全部的"智慧化"。

这样的方案当然很好,但问题是在庞大的园区体系中,大量摄像头会生成大量数据。这些数据在安保过程中会给安保人员带来可怕的工作负担,最终导致大量摄像头处在无人监察的状态中。

此外设置大量摄像头的效率并不高,仅仅能起到事后作为证据留存的作用。在事故以及安全隐患之前自主判断问题、主动干预才是园区对监控的真正需求。

这也就是智慧园区项目中经常出现的数据孤岛现象,从摄像头数据到更多环境、物流、车辆、人流数据,都是相互的收集与输出,无法进行主动判断与整体判断,也就谈不上真正的智能。而且信息孤岛形态的园区,往往还会给运营人员带来大量用不上但必须敷衍一下进行处理的数据堆积,给整个运营系统造成压力。数据处理费用最终归还给园区企业负担。

统一数据处理、主动服务的 AI 大脑正在成为这个问题的解决方向,很多科技企业也推出了相关服务,但 AI 中枢系统与实际产业的结合,依然比较空白。

（3）有了"智慧",人却更忙了

智慧园区的第三个尴尬问题,是很多所谓的"智慧化"。比如很多智慧园区项目只是把园区很多工作都进行了数据转化、云端上传,甚至仅仅是给一些园区服务加上了 App 等,然后还是依赖人工去操作,非但没有解放园区工作者的劳动,反而给他们增加了一些监控与维护任务。

园区应该以人机协作,降低工人劳动强度为目标,在这一点上日本和德国的物联网园区项目早已成为共识。而依靠 IoT 技术的成熟,我国科技企业也开始在各种物料与仓储园区中实现大规模人机协同。

产业园区作为多种产业实体的综合因素,涉及人员与设备因素复杂,对效率和成本的要求更高。雨后春笋般的智慧园区建设,由很多非技术的复杂原因驱动。IoT、云计算、人工智能等技术解决方案越来越成熟,智慧园区朝着什么样的发展形态运行,还是需要时间来检验。

17.3　国内智慧园区发展

在经济快速发展和政府政策的推动下,以产业聚焦为手段的园区经济发展迅速。各地园区经济呈现出覆盖区域不断扩大,产值越来越集中,GDP 占比越来越大的趋势。

园区企业逐渐向高（高技术）、新（新领域）、专（专业性）行业发展。未来,园区将是高新技术产业的集中研发地、高新企业群集的区域、高新产品孵化和生产的基地。

园区规划建设整体性越来越强,更加注重各种基础配套设施,以更好的服务促进高新产业的发展。尤其要注重产业园区的信息化建设,构建互联互通、资源共享的信息资源网络,以信息化带动产业化是加快产业园区发展的重要内容。

各类产业园区发展迅猛,规模扩张也越来越明显,高新企业纷纷入驻,企业对园区信息化要求越来越高,同时对园区服务和管理水平也提出了更高的要求。

随着智慧园区建设高速发展,智慧园区建设在时间维度和空间分布两个维度上将会取得长足的发展。

17.3.1 从空间维度看我国智慧园区发展

从空间维度来看,智慧园区建设由东部沿海地区向内陆地区拓展。截至 2019 年,环渤海、长三角、珠三角地区的国家级高新区和国家级经济技术开发区共有 148 个,占全国比重约为 80%,其中国家级高新区有 69 个,国家级经济技术开发区有 79 个。随着东部沿海经济的快速发展,其高新区、经开区智慧化建设将会取得更进一步发展,智慧园区建设所引发的智慧产业发展、便捷园区管理以及高效的城市管理将会吸引更多的园区加入智慧园区建设的行列中来。在这种发展格局下,中国广大的中西部地区智慧园区建设也将会迎来全新的高峰。中西部大量的高新区、经开区将会在承接东部沿海地区产业转移的同时,吸收来自这些地区的"智慧效应",从而带动中西部地区智慧园区建设浪潮。与此同时,随着国家级高新区、国家级经济技术开发区智慧园区建设步伐的加快,园区管理水平、园区智慧产业发展水平都有了显著的提升,在此影响下,更多的产业园(如保税区、出口加工区等)会开始着手推进智慧园区建设工程。

17.3.2 从时间维度看我国智慧园区发展

从时间维度来看,智慧园区发展阶段决定其建设重点。不同园区在"智慧化"道路上所选择的建设重点也不尽相同,具体看来存在如下几个方面的差异性:

(1) 信息基础设施与电子政务依然是新建智慧园区建设的重点

智慧园区建设初期依然是以信息基础设施、电子政务为重点。首先,信息基础设施是智慧园区建设与发展不可缺少的基础条件,智慧园区信息基础设施建设主要沿着"宽带、融合、泛在、安全"的方向发展,不断夯实宽带网络建设。其次,智慧园区建设非常注重公共领域管理与服务,紧紧围绕公众需求,积极协调各方力量加快推进教育、医疗卫生、生产就业、交通等公共领域的信息化建设,加快建设面向家庭用户的社会信息服务网络,建立惠及人人的电子政务平台和公共服务体系。

(2) 智慧园区建设将强化与园区产业的互动发展

智慧园区初步建成后,其考虑的重点将不仅仅是信息化基础设施建设,更多的目光将会转移到智慧园区建设与园区智慧产业互动发展。一方面,智慧园区将会朝向创新化、生态化发展。未来智慧园区建设将会更加注重高新技术、生态环保型等产业的发展,融入低碳管理理念将新的技术、管理手段、管理平台与园区的创新结合在一起。另一方面,智慧园区建设将会与园区产业发展相结合,引入一批发展潜力大、市场前景好的智慧产业,逐步形成"智慧制造"到"智慧服务"一条龙园区产业格局。

(3) 智慧园区管理与城市化管理进一步融合

产业园区通过核心和关联产业的聚集,达到产业规模效应、人才和知识聚集、生产力提升、供应链效率提升。未来园区的功能将从传统的招商引资和管理职能向全方位的政府、产业及城市综合化服务转型,并逐渐建立园区内外主体之间的整合优势。未来城市发展与管理可以以智慧园区建设为牵引,拉动智慧城市建设,并将智慧园区的管理职能融入智慧城市的管理体系建设中去,实现智慧园区管理与城市化管理的高度融合,打造极具区域影响力的"智慧化"城市管理体系。

17.4　国内智慧园区未来趋势

经过对中国智慧园区发展状况的简单梳理,笔者发现智慧化建设已成为园区及园区企业打造经济与品牌双效益的有力武器,智慧园区建设将成为新一代园区竞争的焦点。

17.4.1　国内智慧园区未来发展趋势

基于目前中国智慧园区的发展阶段,未来的发展将集中于以下五点:

(1) 网络全覆盖化

信息化时代早已来到人们的身边,计算机和手机等移动设备十分普及,企业在进驻园区时越来越重视园区的网络覆盖程度。因此,网络全覆盖在园区信息化建设中已成为最基础、最重要的因素。特别是国家对5G移动网络的推广建设,使智慧园区的建设得到大大的助推作用。

未来必将有更多园区达到完善基础设施建设这一目标,拥有有线与无线融合、多种接入方式的高宽带网络,随时随地、无所不在的网络是园区发展的必然趋势。在这样的环境中,计算机使用不再局限于桌面,而是可以通过设备无障碍地享用计算能力和信息资源。

(2) 平台集约化

基于云平台的大平台集约效果、数据的集中共享,园区的管理和经营将从分散向集约化转变。平台集约主要包括横向和纵向两个方面:横向把管委会内部分散在各个部门的管理系统对接起来,统一入口统一认证、数据共享;纵向将管委会内部系统与上级政府部门相关系统对接,实现真正的大平台概念,为企业提供一站式的服务,同时也将工作集中在一个平台上,提高效率。

(3) 应用智慧化

物联网这一理念如今被广泛提及,物联网的规模应用促进信息应用的智慧化和深度化,物联网在未来园区的智慧化发展中可以发挥出更大的作用。

可以预见的是物联网技术的应用可以大大提升安全防范、节能减排、环境检测、园区内体贴的人性化服务的效率和准确度,解决最为根本的问题;利用传感技术采集各项数据,更有效地达到监测目的,帮助园区及时做好防范和治理工作。

(4) 运营社会化

如今社会分工越来越细化,参与信息化运营的主体和运营模式也越来越趋向多样化。仅靠管委会或是某一类提供商将很难完成整体运营,而且将耗费太多人力物力。因此,需要与各类提供商进行合作,展开共同运营。提供商包括设备提供商、内容提供商、服务提供商、平台提供商、网络服务供应商等一系列服务外包机构。

(5) 创新化、生态化发展

为顺应低碳环保、节能减排的潮流,未来智慧园区建设将会更加注重高新技术、生态环保型产业的发展,融入低碳管理理念,将新的技术、管理手段、管理平台与园区的创新结合在一起。从智慧城市到智慧园区再到如今一系列智慧产品的出现,预示着智慧时代已然来到人们身边,进入人们的生活。从宏观趋势来看,智慧城市的建设是全世界追逐的目标,旨在推动城市转型升级,解决现有痼疾。而作为缩影,智慧园区建设将投入更多城市开发的视角,管理体系的建设也会涵盖城市管理的部分职能,因此,智慧园区的管理已经与城市化管理紧密结合起来。如今,智慧园区建设已经成为园区管理机构破解可持续发展难题、加速经济转型升级、提升园区吸引力的重要手段。

截至 2019 年年底,我国的各类产业园有几十万家,受各地经济发展、技术条件、园区管理水平等因素影响,智慧化程度还比较低,未来几年伴随着国家信息化建设的日新月异,智慧园区的建设会突飞猛进的发展,中国智慧园区未来可期!

17.4.2 园区成熟度评估模型

如何评估智慧园区的发展阶段和建设成效?如何在园区规划初期就有一套指标作为牵引?如何通过指标评估找到园区的智慧化差距且不断改进?这些是广大园区运营管理者一直在思考的问题。

目前业界尚无统一的评估标准,本书力图按照统筹兼顾,重点突出动态调整,注重实操的原则,基于对现有园区建设的一些实践,参考业界智慧园区的先进经验,结合未来智慧园区的构想,设计一套园区成熟度评估模型,供业界参考。

园区成熟度评估模型共设置 7 项一级指标:战略规划、客户体验、智慧运营、业务创新、数据管理、基础设施和保障体系。7 项指标相辅相成、有机结合,为园区指明智慧化方向。

"战略规划"对应智慧园区蓝图框架的愿景;"基础设施"和"数据管理"是为了评估智慧园区的全面感知和泛在连接的两个特征;"智慧运营"是为了评估园区数字化应用能力,实现智慧园区主动服务和智能进化两个特征;"客户体验"和"业务创新"则是为了评估智慧园区以人为本、绿色高效和业务增值的三个目标是否达成;"保障体系"评估整个智慧园区建设过程中,运营团队和机制文化的支撑能力。园区成熟度评估模型如图 17-5 所示。

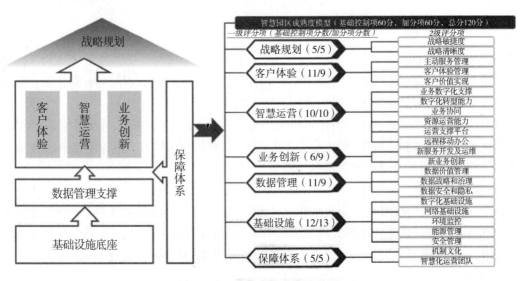

图 17-5 园区成熟度评估模型

注:基础控制项 60 分为必得分,是智慧园评估的入门标准,以此为基础进行加分项评估。

战略规划:明确园区发展战略,规划未来智慧园区蓝图架构,制定智慧园区建设原则,建设路径及评估体系等。

客户体验:智慧园区建设以人为本,重视客户体验管理和主动服务,关注客户业务增值和客户满意度提升。

智慧运营:建设园区智慧运营平台,提升业务数字化应用能力,实现资源数字化管理和业务数字化协同。

业务创新:支持园区新业务泛新、新业务创新,具备快速开发上线能力。

数据管理:制定园区数据标准和数据责任体系,统一数据架构,注重数据安全和隐私保护,通过数据分析与决策支持园区智慧运营。

基础设施:普及园区网络和数字化基础设施建设,提升能源管理、环境空间管理、设备设施管理和应急安全管理等管理水平。

保障体系:组建智慧园区建设和运营保障团队,建立数字化管控机制,培养数字化人才,逐步形成园区数字化转型机制文化,引导园区可持续发展。

在 7 项一级指标下,模型共设置 23 项二级指标、63 项 3 级指标和 103 项 4 级指标作为指标分项,为每一项都赋予权重,基于各分项指标即可依据园区的实际情况开展打分评估。

依据打分评估结果,模型可以对园区的智慧化水平进行等级划分,等级大致分为基础级、规范级、管理级和领先级四个等级。园区成熟度分级如图 17-6 所示。

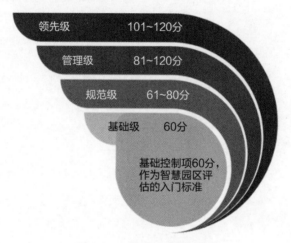

图 17-6　园区成熟度分级

基础级(60 分):是指园区应具备的基础能力,是所有园区产品智慧化等级的入门条件,达到基础级标准的园区应具备以下条件:

① 制定园区的总体规划;

② 完成物理空间的基础服务能力建设;

③ 拥有基础数据管理能力;

④ 具备线上单点业务体验和业务创新能力;

⑤ 基本建成园区运营平台;

⑥ 初步建立智慧化保障体系;

⑦ 满足基础级条件的园区实行加分制,基于评估细项逐项加分,计算总得分,依据得分确定园区智慧化的等级。

规范级(61~80 分):智慧园区主要业务活动的规划管理控制相对成熟,开始向更多创新业务拓展,具备一定的数字化增值服务能力,具有较为成熟的团队保障。

管理级(81~100 分):制定明确的战略规划,指导智慧园区建设及运营,业务协同能力更加完善,主动为客户服务,开始利用数据创造价值。

领先级(101~120分):清晰的智慧园区战略和愿景,即发展路径规划;产品和服务持续创新迭代,具有高度完备的智慧基础设施,客户体验极佳,已形成相当成熟的智慧化能力。

本成熟度评估模型适用于评估各种类型的园区智慧化建设成熟度,如今开发区、高新区、产业园区、商办园区、智慧社区和各类总部园区等,也可以作为园区产业生态化、园区运营智慧化、建筑楼宇智能化、物业服务主动化以及个人体验舒适化的等级评估参考,既可指导园区的规划设计,也可指导园区具体建设和运营。

需要说明的是,智慧园区成熟度评估模型是一次新尝试,而且园区建设内容庞大而复杂,各相关利益方的诉求多种多样,很难有一个完美的评估模型能够全部匹配。随着智慧园区建设内涵不断拓展,将来园区建设可能出现新的变化,也会面临许多新问题,笔者也将不断优化调整该评估模型。

参考文献

[1] 陈俊桦. 智慧医院工程导论[M]. 南京：东南大学出版社，2018.

[2] 林文钊. 驻地网运营新模式浅析[D]. 北京：北京邮电大学，2007.

[3] 魏婷. 基于速赢点战略的三十里堡临港智慧园区方案设计[D]. 大连：大连理工大学，2015：9-13.

[4] 肖岳. 智慧园区建设的研究与探索[D]. 上海：上海交通大学，2012：1-6.

[5] 蔡予强. 市场导向型的智慧园区系统发展战略分析与研究[D]. 桂林：广西师范大学，2015：38-41.

[6] 张翔. 我国高科技园区瓶颈问题分析[D]. 成都：成都理工大学，2007：17-21.

[7] 孙江波. 中联智慧物流园区项目风险控制研究[D]. 南京：南京邮电大学，2013：18-26.

[8] 林芳宇. 智慧园区政企公共服务平台的设计与实现[D]. 长春：吉林大学，2014：16-26.

[9] 王文利. 智慧园区实践[M]. 北京：人民邮电出版社，2019.

[10] 白应兵，张勇，范丽邦. 智慧园区的建设要点和运营模式探讨[J]. 智能建筑，2014(9)：30-32.

[11] 樊婷婷. 地方政府推动新型智慧城市建设中的问题与对策研究：以河北省衡水市为例[D]. 石家庄：河北师范大学，2020：38-40.

[12] 谢秉正，陆伟良. 中国智慧园区建设纵论[M]. 南京：江苏科学技术出版社，2013.

[13] 刘叶冰，张家维. 智能园区系统集成技术：智能园区家居自动化功能及发展（一）[J]. 智能建筑与城市信息，1997(7)：11-13.

[14] 吴萌. 深广公司广安（深圳）产业园区智慧化服务管理方案研究[D]. 兰州：兰州大学，2019：6-10.

[15] 李俊雅. "互联网＋政务服务"背景下政务信息共享影响因素研究[D]. 郑州：郑州大学，2019：10-11.

[16] 高政. "互联网＋"背景下电子政务推进政府信息公开的路径优化研究[D]. 乌鲁木齐：新疆大学，2018：8-10.

[17] 孙国庆，郝金平. 智慧园区停车系统设计与实现[J]. 物联网技术，2017，7(9)：93-95.

[18] 艾达，刘延鹏，杨杰. 智慧园区建设方案研究[J]. 现代电子技术，2016，39(2)：45-48.

[19] 住房和城乡建设住宅产业化促进中心. 智慧园区与综合体智能化系统工程建设要点与技术导则[M]. 北京：中国建筑工业出版社，2015.

[20] 殷庆光. 信息化视角下的智慧园区运营管理系统构建和模式探讨[J]. 经济管理，2017(2).

[21] 岳梅樱，张朝晖，田春华. 智慧城市：实践分享系列谈[M]. 北京：电子工业出版社，2012.

[22] 陆伟良. 数据中心建设BIM应用导论[M]. 南京：东南大学出版社，2016.

[23] 房毓菲，单志广. 智慧城市顶层设计方法研究及启示[J]. 电子政务，2016(12).

[24] 叶中华. 智慧园区：加速产城融合智慧化[N]. 中国城市报，2016-6-20(6).

[25] 张凯书，张怡，严杰. 智慧园区信息化建设解决方案[J]. 信息通信，2012，25(6)：118-119.

[26] 周世义. 中国智慧园区发展报告[J]. 中国房地产(市场版)，2017(6)：36-39.

[27] 李林. 智慧城市系统工程方法论[C]//第四届信息化创新克拉玛依国际学术论坛. 克拉玛依，2016.

[28] 马志龙. 智慧园区的建设与服务[C]//中国建筑业协会智能建筑分会专家换届大会暨智能. 南昌，2016.

[29] 陆伟良，周海新，陈长川. 感知智慧城市概论[J]. 江苏建筑，2012(05)：104-108.

[30] 埃里克·托普. 颠覆医疗[M]. 北京：电子工业出版社，2014.

[31] 左美云. 智慧养老的内涵、模式与机遇[J]. 中国公共安全，2014(10)：48-50.

[32] 吴越，裘加林，程韧，等. 智慧医疗[M]. 北京：清华大学出版社，2011.

[33] 蒲亚川. 可穿戴医疗开启大健康时代[J]. 互联网经济，2015(4)：16-19.

[34] 彭定. 网格技术在政府信息门户中的应用研究[D]. 广州：广东工业大学，2005：6-10.

[35] 吴刚. 合肥市电子政务平台建设研究[D]. 合肥：安徽大学，2014：9-13.

[36] 刘海. 网上项目审批系统领域工程方法的研究[D]. 太原：太原理工大学，2005：11-20.

[37] 秦育. 大型公共建筑能耗预测模型与监管系统研究[D]. 西安：西安建筑科技大学，2018：11-15.

[38] 刘晓静. 智慧社区中移动政务平台公众采纳影响因素研究：以打浦桥街道"社区信息服务卡"为例[D]. 上海：华东理工大学，2015：4-8.

[39] 田娴. 虚拟园区研究[D]. 福州：福建师范大学，2007：22-24.

[40] 孙虹. 智慧医疗工程[M]. 南京：江苏凤凰科技出版社，2015.

[41] 李林. 智慧民生工程[M]. 南京：江苏凤凰科技出版社，2012.

[42] 科技创想家. 5G技术到底是什么？[EB/OL]. (2020-04-40)[2021-02-11]. https://baijiahao.baidu.com/s?id=1665378618635373088&wfr=spider&for=pc.

[43] 徐明星，田颖，李霁月. 图说区块链[M]. 北京：中信出版社，2017.

[44] xtyly1. 什么是云计算？什么是云服务器？有什么用？[EB/OL]. (2019-07-18)[2021-02-11]. https://blog.csdn.net/xtyly1/article/details/96436935.

[45] 迈尔-舍恩伯格，库克耶. 大数据时代[M]. 杭州：浙江人民出版社，2013.

[46] 泰伯网. 人工智能科大讯飞志在何方[J]. [EB/OL]. (2014-10-30)[2021-02-11]. http://www.taibo.cn/p/36714.

[47] 国家市场监督管理总局，国家标准化管理委员会. 智慧城市 顶层设计指南：GB/T 36333—2018[S]. 北京：中国标准出版社，2018.

[48] 黄锡璆. 中国医院建设指南[M]. 北京：研究出版社，2012.

[49] 苏俊峰. 如何运用物联网技术打造智慧大厦[EB/OL]. (2020-02-27)[2021-02-11]. https://chn-das.chinamenwang.com/news/itemid-483673.shtml.

[50] 中华人民共和国住房和城乡建设部. 智能建筑设计标准：GB 50314—2015[S]. 北京：中国计划出版社，2015.

[51] 周南雄. 智能化建筑方案[Z]. 广州：广州莱安智能化系统开发有限公司，2017.

［52］许志新.传统产业园区发展遭遇瓶颈智慧园区建设成趋势［Z］.深圳：前瞻产业研究院，2017.

［53］肖波.精准定位为园区提供全方位服务［EB/OL］.（2017－05－24）［2021－02－11］.https：//house.ifeng.com/news/2017_05_24－51092179_0.shtml.

［54］周嘉南.城市治理离不开社区智慧［EB/OL］.（2020－04－16）［2021－02－11］.http：//k.sina.com.cn/article_1653603955_m628ffe7303300vcqa.html.

［55］任仲文.区块链领导干部读本［M］.北京：人民日报出版社，2019.

［56］毕马威中国.中国领先金融科技企业50［EB/OL］.（2020－01－01）［2021－02－11］.https：//www.docin.com/p-2307880978.html.

［57］黄乐平.科技如何重塑金融基础设施［R］.北京：中国国际金融股份有限公司，2019：1－3.

［58］黄锡明.中国智慧园区规划面临的问题与发展战略分析报告［R］.广东：前瞻产业研究院，2019.

［59］华为，埃森哲.2020未来智慧园区白皮书［R/OL］.（2020－04－01）［2021－02－11］.https：//max.book118.com/html/2022/0430/8103065000004076.shtm.

［60］中国信息通信研究院.中国金融科技生态白皮书（2019年）［R/OL］.（2019－07－01）［2021－02－11］.https：//www.docin.com/p-2228399778.html.

［61］华为技术有限公司.中国智慧园区标准化白皮书［R/OL］（2019－12－01）［2021－02－11］.https：//e.huawei.com/cn/material/industry/smartcampus/4b3a8069d18c4af48b60591c25674c1a.

［62］李林.新型智慧城市运营商"3S云服务"创新商业模式.深圳北斗智慧城市科技有限公司［Z］.新加坡新电子系统有限公司，2020.

［63］李易.互联网＋［M］.北京：电子工业出版社，2015.

［64］李林.智慧城市大数据与人工智能［M］.南京：江苏凤凰科学技术出版社，2019.

［65］住房和城乡建设部信息中心.数据基础设施白皮书［R］.北京：住房和城乡建设部信息中心，2020.

［66］工业和信息化部.2018年大数据产业发展试点示范项目申报书［EB/OL］.（2017－11－06）［2021－02－11］.https：//wenku.baidu.com/view/6b496564667d27284b73f242336c1eb91b373341.html.

［67］许斌，苏家兴，张建帮，等.CIM管理平台在智慧园区的应用探索［C］//第五届全国BIM学术会议.长沙，2019.

［68］赛迪.2019年数字孪生白皮书［R］.北京：中国电子信息产业发展研究院，2019.

［69］安筱鹏.数字孪生：通向零成本试错之路［J］.今日制造与升级，2020（S1）：78－79.

［70］钱曙光.大数据平台架构技术选型与场景运用［EB/OL］.（2017－06－20）［2021－02－11］.https：//blog.csdn.net/qiansg123/article/details/80130106.

［71］娄策群，杨小溪，曾丽.网络信息生态链运行机制研究：价值增值机制［J］.情报科学，2013，31（9）：3－9.

［72］David Marco.元数据仓储的构建与管理［M］.张铭，李钦，译.北京：机械工业出版社，2004.

［73］Frank Liu.数据仓库建设之元数据管理［EB/OL］.（2018－04－02）［2021－02－11］.

cnblogs. com/ufoet/p/MetadataManagement. html.

[74] 马梅彦. 我国智慧园区研究综述[J]. 电脑知识与技术，2016，12(33)：174-176.

[75] 中国 IDC 圈. 中国中元浦廷民：安全可靠的企业级数据中心园区设计[EB/OL]. (2019-12-19)[2021-02-11]. https：//mp. ofweek. com/park/a545693326006.

[76] 国家质量监督检验检疫总局，中国国家标准化管理委员会. 信息技术 安全技术 信息安全管理体系 要求：GB/T 22080-2008[S]. 北京：中国标准出版社，2008.

[77] 国家质量监督检验检疫总局，中国国家标准化管理委员会. 信息技术 安全技术 信息安全管理实用规则：GB/T 22081-2008[S]. 北京：中国标准出版社，2008.

[78] 工业和信息化部信息通信发展司. 全国数据中心应用发展指引(2018)[M]. 北京：人民邮电出版社，2019.

[79] 国际环保组织绿色和平. 点亮绿色云端：中国数据中心能耗与可再生能源使用潜力研究[R]. 北京：华北电力大学，2019.

[80] 华为数据中心. 华为发布下一代数据中心解决方案 FusionDC[EB/OL]. (2020-01-10)[2021-02-11]. http：//news. idcquan. com/scqb/174112. shtml.

[81] 王永真，高峰，张靖. 数据中心能源系统改造要做好顶层设计[J]. 中国能源报，2020-01-29.

[82] 员跃科技. 智能模块化数据中心鉴定指南[EB/OL]. (2020-01-12)[2021-02-11]. http：//www. letswin. cn/Website_Experience/2541.

[83] 森普信息. 智慧园区三大痛点[EB/OL]. (2021-12-21)[2022-02-11]. https：//yq. simpro. cn/news/zhyqjsykfdsdtd. html.

[84] 范文龙. 大数据与工程造价有效融合的思考[J]. 广东开放大学学报，2018，27(1)：105-108.

[85] 韩晶，王健全. 大数据标准化现状及展望[J]. 信息通信技术，2014，8(6)：38-42.

[86] 曲强，林益民. 区块链＋人工智能：下一个改变世界的经济新模式[M]. 北京：人民邮电出版社，2019.

[87] 中国信息通讯研究院，中国人工智能产业发展联盟. 人工智能发展白皮书产业应用篇 [R/OL]. (2018-12-27)[2021-02-11]. http：//www. cbdio. com/BigData/2019-01/03/content_5974987. html.

[88] 方俊杰，雷凯. 面向边缘人工智能计算的区块链技术综述[J]. 应用科学学报，2020，38(1)：1-21.

[89] 华为技术有限公司，IDC. 数字平台白皮书[R/OL]. (2019-7-13)[2021-02-11]. https：//max. book118. com/html/2019/0712/6141142155002044. shtm.

[90] 华为技术有限公司，Forrester. 产业人工智能发展白皮书[R/OL]. (2019-09-23)[2021-02-11]. https：//www. sohu. com/a/342860021_100014671.

[91] 同花顺智能机器人. 研究人工智能的同学！请先读懂这 9 项基本内容[EB/OL]. (2019-01-15)[2021-02-11]. https：//zhuanlan. zhihu. com/p/54913614.

[92] R. L. Adams，Forbes. 目前十大人工智能应用例子[EB/OL]. (2018-08-16)[2021-02-11]. https：//www. sohu. com/a/247544062_100161396.

[93] 特斯联. 特斯联"火雷行动"，用智慧社区解决方案助力疫情防控[EB/OL]. (2020-02-11)[2021-02-11]. https：//baijiahao. baidu. com/s? id=1657484834960563068&wfr=

spider&for=pc.

[94] 深圳市敢为软件技术有限公司. 解决方案[EB/OL]. (2020 - 01 - 15)[2021 - 02 - 11]. https://www.ganweisoft.com/Home/solutions#2.

[95] 要参君. 刚刚,马斯克宣布:脑洞真开! 实现"无损"大脑信息传输,未来已来![EB/OL]. (2019 - 07 - 20)[2021 - 02 - 11]. https://www.sohu.com/a/328240552_775483.

[96] 品觉. 观察:人工智能与伦理道德[EB/OL]. (2019 - 01 - 08)[2021 - 02 - 11]. https://blog.csdn.net/Tw6cy6uKyDea86Z/article/details/86066193.

[97] AI科技大本营. 语音识别发展史[EB/OL]. (2019 - 08 - 22)[2021 - 02 - 11]. http://ai.qianjia.com/html/2019—08/22_347750.html.

[98] 科技娜评. AI再次立功,科大讯飞语音识别率已达98%[EB/OL]. (2018 - 06 - 13)[2021 - 02 - 11]. https://baijiahao.baidu.com/s?id=1603172388056100029&wfr=spider&for=pc.

[99] 刺猬的温驯(博客昵称). 几个常见的语音交互平台的简介和比较[EB/OL]. (2015 - 03 - 03)[2021 - 02 - 11]. https://www.cnblogs.com/chenying99/p/4312070.html.

[100] 新浪广西. 全国首个边坡监测"5G+北斗高精度定位"落地广西[EB/OL]. (2020 - 01 - 07)[2021 - 02 - 11]. http://gx.sina.com.cn/news/sh/2020—01—07/detail-iihnzhha0973411.shtml

[101] 住房和城乡建设部住宅产业化促进中心. 智慧园区与综合体智能化系统工程建设要点与技术导则[M]. 北京:中国建筑工业出版社,2015.

[102] 中移(雄安)产业研究院. 中国移动智慧社区白皮书[R/OL]. (2020 - 03 - 31)[2021 - 02 - 11]. https://max.book118.com/html/2020/0403/8026077012002105.shtm.

[103] 塔普翊海智能科技有限公司. 公司案例介绍[EB/OL]. (2020 - 03 - 31)[2021 - 02 - 11]. http://WWW.REALMAX.COM/. http://www.open-xr.com/newsDetail?newsId=78.

[104] 澜起科技(上海)有限公司. 津逮处理器动态安全监控技术(DSC)白皮书[R/OL]. (2020 - 08 - 27)[2021 - 02 - 11]. https://www.montage-tech.com/sites/default/files/2020-08/Jintide%20CPU%20DSC%20Technology%20White%20Paper.pdf.

[105] 360百科. revit[EB/OL]. (2013 - 05 - 17)[2021 - 02 - 11]. https://baike.so.com/doc/5400372—5637960.html.

[106] Autodesk. 设计、建造都可以[EB/OL]. [2021 - 02 - 11]. https://www.autodesk.com.cn.

[107] 百度百科. revit[EB/OL]. (2011 - 06 - 19)[2021 - 02 - 11]. https://baike.baidu.com/item/revit.

[108] 百度百科. Google Sketchup[EB/OL]. (2006 - 08 - 12)[2021 - 02 - 11]. https://baike.baidu.com/item/google%20sketchup.

[109] 百度百科. Navisworks[EB/OL]. (2011 - 06 - 24)[2021 - 02 - 11]. https://baike.baidu.com/item/Navisworks.

[110] 百度百科. Lumion[EB/OL]. (2010 - 12 - 02)[2021 - 02 - 11]. https://baike.baidu.com/item/Lumion.

[111] Taochenluan. Autodesk Project Vasari,是什么软件啊？[EB/OL]. (2016 - 06 - 12)[2021 - 02 - 11]. https://zhidao.baidu.com/question/201908560.html.

[112] 许碧洲，路遥，高立剑. 关于 5G 移动网络新技术及核心网架构的几点思考[J]. 中国新通信，2017，19(18)：8.

[113] 许志虎. 5G 网络新技术及核心网架构[J]. 电子技术与软件工程，2018(17)：10.

[114] 柯瑞文. 共筑 5G 生态 共促 5G 繁荣[EB/OL]. (2022 - 08 - 10) [2021 - 02 - 11]. https://m. thepaper. cn/baijiahao_19394875.

[115] 梁慧敏. 5G 时代数字园区应用的创新[J]. 科学导报，2019(22).

[116] 君思智慧园区. 5G 技术在智慧园区的应用场景[R/OL]. (2020 - 12 - 30) [2021 - 02 - 11]. https://baijiahao. baidu. com/s? id=1687482790156288014&wfr=spider&for=pc.

[117] 中国移动. 中国移动 5G 行业专网技术白皮书[R/OL]. (2020 - 06 - 18) [2021 - 02 - 11]. http://www. databanker. cn/point/282244. html.

[118] 达实智能. 雄安市民服务中心到底有多智慧[EB/OL]. (2018 - 09 - 07) [2021 - 02 - 11]. https://www. afzhan. com/news/detail/69274. html.

[119] 浙江省人民政府. 浙江省未来社区建设试点工作方案：浙政发〔2019〕8 号 [A/OL]. (2019 - 03 - 20) [2021 - 02 - 11]. https://www. zj. gov. cn/art/2019/4/17/art_1229630150_629. html.

[120] 杨望，穆蓉. 新基建 加码数字经济[J]. 金融博览(财富)，2020(5)：41 - 44.

[121] 刘峰. 新基建的内涵、意义和隐忧，基于互联网大脑模型的分析[EB/OL]. (2020 - 05 - 07) [2021 - 02 - 11]. https://zhuanlan. zhihu. com/p/138821751.

[122] 田涛. 低轨卫星移动通信定位与下行同步技术研究[D]. 南京：东南大学，2020.

[123] 李章明. 5G 移动通信技术及发展趋势的分析与探讨[J]. 广东通信技术，2015，35(4)：44 - 46.

[124] 项立刚. 5G 的基本特点与关键技术[J]. 中国工业和信息化，2018(5)：34 - 41.

[125] 沈洁. 第 5 代移动通信系统展望[J]. 电信科学，2013，29(9)：98 - 101.

[126] 熊关. SCDMA 上行链路系统基于海量容量的无线资源分配方案研究[D]. 南京：南京邮电大学，2020.

[127] 南京创远信息科技有限公司. 针对 5G NR 进行多小区盲检及测量处理的方法：CN201910645682. 4 [P]. 2019 - 10 - 18.

[128] 陆伟良. 启东妇幼保健医院智能化顶层设计[C]. 上海：亚洲医院设施发展与创新高峰论坛，2017.

[129] 国家发展改革委. 国家发展改革委关于印发《绿色生活创建行动总体方案》的通知：发改环资〔2019〕1696 号. (2019 - 10 - 29) [2021 - 02 - 11]. http://www. gov. cn/xinwen/2019—11/05/content_5448936. htm.

[130] 中华人民共和国建设部. 绿色建筑评价标准：GB/T 50378—2019 [M]. 北京：中国建筑工业出版社，2019.

[131] 中华人民共和国建设部. 智能建筑设计标准：GB/T 50314—2006 [M]. 北京：中国计划出版社，2007.

[132] 中国勘察设计协会工程智能设计分会，ICA 联盟. 2018 智慧建设白皮书[R/OL]. (2018 - 12 - 01) [2021 - 02 - 11]. https://www. sgpjbg. com/baogao/64679. html.

[133] 中国信息通信研究院. 人工智能发展白皮书产业应用篇[R/OL]. (2018 - 12 - 27) [2021 - 02 - 11]. https://www. waitang. com/report/19765. html.

[134] 中国移动(雄安)产业研究院. 智慧社区白皮书[R/OL]. (2020 - 03 - 01) [2021 - 02 - 11]. https://max. book118. com/html/2020/1201/5230131213003033. shtm.

[135] 德勤科技. 2019 全球人工智能发展白皮书[R/OL]. (2019 - 09 - 01) [2021 - 02 - 11]. https://www. docin. com/p-2256141830. html.

[136] 华为投资控股有限公司. 2019 年年度报告: 稳健经营, 为客户和社会创造更大价值[R/OL]. (2020 - 03 - 31) [2021 - 02 - 11]. https://www. huawei. com/cn/annual-report/2019.

[137] 华为技术有限公司. 5G＋ALOT 智慧生活产业发展白皮书(2019) [R/OL]. (2019 - 11 - 22) [2021 - 02 - 11]. https://www. 518doc. com/p－5171. html.

[138] 华为技术有限公司. 5G 时代十大应用场景白皮书[R/OL]. (2020 - 10 - 01) [2021 - 02 - 11]. https://wenku. baidu. com/view/8c0bb42ec6da50e2524de518964bcf84b9d52ddf. html.

[139] 王翠坤. 加强数字城市顶层设计, 助力数字中国建设[J]. 城乡建设, 2019(6): 9.

[140] Brandon Q. 4 blockchain projects leading the Smart City revolution[EB/OL]. (2018 - 08 - 04) [2021 - 02 - 11]. https://www. scirp. org/journal/paperinformation. aspx? paperid＝94347.

[141] Gildo S. Blockchain: The decentralized government of Smart Cities[EB/OL]. (2018 - 03 - 17) [2021 - 02 - 11]. https://www. nstl. gov. cn/paper_detail. html? id＝58b0a20f7ee4c275e06e45c26b3c1560.

[142] Sonali K, Vishal R. Applications of blockchain technology in Smart City development[J]. International Journal of Innovative Technology and Exploring Engineering, 2019, 8(11S).

[143] Sam M. Blockchain for Smart Cities: 12 Possible use cases[EB/OL]. (2018 - 10 - 7) [2021 - 02 - 11]. http://www. wikicfp. com/cfp/servlet/event. showcfp? eventid＝90637.

[144] Ernst Young. Global FinTech adoption index 2019[R/OL]. (2019 - 09 - 09) [2021 - 02 - 11]. https://www. ey. com/en_gl/ey-global-fintech-adoption-index.

[145] Federal CIO. OMB federal enterprise architecture framework version 2[Z]. [S. l.]: Federal CIO Policy Guidance and Management, 2013, 2: 1 - 434.